# Einleitung in die höhere Geometrie, I.

## Vorlesung,

gehalten im Wintersemester 1892—93

von

**F. Klein.**

**Ausgearbeitet von Fr. Schilling.**

GÖTTINGEN 1893.

# Vorbemerkung.

Die nachstehende Ausarbeitung der von mir im verflossenen Wintersemeste
1892—93 gehaltenen Vorlesung habe ich nur mit vielen Bedenken autographiere
lassen. Kenner des Gegenstandes werden ja leicht ermessen, wonach ich b
meiner Vorlesung abzielte, und diesem Zielpuncte, wie ich hoffe, ihre Ane
kennung nicht versagen. Nun brauche ich die grossen inneren Schwierigkeite
welche sich der beabsichtigten Darstellung entgegenstellten, kaum zu betone
dieselben waren für mich um so hinderlicher, als ich auf dem in Betrac
kommenden Gebiete seit Jahren nicht mehr selbständig gearbeitet habe. D
neben fühlte ich mich ganz besonders durch den Umstand gehemmt, dass i
bei meinen Zuhörern in keiner Weise gleichförmige Vorkenntnisse voraussetz
konnte. Ich habe darum vielfach elementar ausgeholt und dann wieder hinte
her, um die verlorene Zeit einigermassen einzubringen, die weitere Darstellu
nur skizzirt. Eine Abgleichung der solcherweise entstandenen Ungleichheit
hätte eine ausführliche Umarbeitung verlangt, zu der keine Zeit war. Ich bit
den Leser, von diesem Standpuncte aus manche Unvollkommenheiten der Da
stellung, welche ohne weiteres auffallen, entschuldigen zu wollen. Uebrige
kann ich nur aussprechen, was von allen meinen Autographieen gelten soll, da
ich alle Bemerkungen oder Berichtigungen, die mir aus fachmännischen Kreis
zugehen mögen, mit grösstem Danke entgegennehmen werde; ich werde m
Mühe geben, dieselben bei erneutem Abdrucke oder bei Wiederholung der Vo
lesung in gewissenhafter Weise zu benutzen.

Göttingen, den 10. April 1893.

**F. Klein.**

# Inhalt.

Man unterschei- [Mo. 24. X. 92].

det allgemein zwei Arten von Geometrie, die *synthetische Geometrie*, die die Figuren an sich betrachtet, und die *analytische Geometrie*, die wesentlich mit Hülfe der Analysis ihr Lehrgebäude aufbaut. Ausser diesen beiden Arten von Geometrie kann man sich noch eine dritte Art construieren, die gewissermassen die Umkehrung der beiden ist und den Gegenstand der gegenwärtigen Vorlesung bilden soll. Während man nämlich sonst die Analysis auf die Geometrie anwendet, soll es der Zweck dieser Vorlesung sein umgekehrt die Geometrie auf die Analysis anzuwenden, analytische Beziehungen in geometrischer Weise kennen zu lernen, oder etwas präciser gefasst, *mit Hülfe der Geometrie Einsicht in die Lehre von den Functionen mehrerer Variabeln zu gewinnen.* Es liegt nun insbesondere daran, die Gedanken, die in der kleinen Schrift: *F. Klein, Vergleichende Betrachtungen über neuere geometrische Forschungen, Erlangen 1872* nur angedeutet oder sehr knapp ausgeführt sind, in grösserer Ausführlichkeit auseinanderzusetzen und damit einen historischen Ueberblick über alles zu verbinden, was seit Anfang dieses Jahrhunderts bis heute in dieser Richtung geleistet worden ist. Vor allem werde ich die Arbeiten von S. Lie in Leipzig zu berücksichtigen haben, mit dem ich seiner Zeit über diesen Gegenstand zusammen gearbeitet habe, und der seitdem seine Untersuchungen sehr viel weiter geführt hat.

Bevor wir jedoch zu dem eigentlichen Gegenstande unserer Vorlesung übergehen, wird es nötig sein, uns vorher über einige fundamentale Begriffe zu verständigen. Wir schicken daher ein einleitendes Kapitel voraus; dasselbe soll heissen

## Orientierende Vorbemerkungen.

Wir theilen dieselben in eine Reihe einzelner Nummern.

### 1. Functionentheoretische Grundbegriffe.

a) Wir nennen $s=f(z)$ eine Function der reellen Variablen $z$, wenn in einem gewissen Intervall zu jedem Werte von $z$ ein Wert von $s$ gehört. Die Zusammengehörigkeit der Werte ist also das einzig Charakteristische am Functionsbegriff, während alles übrige, wovon man gewöhnlich bei Functionen redet, wie Stetigkeit, Differentiierbarkeit, u. s. w. nicht den Functionen als solchen zukommt, sondern nur bestimmten Functionsclassen, die sich eben durch diese Eigenschaften von anderen Functionsclassen unterscheiden. Die genaue Definition der Eigenschaften Stetigkeit und Differentiierbarkeit kommt der Differentialrechnung zu, wir heben hier nur hervor, dass man lange Zeit über die Bedeutung und Tragweite dieser Begriffe im Unklaren, ja selbst im Irrtum gewesen ist. So hat sich z. B. die Erkenntniss, dass eine stetige Function nicht differentiierbar zu sein brauche, und dass eine unendlich oft differentiierbare Funktion sich nicht in eine Taylor'sche Reihe entwickeln zu lassen brauche, erst verhältnismässig spät Bahn gebrochen und ist vielleicht auch heute noch nicht in alle mathematischen Kreise hineingedrungen.

b.) Um ein für allemal eine bestimmte Festsetzung zu treffen, auf Grund, deren wir unsere weiteren Untersuchungen ausführen können, führen wir die Potenzreihe ein

$$s = a + bz + cz^2 + \ldots\ldots,$$ oder allgemeiner

$$s = a + b(z - z_0) + c(z - z_0)^2 + \ldots\ldots$$ von der wir voraussetzen, dass sie für kleine Werte von $z$ resp $z - z_0$ convergiert. Wir untersuchen nun nicht, unter welchen Bedingungen sich eine Function in eine sol-

che Potenzreihe entwickeln lässt, sondern bestimmen einfach, dass wir uns nur mit solchen Functionen beschäftigen wollen, die in Potenzreihen entwickelbar sind, wobei wir uns aber stets bewusst sind, dass wir nach dieser Festsetzung nicht mit den allgemeinsten Functionen, sondern nur mit einer bestimmten Functionsclasse zu thun haben. Wir nennen die Functionen, die sich in eine Potenzreihe entwickeln lassen, nach Lagrange <u>analytische Functionen</u>

c. Um nun einen Schritt weiter zu kommen, geben wir die Beschränkung der Variabilität von $z$ auf reelle Werte auf und lassen auch complexe Werte von $z$ zu. Unter dieser Voraussetzung convergiert die Potenzreihe in einem Kreise um den Nullpunkt resp. den Punkt $z_0$, dessen Peripherie durch den nächsten singulären Punkt geht. Es kommt dadurch bei dieser Definition der Function zunächst nur ein gewisser Bereich der Ebene, nämlich das Innere des Convergenzkreises, inbetracht, und wir sprechen in diesem Fall von einem <u>Functionselement</u> im Gegensatz zur <u>Gesamtfunction</u>, die aus einem Functionselement durch <u>analytische Fortsetzung entsteht</u>.

d. Unter analytischer Fortsetzung versteht man

folgenden Process: Hat man eine Function in einem gewissen Convergenzkreise durch eine Potenzreihe definiert, so kann man sie natürlich auch in der Nähe jedes beliebigen Punktes z' im Innern des Convergenzkreises in eine Reihe entwickeln, die nach Potenzen von z-z' fortschreitet. Für jede solche Entwickelung wird ein neuer Convergenzkreis mit dem Mittelpunkte z' existiren, dessen Peripherie durch den nächsten singulären Punkt geht. Diese neuen Convergenzkreise werden im allgemeinen über den alten hinausgreifen und dadurch eine Erweiterung der Definition unserer Function auf die neuen Gebiete möglich machen. Eben diese Gewinnung neuen Gebietes, in welchem man die Function definieren kann, heisst analytische Fortsetzung. Führt man die analytische Fortsetzung so weit, als möglich aus, so erhält man die <u>Gesamtfunction</u>, die also sehr wohl von dem <u>Functionselement</u> zu unterscheiden ist. Gerade in der Theorie dieser Gesamtfunctionen besteht die Schönheit der modernen Functionentheorie, da dieselben sich meistens, abgesehen von jeder expliciten Darstellung, durch allgemeine Eigenschaften vollständig charakterisieren lassen.

1. Als einfachstes Beispiel führen wir die *rationalen Functionen*

$$s = R(z) \text{ an,}$$

die sich folgendermassen definieren lassen: Alle die und nur die sind rationale Functionen, die in der ganzen Ebene eindeutig sind und nur ausserwesentlich singuläre Stellen besitzen. Ein anderes Beispiel bieten die *algebraischen Functionen*, die sich als Gesamtfunction durch endliche Vieldeutigkeit und das Fehlen wesentlich singulärer Stellen vollständig charakterisieren lassen.

Wir fassen die bisherigen Auseinandersetzungen noch einmal zusammen, indem wir folgenden Satz hinstellen:

*In unserer Geometrie werden wir immer nur mit analytischen Functionen arbeiten, aber bald als Function nur das einzelne Functionselement, bald die Gesamtfunction bezeichnen, die sich aus dem einzelnen Functionselement durch analytische Fortsetzung ergiebt.*

2. *Haupteinteilung der Geometrie.*

Entsprechend der entwickelten Auf- [Di. 25. X. 92.]
fassung können wir auch die Geometrie selbst in zwei verschiedene Teile spalten, nämlich:

1.) *Geometrie im begrenzten Raumstück*, entsprechend der Verwendung allein von Functionselementen.

2) <u>Geometrie im Gesamtraum</u>, entsprechend der Verwendung von Gesamtfunctionen. Zu dem ersten Teile gehört fast die ganze Anwendung der Diff.- und Integralrechnung auf Geometrie. Denn wenn wir Tangentenconstructionen an Curven ausführen, wenn wir die Krümmungsverhältnisse der Curven und Flächen untersuchen, so achten wir dabei jedesmal nur auf ein kleines begrenztes Stück des Gebietes, unbekümmert darum, welche Singularitäten ausserhalb desselben unser Gebilde haben könne. Auch die ganze von Gauss entwickelte Flächentheorie gehört hierher.

Andererseits gehört die Theorie der algebraischen Curven und Flächen grösstenteils zu dem zweiten Teile, da wir bei den meisten Untersuchungen über diese Gebilde z. B. Aufsuchung von Schnittpunkten oder Schnittcurven mehrerer solcher Gebilde stets die Gebilde als Ganzes im Auge haben. Zusammenfassend können wir sagen:

<u>Dem Unterschied zwischen Functionselement und Gesamtfunction entsprechend können wir unterscheiden zwischen Geometrie im</u>

begrenzten Raume und Geometrie im Gesamtraum. Zur ersteren Geometrie ist fast die ganze Anwendung der Differential- und Integralrechnung auf Geometrie zu rechnen, zum zweiten Teile die Lehre von den algebraischen Gebilden. Diese beiden Teile der Geometrie stehen gewöhnlich ganz getrennt von einander; es giebt Lehrbücher für die eine Art und für die andere Art, aber zusammenfassende Darstellungen giebt es nicht. Es soll Aufgabe dieser Vorlesung sein, beiden Arten von Geometrie gerecht zu werden.

3. Nähere Ausführung hiezu.

Zunächst wollen wir die pädagogischen Grundlagen bzw. Hülfsmittel für beide Arten von Geometrie besprechen.

Nehmen wir zunächst den elementaren Teil der Geometrie im Gesamtraum, also hauptsächlich der algebraischen Gebilde. Wir rechnen zu dem elementaren Teil dieser Theorie in der Ebene: Lehre von der geraden Linie und den Kegelschnitten, im Raume: Lehre von der Ebene, geraden Linie, Flächen zweiten Grades und den Durchdringungscurven zweier Flächen zweiten Grades. Welche Lehrbücher sind da zu empfehlen, welche Anschauungsmittel giebt es?

Indem wir vorwegschikken, dass im allgemeinen die französischen Lehrbücher wegen der praktischen, aber doch nicht zu beschränkten Auswahl des Stoffes und wegen der didaktisch sehr zweckmässigen Behandlung desselben den Vorzug verdienen, nennen wir speciell als Lehrbücher für unsere Disciplin:

1). Briot-Bouquet, Géom. analytique (besitzt die oben erwähnten guten Eigenschaften der französischen Lehrbücher und ist deshalb vor allen anderen zu empfehlen).

2 Salmon a) Analytische Geometrie der Kegelschnitte. b) Raumgeometrie (deutsch von W. Fiedler.) (ziemlich umfangreich und vor allem die deutsche Uebersetzung zu überladen.) Es drängt sich in diesen Werken das formale Element, die Invariantentheorie, zu sehr in den Vordergrund und zuweilen mangelt es auch an einer strengen Beweisführung. Immer kann man aus ihnen eine ganze Menge interessanten Stoffes kennen lernen.

3. Hesse, Raumgeometrie (rein analytisch)

4. Reye, Geometrie der Lage (rein synthetisch) beide einseitig methodisch, aber in ihrer Be-

handlung sehr elegant.

5. Clebsch – Lindemann, Vorlesungen über Geometrie (im wesentlichen Nachschlagebuch).

6. Was Anschauungsmittel angeht, so will ich insbesondere die Modelle der Flächen zweiten Grades nennen, die uns die Flächen selbst, die Kreisschnitte, die erzeugenden Geraden, und Systeme confocaler Flächen mit ihren Durchdringungen anschaulich vor's Auge führen. Es ist ganz besonders nützlich, sich selbst solche Modelle zu verfertigen, wozu ganz einfache Mittel ausreichen.

Nun denn entsprechende Bemerkungen zum elementaren Teil der „Geometrie im begrenzten Raumstück", die wir im wesentlichen als Differentialgeometrie bezeichnen können. [Do. 27. X. 92.]

Es gehört zu dieser Theorie:

a). in der Ebene: die allgemeine Lehre von den ebenen Curven.

b) im Raume: 1) Lehre von den Flächen
2) Lehre von den Raumcurven.

Bezüglich der Lehre von den ebenen Curven beschränken wir uns darauf, einige Stichworte anzuführen, die die einzelnen Teile dieser Lehre genügend charakterisieren werden: Tangente, Krümmung

Kreis, Evolute, Bogenlänge, Flächenstück, von einer Curve umgränzt.

Etwas ausführlicher verweilen wir bei der Flächentheorie, da diese bei weitem den grössten Raum und das meiste Interesse in der Differentialgeometrie in Anspruch nimmt. Ehe wir jedoch einiges Zusammenhängende darüber mittheilen, setzen wir zunächst wieder die Stichworte hierher, die uns als Leitfaden für das folgende dienen mögen: Krümmung-Eulersche Sätze betr. Krümmung-Dupin*)-sche Indicatrix-Krümmungscurve-Haupttangentencurve-Geodätische Linien-Minimalflächen-Flächen constanter Krümmung.

Gehen wir jetzt im Zusammenhange auf die Flächentheorie ein, so müssen wir zunächst an die Untersuchungen erinnern, die man über die Krümmung der Fläche in einzelnen Punkte anstellt. Man legt bei dieser Untersuchung bekanntlich Normalschnitte durch den betr. Punkt und vergleicht die Krümmung in den einzelnen Normalschnitten. Die Grösse des Krümmungsradius wechselt im allgemeinen mit der Lage des Normalschnittes, und es giebt zwei Lagen, in denen dieselbe ein Maxi-

*) Dupin ist einer der hervorragendsten Schüler von Monge gewesen; seine „développements de géométrie“ erschienen zuerst 1813.

mum resp. ein Minimum wird.

Diese beiden Schnitte heissen Hauptschnitte, und die Krümmungsradien in ihnen, die wir mit $\varrho$ und $\varrho'$ bezeichnen wollen, Hauptkrümmungsradien. Weiterhin sind in unserer Theorie zwei charakteristische Verbindungen der beiden Hauptkrümmungsradien von grosser Bedeutung, nämlich einmal der Ausdruck

$$\frac{1}{\varrho} + \frac{1}{\varrho'},$$ der den Namen <u>mittlere Krümmung</u> trägt, und zweitens die Verbindung

$$\frac{1}{\varrho\varrho'},$$ das sogenannte <u>Krümmungsmass</u> (nach <u>Gauss</u>, disquisitiones circa superficies curvas, 1827). Da $\varrho$ und $\varrho'$ sowohl positiv als negativ sein können, kann das Krümmungsmass ebenfalls grösser oder kleiner als Null sein. Im ersten Fall nennt man die Fläche in dem betreffenden Punkt <u>elliptisch</u>, im zweiten Falle <u>hyperbolisch</u> gekrümmt (die Fläche hat hier die Gestalt eines Sattels). Die letzten Benennungen beziehen sich auf die Gestalt, welche die sogenannte <u>Dupinsche Indicatrix</u> an der zu untersuchenden Stelle der Fläche besitzt. Diese Kurve, die als

Schnitt einer zur Tangentialebene parallelen und von ihr unendlich wenig entfernten Ebene mit der Fläche erzeugt wird, ist nämlich im ersten Falle in erster Annäherung eine Ellipse, im zweiten Falle eine Hyperbel. In beiden Fällen sind die Hauptschnitte der Fläche durch die Hauptaxen der Dupin'schen Indicatrix gegeben. Die Asymptoten der Indicatrix heissen Haupttangenten; sie sind natürlich nur im Falle hyperbolischer Krümmung reell. Will man die Haupttangenten ohne Zuhülfenahme der Indicatrix definieren, so kann man sagen: die Tangentialebene der Fläche in einem hyperbolisch gekrümmten Punkte schneidet dieselbe in einer Curve mit Doppelpunkt und die Tangenten der Curve im Doppelpunkt sind die Haupttangenten.

Die letzten Ausführungen veranlassen uns nun weiter, gewisse Curven auf den Flächen zu untersuchen, nämlich die sogenannten Krümmungscurven und Haupttangentencurven, deren Zusammenhang mit dem vorigen aus ihrer Definition klar hervorgeht. Unter Krümmungscurven versteht man nämlich solche auf der Fläche verlaufende Curven, die in jedem Punkte von einer Hauptkrümmungsrichtung berührt werden, während die Haupttangentencurven (oder Asymptotencurven) in jedem Punkte von einer der Haupttangenten berührt werden. Da in jedem Punkte zwei reelle Hauptkrümmungsrichtungen existieren, die einen Winkel von 90° einschliessen, so ist es klar, dass die ganze Fläche von zwei Systemen von Krümmungscurven überdeckt wird, die sich in jedem Punkte rechtwinklich schneiden und also ein sogenanntes Orthogonalsystem bilden. Die Haupttangentencurven überdecken dagegen nur die hyperbolisch gekrümmten Teile der Fläche doppelt, während sie auf den elliptischgekrümmten Teilen ganz fehlen. Beide Arten von Curven sind durch Differentialgleichungen erster Ordnung bestimmt, da man in jedem ihrer Punkte die Tangentenrichtung kennt.

Ausser den beiden genannten Arten von Curven spielen noch die geodätischen oder kürzesten Linien eine bedeutende Rolle. Man kann dieselben praktisch durch einen auf der Fläche gespannten Faden realisieren. Denkt man an diese Realisationsmethode der geodätischen

Linien, so wird einem auch der folgende Satz plausibel erscheinen: Die geodätische Linie hat die Eigenschaft, dass ihre Osculationsebene in jedem Punkte senkrecht gegen die Fläche steht, eine Eigenschaft, die man auch als Definition der geodätischen Linien benutzen kann.
Da durch jeden Punkt der Fläche unendlich viel geodätische Linien gehen, kann man die Richtung, in der dieselbe durch einen beliebigen Punkt verlaufen soll, noch beliebig vorgeben, und erst die Krümmung ist durch die Eigenschaft unserer Curve als kürzester Linie bestimmt. Die geodätischen Linien sind deshalb durch Differentialgleichungen zweiter Ordnung definiert, die aus Punkt und Tangentenrichtung die Grösse der Krümmung finden lehren.

Die Krümmungsverhältnisse können auch dazu dienen, ganze Flächenfamilien aus der Gesamtheit aller Flächen auszusondern. Wir erwähnen nur zwei Familien von Flächen:

1). Die Minimalflächen, die durch $\rho = -\rho'$ charakterisiert sind. Diese Flächen sind hiernach überall sattelförmig gekrümmt und haben übrigens ihren Namen daher, weil innerhalb einer beliebigen auf ihr verlaufenden nicht zu ausgedehnten Contour die Minimalfläche kleineren Flächeninhalt besitzt als alle in dieselbe Contour gespannten Flächen.

2). Flächen konstanten Krümmungsmasses, die, wie der Name besagt, durch $\rho\rho' =$ const gekennzeichnet sind.

Damit beendigen wir die vorläufigen Ausführungen über die Flächentheorie selbst und fügen nur noch Einiges hinzu was sich auf die

Lehrbücher für diesen Teil der Geometrie

bezieht.

Sieht man von den allgemeinen Lehrbüchern der Diff.- und Integralrechnung ab, die ja alle einen Teil ihres Raumes den Anwendungen auf Geometrie widmen, so ist hier vor allen Dingen zu erwähnen:

F. Joachimsthal, Anwendung der Diff.- und Integralrechnung auf die allgemeine Theorie der Flächen und der Linien doppelter Krümmung, ein Werk, das wegen der Beschränkung und zweckmässigen Auswahl des Stoffes ganz besonders zur Ein-

führung in die Theorie geeignet ist. Ausser Joachimsthal sind noch zwei deutsche Lehrbücher, die von Hoppe und von Knoblauch zu nennen, von denen das erstere ganz zweckmässig erscheint, und nur durch Einführung neuer Bezeichnungen unnötige Schwierigkeiten bereitet, während das zweite einseitig einen bestimmten Gedanken zur Geltung bringt und daher zur allseitigen Orientierung auf unserem Gebiete kaum ausreichen dürfte.
Als ein Sammelwerk ersten Ranges für unsere Theorie ist dann die noch im Erscheinen begriffene G. Darboux, Théorie générale des surfaces zu erwähnen; dieselbe wird für ein eingehenderes Studium unseres Gebietes ohne Zweifel auf lange Jahre hinaus die Grundlage bilden.

Als Anschauungsmittel sind auch [Fr. 28. X 92] hier ebenso wie bei der Geometrie im Gesamtraum Modelle der Flächen mit aufgezeichneten Curven zu erwähnen und es mögen zur Illustration der früheren allgemeinen Ausführungen hier noch einige specielle Sätze Platz finden, die direkt an den vorgezeigten Modellen zur Anschauung gebracht wurden.

1. Krümmungs- und Haupttangentencurven.

Auf den Flächen zweiten Grades sind die Krümmungs- und Haupttangentencurven algebraisch, nämlich die Haupttangentencurven fallen mit den „geradlinigen Erzeugenden" zusammen und die Krümmungscurven erscheinen als Durchschnitte der Flächen mit den „confocalen Flächen zweiten Grades." Die confocalen Flächen bilden nämlich ein Orthogonalsystem, und für die Flächen eines solchen Systems gilt allgemein das „Dupin'sche Theorem", dass sich dieselben längs der gemeinsamen Krümmungscurven schneiden.

## 2. Geodätische Linien

Die geodätischen Linien auf den Flächen zweiten Grades sind transcendent und als solche zuerst von Jacobi 1837 mit Hülfe hyperelliptischer Integrale bestimmt worden. Bei den Rotationsflächen zweiten Grades windet sich die einzelne geodätische Linie zwischen zwei Parallelkreisen, bei den dreiaxigen Flächen zweiten Grades zwischen den beiden Ästen einer Krümmungscurve fortgesetzt hin und her. Insbesondere läuft eine geodätische Linie, welche durch einen Nabelpunkt der Fläche geht, auch stets durch den gegenüberliegenden.

Von geodätischen Linien auf Rotationsflächen erwähnen wir noch diejenigen auf dem

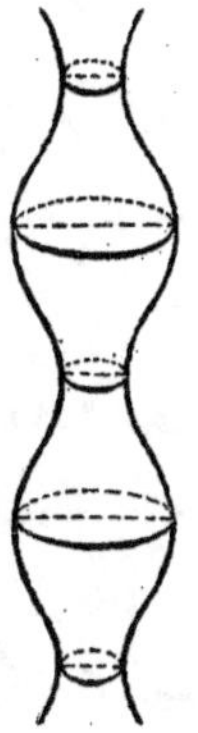

„Onduloid" von Plateau, dessen Meridiancurve nebenstehende Gestalt zeigt. Auf einem solchen unterscheidet man 1) geodätische Linien, welche zwischen zwei Parallelkreisen eingeschlossen fortwährend hin und her laufen, 2) steiler gestellte geodätische Linien, welche sich um die Gesamtfläche nach Art einer Schraubenlinie herumwinden, und endlich einen Uebergangsfall, wo die geodätische Linie den in einer Einschnürung gelegenen Kehlkreis fortgesetzt approximiert, ohne ihn zu erreichen.

Man bemerke den Unterschied zwischen algebraischen Kurven und transcendenten Curven, wie er hier hervortritt: erstere sind nach ihrem Gesamtverlauf bequem zu übersehen, letztere nur ein Stück lang.

## 3. Minimalflächen.

Als Beispiel einer Minimalfläche, bei welcher der Unterschied klar hervortritt, dass jedes kleine Stück innerhalb seiner Contour ein Minimum von Flächeninhalt besitzt, während die Fläche analytisch fortgesetzt sich selbst mannigfach durchdringt, möge die „Schilling'sche Fläche" dienen.

4. Flächen constanter Krümmung: Verschiedene Typen der hierher gehörigen Rotationsflächen, die uns später noch ausgiebig beschäftigen sollen. —

Wir beenden damit die Vorbemerkungen und gehen zu unserer eigentlichen Vorlesung über, die wir in der Weise disponiren werden, dass wir die hauptsächlichsten Begriffe der Geometrie nach einander besprechen, dass wir zusehen, wie sie mit der Zeit erweitert worden sind, und welche Fortschritte unsere Wissenschaft jedesmal dadurch gemacht hat. Unser erstes Interesse sei

## I. der allgemeine Coordinatenbegriff

und zwar behandeln wir zunächst:

### I a. Punktcoordinaten.

Althergebracht sind zwei Arten von Punctcoordinaten:

1) Parallelcoordinaten $x, y, z$.
2 Polarcoordinaten $r, \vartheta, \varphi$

Bei Parallelcoordinaten entspricht nicht nur jedem Wertsystem von Coordinaten ein Punkt, sondern jedem Punkt auch nur ein Wertsystem der Coordinaten. Dagegen kann man mit Polarcoordinaten schon den ganzen Raum umfassen, wenn man ihnen folgende Beschränkungen auferlegt:

$$r \geqq 0\,,\quad 0 \leqq \vartheta < \pi\,,\quad 0 \leqq \varphi < 2\pi\,.$$

Dementsprechend besteht in der Anwendung noch der Unterschied zwischen beiden Arten von Coordinaten, dass man Polarcoordinaten zumeist nur bei speciellen Untersuchungen gebraucht, während die Parallelcoordinaten auch bei allgemeinen Untersuchungen dienlich sind und z. B. mit Leichtigkeit gestatten, auch von imaginären Puncten zu handeln.

Ausser den beiden hiermit genannten Arten von Punctcoordinaten mögen nun insbesondere die folgenden genannt werden:

1. Linearcoordinaten d. h. lineare Verbindungen der gewöhnlichen Parallelcoordinaten, die zuerst bei Möbius in seinem Barycentrischen Calcul 1827, dann bei Plücker in Bd I der analytisch-geometrischen Entwickelungen 1828 auftreten. Sie spielen in der projectiven Geometrie als Dreiecks- und Tetraedercoordinaten eine grosse Rolle.

2. Krummlinige Coordinaten im allgemeinsten Sinne, deren Theorie hauptsächlich von Lamé in seinen Leçons sur les coordonnées curvilignes 1859 bearbeitet ist; sie werden in

der math. Physik sehr häufig benützt. Was zunächst die <u>Linearcoordinaten</u> angeht, [Mo. 31. X. 9 so berichten wir darüber noch folgendes:
Die hier gemeinten Linearcoordinaten werden in der Ebene im einfachsten Falle als <u>Dreieckscoordinaten</u> bezeichnet und dann etwa durch folgende Gleichungen eingeführt:

$$\rho p = ax + by + c,$$
$$\rho q = a'x + b'y + c',$$
$$\rho r = a''x + b''y + c''.$$

Linker Hand bedeutet $\rho$ einen willkürlichen Proportionalitätsfaktor, der uns anzeigt, dass es nur auf die Verhältnisse $p : q : r$ ankommt. Ebendesshalb bezeichnet man die $p, q, r$ auch als homogene Coordinaten.
Will man die Dreieckscoordinaten elementar geometrisch deuten, so beachte man, dass

$$\frac{ax + by + c}{\sqrt{a^2 + b^2}}$$

der Abstand des Punktes $x, y$ von der Geraden $ax + by + c = 0$ ist. Es wird dann sofort die Richtigkeit des folgenden Satzes einleuchten:
<u>Die Dreieckscoordinaten verhalten sich wie die mit gewissen vorgegebenen Constanten multiplicirten Abstände von 3 geraden Linien der</u>

Ebene

Es ist noch zu beachten, dass die Determinante

$$\begin{vmatrix} a & b & c \\ a_1 & b_1 & c_1 \\ a_2 & b_2 & c_2 \end{vmatrix}$$

von Null verschieden sein muss, damit sich die x, y durch die p, q, r ausdrücken lassen. Geometrisch heisst das, dass die vorerwähnten 3 geraden Linien nicht durch einen Punkt gehen, sondern wirklich ein Dreieck bilden sollen.

[1]Die gewöhnlichen Parallelcoordinaten lassen sich als specieller Fall der Dreieckscoordinaten ansehen. Man hat nur die dritte Dreiecksseite ins Unendliche rücken zu lassen u. die zugehörige multiplicirende Constante ∞ klein zu nehmen, endlich

$$\frac{p}{r} = x\ ,\quad \frac{q}{r} = y$$ zu setzen.

Ganz Analoges lässt sich auch von den Tetraedercoordinaten im Raume aussagen.

An Stelle der Bezeichnung p, q, r braucht man heutzutage allgemein die Bezeichnung $x_1, x_2, x_3$ oder im Raume $x_1, x_2, x_3, x_4$, die von Hesse [1840-1860] zuerst eingeführt worden ist. Hesse's Hauptverdienst ist es, die eleganten formalen Methoden seines Lehrer's Jacobi, insbesondere die Determinantenrechnung in die neuere Geometrie hineingetragen zu haben, von wo dann eben die erwähnte Bezeichnung der Dreiecks- und Tetraedercoordinaten durch Indices herrührt.

Auf ganz anderem Wege als Plücker, nämlich von mechanischen Gesichtspunkten aus, ist Möbius dazu gekommen, in seinem barycentrischen Calcul eine specielle Art von Dreieckscoordinaten einzuführen.

Er sieht als Coordinaten eines Punktes die drei Gewichte $p, q, r$ an, die man in den Ecken des zu Grunde gelegten Dreiecks anbringen muss, damit der betreffende Punkt Schwerpunkt des Dreiecks wird. (Woraus unmittelbar einleuchtet, dass nur die Verhältnisse der $p, q, r$ eine geometrische Bedeutung haben).

Dass die barycentrischen Coordinaten wirklich ein specieller Fall der Dreieckscoordinaten sind, erkennt man leicht, wenn man im Schwerpunkte des Dreiecks die Masse $-(p+q+r)$ anbringt. Man beachte nämlich, dass die so vervollständigte Figur als mechanisches System betrachtet im Gleichgewicht sein muss, dass also auch die Drehmomente um die einzelnen Dreiecksseiten verschwinden müssen. Bezeichnet man nun die drei Höhen des Dreiecks mit $h, k, l$, und die 3 vom Schwerpunkte auf die Seiten gefällten Perpendikel mit $\pi, \kappa, \varrho$ so ergeben sich folgende Gleichungen

$$p\,h-(p+q+r)\pi=0,\quad q\,k-(p+q+r)\kappa=0,\quad r\,l-(p+q+r)\varrho=0.$$

d. h. $p:q:r=\frac{\pi}{h}:\frac{\kappa}{k}:\frac{\varrho}{l}$

Wir können daher folgenden Satz aussprechen:
Die barycentrischen Coordinaten sind ein besonderer Fall der allgemeinen Dreieckscoordinaten, indem als multiplicirende Constante der 3 Abstände von den Dreiecksseiten die reciproken Höhen des Dreiecks angenommen sind. —

Fragen wir uns jetzt, welchen Nutzen die Einführung der Dreieckscoordinaten gewährt, so können wir mit 3 Dingen antworten:

1) Homogeneïtät,
2) Behandlung des unendlich Weiten,
3) grössere Schmiegsamkeit des Coordinatensystems:

Ad 1). Was zunächst den ersten Punkt angeht, so erkennt man leicht, dass in unseren Coordinaten alle Gleichungen, die eine unmittelbare geometrische Bedeutung haben, homogen sein müssen, da es nur auf die Verhältnisse der Coordinaten ankommt. So ist z. B. $Ap + Bq + Cr = 0$ die Gleichung einer geraden Linie und $\sum_1^3 a_{ik} x_i x_k = 0$ die Gleichung eines Kegelschnitts in Dreieckscoordinaten.

Will man analytisch verfolgen, dass alle Gleichungen in Dreieckscoordinaten homogen werden müssen, so löse man die Gleichungen, die den Zusammenhang zwischen den Dreieckscoordinaten u. den gewöhnlichen vermitteln, nach $x$ und $y$ auf, indem man neben $x$ und $y$ auch $\varrho$ als Unbekannte betrachtet. Man erhält dann die Werte

$$x = \frac{Z_1}{N}, \quad y = \frac{Z_2}{N}, \quad \text{(mit gemeinsamen Nenner)},$$

wo $Z_1$, $Z_2$ und $N$ homogene lineare Ausdrücke in den $p$, $q$, $r$ bedeuten. Setzt man nun für $x$ u. $y$ diese Werte in irgendwelche vorgegebene Curvengleichung ein und multiplicirt mit dem Nenner herauf, so ist ja ohne weiteres ersichtlich, dass die Gleichung eine homogene Gestalt in Bezug auf die neuen Coordinaten annehmen muss. Die Homogeneität der Gleichungen ist von be-

sonderem Nutzen in der Tangenten- und Polarentheorie, die dadurch an Symmetrie u. deshalb an Einfachheit gewinnt.
Bezeichnet $f(x, y) = 0$ die Gleichung einer Curve in gewöhnlichen Coord. und $f(x_1, x_2, x_3) = 0$ die Gleichung derselben Curve in Dreieckscoordinaten, so wird die Gleichung der Tangente im Punkte $x, y$ resp $x_1, x_2, x_3$ im ersten Falle

$$\frac{\partial f}{\partial x}(x' - x) + \frac{\partial f}{\partial y}(y' - y) = 0$$

und im zweiten Falle

$$\frac{\partial f}{\partial x_1} x_1' + \frac{\partial f}{\partial x_2} x_2' + \frac{\partial f}{\partial x_3} x_3' = 0,$$

zwei Gleichungen, von denen die zweite ersichtlich die erste an Symmetrie übertrifft.
Zum Beweise dieser Formel braucht man das bekannte Eulersche Theorem über homogene Functionen, das überall in diesem Gebiete benutzt wird:

$$\frac{\partial f}{\partial x_1} x_1 + \frac{\partial f}{\partial x_2} x_2 + \frac{\partial f}{\partial x_3} x_3 = nf,$$

wo $n$ den Grad von $f$ bezeichnet.
Ad 2). Was das Unendlich Weite angeht, so beziehen wir uns da wieder auf die Formeln:

$$x = \frac{x_1}{N}, \quad y = \frac{x_2}{N},$$

die uns lehren, dass einem Unendlichwerden von $x$ und $y$ ein Verschwinden von $N$ entspricht. Es sind daher erstlich zur Behandlung des Unendlichweiten keine unendlich grossen Werte von $x_1, x_2, x_3$ heranzuziehen, weil es ja nur auf die Verhältnisse der $x_1, x_2, x_3$ ankommt. Zweitens sind die $x_1, x_2, x_3$ einer bestimmten linearen homogenen Gleichung $N=0$ zu unterwerfen, wenn sie unendlich ferne Elemente darstellen sollen. Dadurch schliesst sich der analytische Ansatz an die Vorstellungsweise der projektiven Geometrie an, welche von einer unendlichweiten Geraden der Ebene spricht.

Ad 3). Endlich besitzt das Dreieckscoordinatensystem eine grössere Schmiegsamkeit, da wir ja stets eine gerade Linie mehr als bei gewöhnlichen Parallelcoordinaten zur Verfügung haben, wenn es sich um eine passende Wahl des Coordinatensystems handelt. Ein Beispiel möge uns dies näher illustriren. Setzen wir uns aus den beiden Schaaren von geradlinigen Erzeugenden eines einschaligen Hyperboloids ein windschiefes Viereck zusammen, vervollständigen dasselbe zu einem Tetraeder (Tangentialtetraeder) und benutzen es so, als Coordinatentetraeder, so kann die Gleichung des Hyperboloids nur die Gestalt haben:

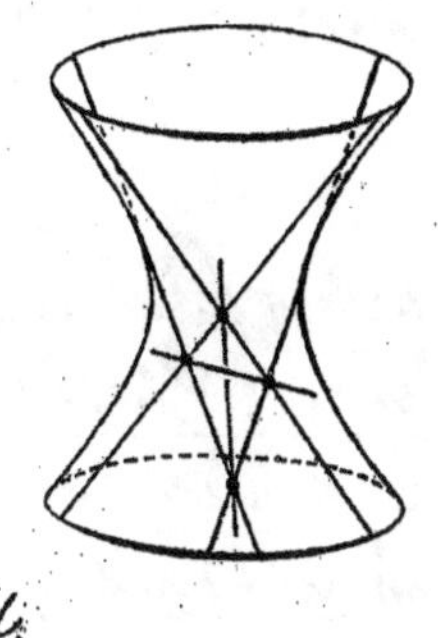

$$a x_1 x_2 + b x_3 x_4 = 0,$$

sofern die Gleichungen der 4 Seiten des windschiefen Vierecks

$$\begin{cases} x_1 = 0, \; x_3 = 0 \\ x_1 = 0, \; x_4 = 0 \end{cases} \text{ und } \begin{cases} x_2 = 0, \; x_3 = 0 \\ x_2 = 0, \; x_4 = 0 \end{cases} \text{ sind:}$$

Führt man jetzt unter Beibehaltung des Coordinatentetraeders Multipla der bisherigen Coordinaten als neue Coordinaten ein, so kann man der Flächengleichung leicht die Gestalt geben:

$$x_1 x_2 - x_3 x_4 = 0,$$

eine Formel, die sich in gleicher Einfachheit beim blossen Gebrauche von Parallelcoordinaten nicht herstellen lässt. Die letzte Gleichung lässt sich auch in Determinantenform schreiben:

$$\begin{vmatrix} x_1 & x_3 \\ x_4 & x_2 \end{vmatrix} = 0.$$

und ist daher das Eliminationsresultat aus den Gleichungen:

$$x_1 - \lambda x_3 = 0,$$
$$x_4 - \lambda x_2 = 0,$$

oder der beiden andern

$$\mathfrak{X}_1 - \mu \mathfrak{X}_4 = 0,$$
$$\mathfrak{X}_3 - \mu \mathfrak{X}_2 = 0.$$

Daraus folgt aber unmittelbar die geometrische Wahrheit: Unsere Fläche 2ten Grades kann auf zwei Weisen im Anschluss an unser windschiefes Viereck durch den Schnitt entsprechender Ebenen aus 2 projektiven Ebenbüscheln erzeugt werden.

Da ist der Satz, durch den man die Flächen zweiten Grades in die synthetische neuere Geometrie einzuführen pflegt*). Wir erkennen, dass dieselbe bei Zugrundelegung von Tetraedercoordinaten der analytischen Behandlung in einfachster Weise zugänglich ist.

Wir kommen jetzt dazu, die Fortschritte, die der Begriff der Punktcoordinaten und der Coordinatenbegriff [Di: 1.XI] überhaupt durch Plücker erfahren haben, näher zu besprechen. Plücker, der vorzüglichste Autor der neueren analytischen Geometrie, hatte, was Geometrie angeht, seine Hauptwirksamkeit in den Jahren 1826 - 1846. Er publicirte während dieser Zeit neben zahlreichen Abhandlungen in Crelle's Journal folgende Hauptwerke:

---

*) wie wir dies später noch ausführlich besprechen werden

1) Analytisch-geometr. Entwicklungen. 2 Bd. (1828, 31)
2) System der analytischen Geometrie. 1835.
3) Theorie der algebraischen Curven. 1839.
4) System der Geometrie des Raumes, in neuer analytischer Behandlungsweise 1846.

Nach dieser Periode beschäftigte sich Plücker hauptsächlich mit Arbeiten über experimentelle Physik, gab jedoch später im Jahre 1868 und 1869 noch einmal ein Werk über analytische Geometrie heraus, das folgende Titel trägt:

Neue Geometrie des Raumes, gegründet auf die Betrachtung der geraden Linie als Raumelement. 1868-69.

Obwohl uns an dieser Stelle zunächst dasjenige interessirt, was sich in den Werken Plückers über Punktcoordinaten findet, so sei doch gleich darauf hingewiesen, dass Plücker nicht nur den Begriff der Punktcoordinaten auf mannigfache Weise erweitert hat, sondern, dass er auch den Coordinatenbegriff überhaupt dahin verallgemeinert hat, dass man jedes einzelne geometrische Gebilde im Raume durch Coordinaten festlegen und sich dann mit den Gleichungen beschäftigen kann, welche zwischen diesen Coordinaten vorgegeben werden. Man vergleiche den Titel des letztangeführten Werkes.

Uebrigens ist auch hiermit Plücker's geometrische Bedeutung noch lange nicht erschöpft. Es sei betreff desselben auf den im Jahre 1871 vor der hiesigen Gesellschaft der Wissenschaften gelesenen Nachruf von Clebsch verwiesen, in dem zu manchen principiellen Dingen Stellung genommen wird, die auch heute noch eine Rolle spielen.

Gehen wir jetzt speciell auf die Punktcoordinaten bei Plücker ein, so können wir 2 Stichworte von Plücker selbst anführen, die den Fortschritt charakterisieren:

„Methode der abgekürzten Bezeichnung"
„Lesen in den Gleichungen"

Das erste gestaltet Plücker so aus, dass er allgemein Ausdrücke erster und höherer Ordnung in den $x$ u. $y$ abkürzend mit einem Buchstaben bezeichnet und dann diese Ausdrücke selbst als Coordinaten ansieht (wovon die Dreieckscoordinaten ein specieller Fall sind); mit dem zweiten meint er, dass man ohne alle Rechnung, einfach durch Betrachtung

der Gleichungen selbst aus ihnen die Resultate gleichsam ablesen soll.
So zeigt Plücker beispielsweise, dass man die Gleichung einer ebenen $C_3$ stets in die Gestalt setzen kann:

$$p \cdot q \cdot r - s^3 = 0.$$

die Gleichung einer ebenen $C_4$ in die Gestalt

$$p \cdot q \cdot r \cdot s - \Omega^2 = 0$$

wo $p, q, r, s$ lineare Ausdrücke, $\Omega$ ein quadratischer Ausdruck in den gewöhnlichen Coordinaten ist.
Führen wir auch gleich die Sätze an, die Plücker aus diesen Gleichungen abliest:
<u>Bei jeder Curve dritter Ordnung kann man 3 Wendepunkte ausfindig machen, welche in gerader Linie liegen.</u>
und:

<u>Jede Curve 4ter Ordnung besitzt 4 Doppeltangenten, deren 8 Berührungspunkte auf einem Kegelschnitt $\Omega = 0$ liegen.</u> *)
Schneidet man nämlich die $C_3$ mit einer der Geraden $p = 0$, $q = 0$, $r = 0$, so erhält man als drei-

*) Durch die Fassung dieser Sätze soll unentschieden bleiben, was in der That durch die hier vorliegenden Mittel sich noch nicht entscheiden lässt, ob es auf der Curve 3. Ordnung nur <u>ein</u> Wendepunktstripel der bezeichneten Art giebt, resp. bei der Curve 4. Ordnung nur <u>ein</u> Doppeltangentenquadrupel, oder mehrere.

fach zählenden Schnittpunkt denjenigen Punkt, den jede der Geraden mit der Geraden $s=0$ besitzt, d. h. die Geraden $p=0$, $q=0$, $r=0$ sind Wendeltangenten und ihre Berührungspunkte liegen auf der Geraden $s=0$.

Schneidet man analog die $C_4$ mit einer der Geraden $p=0$, $q=0$, $r=0$, $s=0$, so erhält man als doppeltzählende Schnittpunkte diejenigen Punkte, in denen diese Geraden resp. den Kegelschnitt $\Omega=0$ schneiden, d. h. alle diese Geraden sind Doppeltangenten und ihre Berührungspunkte liegen auf dem Kegelschnitt $\Omega=0$.

Wie beweist nun Plücker, dass sich die Gleichungen der Curven in solche specielle Formen setzen lassen?

Er benutzt dazu das „Princip des Constantenzählens", das einfach darauf beruht, dass man sagt, der Vergleich der speciellen Gleichungsform mit einer vorgeschriebenen Curve, die in diese Gestalt gesetzt werden soll, liefert für die unbekannten Coefficienten gerade so viel Gleichungen als unbekannte Coefficienten vorhanden sind, woraus sich dann letztere im allgemeinen aus den Gleichungen bestimmen lassen werden.

So enthalten z. B. die Gleichungsformen $p\cdot q\cdot r - s^3 = 0$

und $p \cdot q \cdot r \cdot s - \Omega = 0$ 9 resp. 14 *) Constante, und gerade so viele Constante treten beziehungsweise in den Gleichungen der allgemeinen Curven 3ter u. 4ter Ordnung auf, woraus Plücker dann auf die Möglichkeit der oben angeführten Darstellungen schliesst.

Es ist jedoch hier besonders zu betonen, dass das Princip des Constantenzählens in jedem Falle eine genaue Ueberlegung darüber verlangt, ob die Gleichungen, die man zur Bestimmung der Unbekannten erhält, wirklich unabhängig und mit einander verträglich sind.

[Vergl. den Nachruf von Clebsch]

Die eben durchgeführten Betrachtungen schliessen natürlich den Gedanken ein, dass man $p, q, r, s, \ldots \Omega$ als Coordinaten ansieht, und *wir haben also, wenn wir zusammenfassen, die Verallgemeinerung der Punktcoordinaten vor uns: dass man irgendwelche rationale, ganze Verbindungen*

---

*) Dass die Gleichung $p\,q\,r - s^3 = 0$ 9 Constante enthält ergiebt sich leicht aus folgender Abzählung: $p, q, r$, enthalten insgesammt 9 Constante, aber das Produkt $p \cdot q\,r$ nur 7, da man 2 Ausdrücke z. B. $p$ und $q$ mit einem beliebigen Faktor multipliciren kann, und dann jeweils den reciproken Faktor in den 3ten Ausdruck aufnehmen kann, $s$ enthält 3 Constante, macht zusammen 10; davon geht wieder 1 ab, weil man die Gleichung mit einem beliebigen Faktor multipliciren kann. Ebenso findet man dass $p\,q\,r\,s - \Omega^2 = 0$ 14 Constante enthält. Denn das Produkt $p \cdot q \cdot r \cdot s$ enthält $4.3 - 3 = 9$, $\Omega$ enthält 6, macht 15 Const. $-1$, macht 14 Constante.

der Punktcoordinaten mit *einem* Buchstaben bezeichnet und also selber als Coordinaten auffasst. Von hier zu den

2) *allgemeinen* krummlinigen Coordinaten ist nur noch ein Schritt. Wir verstehen nämlich unter krummlinigen Coordinaten der Raumgeometrie [um hier gleich zu 3 Dimensionen zu gehen] allgemein solche Verbindungen $u, v, w$, die *analytisch* von $x, y, z$ abhängen. Es bedeuten dann

$$u = C, \quad v = C', \quad w = C''$$

3. Flächenschaaren, die uns durch ihre Schnitte die Punkte definiren. Die einzige Bedingung ist, dass die Functionaldeterminante

$$\begin{vmatrix} \frac{\partial u}{\partial x} & \frac{\partial u}{\partial y} & \frac{\partial u}{\partial z} \\ \frac{\partial v}{\partial x} & \frac{\partial v}{\partial y} & \frac{\partial v}{\partial z} \\ \frac{\partial w}{\partial x} & \frac{\partial w}{\partial y} & \frac{\partial w}{\partial z} \end{vmatrix}$$

nicht verschwinden soll.

Es liegt in der Natur der Sache, dass wir diese Flächen, so lange nichts Näheres festgesetzt wird, nur im begrenzten Raumstück betrachten; denn da in ihren Gleichungen beliebige analytische Functionen der $x, y, z$ auftreten, so können wir den Verlauf der Flächen überhaupt nur in einem begrenzten Raumstück übersehen, und gar nicht wissen, was für Singularitäten ausserhalb desselben noch auftreten mögen. Das schadet aber nichts, wenn wir uns, wie dies in der mathematischen Physik durchweg der Fall ist, mit Problemen der Differentialgeometrie beschäftigen. Da handelt es sich zum Beispiel darum, wie drückt sich $ds^2 = dx^2 + dy^2 + dz^2$ in krummlinigen Coordinaten aus, oder wie transformirt sich die Gleichung

$$\frac{\partial^2 f}{\partial x^2} + \frac{\partial^2 f}{\partial y^2} + \frac{\partial^2 f}{\partial z^2} = \Delta f = 0.$$

(die sog. Differentialgleichung des Potentials) bei Einführung krummliniger Coordinaten, und anderes mehr. Als Hauptvertreter der krummlinigen Coordinaten haben wir bereits Lamé genannt, der 1830-1860 in der Faculté des Sciences lehrte. Er hat sehr viel durch Vorlesungen gewirkt, die er am Ende seiner Laufbahn in Lehrbücher zusammen gefasst hat. Wir nennen als solche:

1) Leçons sur les fonctions inverses, des transcendantes et les surfaces isothermes 1857.

Eine Flächenschaar $f =$ Const. heisst isotherm, wenn die Gleichung $\Delta f = 0$ erfüllt ist; heutzutage nennt man solche Flächen Niveauflächen des Potentials $f$.

2) Leçons sur les coordonnées curvilignes 1859.

3). Leçons sur la théorie analytique de la chaleur 1861 (d. h. Wärmeleitung)

4). Leçons sur la théorie mathématique de l'élasticité des corps solides (2 Aufl. 1866).

Diese Werke sind ja jetzt in vielfacher Hinsicht veraltet, aber immer noch mit Nutzen kennen zu lernen.

Wir heben aus den krummlinigen Coordinaten nur zwei Arten heraus, die uns näher beschäftigen sollen:

1) Elliptische Coordinaten
2) Pentasphärische Coordinaten.

Die elliptischen Coordinaten sind zuerst [Do. 3. XI. 92.] im Jahre 1839, gleichzeitig von Jacobi u. Lamé eingeführt worden, und zwar in den Abhandlungen:

Jacobi: Von den geodätischen Linien auf dem Ellipsoid und einer merkwürdigen analyt. Substitution. Crelle 19.

Lamé: Sur l'équilibre des températures dans un ellipsoide à trois axes inegaux. Liouville Bd IV.

Gehen wir nun auf die elliptischen Coordinaten näher ein, so knüpfen wir dabei an ein System confocaler Flächen zweiten Grades an, das wir uns durch folgende Gleichung repräsentiert denken:

$$\frac{x_1^2}{a_1-\lambda}+\frac{x_2^2}{a_2-\lambda}+\frac{x_3^2}{a_3-\lambda}=1$$

wo $x_1\ x_2\ x_3$ gewöhnliche rechtwinklige Coordinaten bedeuten, während $\lambda$ ein veränderlicher Parameter ist. Schränken wir nun $\lambda$ auf reelle Werte ein und lassen es die Werte von $-\infty$ bis $+\infty$ durchlaufen, so haben wir folgende Fälle zu unterscheiden:

1) Liegt $\lambda$ zwischen $-\infty$ und $a_3$ so stellt obige Gleichung <u>Ellipsoide</u>

2) . . . . . . . . . . . $a_3$ . . . . $a_2$ . . . <u>einschalige Hyperboloide</u>

3) . . . . . . . . . . . $a_2$ . . . . $a_1$ . . . <u>zweischalige Hyperboloide</u>

4) . . . . . . . . . . . $a_1$ . . . $+\infty$ . . <u>nullteilige Flächen</u> dar.

Wir nennen die letzten Flächen nullteilig, weil sie keinen reellen Teil besitzen; den gewöhnlichen Namen „imaginäre" Flächen brauchen wir nicht, weil wir später unter imaginären Flächen solche verstehen wollen, die durch eine Gleichung mit imaginären Coefficienten dargestellt werden, während doch die Gleichung unserer nullteiligen Fläche durchaus reell ist.

Versuchen wir jetzt, uns eine klare Vorstellung von der confocalen Flächenschaar zu machen und beginnen wir zunächst mit den Ellipsoiden, deren drei Halbaxen offenbar die Längen:

$$\sqrt{a_1-\lambda}\ ,\ \sqrt{a_2-\lambda}\ ,\ \sqrt{a_3-\lambda}$$

haben werden. Diese Schaar der Ellipsoide

schliesst als Grenzfälle für $\lambda = -\infty$ eine unendlich grosse Kugel und für $\lambda = a_3$ eine elliptische Scheibe mit den Halbaxen $\sqrt{a_1 - a_3}$ und $\sqrt{a_2 - a_3}$ ein. Die Randcurve dieser letzteren heisst die Focalellipse unseres Systems; sie ist in der $x_1 x_2$-Ebene gelegen (siehe Figur). Im übrigen ist die Schaar der Ellipsoide so gestaltet, dass sie alle um die Focalellipse herumgelegt sind und in der Weise einander successive einschliessen, dass zuletzt die unendlich grosse Kugel erreicht wird. Es ist leicht zu übersehen, dass sie dabei den ganzen Raum gerade einmal ausfüllen.

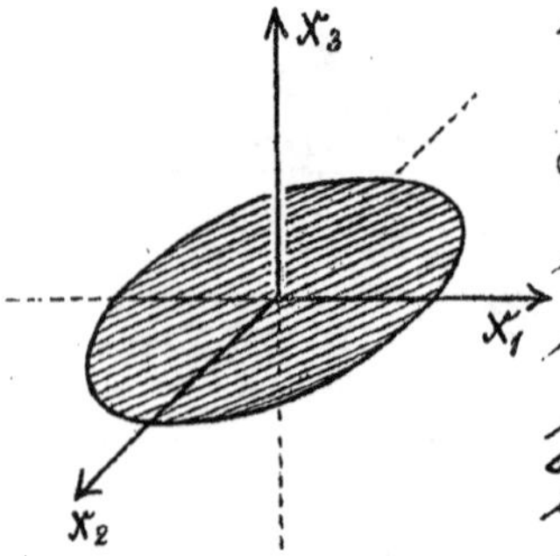

$x_3$, $x_1$, $x_2$

Lassen wir jetzt $\lambda$ zwischen $a_3$ u. $a_2$ variiren, so erhalten wir eine Schaar einschaliger Hyperboloide mit den Halbaxen:

$$\sqrt{a_1 - \lambda}\,,\ \sqrt{a_2 - \lambda}\,,\ i\sqrt{\lambda - a_3}\,.$$

Die Länge der letzten Halbaxe ist natürlich imaginär, d.h. die Verticalaxe unseres Coordinatensystems trifft das Hyperboloid nicht.

Die Schaar der Hyperboloide schliesst als Grenzfall für $\lambda = a_3$ eine hyperboloidische Scheibe ein, die das Äussere der Focalellipse überdeckt, während wir für $\lambda = a_2$ das Innere der „Focalhyperbel" erhalten, d. h. den in der nebenstehenden Figur schraffirten Flächenteil. Letztere liegt in der $x_1 x_3$ Ebene und hat folgende Gleichung

$$\frac{x_1^2}{a_1 - a_2} + \frac{x_3^2}{a_3 - a_2} = 1.$$



Zwischen diese beiden Grenzlagen fügen sich die übrigen einschaligen Hyperboloide in der Weise ein, dass sie sich alle um die Focalhyperbel herumlegen, aber von der Focalellipse umschlossen sind. Sie füllen dabei auch den Raum gerade einmal aus.

Wir haben endlich noch die Schaar der zweischaligen Hyperboloide zu betrachten, deren reelle Axe in die Richtung der $x_1$-Axe fällt. Diese Schaar schliesst als Grenzfall für $\lambda = a_2$ das ausserhalb der Focalhyperbel gelegene Stück der $x_1 x_3$-Ebene ein, während als zweiter Grenzfall für $\lambda = a_1$ die doppelt zählende $x_2 x_3$-Ebene kommt, in der keine Focalcurve weiter sichtbar ist, da die Gleichung

$$\frac{x_1^2}{a_2-a}+\frac{x_2^2}{a_3-a_1}=1$$ eine nullteilige Curve vorstellt.

Im übrigen füllt auch die Schaar der zweischaligen Hyperboloide den Raum gerade einmal völlig aus, und zwar in der Weise, dass immer eine Schaale sich um den rechten Ast, die andere um den linken Ast der Focalhyperbel herumlegt.

Wir haben hier scheinbar 3 abgetrennte Flächenschaaren kennen gelernt, jedoch nur scheinbar, da wir von einem höheren Standpunkte aus λ auch complexe Werte beizulegen haben und dadurch ein einziges „irreducibles Flächensystem" erhalten, in dem unsere 3 Flächenschaaren als reelle Unterschaaren enthalten sind.

Nachdem wir uns so ein Bild von dem Verlauf der confocalen Flächen 2ten Grades gemacht haben, müssen wir jetzt zunächst den folgenden wichtigen Satz über dieselben beweisen:

<u>Ein System confocaler Flächen zweiten Grades bildet ein Orthogonalsystem.</u>

Der Beweis des Satzes ist kurz folgender:

Es mögen durch den Raumpunkt $x_1\, x_2\, x_3$ die Flächen mit den Parametern $\lambda$ und $\lambda'$ hindurch gehen, deren Gleichungen:

$$\sum_1^3 \frac{x_i^2}{a_i-\lambda} = 1 \text{ und } \sum_1^3 \frac{x_i^2}{a_i-\lambda'} = 1.$$

Construieren wir jetzt im Punkte $x_i$ an beide Flächen die Tangentialebenen, deren Gleichungen in laufenden Coordinaten $\xi_i$ resp. sind

$$\sum_1^3 \frac{x_i \xi_i}{a_i-\lambda} = 1 \text{ und } \sum_1^3 \frac{x_i \xi_i}{a_i-\lambda'} = 1,$$

so haben wir nachzuweisen, dass die beiden Tangentialebenen aufeinander senkrecht stehen, d. h. dass die Bedingung

$$\sum \frac{x_i}{a_i-\lambda} \cdot \frac{x_i}{a_i-\lambda'} = \sum \frac{x_i^2}{(a_i-\lambda)(a_i-\lambda')} = 0$$

erfüllt ist.

Letztere Gleichung kann man aber durch Subtraktion der beiden Flächengleichungen erhalten; sie ist daher eine algebraische Folge derselben; womit der angeführte Satz als richtig nachgewiesen ist.

Da ausserdem unsere Ausgangsgleichung vom 3ten Grade in $\lambda$ ist, so gehen durch jeden Punkt drei Flächen des Systems und wir haben also ein <u>dreifaches Orthogonalsy-</u>

<u>stem</u> vor uns.

Erinnern wir uns nun weiter des schon früher erwähnten „Dupin'schen Theorems" über die Durchdringungscurven eines Orthogonalsystems, so können wir sofort folgenden Satz hinstellen:

<u>Die Durchdringungscurven, welche je 2 Flächen eines Systems confocaler Flächen zweiten Grades mit einander gemein haben, und welche nach dem Dupin'schen Theorem die Krümmungscurven derselben vorstellen, sind Raumcurven 4ter Ordnung und bestehen, wenn man sich auf die reellen Flächen des Systems und deren reelle Durchdringung beschränkt, jedesmal aus zwei Ovalen.</u>

Um nun zu den elliptischen Coordinaten selbst zu gelangen, bemerken wir, dass die Gleichung [Fr. 4.XI.92.]

$$\frac{x_1^2}{a_1-\lambda}+\frac{x_2^2}{a_2-\lambda}+\frac{x_3^2}{a_3-\lambda}=1,$$

wenn wir darin $x_1\ x_2\ x_3$ als gegeben und $\lambda$ als Unbekannte ansehen, uns 3 Wurzeln $\lambda_1\ \lambda_2\ \lambda_3$ liefert, die wir gerade als die elliptischen Coordinaten des Punktes $x_1\ x_2\ x_3$ ansprechen. Man beachte, dass die cubische Gleichung irreducibel ist, d. h. nicht etwa rational in niedere Gleichungen gespalten werden kann.

Die elliptischen Coordinaten sind also 3 Zweige einer und derselben algebraischen Function der gewöhnlichen rechtwinkligen Coordinaten, die durch die obige Gleichung definiert wird, und sie nehmen gewissermassen eine Mittelstellung zwischen den Linearcoordinaten und den allgemeinsten krummlinigen Coordinaten ein, insofern sie nämlich algebraische Functionen sind, und man sich deshalb mit ihnen im Gesamtraum zurechtfinden kann, was bei den krummlinigen Coordinaten im Allgemeinen nicht stattfindet.

Beschäftigt man sich mit speciellen Problemen, so sieht man gewöhnlich die $x_1\ x_2\ x_3$ als reell an, und es ist von Wichtigkeit zu bemerken, dass in diesem Falle auch die $\lambda_1\ \lambda_2\ \lambda_3$ reell werden, was eine einfache Folge der geometrischen Thatsache ist, dass die reellen Flächen unseres Systems den Raum gerade 3-fach ausfüllen. Man kann sogar Intervalle für die Werte der $\lambda_1\ \lambda_2\ \lambda_3$ angeben, wenn man beachtet, das durch jeden reellen Punkt $x_1\, x_2\, x_3$ ein Ellipsoid, ein einschaliges und ein zweischaliges Hyperboloid geht. Es folgt daraus, wenn man die Indices der $\lambda$ geeignet wählt, dass

$$
\begin{aligned}
-\infty \leqq \lambda_3 &\leqq a_3\,, \\
a_3 \leqq \lambda_2 &\leqq a_2\,, \\
a_2 \leqq \lambda_1 &\leqq a_1\,.
\end{aligned}
$$

Sind die elliptischen Coordinaten eines Punctes gegeben, so findet man durch folgende Formeln die rechtwinkligen

$$
\left.
\begin{aligned}
x_1^2 &= \frac{(a_1-\lambda_1)(a_2-\lambda_1)(a_3-\lambda_1)}{(a_1-a_2)(a_1-a_3)} \\
x_2^2 &= \cdot\;\cdot\;\cdot\;\cdot\;\cdot\;\cdot\;\cdot\;\cdot\;\cdot\;\cdot\;\cdot \\
x_3^2 &= \cdot\;\cdot\;\cdot\;\cdot\;\cdot\;\cdot\;\cdot\;\cdot\;\cdot\;\cdot\;\cdot
\end{aligned}
\right\}
$$

— wie man durch Eintragen in die Anfangsgleichung sofort verificirt.

Diese Formeln lehren, dass zu jedem Wertsystem $\lambda_1\, \lambda_2\, \lambda_3$ 8 Punkte gehören, deren Coordinaten sich nur durch ihre Vorzeichen unterscheiden, was ja auch die geometrische Anschauung unmittelbar erkennen lässt. Knüpfen wir jetzt weiter an die eben aufgestellten Formeln an und denken uns 2 Flächen des Systems, etwa 2 Ellipsoide, durch 2 specielle Werte $\lambda_3$ und $\lambda_3'$ gegeben, so werden für das erste Ellipsoid folgende Formeln gelten:

$$\left.\begin{aligned} x_1 &= \sqrt{\frac{(a_1-\lambda_1)(a_1-\lambda_2)}{(a_1-a_2)(a_1-a_3)}}\sqrt{a_1-\lambda_3} \\ x_2 &= \cdot\ \cdot\ \cdot\ \cdot\ \cdot\ \cdot\ \cdot \\ x_3 &= \cdot\ \cdot\ \cdot\ \cdot\ \cdot\ \cdot\ \cdot \end{aligned}\right\}$$

in denen wir $\lambda_1$ und $\lambda_2$ als krummlinige Coordinaten auf dem Ellipsoid auffassen können. Für das 2te Ellipsoid gelten entsprechende Formeln:

$$\left.\begin{aligned} x_1' &= \sqrt{\frac{(a_1-\lambda_1)(a_1-\lambda_2)}{(a_1-a_2)(a_1-a_3)}}\sqrt{a_1-\lambda_3'} \\ x_2' &= \cdot\ \cdot\ \cdot\ \cdot\ \cdot\ \cdot\ \cdot \\ x_3' &= \cdot\ \cdot\ \cdot\ \cdot\ \cdot\ \cdot\ \cdot \end{aligned}\right\}$$

Wir beziehen nun die beiden Ellipsoide aufeinander, indem wir Punkte mit denselben $\lambda_1, \lambda_2$ einander zuordnen, was geometrisch weiter nichts heisst, als dass wir diejenigen Punkte auf den Ellipsoiden sich entsprechen lassen, die auf derselben orthogonalen Trajektorie liegen.

Der analytische Zusammenhang zwischen den Coordinaten der Punkte auf den beiden Flächen wird offenbar durch folgende Formeln gegeben

$$\mathfrak{x}_1' = \sqrt{\frac{a_1 - \lambda_3'}{a_1 - \lambda_3}}\, \mathfrak{x}_1 \,,$$

$$\mathfrak{x}_2' = \sqrt{\frac{a_2 - \lambda_3'}{a_2 - \lambda_3}}\, \mathfrak{x}_2 \,,$$

$$\mathfrak{x}_3' = \sqrt{\frac{a_3 - \lambda_3'}{a_3 - \lambda_3}}\, \mathfrak{x}_3 \,,$$

deren Anblick uns die Richtigkeit des folgenden Satzes lehrt:

Die Beziehung zwischen den beiden Flächen zweiten Grades, die durch die rechtwinkligen Trajektorien vermittelt wird, ist eine affine. (nach Möbius' Terminologie.)

Da nun bei einer affinen Transformation gerade Linien wieder in gerade Linien übergehen, weil offenbar lineare Relationen zwischen den Coordinaten bei der Transformation linear bleiben, so können wir den Satz aussprechen.

Zwei einschalige Hyperboloide des confocalen Systems sind durch ihre orthogonalen Trajektorien derart aufeinander bezogen, dass den geradlinigen Erzeugenden der einen Fläche die geradlinigen Erzeugenden der andern entsprechen."

Wir können aber noch weiter behaupten:

Insbesondere sind die Stücke der geraden Linien, welche

sich auf den Hyperboloiden entsprechen, immer gleich lang."

was wir jetzt beweisen. Zwischen den beiden Hyperboloiden, für die wir die Richtigkeit unserer Behauptung darthun wollen, liegt continuirlich noch eine ganze Schaar confocaler Hyperboloide; wir brauchen daher, um die allgemeine Richtigkeit des Satzes darzuthun, ihn nur für 2 benachbarte Hyperboloide zu beweisen. Für solche ist es aber ein einfaches Corollar des kinematischen Satzes:

Bewegt man eine gerade Linie unendlich wenig aus ihrer Lage derart, dass die Endpunkte derselben sich normal gegen die Linie bewegen, so bleibt sie immer gleich lang. Der letztere Satz, der ja ohne weiteres plausibel ist, folgt analytisch aus dem Umstande, dass stets das Verhältniss der Längenänderung der Strecke $dl$ zu dem Abstand derselben von ihrer Anfangslage $ds$ Null ist.*)

Mit Hülfe des soeben bewiesenen Satzes können wir die Theorie des sogenannten „beweglichen Hyperboloids" verstehen, das zuerst im Jahre 1874 von Henrici in London aufgefunden wurde**). Dasselbe ist weiter nichts als ein Stabmodell, das die beiden Schaaren Erzeugender eines einschaligen Hyperboloids

---

*) Das soll heissen: Aus $\frac{dl}{ds} = 0$ folgt $l =$ Constans

**) Vergl. den Katalog der math. Ausstellung von Dyck, pag. 261.

enthält. Die aus starrem Material verfertigten Stäbe sind dann allemal an den Stellen, wo sie sich treffen, durch ein Charnier miteinander verbunden, so zwar, dass sie um den Befestigungspunkt sich drehen können. Das so verfertigte Modell, bei welchem alle geradlinigen Stücke konstante Länge haben, aber sich um ihre Kreuzungspunkte drehen können, ist nach unserm Satze innerhalb eines confocalen Systems beweglich. Henrici hat das zuerst empirisch bemerkt. –

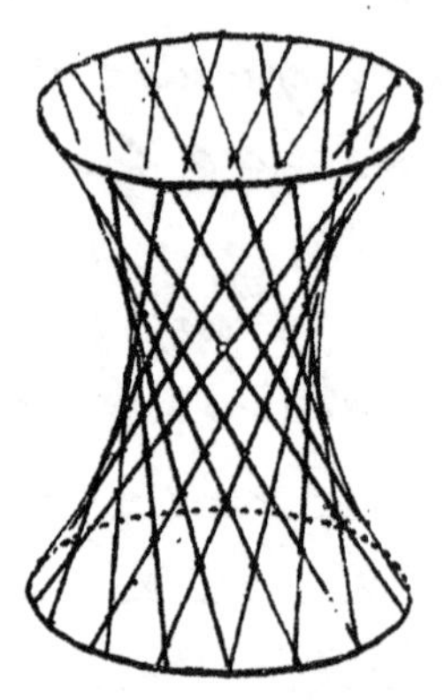

Wir gehen dazu über, eine Anwendung der elliptischen Coordinaten zu machen, indem wir die <u>Theorie der geodätischen Linien auf den Flächen zweiten Grades</u> entwickeln. Diese Theorie ist zuerst von

Jacobi, Crelle Bd 19, 1839, (in der bereits citirten Abhandlung)

rein analytisch gegeben worden, während dann

Chasles, Liouville Bd 11, 1846,

die geometrische Ergänzung dazu gegeben hat. Wir sprechen es hier gleich als Princip aus, dass wir stets die analytische und geometrische Behandlung der Probleme verknüpfen und nicht will viele Mathematiker einen einseitigen Standpunkt einnehmen werden. Denn die analytische Behandlung allein giebt keine anschauliche Vorstellung von den erhaltenen Resultaten und die geometrische Betrachtung allein kann vielfach nur plausible Beweisgründe liefern oder nur den qualitativen nicht aber den quantitativen Verlauf der Curven festlegen.

Wir notieren vorweg den Ausdruck des Linienelements in elliptischen Coordinaten.

$$1)\quad ds^2 = dx_1^2 + dx_2^2 + dx_3^2 = \frac{1}{4}\frac{(\lambda_1-\lambda_2)(\lambda_1-\lambda_3)\; d\lambda_1^2}{(a_1-\lambda_1)(a_2-\lambda_1)(a_3-\lambda_1)} + \cdots + \cdots$$

und gehen zweitens zum Beweise des folgenden Satzes über:

Die Kegel, die von einem beliebigen Raumpunkte an die confocalen Flächen zweiten Grades laufen, bilden selbst ein confocales System, so dass immer je 2 sich orthogonal schneiden.

Der Satz bedeutet offenbar, dass die scheinbaren Umrisse, welche confocale Flächen einem beobachtenden Auge darbieten, allemal sich rechtwinklig zu kreuzen scheinen.

Um unsern Satz rechnerisch zu beweisen, knüpfen wir an die Gleichung unseres confocalen Systems an, die wir so schreiben [Mo. 7.XI.92.]

$$\sum A_i x_i^2 = 1, \text{ wo } A_i = \frac{1}{a_i - \lambda} \text{ zu setzen ist.}$$

Die Gleichung des Systems von Kegeln, die vom Punkte $x_i$ ausgehend die Flächen unseres Systems umhüllen, ist dann nach bekannten Formeln der analytischen Geometrie in laufenden Coordinaten $x_i'$

$$\left(\sum A_i x_i^2 = 1\right)\cdot\left(\sum A_i x_i'^2 - 1\right) - \left(\sum A_i x_i x_i' - 1\right)^2 = 0$$

oder geordnet

$$-\sum\sum A_i A_k (x_i x_k' - x_k x_i')^2 + \sum A_i (x_i - x_i')^2 = 0.$$

Ersetzen wir in der letzten Gleichung $A_i$ und $A_k$ durch ihren Wert, so erhalten wir als Gleichung unseres Kegelsystems:

$$\sum \frac{(x_i - x_i')^2}{a_i - \lambda} - \sum\sum \frac{(x_i x_k' - x_k x_i')^2}{(a_i - \lambda)(a_k - \lambda)} = 0.$$

Wir wollen uns jetzt auf die Umgebung des Punktes $x_i$, von dem die sämtlichen Kegel ausstrahlen, beschränken und die Gleichung für die Fortschreitungsrichtungen ermitteln, die auf dem einzelnen Kegel vom Punkte $x_i$ ausgehen. Wir setzen zu diesem Zwecke einfach $x_i' = x_i + dx_i$, wo dann $dx_i$ eben die „Coordinaten einer Fortschreitungsrichtung" bedeuten, und erhalten auf diesem Wege aus unserer obigen Kegelgleichung

$$\sum \frac{dx_i^2}{a_i-\lambda} - \sum\sum \frac{(x_i\,dx_k - x_k\,dx_i)^2}{(a_i-\lambda)(a_k-\lambda)} = 0.$$

Transformieren wir nun die letztere Gleichung auf elliptische Coordinaten, indem wir dem Punkte $x_i$ die Coordinaten $\lambda_1\,\lambda_2\,\lambda_3$ zuertheilen, so erhalten wir:

$$0 = \frac{(\lambda_1-\lambda_2)\cdot(\lambda_1-\lambda_3)\cdot d\lambda_1^2}{(a_1-\lambda_1)\cdot(a_2-\lambda_1)\cdot(a_3-\lambda_1)\cdot(\lambda_1-\lambda)} + \cdots\cdots + \cdots\cdots$$

Die Coordinaten einer Fortschreitungsrichtung sind jetzt $d\lambda_1$, $d\lambda_2$, $d\lambda_3$; dabei stehen die drei Richtungen, die durch die einzelnen Differentiale allein charakterisirt werden, natürlich senkrecht auf einander. Führen wir nun noch die Längen der Bogen zwischen dem Punkte $\lambda_i$ und resp. den Punkten $\lambda_i + d\lambda_1$, $\lambda_i + d\lambda_2$, $\lambda_i + d\lambda_3$ die wir mit $d\sigma_1$, $d\sigma_2$, $d\sigma_3$ bezeichnen, als Coordinaten ein, so haben wir offenbar in der Umgebung des Punktes $\lambda_i$, d. h. für unsere Fortschreitungsrichtungen, ein gewöhnliches, rechtwinkliges Coordinatensystem; für die 3 Bogendifferentiale $d\sigma_1$, $d\sigma_2$, $d\sigma_3$ finden wir aber nach unserer allgemeinen Formel für $d\sigma^2$ die Werte:

$$d\sigma_1^2 = \frac{1}{4} \cdot \frac{(\lambda_1-\lambda_2)(\lambda_1-\lambda_3)}{(a_1-\lambda_1)(a_2-\lambda_1)(a_3-\lambda_1)} d\lambda_1^2,$$

$$d\sigma_2^2 = \;.\;.\;.\;.\;.\;.\;.\;.\;.\;.\;,$$

$$d\sigma_3^2 = \;.\;.\;.\;.\;.\;.\;.\;.\;.\;.\;,$$

sodass unter Benutzung dieser Werte die Gleichung des Kegelsystems jetzt einfach lautet:

$$0 = \frac{d\sigma_1^2}{\lambda_1-\lambda} + \frac{d\sigma_2^2}{\lambda_2-\lambda} + \frac{d\sigma_3^2}{\lambda_3-\lambda}.$$

Nennen wir die Coordinaten für die Fortschreitungsrichtungen statt $d\sigma_1$, $d\sigma_2$, $d\sigma_3$ etwa $\xi_1\,\xi_2\,\xi_3$, so haben wir also die Gleichung

$$0 = \frac{\xi_1^2}{\lambda_1-\lambda} + \frac{\xi_2^2}{\lambda_2-\lambda} + \frac{\xi_3^2}{\lambda_3-\lambda}.$$

<u>Hiermit haben wir aber in der That die Gleichung eines Systems von confocalen Kegeln 2 Grades vor Augen.</u> Dass sich je 2 Kegel desselben senkrecht schneiden, wird ebenso bewiesen, wie früher die Orthogonalität zweier Flächen des allgemeinen Systems.

Nach dem Beweise unseres Satzes gehen wir jetzt dazu über, die gemeinsamen Tangenten an 2 Flächen unseres Systems mit den Paramelern $\lambda$ und $\lambda'$ zu betrachten. Von jedem Punkte des Raumes werden 4 solche Tangenten ausgehen, da die Gleichungen

$$0 = \frac{d\sigma_1^2}{\lambda_1 - \lambda} + \cdots + \cdots$$

$$0 = \frac{d\sigma_1^2}{\lambda_1 - \lambda'} + \cdots + \cdots$$

für die unbekannten Verhältnisse $d\sigma_1 : d\sigma_2 : d\sigma_3$ 4 Wurzeln liefern. Im Ganzen wird es 2 fach unendlich viele gemeinsame Tangenten geben. Man überlege: Von jedem Raumpunkte geht eine endliche Anzahl von solchen Tangenten aus, was eine 3-fach unendliche Mannigfaltigkeit zu geben scheint. Da aber auf jeder gemeinsamen Tangente umgekehrt einfach unendlich viele Raumpunkte liegen, so bleibt eine 2-fach unendliche Mannigfaltigkeit.

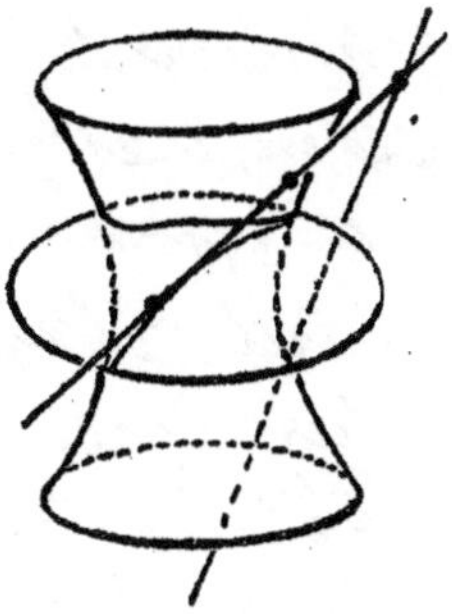

Ein jedes derartige Aggregat von 2-fach unendlich vielen Linien nennt man ein Strahlensystem (nach dem Sprachgebrauche der Optik) oder eine Liniencongruenz.

Wir führen zunächst einige Definitionen und

Sätze aus der Lehre von den Strahlsystemen an:
Bei jedem Strahlsysteme spricht man von einer Fläche, die von den Strahlen des Systems umhüllt wird und nennt dieselbe Brennfläche.
Jeder Strahl des Systems berührt die Brennfläche zweimal, und dementsprechend unterscheidet man 2 „Mäntel" der Brennfläche, von denen der eine jedesmal den einen, der andere den anderen Berührungspunkt trägt.
In unserem Falle werden die beiden Mäntel der Brennfläche von den beiden Flächen 2. Grades gebildet, von denen wir ausgehen. –
Wir nehmen jetzt speciell an, um die Ideen zu fixiren, dass unsere beiden Flächen ein Ellipsoid und ein einschaliges Hyperboloid seien und gehen im Folgenden darauf aus, die Umhüllungscurven unseres Strahlensystems auf dem Ellipsoid zu bestimmen, d. h. diejenigen Curven, die in jedem ihrer Punkte von einem Strahle der Liniencongruenz umhüllt werden.
Beginnen wir mit einem beliebigen Punkte des Ellipsoids und suchen die Tangentenrichtung der Umhüllungscurve in diesem Punkte zu bestimmen. Diese Richtung muss

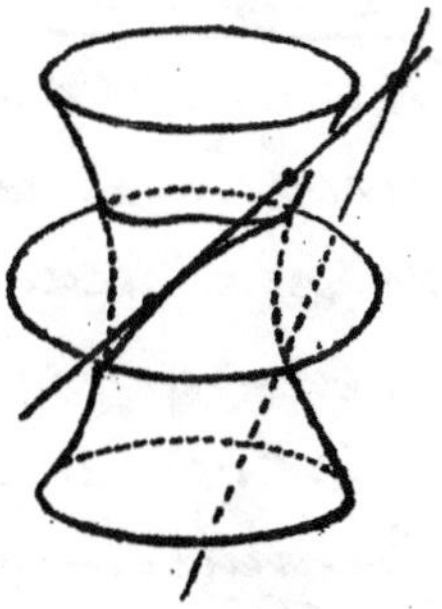

zunächst in der Tangentialebene des Ellipsoids liegen und sodann auch das Hyperboloid berühren. Wir construiren daher in dem betreffenden Punkte des Ellipsoids die Tangentialebene, bringen diese zum Schnitt mit dem Hyperboloid und erhalten dadurch einen Kegelschnitt, an den wir vom Ausgangspunkte die beiden Tangenten legen. Diese definiren uns 2 Richtungen, von denen wir eine nach Belieben als Tangentenrichtung für die gesuchte Umhüllungscurve auswählen können. Fahren wir so fort und construiren Punkt für Punkt die Umhüllungscurve, indem wir in jedem einzelnen Punkte die Tangentenrichtung bestimmen und dann auf dieser jedesmal ein Stück vorwärts gehen, was man am besten vermittelst eines gespannten Fadens oder Drahtes realisirt, so erkennt man ohne Weiteres, dass die mittlere Zone des Ellipsoids doppelt überdeckt ist von Umhüllungscurven unserer Congruenz, deren einzelne so verläuft, dass sie alternirend die beiden Ovale berührt, in denen sich unsere Flächen 2 Grades durchdringen.

Wir haben jetzt noch den Hauptschluss zu machen, dass nämlich jede solche Umhüllungscurve eine geodätische Linie unseres Ellipsoids ist. Das ist aber nicht schwer einzusehen. Denn die Osculationsebene unserer Umhüllungscurve berührt fortwährend das Hyperboloid, steht also nach dem fundamentalen Orthogonalitätstheorem über das von einem Punkte auslaufende System von Umhüllungskegeln auf der Tangentialebene des Ellipsoids senkrecht, und daraus folgt nach der früher gegebenen Definition, dass wir es in der That mit einer geodätischen Linie zu thun haben.

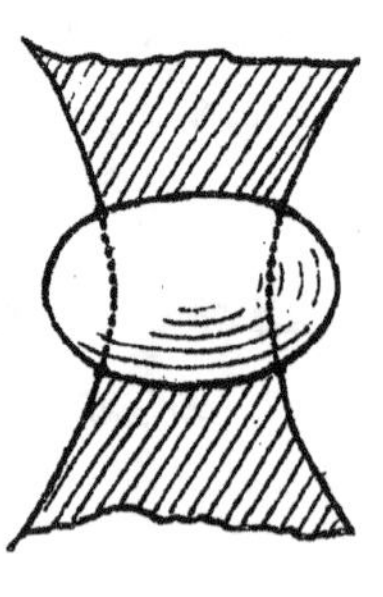

Das einzelne einschaalige oder zweischaalige Hyperboloid liefert uns auf diese Weise für das Ellipsoid einfach unendlich viele geodätische Linien, die sämmtlich ein und dieselbe Krümmungscurve tangiren, und wenn man alle Hyperboloide der Reihe nach nimmt, bekommt man die Gesammtheit der zweifach unendlich vielen Linien auf dem Ellipsoid.

Wenn man insbesondere als Hyperboloid die Focalhyperbel nimmt, so entstehen diejenigen von uns früher besonders genannten, einfach unendlich vielen geodätischen Linien, die durch die Nabelpunkte des Ellipsoid hindurchlaufen. (v. Figur der vorigen Seite.)

Die geometrischen Ueberlegungen, die wir hier im Anschluss an Chasles ausgeführt haben, werden wir jetzt in die Sprache der Analysis übersetzen und gelangen so unmittelbar zu den Jacobischen Formeln.

Wir hatten früher als Kegelgleichung gefunden:

$$0 = \frac{(\lambda_1-\lambda_2)(\lambda_1-\lambda_3)}{(a_1-\lambda_1)(a_2-\lambda_1)(a_3-\lambda_1)}\cdot\frac{d\lambda_1^2}{\lambda_1-\lambda} + \frac{(\lambda_2-\lambda_1)(\lambda_2-\lambda_3)}{(a_1-\lambda_2)(a_2-\lambda_1)(a_3-\lambda_2)}\cdot\frac{d\lambda_2^2}{\lambda_2-\lambda}$$
$$+ \frac{(\lambda_3-\lambda_1)(\lambda_3-\lambda_2)}{(a_1-\lambda_3)(a_2-\lambda_3)(a_3-\lambda_3)}\cdot\frac{d\lambda_3^2}{\lambda_3-\lambda}.$$

Dieser Kegel, der das Hyperboloid $\lambda$ umhüllt, soll jetzt von einem Punkte des Ellipsoids $\lambda'$ ausstrahlen und mit diesem zum Schnitt gebracht werden; wir haben daher $\lambda_3 = \lambda' = \text{Const.}$ zu setzen, wodurch aus obiger Gleichung einfach wird:

$$\frac{\lambda_1-\lambda_3}{(a_1-\lambda_1)(a_2-\lambda_1)(a_3-\lambda_1)}\frac{d\lambda_1^2}{\lambda_1-\lambda}=\frac{\lambda_2-\lambda_3}{(a_1-\lambda_2)(a_2-\lambda_2)(a_3-\lambda_2)}\frac{d\lambda_3^2}{\lambda_2-\lambda}$$

oder

$$d\lambda_1\sqrt{\frac{\lambda_1-\lambda_3}{(a_1-\lambda_1)(a_2-\lambda_1)(a_3-\lambda_1)(\lambda_1-\lambda)}}$$
$$=\pm d\lambda_2\sqrt{\frac{\lambda_2-\lambda_3}{(a_1-\lambda_2)(a_2-\lambda_2)(a_3-\lambda_2)(\lambda_2-\lambda)}}.$$

Das doppelte Vorzeichen entspricht dem Umstande, dass in jedem Punkte des Ellipsoids 2 mögliche Fortschreitungsrichtungen gegeben sind.

Wir können unsere letzten Rechnungen kurz so resumiren:

Indem wir geometrisch das Problem der geodätischen Linien darauf zurückführen, die Umhüllungscurven von einfach unendlich vielen Strahlsystemen zu bestimmen, haben wir die Differentialgleichung zweiter Ordnung für die geodätischen Linien auf einfach unendlich viele Differentialgleichungen erster Ordnung zurückgebracht, nämlich auf die vorstehende Differentialgleichung, welche die Grösse $\lambda$ als willkürliche Constante enthält. –

Merkwürdiger Weise lässt sich nun die einzelne

Differentialgleichung erster Ordnung ohne Weiteres integriren, da die Variablen in ihr separirt auftreten. Dabei entstehen hyperelliptische Integrale

$$\int d\lambda_1 \sqrt{\frac{\lambda_1 - \lambda_3}{(a_1-\lambda_1)(a_2-\lambda_1)(a_3-\lambda_1)(\lambda_1-\lambda)}}$$

$$= Const. \pm \int d\lambda_2 \sqrt{\frac{\lambda_2 - \lambda_3}{(a_1-\lambda_2)(a_2-\lambda_2)(a_3-\lambda_2)(\lambda_2-\lambda)}}$$

Eben dieses sind Jacobis Formeln für die geodätischen Linien auf dem Ellipsoid.

Wir haben uns bisher unter der Fläche $\lambda_3 = Const.$ immer ein Ellipsoid vorgestellt, was jedoch nur der Anschaulichkeit wegen geschehen ist. Es kann $\lambda_3 = Const.$ allgemein eine feste Fläche unseres Systems bedeuten. Nehmen wir insbesondere für $\lambda_3 = Const.$ ein einschaaliges Hyperboloid und verstehen unter $\lambda = Const.$ dasselbe Hyperboloid, so geht unsere obige Differentialgleichung in die folgende einfachere über:

$$\frac{d\lambda_1}{\sqrt{(a_1-\lambda_1)(a_2-\lambda_1)(a_3-\lambda_1)}} = \frac{\pm d\lambda_2}{\sqrt{(a_1-\lambda_2)(a_2-\lambda_2)(a_3-\lambda_2)}}$$

Dieselbe definirt die Richtungen der geradlinigen

<u>Erzeugenden</u> unserer Fläche $\lambda_3$ = Const, wie geometrisch ohne weiteres einleuchtet. Denn die einzelne Grade, deren Richtung durch die obige Differentialgleichung festgelegt ist, soll die Fläche $\lambda_3$ an 2 Stellen berühren. Da eine Grade eine Fläche 2 Grades aber nur an einer Stelle berühren kann, oder ganz auf ihr liegen muss, so kann in unserem Falle nur das letztere eintreten. Die gerade Linie wird also selbst Integralcurve. Im Uebrigen kann man sich auch leicht am Modell vorstellen, wie die geodätischen Linien auf einem einschaligen Hyperboloid allmählig in die Erzeugenden über gehen, wenn man von 2 einschaligen Hyperboloiden ausgeht, sich deren gemeinsame Tangenten vorstellt und dann die Hyperboloide immer näher an einander bringt, bis sie schliesslich zusammenfallen.

Um später noch einige weitere geometrische Folgerungen analytisch zu beweisen, stellen wir hier zunächst einige Formeln zusammen, die uns die <u>Längen der Bogenelemente</u> einiger bisher betrachteten Curven angeben. In diesen Formeln können die auftretenden Quadratwurzeln mit irgend welchem Zeichen genommen werden.

1) Bogenelement einer Tangente, welche die Flächen $\lambda$ und $\lambda'$ berührt:

$$ds_1 = \frac{d\lambda_1}{2}\sqrt{\frac{(\lambda-\lambda_1)\cdot(\lambda'-\lambda_1)}{(a_1-\lambda_1)(a_2-\lambda_1)(a_3-\lambda_1)}} + \frac{d\lambda_2}{2}\sqrt{\frac{(\lambda-\lambda_2)(\lambda'-\lambda_2)}{\cdots\cdots}}$$

$$+ \frac{d\lambda_3}{2}\sqrt{\frac{(\lambda-\lambda_3)(\lambda'-\lambda_3)}{\cdots\cdots\cdots}}\ ;$$

2) Bogenelement einer geodätischen Linie auf der Fläche $\lambda' = \lambda_3 =$ Const., deren Tangenten die Fläche $\lambda$ berühren:

$$ds_2 = \frac{d\lambda_1}{2}\sqrt{\frac{(\lambda-\lambda_1)(\lambda_3-\lambda_1)}{(a_1-\lambda_1)(a_2-\lambda_1)(a_3-\lambda_1)}} + \frac{d\lambda_2}{2}\sqrt{\frac{(\lambda-\lambda_2)(\lambda_3-\lambda_2)}{(a_1-\lambda_2)(a_2-\lambda_2)(a_3-\lambda_2)}};$$

3) Bogenelement einer Krümmungscurve; die den Flächen $\lambda' = \lambda_3 =$ Const. und $\lambda = \lambda_2 =$ Const. gemeinsam angehört:

$$ds_3 = \frac{d\lambda_1}{2}\sqrt{\frac{(\lambda_2-\lambda_1)(\lambda_3-\lambda_1)}{(a_1-\lambda_1)(a_2-\lambda_1)(a_3-\lambda_1)}}\ .$$

Wir bemerken ad 1), dass die Formel aus dem allgemeinen Ausdruck für $ds$ in elliptischen Coordinaten mit Hülfe der beiden Relationen

$$0 = d\lambda_1^2\frac{(\lambda_2-\lambda_1)(\lambda_3-\lambda_1)}{(a_1-\lambda_1)(a_2-\lambda_1)(a_3-\lambda_1)(\lambda-\lambda_1)} + \cdots + \cdots$$

$$0 = d\lambda_1^2\frac{(\lambda_2-\lambda_1)(\lambda_3-\lambda_1)}{(a_1-\lambda_1)(a_2-\lambda_1)(a_3-\lambda_1)(\lambda'-\lambda_1)} + \cdots + \cdots$$

hergeleitet ist, die wir als Differentialgleichungen für die vom Punkte $\lambda_1 \lambda_2 \lambda_3$ an die Flächen $\lambda$ und $\lambda'$ gehenden Umhüllungskegel kennen gelernt haben. Die nähere Rechnung führen wir hier nicht durch.

Auch betreffs der Formeln 2) u. 3) brauchen wir wohl nicht näher anzugeben, wie sie aus 1) durch Specialisirung entstanden sind, da die vorzunehmenden Specialisirungen ja schon in den Ueberschriften zu den Formeln implicite enthalten sind.

Wir gehen vielmehr jetzt gleich dazu über, geometrische Folgerungen aus unsern Formeln zu ziehen und wollen

1) <u>das Theorem, auf dem Henrici's bewegliches Hyperboloid beruht, analytisch verificiren.</u>

Das Theorem lautete ja:

<u>Die entsprechenden Stücke geradliniger Erzeugenden auf 2 confocalen einschaaligen Hyperboloiden sind stets gleich lang.</u>

Zum Beweise dieses Theorems stellen wir uns unter $\lambda_3 =$ Const. ein einschaaliges Hyperboloid vor und sehen $\lambda_1 \lambda_2$ als ein krummliniges Coordinatensystem auf diesem Hyperboloid an. Wir erhalten dann nach For-

Formel 2) als Bogenelement einer geradlinigen Erzeugenden, indem wir $\lambda = \lambda_3$ setzen:

$$d\sigma = \pm \frac{d\lambda_1}{2}\,\frac{\lambda_3-\lambda_1}{\sqrt{(a_1-\lambda_1)(a_2-\lambda_1)(a_3-\lambda_1)}} \pm \frac{d\lambda_2}{2}\,\frac{\lambda_3-\lambda_2}{\sqrt{(a_1-\lambda_2)(a_2-\lambda_2)(a_3-\lambda_2)}}$$

ich habe dabei die doppelten Vorzeichen, über die wir bisher noch nichts festgesetzt hatten, explicite hervortreten lassen.

Um daraufhin die Länge $s$ der geradlinigen Erzeugenden zwischen den beiden Punkten $\lambda_1^0, \lambda_2^0$ und $\lambda_1', \lambda_2'$ zu ermitteln, haben wir einfach zwischen diesen Grenzen zu integriren, also

$$\pm\int_{\lambda_1^0}^{\lambda_1'} \frac{d\lambda_1}{2}\,\frac{\lambda_3-\lambda_1}{\sqrt{(a_1-\lambda_1)(a_2-\lambda_1)(a_3-\lambda_1)}} \pm\int_{\lambda_2^0}^{\lambda_2'} \frac{d\lambda_2}{2}\,\frac{\lambda_3-\lambda_2}{\sqrt{(a_1-\lambda_2)(a_2-\lambda_2)(a_3-\lambda_3)}}$$

In der letzten Gleichung heben sich nun infolge der oben mitgetheilten Differentialgleichung der geradlinigen Erzeugenden die Glieder mit $\lambda_3$ weg [was wir streng allerdings nur mit genauer Discussion der Wurzelvorzeichen schliessen* können, worauf wir jedoch nicht näher eingehen. Genauer gesagt: Es handelt sich darum festzulegen, wie in der Differentialgleichung der geradlinigen Erzeugenden einerseits, in der Formel für ihr Bogenelement andrerseits die doppelten Vorzeichen zusammengehören]. Darin liegt aber gerade das Henrici'sche Theorem, denn die Unabhängigkeit der Länge von $\lambda_3$ bedeutet doch weiter nichts, als dass wir zwischen 2 entsprechenden Punkten stets dieselbe Länge erhalten werden, auf welchem Hyperboloid $\lambda_3$ wir auch messen mögen.

Zusammenfassend können wir daher sagen: Indem in unseren Ausdruck für $ds$ die Glieder mit $\lambda_3$ vermöge der Differentialgleichung der geradlinigen Erzeugenden herausfallen, wird die Länge eines Stückes $s$ auf einer geradlinigen Erzeugenden, welche von einem Punkte $\lambda_1^0 \lambda_2^0$ zum Punkte $\lambda_1', \lambda_2'$ auf dem Hyperboloid $\lambda_3$ hinführt, von $\lambda_3$ ganz unabhängig, ist also für alle Hyperboloide $\lambda_3 =$ Const. dieselbe, und eben dieses war die Aussage des Henricischen Satzes.

2) Als 2. geometrische Anwendung wollen wir eine Fadenconstruction der Flächen 2.

Grades speciell des Ellipsoids kennen lernen, die zuerst Staude gefunden und in den Mathem. Annalen Bd. 20, 1882 publicirt hat. Staude war damals als junger Doctor Mitglied des Leipziger Seminars.

Wir erinnern zu dem Zwecke zunächst an eine Verallgemeinerung der gewöhnlichen Fadenconstruction der Ellipse, die Graves, Dublin 1850 (cf. Salmon, Kegelschnitte) angegeben hat. Er befestigt den Faden von constanter Länge nicht in den beiden Brennpunkten der zu erzeugenden Ellipse, sondern legt ihn gespannt um eine Ellipse, wie es in der nebenstehenden Figur zu sehen ist, und erzeugt dann durch Bewegung des Stiftes eine zu der zu Grunde gelegten confocale Ellipse. Die gewöhnliche Construction erhält man aus dieser allgemeinern, wenn man die zu Grunde gelegte Ellipse in eine Grade, man könnte sagen, die „Focalgerade" zusammenschrumpfen lässt. Diese Construction hat Staude für den Raum verallgemeinert, in-

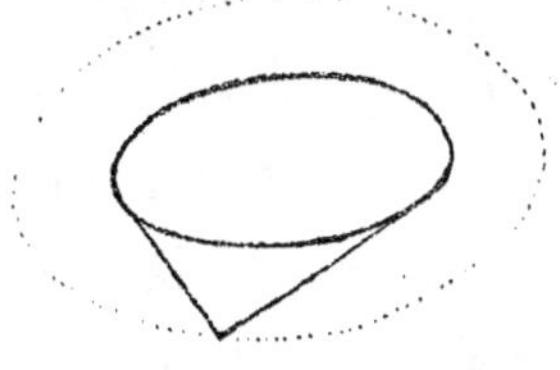

dem er ein Ellipsoid und ein confocales Hyperboloid zu Grunde legte, um mit ihrer Hülfe ein confocales Ellipsoid zu construiren. Er schlang einen Faden von constanter Länge so um die Fläche, dass er, soweit er auf den Flächen liegt, stets auf einer zugehörigen "geodätischen Linie oder der Krümmungscurve, in der sich beide durchdringen, verläuft. Weiterhin erstreckt sich im Raume der Faden geradlinig, natürlich so, dass er in seiner Richtung stets eine gemeinsame Tangente beider Flächen liefert. Knüpft man dann die Enden des Fadens an einem Stifte zusammen und bewegt den Stift unter Innehaltung der eben angegebenen Bedingungen, d.h. einfach unter Spannung des Fadens, im übrigen beliebig im Raume, so beschreibt derselbe ein Ellipsoid, das mit den beiden Ausgangsflächen confocal ist. Die Construction wird besonders einfach und anschaulich, wenn man ihr als confocale Flächen die Focalellipse und Focalhyperbel zu Grunde legt.
Um übrigens die Verhältnisse ganz klar zu überschauen, muss man durchaus Modelle

zur Hand haben, wie sie von Staude im Brill'schen Verlag veröffentlicht sind. Andererseits verweise ich auf die sehr eingehende Darstellung Staude's in der bereits genannten Abhandlung (Annalen 20).

Auch betreffs des analytischen [Do. 10.XI.92.] Beweises der allgemeinen Staude'schen Fadenconstruction, der sich aus den früher mitgeteilten Bogenelementen unter gehöriger Berücksichtigung der Vorzeichen ergiebt, müssen wir auf diese Abhandlung verweisen, während wir uns hier der Kürze halber auf den einfacheren, aber doch durchaus analogen Beweis des Theorems von Graves beschränken.

Wir legen zu dem Zwecke ein System confocaler Kegelschnitte

$$\frac{x_1^2}{a_1-\lambda}+\frac{x_2^2}{a_2-\lambda}=1$$

zu Grunde, wobei wir die Annahme machen, dass

$$-\infty < a_2 < a_1 \text{ ist.}$$

Liegt dann $\lambda$ zwischen $-\infty$ und $a_2$, so wollen wir es mit $\lambda_2$ bezeichnen, liegt es zwischen $a_2$ und $a_1$, mit $\lambda_1$, sodass also $\lambda_2 =$ Const. die Gleichung einer Ellipse, $\lambda_1 =$ Const. die Gleichung einer Hyperbel vorstellt. Das System confocaler Kegelschnitte verläuft dann offenbar so, dass mit wachsendem $\lambda_2$ die Ellipsen sich immer mehr zusammenziehen, und dass mit wachsendem $\lambda_1$ die Hyperbeln immer steiler werden, d.h. immer mehr an die $x_2$-Axe herangehen. Für $\lambda = a_1$ erhält man als degenerirte Ellipse das Stück der $x_1$-Axe zwischen den beiden Brennpunkten, und als degenerirte Hyperbel das Stück ausserhalb derselben, für $\lambda = a_2$ sind die Hyperbeln in die $x_2$-Axe übergegangen.

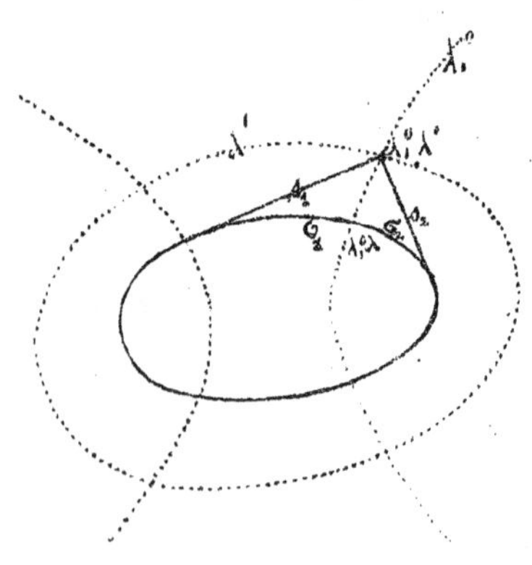

Wir wählen nun 2 beliebige Ellipsen, $\lambda_2 = \lambda'$ und $\lambda_2 = \lambda > \lambda'$ aus der Schaar aus und ziehen von einem Punkte $\lambda^0, \lambda'$ der letzteren die beiden Tangenten an die innere Ellipse, deren Längen wir mit $s_1$ und $s_2$ bezeichnen. (s. Figur)

Durch den Punkt $\lambda_1^0, \lambda$ geht weiter eine Hyperbel $\lambda_1 = \lambda_1^0$, die die innere Ellipse im Punkte $\lambda_1^0, \lambda$ schneidet. Durch diesen Schnittpunkt wird der Ellipsenbogen zwischen den Berührungspunkten der beiden vorher construirten Tangenten in 2 Teile zerlegt, deren Längen wir den geradlinigen Stücken $s_1$, $s_2$ entsprechend mit $\sigma_1$ und $\sigma_2$ bezeichnen.
Ist nun $L$ die Länge des Umfanges der innern Ellipse, so kommt der Satz von Graves offenbar darauf hinaus, dass der Ausdruck

$$L + (s_1 - \sigma_1) + (s_2 - \sigma_2)$$

konstant bleiben muss, wie man auch den Anfangspunkt der Construction auf der äusseren Ellipse wählen möge, d. h. dass der Ausdruck von $\lambda_1^0$ unabhängig sein muss. Nun ist $L$ sicher von $\lambda_1^0$ unabhängig; wir haben also nur noch nachzuweisen, dass auch $s_1 - \sigma_1$ und $s_2 - \sigma_2$ nicht von $\lambda_1^0$ abhängen, und dazu müssen wir diese Längen berechnen.
Das Bogenelement der Tangente $s_1$ finden wir durch Specialisirung unserer früheren Formeln:

$$ds_1 = \frac{d\lambda_1 \sqrt{\lambda - \lambda_1}}{2\sqrt{(a_1-\lambda_1)(a_2-\lambda_1)}} + \frac{d\lambda_2 \sqrt{\lambda - \lambda_2}}{2\sqrt{(a_1-\lambda_2)(a_2-\lambda_2)}},$$

wo wir beiden Gliedern das positive Vorzeichen zu geben haben, weil die Tangente $s_2$ sich im Sinne der wachsenden $\lambda_1$ und $\lambda_2$ bewegt. Durch Integration erhalten wir dann:

$$s_1 = \int_{\lambda_1^0}^{\lambda_1'} \frac{d\lambda_1 \sqrt{\lambda - \lambda_1}}{2\sqrt{(a_1-\lambda_1)(a_2-\lambda_1)}} + \int_{\lambda_1'}^{\lambda} \frac{d\lambda_2 \sqrt{\lambda - \lambda_2}}{2\sqrt{(a_1-\lambda_2)(a_2-\lambda_2)}}.$$

Weiter finden wir für das Bogenelement der Ellipse

$$d\sigma_1 = \frac{d\lambda_1 \sqrt{\lambda - \lambda_1}}{2\sqrt{(a_1-\lambda_1)(a_2-\lambda_1)}}, \text{ also}$$

$$\sigma_1 = \int_{\lambda_1^0}^{\lambda_1'} \frac{d\lambda_1 \sqrt{\lambda - \lambda_1}}{2\sqrt{(a_1-\lambda_1)(a_2-\lambda_1)}} \quad \text{und daher}$$

$$s_1 - \sigma_1 = \int_{\lambda'}^{\lambda} \frac{d\lambda_2}{2} \sqrt{\frac{\lambda - \lambda_1}{(a_1-\lambda_1)(a_2-\lambda_1)}}$$

In ganz analoger Weise ergiebt sich unter Berücksichtigung der Vorzeichen

$$s_2 - \sigma_2 = \int_{\lambda^0}^{\lambda} \frac{d\lambda_1}{2}\sqrt{\frac{\lambda_1 - \lambda}{(a_1-\lambda_1)(a_2-\lambda_1)}}$$ d. h. derselbe Betrag wie für $s_1 - \sigma_1$. Wir erkennen daher, dass $s_1 - \sigma_1$ und $s_2 - \sigma_2$ von $\lambda^0_1$ ganz unabhängig sind und aus dieser Unabhängigkeit unserer Differenzen von $\lambda^0_1$ folgt jetzt, dass die gesamte Fadenlänge in der That constant ist, wie es das Theorem von Graves behauptet. Indem wir noch bemerken, dass dieser ganze Beweisgang sich im Gebiete der elliptischen Integrale bewegte, verlassen wir die Theorie der elliptischen Coordinaten und gehen wie beabsichtigt über zu den

2) Pentasphärischen Coordinaten,

die ihren Namen dem Umstande verdanken, dass 5 Kugeln der Coordinatenbestimmung im Raume zu Grunde liegen. In der Ebene operirt man entsprechend mit 4 Kreisen, so dass man die Coordinaten in der Ebene als tetracyclische bezeichnen könnte. Ehe wir jedoch zur Theorie dieser Coordinaten selbst übergehen, wollen wir noch eine längere Einleitung über

die Lehre von den Kreisen und Kugeln

vorausschicken und gleich hervorheben, welch

grosse Rolle diese Gebilde in der Entwicklung der neuern Geometrie gespielt haben. Man findet nämlich häufig die Ansicht, als ob nur die gerade Linie resp. die Ebene von fundamentaler Bedeutung für die Entwicklung der neueren Geometrie gewesei; demgegenüber möchten wir aber darauf hinweisen, dass seit Beginn dieses Jahrhunderts neben den Betrachtungen über Gerade und Ebene (also den projectiven Betrachtungen im engeren Sinne) Betrachtungen über Kreis und Kugel immer nebenhergelaufen sind.

Wir erinnern hier zunächst an ein Werk, das an der Schwelle dieses Jahrhunderts erschienen, heute vielfach in Vergessenheit geraten ist:

<u>Mascheroni, La geometria del compasso. Pavia</u> 1797

Das Werk verfolgt die elementar-geometrische Tendenz, alle Constructionen mit dem Zirkel allein auszuführen und das Lineal ganz zu verbannen. Den Verfasser leitet dabei ein praktischer Gesichtspunkt; er will den Mechanikern Vorschriften für ihre Constructionen, speciell für die Ausführung der Kreisteilung geben, weil er der Ansicht ist, dass jedenfalls bei Constructionen auf Metallplatten der Zirkel zuverlässiger arbeitet als das Lineal.

Die eigentlich neue Entwicklung der Kreistheorie, welche hier für uns in Betracht kommt, wurde bald darauf in Frankreich angebahnt, nämlich innerhalb der Schule von _Monge_. Ich erwähne hier beiläufig, dass Monge 1794 die École polytechnique mitbegründete und dann auch bis 1815 bis zur Restauration an ihr lehrte. Monge's Hauptarbeiten sind:

1) Die _Géométrie descriptive_, ein Werk, das der darstellenden Geometrie, die bis dahin nur eine Summe von praktischen Regeln war, den Rang einer Wissenschaft gab; dann die schon früher von uns genannten

2) _Applications d'analyse à la Géométrie_ (Differential-Geometrie).

Monge's Verdienst liegt jedoch keineswegs allein in diesen wissenschaftlichen Veröffentlichungen, sondern er hat noch viel mehr indirect durch seine Lehrthätigkeit gewirkt, aus der eine ganze Schule bedeutender Geometer hervorgegangen ist. Diese Schule, die von Monge hinterlassen wurde, schuf sich bald ein eigenes Publicationsorgan, die erste mathematische Zeitschrift, die überhaupt erschienen ist. Früher gab es ja nur _die Mémoires de l'Académie_,*) und an diese

*) bez. der anderen Academieen.

schloss sich bei Begründung der polytechnischen Schule das Journal de l'École Polytechnique, das jedoch auch nur in längeren Zeiträumen erschien. Bei der nun erwachenden vielseitigen mathematischen Production machte sich das Bedürfnis nach rascherer Publication in einem nur für die Mathematik bestimmten Organe geltend, und so entstanden

1) Gergonne's Annales de Mathématiques, die von 1810–1831 erschienen sind. An diese schlossen sich dann weiter an:

2) Crelle's Journal für reine und angewandte Mathematik von 1826 an; und

3) Liouvilles Journal von 1836 an.

Die Arbeiten der Schüler von Monge sind zum Teil im Journal de l'École Polytechnique, zum Theil in Gergonne's Annalen erschienen. Für die Theorie der Kreise und Kugeln, die wir hier im Auge haben, sind besonders folgende Arbeiten von Bedeutung:

1) Gaultier 1812, im Journal de l'École Polyt., wo insbesondere Orthogonalkreise untersucht werden.

2) Gergonne 1816, in den eigenen Annalen,*) wo sich berührende Kreise behandelt werden.

In diesen beiden Arbeiten werden teils ganz neue Ent-

*) Bd. 7.

wicklungen geliefert, teils bekannte Sätze mit neuen eleganten Beweisen versehen; so wird z. B. in der Arbeit von Gergonne das bekannte Taktionsproblem des Appollonius in musterhafter Weise behandelt.

10 Jahre später als in Frankreich begann auch in Deutschland eine neue Periode, wie für geometrische Forschung überhaupt, so insbesondere für unsere Theorie. Wir haben die beiden Arbeiten zu nennen:

Steiner 1826, Crelle's Journal Bd. I Einige geometrische Betrachtungen und

Plücker 1827/28 in Bd. I. der analyt.-geometrischen Entwicklungen.

Hier zunächst einiges Nähere über Steiners Untersuchungen und seine Persönlichkeit.

Steiner verallgemeinerte in seinen Untersuchungen die bisherige Theorie der Kreise dahin, dass er nicht, wie die Franzosen, nur sich senkrecht schneidende, oder sich berührende Kreise betrachtete, sondern solche, die sich unter einem beliebig gegebenen Winkel schneiden. Es ist dabei seine Eigenart, dass er alle Aufgaben rein constructiv ohne jegliche Formeln behandelt, wobei er dann allerdings vielfach die Beweise unterdrückt, sodass das Princip, aus dem heraus er seine Entwicklungen genommen hat, nicht recht zu Tage tritt. (cf. was die Kreisuntersuchungen angeht, die Vorrede zu Fiedler, Cyclographie 1883)

Die ausschliessliche Vorliebe Steiners für das Anschauliche und seine Abneigung gegen alle analytischen Formeln wird uns erklärlich, wenn wir an seinen Bildungsgang denken, wenn wir uns erinnern, dass er aus der Schule des berühmten Pestalozzi hervorgegangen ist, der ja als Pädagog das Hauptgewicht auf Anschauung und anschauungmässigen Unterricht legte. Auch hat Steiner in seiner Jugend keine gründliche mathematische Bildung genossen, ist überhaupt Autodidakt gewesen, sodass er wohl in der Behandlung analytischer Formeln nicht sehr gewandt war. Steiner war von 1835/65 Professor in Berlin und hat von ~~dort durch~~ seine Werke und seine Lehrthätigkeit das Interesse für reine Geometrie in Deutschland bedeutend gehoben. Insbesondere geht auf ihn, die deutsche Schule der neueren Synthetiker zurück, welche immer noch besteht und jede Bezugnahme auf analytische Formeln möglichst vermeidet. Steiners Hauptpublicationen sind die folgenden:

1832: Systematische Entwicklungen der Abhängigkeit geometrischer Gestalten von einander,

1833. Geometrische Constructionen, ausgeführt mittelst der Lineals und eines festen Kreises (Gegensatz zu Macheroni),

1881/82 Steiner's Werke 2 Bde. herausgegeben von Weierstraß.

Ferner sind noch Steiner's Vorlesungen über synthet. Geometrie herausgegeben und zwar

Teil I von Geiser in Zürich. Die Theorie der Kegelschnitte in

elementarer Darstellung 2. Aufl. Lpzg. 1875.
Teil II von Schröter in Breslau: Die Theorie der Kegelschnitte gestützt auf projective Eigenschaften. 2 Aufl. Lpzg. 1876.

Nach diesen historischen Notizen gehen wir dazu ü- [Fr. 11.XI. 92] ber, einige elementare Entwicklungen aus der Kreistheorie mitzuteilen, wie sie z. B. bei Plücker in dem genannten Werke zu finden sind. Die Gleichung eines Kreises mit dem Mittelpunkt $\alpha, \beta$ und dem Radius $r$ lautet in rechtwinkl. Coordinaten:

$$(x-\alpha)^2+(y-\beta)^2-r^2=0.$$

Die linke Seite dieser Gleichung, die wir abkürzend mit $S$ bezeichnen wollen, ist einer einfachen geometrischen Interpretation fähig, wenn man vom Punkte $x, y$ die Tangente an den durch obige Gleichung dargestellten Kreis zieht. $S$ ist nämlich einfach das Quadrat der Länge dieser Tangente vom Punkte $x, y$ bis zum Berührungspunkte. Man kann diesen Ausdruck $S$, den Steiner als die Potenz des Punktes $x, y$ in Bezug auf den Kreis bezeichnete, auch in folgende Gestalt setzen:

$$S=x^2+y^2-2\alpha x-2\beta y-C, \text{ wo } C=\alpha^2+\beta^2-r^2 \text{ ist.}$$

Wir notiren hier zunächst einige elementare Formeln, die wir im Folgenden benutzen wollen:

1) 2 Kreise $S=0$ und $S'=0$ schneiden einander rechtwinklig, wenn $0=2\alpha\alpha'+2\beta\beta'-C-C'$;

2) 2 Kreise berühren sich von Aussen oder Innen, wenn $0=2\alpha\alpha'+2\beta\beta'-C-C'+2rr'$

R

wo $r=\sqrt{\alpha^2+\beta^2-C}$, $r'=\sqrt{\alpha'^2+\beta'^2-C'}$ ist.

3) 2 Kreise schneiden sich unter dem $\measuredangle\varphi$,

wenn $0=2\alpha\alpha'+2\beta\beta'-C-C'+2rr'\cos\varphi$.

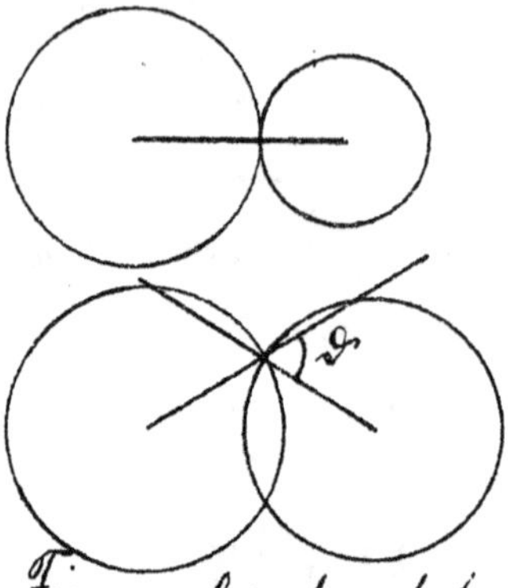

Die 3 eben aufgestellten Bedingungen resultiren aus folgenden Gleichungen

1) $(\alpha-\alpha')^2+(\beta-\beta')^2=r^2+r'^2$,

2) $(\alpha-\alpha')^2+(\beta-\beta')^2=(r\pm r')^2$,

3) $(\alpha-\alpha')^2+(\beta-\beta')^2=r^2+r'^2+2rr'$,

deren Richtigkeit aus den nebenstehenden Figuren, bez. den dort auftretenden geradlinigen Dreiecken abzulesen ist. Im Übrigen bemerken wir noch, dass die Formel 1, die Orthogonalitätsbedingung, in den Constanten beider Kreise bilinear ist, und dass in der Formel 3, die ersten beiden für $\varphi=\frac{\pi}{2}$ und $\varphi=0$ resp. $\varphi=\pi$ enthalten sind. In den eben mitgeteilten Formeln aus der Theorie der Kreise tritt uns nun gleich eine 2-Teilung in analytischer Beziehung entgegen. Wir können die Formeln nämlich scheiden in

1) Elementare Formeln, die in $\alpha$, $\beta$, $C$ rational sind,

2) Höhere Formeln, die in $\alpha$, $\beta$, $C$, $r$ rational sind (in denen $r$ in ungrader Potenz vorkommt.)

Dementsprechend giebt es auch eine niedere Lehre vom Kreise, in der immer nur $\alpha$, $\beta$, $C$ vorkommen, und eine höhere, in der $\alpha$, $\beta$, $C$ und $r$ neben einander vorkommen.

Wir werden Beispiele für beide Teile der Kreislehre geben und beginnen zunächst mit dem

1) niederen Teile der Kreislehre.

In diesem Teile spielt die Chordale (nach Plücker's Ausdrucksweise oder Radicalaxe (nach Gaultier) zweier Kreise eine hervorragende Rolle. Dieselbe stellt den Ort gleicher Potenzen in Bezug auf beide Kreise dar, ist also durch die Gleichung $S - S' = 0$ gegeben. Indem wir entwickeln, kommt

$$2(\alpha' - \alpha)x + 2(\beta' - \beta)y + C - C' = 0$$

woraus ersichtlich, dass es sich um eine <u>gerade Linie</u> handelt. Die Chordale geht andrerseits notwendig durch die beiden Schnittpunkte der Kreise, da in diesen für beide Kreise die Potenz Null vorhanden ist. Man kann die Radicalaxe zweier Kreise also auch definiren, als die Verbindungslinie ihrer Schnittpunkte. Nun verliert diese scheinbar einfachere Definition ihre unmittelbare Bedeutung, wenn die Schnittpunkte imaginär werden.

Ein Hauptsatz der Chordalentheorie ist der folgende: <u>Construirt man zu je zweien von 3 Kreisen die Radicalaxe, so gehen dieselben durch einen Punkt, das sogen. „Radicalcentrum".</u>

Der analytische Beweis dieses Satzes ist einfach der folgende: Es seien die Gleichungen der 3 Kreise:

$$S = 0, \quad S' = 0, \quad S'' = 0,$$

dann sind die Gleichungen zweier Chordalen

$$S = S', \quad S = S''.$$

Wo diese beiden Gleichungen gelten, d.h. im Schnittpunkt der beiden Radicalaxen, muss aber auch die Gleichung $S' = S''$ gelten und das ist grade die Gleichung der 3. Radicalaxe, woraus man unmittelbar auf die Richtigkeit unseres Satzes schliesst. Man sieht hier sehr deutlich, wie einfach die Methode der abgekürzten Bezeichnung sich gestaltet. Aus unserem Hauptsatze kann man nun verschiedene schöne Folgerungen ziehen,

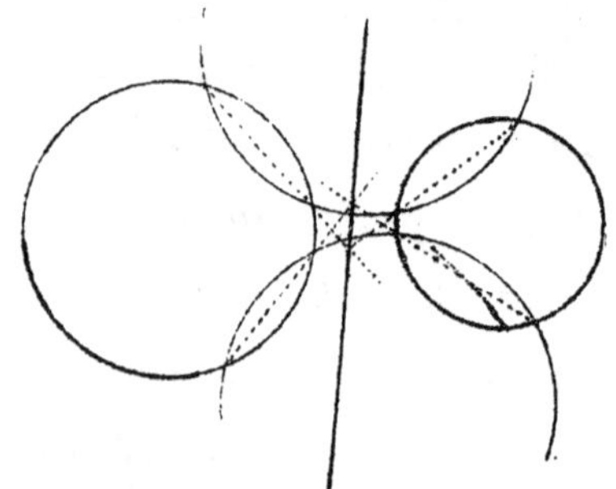

z. B. die Construction der Radicalaxe zweier Kreise mit imaginären Schnittpunkte daraus herleiten. In diesem Falle zeichnet man nämlich einfach 2 Kreise, die die gegebenen Kreise in reellen Punkten schneiden und zieht Sehnen, die jeder der beiden Hilfskreise mit den gegebenen gemeinsam hat. Die beiden Schnittpunkte des ersten und zweiten Sehnenpaares liefern uns dann 2 Punkte, durch die die gesuchte Chordale hindurchgehen muss.

Auch der elementare Satz, dass die 3 Mittensenkrechten auf den Seiten eines Dreiecks sich in einem Punkte schneiden, ist ein specieller Fall unseres Satzes.

Führt man nämlich den Null- oder Punktkreis mit dem Radius Null ein, der geometrisch sich auf einen Punkt reducirt, so erkennt man leicht, dass die Radicalaxe zweier Nullkreise die Mittensenkrechte ist auf der Verbindunglinie der beiden sie repraesentirenden Punkte, und damit ist ja die Beziehung des eben angeführten Satzes zum Hauptsatze klar gelegt.

Wir müssen jetzt einen wichtigen Begriff in der Kreislehre, den <u>Begriff des Kreisbüschels</u>, kennen lernen, den wir auf folgende Weise erhalten. Sind

$$S' = 0 \text{ und } S'' = 0$$

die Gleichungen zweier Kreise, so bilden wir uns die Gleichung

$$S' - \rho S'' = 0$$

Diese lautet explicit geschrieben:

$$(1-\rho)(x^2+y^2) - 2(\alpha' - \rho\alpha'')x - 2(\beta' - \rho\beta'')y + C' - \rho C'' = 0,$$

woraus sich ergiebt, dass sie für jeden Wert von $\rho$ einen Kreis darstellt, dessen Coordinaten

$$\bar{\alpha} = \frac{\alpha' - \rho\alpha''}{1-\rho}$$

$$\bar{\beta} = \frac{\beta' - \rho\beta''}{1-\rho}$$

$$\bar{C} = \frac{C' - \rho C''}{1-\rho} \text{ sind.}$$

Das System aller Kreise, das man auf diese Weise erhält, nennt man ein Kreisbüschel. Aus der Gleichung desselben folgt unmittelbar, dass alle seine Kreise durch die nämlichen 2 Schnittpunkte laufen, und dass sie in Folge dessen auch dieselbe Radicalaxe $S' - S'' = 0$ haben, die selbst ein Kreis des Büschels ist. Man kann gradezu ein Kreisbüschel so definiren: <u>Unter einem Kreisbüschel versteht man das System aller derjenigen Kreise, welche durch 2 reelle oder imaginäre</u>

Punkte gemeinsam hindurchlaufen.

Nachdem wir so das Kreisbüschel definirt haben, wollen wir jetzt folgenden sehr wichtigen Satz aus seiner Theorie beweisen:

Steht ein Kreis auf 2 Kreisen $S'$ und $S''$ senkrecht, so steht er auch auf allen Kreisen des Büschels $S'-\rho S''$ senkrecht.

Der Beweis des Satzes ist ganz einfach:

Damit der Kreis $S$ auf den beiden Kreisen $S'$ und $S''$ senkrecht steht, müssen die beiden Bedingungen erfüllt sein:

$$C+C'-2\alpha\alpha'-2\beta\beta'=0,$$
$$C+C''-2\alpha\alpha''-2\beta\beta''=0.$$

Aus diesen beiden folgt aber, wenn man die 2. mit $\rho$ multiplicirt und von der 1. subtrahirt:

$$(1-\rho)C+(C'-\rho C'')-2\alpha(\alpha'-\rho\alpha'')-2\beta(\beta'-\rho\beta'')=0$$

oder nach Division mit $1-\rho$:

$$C+\bar{C}-2\alpha\bar{\alpha}-2\beta\bar{\beta}=0.$$

Die letzte Gleichung drückt aber gerade die Bedingung aus, dass der Kreis $S$ den Kreis $S'-\rho S''$ senkrecht schneidet.

Der Nerv dieses ganzen Beweises liegt offenbar darin, dass die Orthogonalitätsbedingung in den Constanten des Kreises linear ist. – Der Mittelpunkt eines solchen Orthogonalkreises liegt in irgend einem Punkte der Radicalaxe.

Wir können daraufhin eine ganze Schaar von Kreisen construiren, die das 1. Büschel orthogonal durchsetzen.

Diese neue Schaar von Kreisen bildet wieder ein Kreisbüschel in dem oben definirten Sinne, wie wir jetzt beweisen wollen. Wir haben in dieser Hinsicht den Satz:

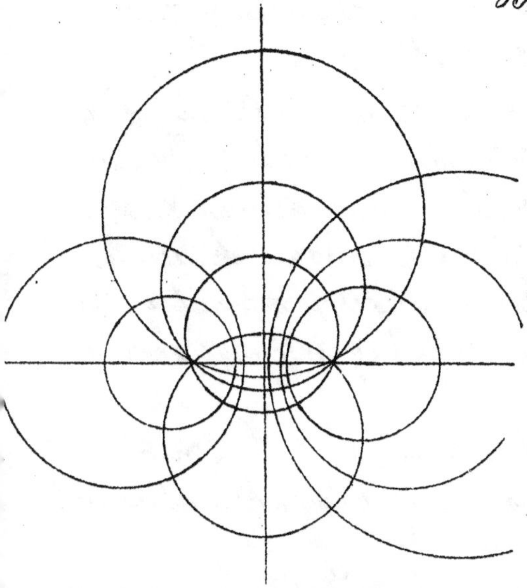

Zu einem ersten Büschel von Kreisen gehört immer ein zweites Büschel von Orthogonalkreisen, und hat das eine Büschel reelle Grundpunkte, so hat das andere imaginäre.

Zum Beweise dieses Satzes fragen wir uns zunächst, ob es in dem ersten Büschel Nullkreise giebt. Die allgemeine Bedingung dafür, dass ein Kreis Nullkreis ist, ist offenbar:

$$r^2 = 0, \quad \text{oder } \alpha^2 + \beta^2 - C = 0.$$

Soll also der Kreis $S' - \rho S'' = 0$ ein Nullkreis sein, so muss

$$(\alpha' - \rho\alpha'')^2 + (\beta' - \rho\beta'')^2 - (C' - \rho C'')(1 - \rho) = 0 \text{ sein.}$$

Dies ist eine quadratische Gleichung für $\rho$, es existiren daher in unserem System stets 2 reelle oder imaginäre Nullkreise. Die Kreise des Orthogonalsystems müssen natürlich auch auf diesen beiden Nullkreisen senkrecht stehen, und wir fragen uns nun, was dies für eine geometrische Bedeutung hat. Damit sich 2 Kreise $S$ und $S'$ orthogonal schneiden, muss

$$C + C' - 2\alpha\alpha' - 2\beta\beta' = 0 \quad \text{sein.}$$

Ist $S$ ein Nullkreis, so ist $C' = \alpha'^2 + \beta'^2$. Dies eingesetzt giebt:

$$\alpha'^2 + \beta'^2 - 2\alpha\alpha' - 2\beta\beta' + C = 0,$$

was nichts anderes heisst, als dass der den Nullkreis repraesentirende Punkt „auf" dem Orthogonalkreise liegt. Da nun im einzelnen Büschel 2 Nullkreise vorhanden sind, so werden alle Kreise des Orthogonalsystems durch diese beiden festen Punkte hindurchlaufen; das Orthogonalsystem hat also auch die charakteristische Eigenschaft des Kreisbüschels.

Damit ist der 1. Teil des Satzes bewiesen, der 2. Teil wird unmittelbar klar, wenn man sich 2 solche Kreisbüschel zeichnet.

Wir verlassen damit diese elementaren Erläuterungen und bemerken nur noch, dass eine Reihe wohlbekannter Theorien: die Lehre von den Aehnlichkeitspunkten, von den gemeinsamen Tangenten zweier Kreise, die Aufgabe des Apollonius u. s. w. in den vorhin bezeichneten „höheren" Teil der Kreislehre hineingehört; in der That treten in die bezügl. analytischen Formeln die Radien der beteiligten Kreise als solche mit ein. –

In Fortsetzung unserer elementaren Betrachtungen [Mo. 14. XI. 92] über den Kreis kommen wir jetzt zu der Lehre von den reciproken Polen, die wir folgendermaassen definiren:

<u>Zwei Punkte $\xi, \eta$ und $\xi', \eta'$ heissen reciproke Pole in Bezug auf einen Kreis, wenn sie, als Nullkreis betrachtet, dem-</u>

selben Büschel angehören, wie der Grundkreis.

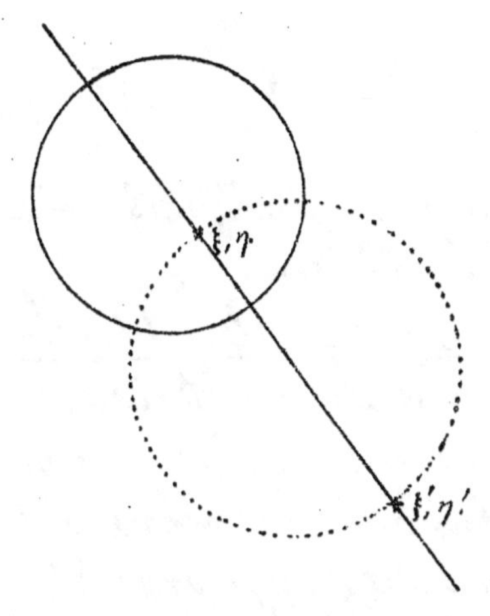


Ist $x^2 + y^2 - r^2 = 0$ die Gleichung des Grundkreises und sind

$$(x - \xi)^2 + (y - \eta)^2 = 0$$

$$(x - \xi')^2 + (y - \eta')^2 = 0$$

die Gleichungen der beiden Pole als Nullkreise, so werden wir als Bedingung dafür, dass $\xi, \eta$ u. $\xi', \eta'$ reciproke Pole sind, finden:

$$\xi' = \frac{r^2 \xi}{\xi^2 + \eta^2}, \quad \eta' = \frac{r^2 \eta}{\xi^2 + \eta^2}.$$

Dass die Bedingungen richtig sind, erkennt man aus folgender kleinen Rechnung:
Trägt man zunächst die Werte $\xi'$ u. $\eta'$ in die 3te Gleichung ein, so ergiebt sich:

$$(x \cdot (\xi^2 + \eta^2) - r^2 \xi)^2 + (y \cdot (\xi^2 + \eta^2) - r^2 \eta)^2 = 0$$ oder nach Division mit $\xi^2 + \eta^2$:

$$(x^2 + y^2) \cdot (\xi^2 + \eta^2) - 2 r^2 \xi x - 2 r^2 \eta y - r^4 = 0.$$

Die letztere Gleichung müssen wir nun als lineare Verbindung der ersten beiden Kreisgleichungen darstellen können, wenn die obigen Bedingungen richtig sein sollen.

Dies gelingt aber sehr leicht, indem wir sie in folgende Form setzen:

$$(\xi^2+\eta^2-r^2)(x^2+y^2-r^2)+r^2(x^2+y^2-2\xi x-2\eta y+\xi^2+\eta^2)=0$$

Aus unserer früher entwickelten Theorie der Kreisbüschel können wir jetzt sofort diesen Satz ableiten:
<u>Jeder Kreis, welcher durch 2 reciproke Pole geht, schneidet den Grundkreis orthogonal;</u> denn da der Kreis durch die beiden reciproken Pole geht, so schneidet er dieselben als Nullkreise betrachtet rechtwinklig; er schneidet also zwei Kreise des Büschels, dem die reciproken Pole als Grundpunkte angehören, rechtwinklig u. daher alle, also auch unsern Grundkreis.
Zu den Kreisen, die durch die reciproken Pole gehn, gehört natürlich auch ihre Verbindungsgerade, die in Folge des eben ausgesprochenen Satzes ein Durchmesser des Grundkreises sein muss. Zwischen den Abschnitten dieser Geraden, die vom Mittelpunkt des Grundkreises einerseits und von den reciproken Polen anderseits begrenzt werden, besteht die einfache Beziehung, dass ihr Product constant und zwar $r^2$ ist, in Formel:

$$\sqrt{\xi'^2+\eta'^2}\cdot\sqrt{\xi^2+\eta^2}=r^2.$$

Die Richtigkeit letzterer Gleichung folgt ohne Weiteres

aus den Formeln, die die Beziehung zwischen $\xi' \eta'$ u. $\xi \eta$ vermittelten. Von hier aus schreibt sich auch die meistens gebräuchliche Redensart, dass man sagt: unsere reciproken Pole seien nach dem Princip der reciproken Radii vectores zusammengeordnet.

Die elementaren Betrachtungen der Kreistheorie haben einen besondern Aufschwung genommen, seit man diese Zuordnung als Transformation aufgefasst hat, seit man Untersuchungen angestellt hat darüber, wie sich etwa der eine der beiden Pole bewegt, wenn man den andern eine vorgeschriebene Curve durchlaufen lässt. Diese Auffassungsweise ist zuerst von Plücker in Crelle's Journal Bd 11. 1831 angewendet worden, dem dann andere Geometer nachfolgten; sie wurde jedoch erst später, im Jahre 1845, allgemein beachtet, als William Thomson in Liouville's Journal Bd 10 auf die Wichtigkeit dieser Transformation für die Potentialtheorie hinwies.

Im Folgenden wollen wir jetzt einige fundamentale Eigenschaften dieser Verwandtschaft kennen lernen.

1.) Zunächst erinnern wir daran, dass man diese Verwandtschaft auch als involutorisch bezeichnet, was indess nicht mehr und nicht weniger als „reciprok" besagt. Es wird eben vermittelst dieser Verwandtschaft jedem Punkte der Ebene in eindeutig-umkehrbarer Weise ein anderer Punkt zugeordnet und zwar so, dass das Innere des Grundkreises dem Aussern entspricht. Nur beim Mittelpunkt des Grundkreises versagt die Zuordnung. Lassen wir einen Punkt dem Mittelpunkt immer näher und näher kommen, so rückt der Bildpunkt immer weiter und weiter weg und geht schliesslich ins Unendliche und zwar in verschiedener Richtung, entsprechend den verschiedenen Richtungen, in denen man den reciproken Punkt in den Mittelpunkt des Grundkreises rücken lässt. Der Mittelpunkt selbst erscheint also als Bild des Unendlichweiten. Von hier aus hat sich die Ausdrucksweise gebildet, dass es nur einen unendlich fernen Punkt der Ebene giebt. Hiermit soll aber durchaus kein Satz über die Natur des Unendlichen ausgesprochen sein, sondern es ist damit nur abkürgend gemeint, dass sich das Unendlichweite bei der Inversion so verhält, als ob es ein einzelner Punkt wäre. Vermöge dieser Ausdrucksweise ist dann die Transformation durch reciproke Radien ausnahmslos eindeutig umkehrbar. Genau denselben Wert einer abgekürzten Ausdrucksweise hat die Aussage der projectiven Geometrie, dass die unendlich fernen Punkte einer Ebene eine gerade Linie bilden. Sie liefern eine gerade Linie als Abbild, wenn man mit Centralprojection operirt.

2) Eine zweite wesentliche Eigenschaft unserer Ver-

wandtschaft ist die, dass ein Kreis durch sie wieder in einen Kreis transformirt wird, weshalb man dieselbe auch als „Kreisverwandtschaft" bezeichnet. Man überzeugt sich von der Richtigkeit dieser Behauptung einfach durch Ausrechnung.

Sind $\alpha, \beta, C$ die Constanten des ursprünglichen Kreises, so haben die Constanten des transformirten Kreises, wie man sofort findet folgende Werte:

$$\alpha' = \frac{\alpha r^2}{C}, \quad \beta' = \frac{\beta r^2}{C}, \quad C' = \frac{r^4}{C},$$

wo $r$ den Radius des Inversionskreises bedeutet, u. $C$ u. $C'$ die Potenzen sind, welche der Mittelpunkt der Inversion in Bezug auf die beiden in Betracht kommenden Kreise hat. Zwischen den Radien der zugeordneten Kreise besteht die Beziehung

$$\rho'^2 = \frac{\rho^2 r^4}{C^2}$$

3.) Geht der Kreis $\rho$ durch den Mittelpunkt des Grundkreises, so wird er in eine gerade Linie transformirt, da die dritte Constante, also auch der Radius des transformirten Kreises unendlich werden. Man kann also eine gerade Linie geradezu als einen Kreis definiren, der den unendlich fernen Punkt enthält, wodurch wieder bestätigt wird, dass man das Recht hat, in unserem Gebiet von „dem" unendlich fernen Punkte zu reden.

5.) Die Potenz S eines Punktes in Bezug auf einen Kreis hängt mit der Potenz S' des transformirten Punktes in Bezug auf den transformirten Kreis durch folgende Formel zusammen:

$$S' = \frac{C'}{\xi^2 + \eta^2} \cdot S,$$

wie man durch analoge Rechnung wie unter 2.) findet. Man kann diese Relation auch so schreiben:

$$\left(\frac{S'}{\rho'}\right) = \pm \frac{r^2}{\xi^2 + \eta^2} \cdot \left(\frac{S}{\rho}\right)$$

woraus der Satz folgt.

Die Grösse $\frac{S}{\rho}$ erhält bei Inversion einen Faktor, der für alle Kreise der Ebene derselbe ist. Das doppelte Vorzeichen in obiger Formel ist notwendig, sofern man $\rho$ u. $\rho'$ in gewöhnlicher Weise beide als positiv ansehen will, denn S u. S' haben unter Umständen verschiedene Vorzeichen. Für den Grundkreis selbst, der bei der Transformation in sich übergeführt wird, gilt die Bezeichnung:

$$S' = -\frac{r^2}{\xi^2 + \eta^2} \cdot S.$$

In diesem Falle hat stets das negative Zeichen zu stehen, da S für einen äussern Punkt positiv, für einen innern negativ ist. Wir machen beiläufig darauf aufmerksam, dass eine reelle Kreisgleichung eventuell einen Kreis mit reinimaginärem Radius, also, wie wir sagen, einen nullteiligen Kreis vorstellt. Die zugehörige

Transformation durch reciproke Radien bleibt dann trotzdem reell. So werden z.B. für den Kreis $x^2+y^2=-1$ die Zuordnungsformeln lauten

$$\xi'=-\frac{1}{\xi^2+\eta^2}\xi,\ \eta'=-\frac{1}{\xi^2+\eta^2}\eta,$$

woraus man erkennt, dass sich diese Zuordnung von derjenigen durch den Kreis $x^2+y^2=1$ nur dadurch unterscheidet, dass die Coordinaten der zugeordneten Punkte das Zeichen gewechselt haben.

Wir haben daher den Satz:

Auch sogenannte nullteilige Kreise ergeben eine reelle Transformation durch reciproke Radien, nur dass der Bildpunkt gegen seine von den reellen Kreisen her bekannte Lage um das Centrum der Inversion um 180° gedreht ist.

6.) Endlich erwähnen wir noch die Eigenschaft der Winkeltreue unserer Abbildung, in Folge deren man sie als eine conforme Abbildung bezeichnet. Eben hierin liegt die Wichtigkeit unserer Abbildung für Functionentheorie. Um diese Eigenschaft nachzuweisen, brauchen wir nicht von allgemeinen Curven auszugehen, sondern können uns auf Kreise beschränken, da die ersteren sich doch im Mittelpunkte unter denselben Winkeln schneiden, wie die dort sie berührenden Kreise.

Sind nun $\alpha_1\,\beta_1\,C_1$ und $\alpha_2\,\beta_2\,C_2$ die Constanten zweier Kreise, so werden die Kreise sich unter einem Winkel schneiden, dessen Cosinus folgenden Wert hat:

$$\cos\gamma = \frac{2\alpha_1\alpha_2 + 2\beta_1\beta_2 - C_1 - C_2}{2\rho_1\rho_2},$$

setzt man in diese Formel für die Constanten diejenigen der transformirten Kreise aus 2.) ein, so zeigt sich das ebenfalls

$$\cos\gamma = \frac{2\alpha_1'\alpha_2' + 2\beta_1'\beta_2' - C_1' - C_2'}{2\rho_1'\rho_2'},$$

wodurch die Richtigkeit obiger Behauptung erwiesen ist.

Wir gehen jetzt dazu über, einige Anwendungen der Lehre von den reciproken Polen zu geben. [Di. 15.XI.92

Zunächst ist es mit Hülfe dieser Theorie möglich, jeden Kreis einer Figur in eine gerade Linie zu transformiren und dadurch sehr oft Vereinfachungen zu erzielen. Man braucht zu diesem Zwecke nur das Inversionscentrum auf den Kreis selbst zu legen. Reciproke Pole gehen dabei in solche Punkte über, die symmetrisch zu der Geraden liegen. Insbesondere benutzt man diese Regel, wenn es sich um mehrere Kreise handelt, die durch einen Punkt laufen, wobei man natürlich den letztern zum Inversions-Centrum machen muss. So folgt z. B. nach dieser Methode ohne Weiteres, dass ein Dreieck, welches von drei durch einen Punkt gehenden Kreisen begrenzt wird, eine Winkelsumme von 180° haben muss.

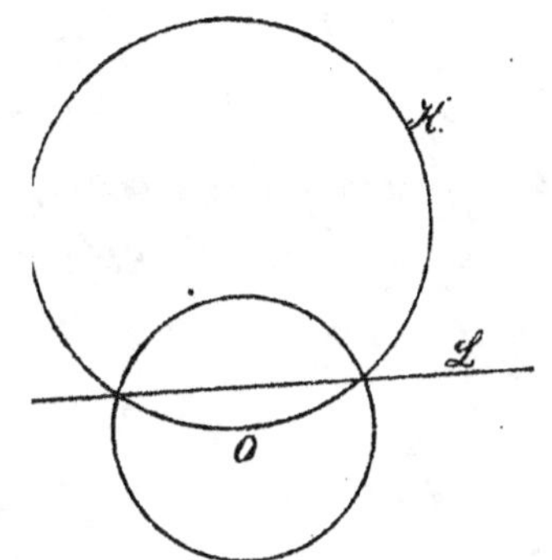


Eine zweite Anwendung, die die wir jetzt erwähnen wollen, ist mehr auf das Praktische gerichtet, es ist:

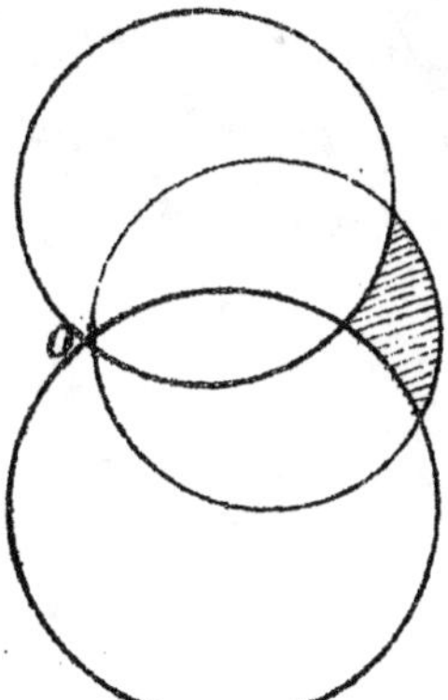

Peaucellier's Geradführung, die 1864 in den „Nouvelles Annales de mathématique" in Form einer Aufgabe publicirt wurde. Im praktischen Maschinenwesen lässt sich zunächst ja nur die Kreisbewegung realisiren; da aber auch sehr häufig geradlinige Bewegungen benötigt werden, so ist in der Maschinenkinematik das Problem der Geradführung ein sehr wichtiges, d. h. das Problem geradlinige Bewegungen aus kreisförmigen zusammenzusetzen. In der Praxis hat man sich in dieser Hinsicht vielfach mit approximativer Geradführung begnügt, z. B. beim Watt'schen Parallelogramm, wo das Ende der Kolbenstange auf dem lang gestreckten Stück einer 8-förmigen Curve (viel sicher) hin und hergeführt wird. Dagegen hat der oben erwähnte Peaucellier die erste genaue Geradführung angegeben. Den Hauptbestandteil seines Apparates zur Realisation der geradlinigen Bewegung nennt man „Inversor", weil er die Verwandtschaft der Inversion in einfachster Weise vermittelt.

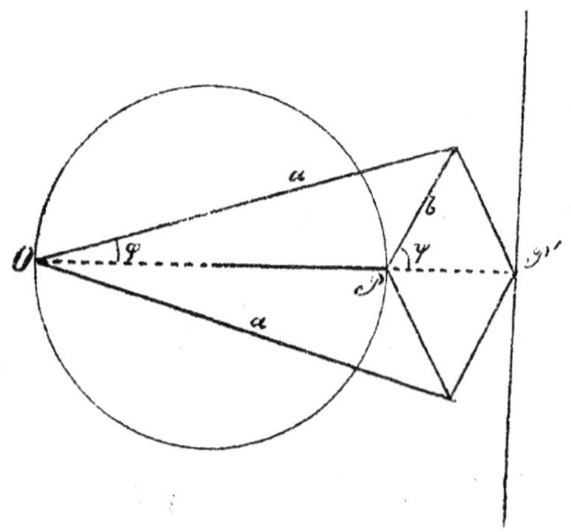

Der Inversor besteht aus zwei gleichlangen Stäben, die im Punkte O (siehe Figur) mit einander verbunden, und zwischen die ein rautenförmiges Stabsystem eingeklemmt ist. An den Verbindungsstellen der Stäbe befinden sich überall Charniere, so dass das ganze System beweglich ist. Hält man nun den Punkt O fest und bewegt P, die eine Rautenecke beliebig, so wird die andere Ecke P' stets inverse Lage zu P inne haben. Wendet man nämlich die Bezeichnungen an, die in der Figur angegeben sind, so ist offenbar:

$$a \sin \varphi = b \sin \psi \quad \text{woraus folgt}$$

$$0 = a^2 \sin^2 \varphi - b^2 \sin^2 \psi$$

Ferner ist:

$$OP = a \cos \varphi - b \cos \psi$$

$$OP' = a \cos \varphi + b \cos \psi$$

$$OP \cdot OP' = a^2 \cos^2 \varphi - b^2 \cos^2 \psi$$

Dazu obige Gleichung $0 = a^2 \sin^2 \varphi - b^2 \sin^2 \psi$, gibt

$$OP \cdot OP' = a^2 - b^2.$$

Unser Inversor realisirt also die Transformation durch reciproke Radien in Bezug auf einen Kreis der um O mit dem Radius $\sqrt{a^2 - b^2}$ beschrieben ist. Daraufhin ist es nun sehr leicht, einige geradlinige Bewegung zu erzeugen, denn wir brauchen offenbar nur dafür zu sorgen, dass P einen Kreis beschreibt, der durch O geht, dann wird P' eine gerade Linie beschreiben. Um dies zu realisiren, bringt man noch eine siebente Stange im Punkte P an, deren anderes Ende im Mittelpunkt von OP befestigt ist. Mit Hülfe dieser Vorrichtung wird sich offenbar P auf einem Kreise, der durch O geht, bewegen. Um keine falsche Vorstellung von dem Apparat hervorzurufen, bemerken wir noch, dass derselbe so functionirt, dass der Punkt P nur auf einem <u>Stücke</u> seines Kreises und der Punkt P' nur auf einem <u>Stücke</u> seiner geraden Linie hin und hergeführt wird.

Ausser dem Peaucellier'schen Apparat giebt es noch manche andere, die dasselbe Problem lösen, worüber man bei Kempe, How to draw a straight line. London, Macmillan 1877 nachsehen kann. Nach dieser Einleitung gehen wir jetzt zu den

Pentasphärischen Coordinaten

selbst über, indem wir vorab nur bemerken, dass alles das, was wir bisher in Bezug auf Kreise entwickelt haben, auch für Kugeln in ähnlicher Weise Gültigkeit hat. Um unsere Coordinaten zu definiren, legen wir 5 Kugeln zu Grunde. Sind dann $S_i$ $(i = 1, 2, 3, 4, 5)$ die fünf Potenzen eines Punktes in Bezug auf die zugrunde gelegten Kugeln, so sind die pentasphärischen Coordinaten oder vielmehr ihre Verhältnisse, nur auf diese kommt es an, durch folgende Gleichungen festgelegt:

$$\sigma x_i = k_i\, S_i, (i = 1, 2, 3, 4, 5),$$

wo die $k_i$ willkürliche Constante und $\sigma$ den Proportionalitätsfactor bezeichnen.

Die pentasphärischen Coordinaten sind also homogene und gleichzeitig ihrer Fünfzahl entsprechend überzählige Coordinaten, welche dementsprechend an eine homogene, später noch zu bestimmende Bedingungsgleichung $\Omega = 0$ gebunden erscheinen. Schreiben wir die Ausdrücke $S_i$ explicit, so haben wir Gleichungen folgender Art:

$$\sigma x_1 = a_1(x^2+y^2+z^2) + b_1 x + c_1 y + d_1 z + e_1$$
$$\sigma x_2 = \cdot \quad \cdot \quad \cdot \quad \cdot \quad \cdot \quad \cdot \quad \cdot \quad \cdot \quad \cdot \quad \cdot$$
$$\sigma x_3 = \cdot \quad \cdot \quad \cdot \quad \cdot \quad \cdot \quad \cdot \quad \cdot \quad \cdot \quad \cdot \quad \cdot$$
$$\sigma x_4 = \cdot \quad \cdot \quad \cdot \quad \cdot \quad \cdot \quad \cdot \quad \cdot \quad \cdot \quad \cdot \quad \cdot$$
$$\sigma x_5 = a_5(x^2+y^2+z^2) + b_5 x + c_5 y + d_5 z + e_5$$

Hier werden wir nun voraussetzen, dass die Determinante $|a\ b\ c\ d\ e|$ von Null verschieden sei, dass also zwischen den Gleichungen der 5 Kugeln keine lineare Relation bestehe. Unter diesen Voraussetzungen können wir die obigen 5 Gleichungen auflösen, indem wir

$\sigma,\ x^2+y^2+z^2,\ x,\ y,\ z$ als Unbekannte ansehen.

Wir erhalten dann als Resultat

$$x^2+y^2+z^2 = \frac{Z_1}{N}\ ; \quad x = \frac{Z_2}{N}\ ; \quad y = \frac{Z_3}{N}\ ; \quad z = \frac{Z_4}{N}\ ,$$

wo Zähler und Nenner homogene lineare Functionen der $x_i$ sind. Zugleich ergiebt sich aus obigen Auflösungen in Folge der Identität $x^2+y^2+z^2 = x^2+y^2+z^2$ die oben erwähnte Relation $\Omega = 0$ in der Gestalt:

$$N Z_1 = Z_2^2 + Z_3^2 + Z_4^2 \quad \text{oder}$$
$$Z_2^2 + Z_3^2 + Z_4^2 - N Z_1 = 0$$

Die pentasphaerischen Coordinaten sind also an eine homogene Bedingungsgleichung 2ten Grades gebunden.

Uebrigens können wir jetzt überall statt der gewöhnlichen Coordinaten die pentasphaerischen einführen, z. B. wird die Gleichung der Kugel

$$\mathfrak{A}(x^2+y^2+z^2)+\mathfrak{B}x+\mathfrak{C}y+\mathfrak{D}z+\mathfrak{E}=0$$

in pentasphaerischen Coordinaten:

$$\mathfrak{A}Z_1+\mathfrak{B}Z_2+\mathfrak{C}Z_3+\mathfrak{D}Z_4+\mathfrak{E}N=0.$$

Jede Kugel wird also durch eine lineare Gleichung zwischen pentasphärischen Coordinaten vorgestellt, wie umgekehrt auch jede lineare Gleichung zwischen pentasphärischen Coordinaten eine Kugel vorstellt, wobei Punkt und Ebene beide als Specialfälle eingeschlossen sind und zwar als Kugeln mit den resp. Radien 0 u. $\infty$.

Sehr häufig legt man dem pentasphärischen Coordinatensystem 5 Kugeln zu Grunde, die sich wechselseitig orthogonal durchsetzen. Wir müssen uns dehalb erst einmal vergegenwärtigen, wie solche 5 Orthogonalkugeln, die wir alle als reelle Kugeln voraussetzen, im Raume liegen, wie viele einen reellen, wie viele einen imaginären Radius haben werden. Wir stellen in dieser Hinsicht gleich den Satz hin: <u>Von 5 reellen Orthogonalkugeln ist immer notwendig eine nullteilig und die 4 andern einteilig.</u>

Der Beweis dieses Satzes gliedert sich, wie folgt: [Do. 17. Novbr. 92]

Zunächst ist es leicht nachzuweisen, <u>dass überhaupt niemals 2 reelle nullteilige Kugeln aufeinander senkrecht stehen können.</u> Denn seien $\alpha$ $\beta$ $\gamma$ und $\varrho$, resp. $\alpha'$ $\beta'$ $\gamma'$ u. $\varrho'$ die Mittelpunktscoordinaten u. Radien zweier Kugeln, so gilt als Bedingung ihrer senkrechten Durchdringung:

$$(\alpha-\alpha')^2+(\beta-\beta')^2+(\gamma-\gamma')^2=\rho^2+\rho'^2.$$

Nun würde für 2 nullteilige Kugeln die rechte Seite dieser Gleichung negativ sein, während die linke jedenfalls positiv bleibt; dies aber ist miteinander nicht verträglich. Wir schliessen solcherweise, dass unter unsern 5 Orthogonalkugeln sicher wenigstens 4 einteilige sich befinden müssen. Es bleibt zu zeigen, *dass anderseits die 5te Kugel notwendig nullteilig sein muss.* Zu dem Zweck denken wir uns durch die Mittelpunkte von dreien der einteiligen Kugeln eine Ebene gelegt, welche die letztern in 3 wechselseitig aufeinander senkrecht stehenden grössten Kreisen schneidet. Ein Blick auf die Figur zeigt dann, dass die zugehörigen drei Kugeln sich in 2 reellen Punkten schneiden. Einen dieser Punkte wählen wir als Inversionscentrum und führen eine Transformation durch reciproke Radien aus; die drei Kugeln gehen hierdurch in drei aufeinander senkrecht stehende Ebenen über, die wir weiterhin als $x, y, z$ Coordinatensystem zu Grunde legen. Die Gleichungen dieser Kugeln sind daher einfach $x = 0$; $y = 0$; $z = 0$. Wie stellen sich nun die weitern 2 Kugeln unseres Systems nach der Transformation dar? Der Mittel-

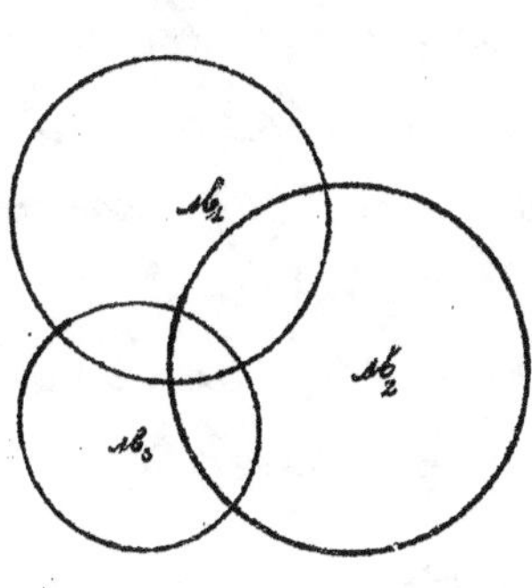

punkt der 4ten und 5ten Orthogonalkugel muss jedenfalls im Coordinatenanfangspunkt liegen; ihre Gleichung lautet demnach:

$$x^2+y^2+z^2 = a^2 \text{ beziehungsweise: }$$
$$x^2+y^2+z^2 = a'^2.$$

Sollen nun die beiden letzten Kugeln ebenfalls auf einander senkrecht stehn, so ergiebt sich aus der allgemeinen Bedingung hierfür die Gleichung: $0 = a^2 + a'^2$, d. h. es muss $a'^2 = -a^2$ sein. Wir werden $a^2$ als beliebige positive Grösse annehmen dürfen. Die Gleichung der 5ten Kugel lautet daher:
$$x^2+y^2+z^2 = -a^2,$$
was in der That eine nullteilige Kugel vorstellt.

Aus diesem speciellen System von 5 Orthogonalkugeln erhält man dann zunächst durch Inversion das allgemeinste System, für welches solcherweise die auf der letzten Seite ausgesprochene Behauptung nachgewiesen ist, dass stets eine und nur eine der 5 reellen Kugeln nullteilig ist.

In Bezug auf solche 5 Orthogonalkugeln wollen wir nun die pentasphärischen Coordinaten folgendermassen definiren: $\sigma x_i = \frac{S_i}{\varrho_i}$.

Die sich uns zunächst aufdrängende Frage wird dann die nach der Identität $\Omega = 0$ zwischen den 5 Coordinaten $x_i$ sein. Um diese letztere zu finden, gehen wir wieder zu unserer speciellen Form der 5 Orthogonal-

Kugeln, die wir durch Inversion erhalten hatten, zurück, um an ihr die Frage zu erledigen, und machen uns zunächst klar, was wir unter dem Ausdruck $\frac{S}{\rho}$ zu verstehen haben, wenn eine der Kugeln in eine Ebene ausgeartet ist. Wir werden letzteres nur durch einen Grenzübergang erkennen. Wir nehmen z. B. statt der $yz$-Ebene zunächst eine Kugel mit unendlichem Radius, welche die $yz$ Ebene im 0-Punkt berührt und deren Mittelpunkt daher auf der $x$-Achse und zwar etwa auf der positiven Seite liegt, bilden für sie den Ausdruck $\frac{S_i}{\rho_i}$ und lassen dann den Radius ins Unendliche wachsen. Die Gleichung der substituirten Kugel ist: $S = (x-\rho)^2 + y^2 + z^2 - \rho^2 = 0$ oder $x^2 + y^2 + z^2 - 2\rho x = 0$, der Ausdruck $\frac{S}{\rho}$ demnach gleich $x^2 + y^2 + z^2 - 2\rho x$. Für $\lim \rho = \infty$ ergiebt sich aus ihm dann leicht: $\lim \frac{S}{\rho} = -2x$ als gültig für die $yz$ Ebene. In gleicher Weise hätten wir auch $+2x$ als Grenzwert erhalten können, wenn wir nämlich den Mittelpunkt der Hülfskugel auf der negativen Hälfte der $x$-Axe gewählt hätten und ihn auf ihr ins Unendliche hätten fliehen lassen. Das besagt also: <u>Wenn eine der Orthogonalkugeln zur Ebene wird, so geht die Grösse $\frac{S}{\rho}$ in den mit beliebigen Vorzeichen genommenen doppelten Abstand des Raumpunktes von der Ebene über.</u>

In unserm speciellen System der Orthogonalkugeln werden wir daher die pentasphärischen Coordinaten, wie folgt, einführen:

$$\sigma x_1 = \pm 2x$$

$$\sigma x_2 = \pm 2y$$

$$\sigma x_3 = \pm 2z$$

$$\sigma x_4 = \frac{x^2+y^2+z^2+a^2}{\pm a}$$

$$\sigma x_5 = \frac{x^2+y^2+z^2+a^2}{\pm a\sqrt{-1}}$$

Aus diesen Formeln entnehmen wir nun leicht das Resultat, dass: $x_1^2+x_2^2+x_3^2+x_4^2+x_5^2=0$ ist, d. h. Die pentasphärischen Coordinaten, die wir in unserm einfachen Fall eingeführt haben, befriedigen die Identität, dass die Summe der Quadrate gleich Null ist.

Wie stellt sich diese Identität nun für das allgemeine System der 5 Orthogonalkugeln dar? Auch in Bezug auf letzteres setzen wir unsere pentasphärischen Coordinaten proportional mit $\frac{S_i}{\rho_i}$. Nun haben wir aber bei der Betrachtung der Transformation durch reciproke Radien gelernt, dass $\frac{S_i'}{\rho_i'} = \frac{S_i}{\rho_i} M$ gesetzt werden kann, wo $M$ einen Proportionalitätsfactor bedeutet. Also gilt die einfache Beziehung

$$x_1' : x_2' : x_3' : x_4' : x_5' = x_1 : x_2 : x_3 : x_4 : x_5.$$

Hieraus folgt sofort der Satz, dass die oben gefundene Idensität $\sum_1^5 x_i^2 = 0$ sich unverändert von unserm besondern 5-Kugelsystem auf das allgemeinste 5-Kugelsystem überträgt.

Um kurz zu recapituliren, gelten also in unserm Coordinatensystem der 5 Orthogonalkugeln die beiden Beziehungen für die Coordinaten: 1.) $\sigma x_i = \frac{S_i}{\varrho_i}$ und 2.) $\sum_1^5 x_i^2 = 0$. Die solcherweise definirten pentasphärischen Coordinaten sind bei allen Untersuchungen, die auf Kugeln Bezug haben, sehr zweckmässig.

Wir wollen für einige der Fundamentalaufgaben im Folgenden die bezüglichen Formeln in Kürze zusammenstellen, die man sofort allgemein beweist, indem man auf jenes specielle Coordinatensystem zurückgeht und sich überzeugt, dass die Formeln unverändert richtig bleiben, auch wenn man eine beliebige Inversion anwendet.

1.) Die Gleichung einer beliebigen Kugel lautet $\sum_1^5 \alpha_k x_k = 0$; dieselbe ist also linear in den Coordinaten. Umgekehrt stellt jede solche Gleichung eine Kugel dar.

2.) Ist noch eine zweite Kugel $\sum_1^5 \alpha'_k x_k = 0$ gegeben, so giebt die Formel $\sum_1^5 \alpha_k \alpha'_k = 0$ die Bedingung für die orthogonale Durchdringung der beiden Kugeln an.

3.) Eine Kugel $\sum_1^5 \alpha_k x_k$ ist in einen Punkt (Punktkugel) ausgeartet, sobald $\sum \alpha_k^2 = 0$ ist. Die Grössen $\alpha_k$ sind dann geradezu die pentasphärischen Coordinaten des Punktes.

4) Es sei eine Kugel $\sum_1^5 \alpha_k x_k = 0$, so wie ein beliebiger Punkt $x_i$ gegeben. Die Coordinaten $x_i'$ des reciproken Poles zu letzterem werden dann durch die Gleichungen geliefert:

$$\sigma x_i' = x_i \sum_1^5 \alpha_k^2 - 2\alpha_i \sum_1^5 \alpha_k x_k$$

5.) Wie gestalten sich die letzten Gleichungen insbesondere wenn man den reciproken Pol eines Punktes $x_i$ in Bezug auf eine Kugel des Coordinatensystems bestimmen will? – Wir haben in der vorstehenden Formel einfach eines der $\alpha_k$ gleich 1, die andern gleich Null zu setzen. Man bekommt den Pol eines Punktes in Bezug auf eine Kugel des Coordinatensystems indem man das zugehörige $x$ im Vorzeichen umkehrt.

6.) Die weiteren Formeln gründen sich auf die Einführung des $\infty$ weiten Punktes der die Coordinaten $\frac{1}{\rho_1}, \frac{1}{\rho_2}, \frac{1}{\rho_3}, \frac{1}{\rho_4}, \frac{1}{\rho_5}$ bekommt, (für welche $\sum\left(\frac{1}{\rho_k}\right)^2 = 0$ sein muss.). Von hier aus folgt:

7.) Eine Kugel ist eine Ebene, wenn $\sum \frac{\alpha_k}{\rho_k} = 0$ ist, d. h. wenn sie den unendlich fernen Punkt enthält.

8.) Den Radius einer beliebigen Kugel $\sum_1^5 \alpha_k x_k = 0$ liefert die Formel

$$\rho = \frac{\sqrt{\sum_1^5 \alpha_k^2}}{\sum \alpha_k \frac{1}{\rho_k}}$$ Nach Satz 3 u. 7 wird

die rechte Seite wirklich gleich 0, oder ∞, je nachdem wir es mit einer Punktkugel, oder einer Ebene zu thun haben.

– Wir fügen wieder einige geschichtliche Bemerkungen hinzu. Die pentasphärischen Coordinaten sind hauptsächlich von Darboux im Jahre 1873 eingeführt worden in seiner Schrift: "Sur une classe remarquable de courbes et de surfaces algébriques." Seine Untersuchungen gehen jedoch bis auf die Jahre 69–70 zurück, in welcher Zeit Lie u. ich mit Darboux vielfach in Beziehung traten. Demgemäss tritt dann auch bei unseren Untersuchungen öfter eine Bezugnahme auf pentasphärische Coordinaten ein. (vgl. unsere Arbeiten in Anm. 5.)

Darboux ist seit 1878 professeur de la géométrie supérieure an der Sorbonne in Paris. Dieser Lehrstuhl war seiner Zeit (1846) für Chasles gegründet, nach dessen Tod er auf Darboux überging. Das Ausgezeichnete des Darboux'schen Unterrichts ist insbesondere die grosse Vielseitigkeit, mit welcher derselbe sämmtliche Teile der Geometrie zur Geltung bringt. Zeugnis hievon legt besonders auch sein wiederholt genanntes, noch nicht vollständig erschienenes Buch der "théorie générale des surfaces" ab, ferner aber die Arbeiten seiner zahlreichen Schüler, wie König. Es wäre zu wünschen, dass auch in Deutschland irgendwo in ähnlicher vielseitiger Weise

vorgegangen würde. In seinem oben genannten Werke vom Jahre 1873 werden insbesondere behandelt:
1.) die cyclischen Curven. 2.) Die Cycliden. Um [Fr. 18.XI. 92 nur von letzteren zu berichten, – die cyclischen Curven sind einfach das Analogon der Cycliden in der Ebene und werden dementsprechend am besten mit tetracyclischen Coordinaten behandelt, – so kann man allgemein die Cycliden durch eine Gleichung 2ten Grades zwischen pentasphärischen Coordinaten definiren. Nun wissen wir, dass die pentasphärischen Coordinaten sich als lineare Functionen der folgenden Grössen darstellen lassen:

$x^2+y^2+z^2$, $x, y, z, 1$. Folglich können wir die Cycliden auch ansehen als solche Flächen, die durch Gleichungen 2ten Grades zwischen diesen Grössen dargestellt werden, und ihre allgemeine Gleichungsform in gewöhnlichen Coordinaten lautet dementsprechend:

$$A(x^2+y^2+z^2)^2 + B(x^2+y^2+z^2)x + \ldots\ldots + Ex^2 + F(xy) + \ldots\ldots + N = 0$$

Wir sehen hieraus, dass die Cycliden im Allgemeinen Flächen 4ter Ordnung sind. In dem besondern Fall, dass der Coefficient $A$ verschwindet, haben wir es mit einer Fläche 3. Ordnung zu thun; indem jedoch auch noch die Coefficienten der Glieder 3. Ordnung verschwinden können, gehören auch noch alle Flächen 2ter Ordnung als Specialfälle zu den Cycliden.

Neben die Definitionsgleichung $2^{ten}$ Grades der Cycliden in pentasphärischen Coordinaten $F_2(x_1 x_2 x_3 x_4 x_5) = 0$ stellt sich noch die ebenfalls quadratische Identität $\Omega(x_1 \ldots\ldots x_5) = 0$, die zwischen denselben ohnehin besteht. Es ist nun eine Aufgabe, die sich analog immer darbietet, wenn zwei quadratische Gleichungen zwischen denselben, übrigens beliebig vielen Variabeln vorliegen, durch geeignetes Einführen neuer Variabeln mittelst linearer Substitution diese Gleichungen auf eine Normalform zurückzuführen. Als solche werden wir wählen dürfen:

$$F_2' = \frac{y_1^2}{a_1} + \frac{y_2^2}{a_2} + \ldots\ldots + \frac{y_5^2}{a_5} = 0 \text{ und}$$

$$\Omega_2' = y_1^2 + y_2^2 + \ldots\ldots + y_5^2 = 0.$$

Doch müssen wir bemerken, dass diese Transformation nur im Allgemeinen gilt; wie dieselbe sich im speciellen verhält, davon vielleicht später. Das dieser cannonischen Form der beiden Gleichungen zu Grunde liegende pentasphärische Coordinatensystem ist dann gerade ein solches System von 5 Orthogonalkugeln, wie wir es in letzter Stunde besonders besprachen.

Diese Transformation auf eine kannonische Form gestattet nun einmal, allgemein die Eigenschaften der einzelnen Cyclide bequem zu untersuchen; dann jedoch veranlasst sie uns insbesondere, das folgende Flächensystem näher zu betrachten:

$$\frac{y_1^2}{\alpha_1-\lambda}+\frac{y_2^2}{\alpha_2-\lambda}+\dots\frac{y_5^2}{\alpha_5-\lambda}=0.$$

Diese Gleichung erweitert sich auf den ersten Blick ganz analog der früher behandelten Gleichung der confocalen Flächen 2ten Grades; dementsprechend werden wir die durch die letzte Gleichung bei variablem $\lambda$ definirte Flächenschaar als „confocale Cycliden" benennen. Die nächste Frage wird die sein, wie viele dieser Flächen durch einen gegebenen Raumpunkt $y_i$ hindurchgehen? Entwickelt man die Gleichung, indem man die Nenner fortschafft, so erhält man eine Form, die mit dem Gliede

$$y_1^2(\alpha_2-\lambda)(\alpha_3-\lambda)(\alpha_4-\lambda)(\alpha_5-\lambda)$$ beginnt.

Man würde dementsprechend vielleicht schliessen, für $\lambda$ eine Gleichung 4ten Grades zu haben. Doch man erkennt leicht, dass der Gesammtcoefficient für $\lambda^4$ gerade $y_1^2+y_2^2+y_5^2$ beträgt und der Bedingung $\Omega=0$ gemäss fortfällt, so dass man nur eine Gleichung 3ten Grades für $\lambda$ behält. Wir entnehmen hieraus den Satz:

Im System der confocalen Cycliden gehen durch jeden Raumpunkt gerade 3 Flächen, wie wir das für das System confocaler $F_2$ kennen.

Anschliessend an die canonische Form, auf die wir die Gl. der Cyclide im Allgemeinen gebracht haben, lässt sich nun mit Hülfe der für pentasphaerische Coordinaten aufgestellten Formeln weiter nachweisen, dass die confocalen Cycliden sich gegenseitig rechtwinklich durchsetzen. Wir haben in der Schaar der confocalen Cycliden ein neues dreifaches Orthogonalsystem im Raum, dem das System der confocalen $F_2$ als specieller Fall unterzuordnen ist.

Dies neue Orthogonalsystem ist im Jahre 1864 gleichzeitig von Moutard u. Darboux aufgefunden worden (vgl. Comptes rendus d. J.)

Was die fernere Litteratur dieses Gegenstandes anbetrifft, so will ich mich darauf beschränken, auf meine im W. S. 1889/90 gehaltene Vorlesung über Lamé'sche Functionen, sowie auf die Preisarbeit von Bôcher, Göttingen 1891, zu verweisen. In letzterer findet sich neben genauen Citaten die ganze Theorie der confocalen Cycliden mit allen Specialfällen behandelt.

Unter den allgemeinen Cycliden, von denen wir bisher handelten, nehmen nun eine besondere Stelle diejenigen ein, die man als Dupin'sche Cycliden bezeichnet, auf welche sich auch die im Brill'schen Verlag (Darmstadt) erschienen Modelle beziehen. Von der allgemeinen Erzeugung derselben werden wir sofort sprechen; vorerst wollen wir uns nur von der Gestalt derselben eine klare Vorstellung zu verschaffen suchen. Man unterscheidet die Dupin'schen Cycliden in solche, welche zwei reelle Knotenpunkte haben und solche, welche keine reellen Knotenpunkte haben.

1.) <u>Dupin'sche Cycliden mit 2 reellen Knotenpunkten</u>: Von diesen können wir uns sehr leicht eine Anschauung ihrer Eigenschaften verschaffen, indem dieselben nämlich als durch Inversion aus einem gewöhnlichen geraden Kreiskegel entstanden aufgefasst werden können. Die reellen Knotenpunkte ergeben sich vermöge der Inversion insbesondere aus der Spitze des Kreiskegels [Doppelkegels] und dem ∞ fernen Punkte des Raumes. Je nachdem wir nun das Inversionscentrum im Innern, im Äussern oder auf dem Kreiskegel wählen, werden wir drei Unterarten zu unterscheiden haben, von denen die letzte ersichtlich den Uebergangsfall der beiden andern vorstellt. Im ersten Fall erhalten wir die sogenannte <u>Spindelcyclide</u>, welche aus zwei in einander liegenden Flächenmänteln besteht, die in den beiden Knotenpunkten zusammenliegen. Im zweiten Falle ergiebt sich die <u>Horncyclide</u>, bei der die Flächenmäntel aus einander liegen. Der dritte Fall endlich stellt die parabolische Horncyclide dar, die sich ins Unendliche erstreckt und übrigens nur vom 3ten Grade ist. Alle diese Flächen haben ihrer Entstehung aus dem Rotationskegel gemäss eine besonders einfache Eigenschaft. Wenn wir nämlich unser Augenmerk zunächst auf die

Tangentialebenen des Kreiskegels richten, ~~welche~~ diesen also umhüllen, so werden offenbar bei der Inversion aus diesen Kugeln werden, die den geradlinigen Erzeugenden des Kegels entsprechend die Dupin'sche Cyclide nach Erstreckung von Kreisen berühren. Alle diese Kreise resp. Kugeln müssen überdies durch die beiden Knotenpunkte gehn. Im Falle der Horncyclide finden sich unter den genannten Kugeln zwei Ebenen, die bei der parabolischen Cyclide in eine Ebene zusammenfallen und bei der Spindelcyclide imaginär sind.

Doch ist dieses System der Kreise keineswegs das einzige auf der Dupin'schen Cyclide. Denken wir uns nun z. B. in die obere Oeffnung des Kreiskegels eine Kugel von beliebigem Radius hineingebracht, so wird dieselbe den Kreiskegel längs eines Kreises berühren, der die geradlinigen Erzeugenden rechtwinklig durchschneidet. Nach der Inversion wird aus dieser Kugel und ihrem Berührungskreis wieder eine die Dupin'sche Cyclide berührende Kugel geworden sein. Und indem wir den Radius der Kugel variabel denken, erhalten wir solcherweise auf dem Kegel die bekannte Kreisschaar, der dann auf der Dupin'schen Cyclide eine zweite Kreisschaar als die Berührungscurven derselben mit einer zweiten Kugelschaar entspricht. Und wie wir bereits andeuten; wird diese zweite Kreisschaar die erste rechtwinklig durchsetzen, sodass beide ein Orthogonalsystem auf der Cyclide bilden. Wie leicht zu sehen, und wir später noch beweisen wollen, bilden beide Kreisschaaren zugleich das System der Krümmungscurven der Fläche. Im Falle der Spindelcyclide finden sich unter den Kugeln dieser zweiten Schaar zwei reelle Ebenen, die im Uebergangsfalle wieder zusammenfallen und bei der Horncyclide fehlen, beziehungsweise imaginär sind.

2.) Dupin'sche Cyclide ohne reelle Doppelpunkte.

Diese Fläche hat im Allgemeinen die Gestalt einer Ringfläche und kann im Speciellen durch entsprechende Inversion die parabolische Form erhalten, (parabolische Ringcyclide), die sich ins Unendliche erstreckt. Die Eigenschaften, welche wir bei der Cyclide mit 2 reellen Doppelpunkten fanden, sehen wir auch hier bei den Flächen mit nur imaginären Doppelpunkten erhalten. Es existiren wiederum die beiden Schaaren von Kugeln, wo jede Kugel nach Erstreckung eines Kreises die Cyclide berührt. Die eine Schaar der Kugeln füllt hierbei gleichsam das Innere der Cyclide aus, während die andere das Aeussere derselben ausfüllt.

Wie kann man sich nun die gemeinsame Erzeugung aller dieser Cycliden vorstellen? Nehmen wir z. B. drei Kugeln an, die auseinander liegen, so werden wir uns offenbar eine ganze Schaar von Kugeln vorstellen können, welche die gegebenen Kugeln von Aussen berühren. Diese letzteren werden dann eine Ringfläche zur Umhüllungscurve haben, welche mit der zweiten Art der Dupin'schen Cyclide identisch ist. Diese Construction, welche den Ausgangspunkt der Untersuchung für Dupin bildete, gilt nun richtig verstanden ganz allgemein für alle Cycliden. Es kommt darauf an, alle Kugeln zu construiren, welche drei feste Kugeln nicht gerade von aussen, sondern nur in gleichförmiger Weise berühren. Die solcherweise als Umhüllungsgebilde entstehende Cyclide wird ferner reelle Doppelpunkte haben, oder nicht, je nachdem die drei Kugeln, von denen man ausgeht, 2 gemeinsame Schnittpunkte haben oder nicht. Dupin beweist dann weiter, dass die nämliche Fläche auch umhüllt wird von einer zweiten Kugelschaar, der die anfänglich gegebenen 3 Kugeln selbst angehören.

Ganz allgemein nennt man eine Fläche, welche als Umhüllungsgebilde einer Schaar von Kugeln entsteht, eine "Röhrenfläche", mag der Radius der Kugeln dabei constant sein, oder sich nach bestimmten Gesetzen ändern. <u>Die Dupin'sche Cyclide die von 2 Kugelschaaren umhüllt wird, erweist sich daher in doppelter Hinsicht als Röhrenfläche</u>; das eine

Mal ist sie sozusagen das Innere, das andre Mal das Aussere der Kugelschaar.
Wir werden nun weiter fragen dürfen, auf welcher Curve die Mittelpunkte dieser Kugeln der einen und der andern Schaar liegen. Dies führt uns zu der Figur zurück, die wir im System der confocalen Flächen zweiten Grades kennen gelernt haben. Wir hatten dort eine Ellipse und eine Hyperbel gefunden, die der Art in zwei zu einander senkrechten Ebenen gelegen sind, dass die Brennpunkte der Ellipse die Scheitel der Hyperbel waren und umgekehrt. Im speciellen Falle arten die Ellipse und die Hyperbel in zwei Parabeln aus in ganz analoger Lage. Wir haben nun als Antwort auf obige Frage den Satz: Bei den beiden Kugelschaaren, welche eine Dupin'sche Cyclide umhüllen, werden die Mittelpunkte auf einer Focalellipse und einer Focalhyperbel gelegen sein, eventuell aber auf 2 Confocalparabeln, wie oben beschrieben.

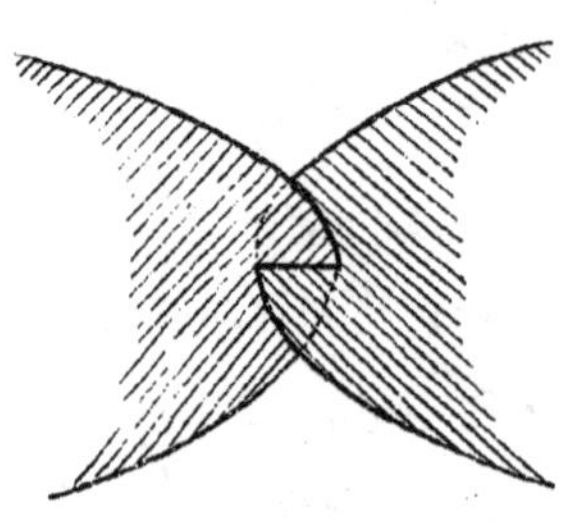

Man findet das im Einzelnen ausgeführt z. B. in Salmon-Fiedler, Raumgeometrie II. Art. 352 (3. Aufl.)

Mit der letzten Stunde soll zugleich abgeschlos- [Mo. 21. XI. 92] sen sein, was allgemein über Punktcoordinaten zu sagen war. Wir wollen da noch die subjective, d. h. nur zum Zwecke der Classification gestellte Frage aufwerfen, <u>welche Curven und Flächen überhaupt für die Behandlung durch Punktcoordinaten mathematisch interessant sind?</u> Wir haben wieder zu scheiden zwischen der Geometrie im Gesammtraum und der Differentialgeometrie.

I. <u>Was</u> die erstere anbetrifft, so wissen wir, dass dieselbe sich auf <u>algebraische Gebilde</u> beschränkt. Wir legen der Bequemlichkeit halber gleich Dreiecks- (resp. Tetraeder-) Coordinaten zu Grunde und wollen dieselben bei Beschränkung auf die Ebene mit $x_1\ x_2\ x_3$ bezeichnen. Es giebt dann zweierlei Ansätze zur Untersuchung bestimmter Curven.

1.) Man stellt die Curve durch eine einfache Gleichung $f(x_1, x_2, x_3) = 0$ dar. Hier ordnet man nun nach dem <u>Grad</u> und untersucht dementsprechend die allgemeinen algebraischen Curven ersten, zweiten, ... .. $n^{\text{ten}}$ Grades.

2.) Die Curve wird nicht durch <u>eine</u> Gleichung dargestellt, sondern unter Einführung eines variablen

Parameters $\lambda$ durch drei Gleichungen, indem man die Coordinaten $x_1$, $x_2$, $x_3$ Functionen desselben proportional setzt, also:

$$\sigma x_1 = \varphi_1(\lambda)$$
$$\sigma x_2 = \varphi_2(\lambda)$$
$$\sigma x_3 = \varphi_3(\lambda).$$

Auch hier können wir dann eine weitere Classification vornehmen. Wir werden die $\varphi$-Functionen vielleicht zunächst als rationale Functionen wählen und demgemäss von „rationalen Curven" sprechen. Dies ergibt noch keineswegs die allgemeinen algebraischen Curven. Wir werden dann weiter an den $\varphi$-Functionen bestimmte Irrationalitäten zulassen, z. B. dieselben als rationale Functionen in $\lambda$ und $\sqrt{\omega_4(\lambda)}$, d. h. einer Quadratwurzel aus einem Polynom 4^ten Grades annehmen. Das liefert uns dann zunächst die „elliptischen Curven", die man so nennt, weil sie mit elliptischen Functionen sich gut behandeln lassen. Fernerhin wird man noch beliebig höhere Irrationalitäten einführen können. –

Dies sind die beiden Hauptgesichtspunkte, nach denen man die algebraischen Curven geordnet hat. Bei dieser Anordnung des Stoffes ist das oberste Princip die algebraische Begriffsbildung; der geometrischen Untersuchung kommt nur eine ausführende Rolle zu, indem man voraussetzt, dass jene alle die Fragen aufnimmt, die vom algebraischen Standpunkte aus wichtig sind.

II. <u>Wie steht es nun mit der Differentialgeometrie?</u> Nehmen wir z. B. das schon erwähnte Buch von Monge zur Hand. Wir werden dort weniger im allgemeinen von analytischen Curven und Flächen gehandelt sehen, vielmehr aber von gewissen Flächenfamilien, die eine bestimmte <u>geometrische Erzeugung</u> haben. Wir lernen von Cylinderflächen, Kegelflächen, Rotationsflächen, von sogen. Umhüllungsflächen, die ganz besonders Gegenstand des Interesses in dem Werke von Monge sind. Letztere entstehen z. B., wenn eine Ebene nach irgend einem vorgeschriebenen Gesetz sich im Raum bewegt; die dann von ihnen umhüllte Fläche ist insbesondere eine "developpable Fläche." Ein anderes Beispiel ist die Enveloppe einer Kugelschaar [die schon erwähnte Gattung der Röhrenflächen] Weiter werden die Linienflächen behandelt, d. h. Flächen, die von geraden Linien erzeugt werden; dann wieder Flächen mit besondern Krümmungseigenschaften, z. B. Flächen mit ebenen Krümmungslinien u. s. w.

<u>In der Differentialgeometrie von Monge ist demnach das unmittelbare Interesse an der geometri-</u>

schen Erzeugung der Fläche das Maasgebende für die Betrachtung.

Nun wird man doch auch darauf ausgehen können, beides miteinander zu vereinigen. Man kann sich z. B. fragen, was es für algebraische Linienflächen 1., 2., oder 3. Ordnung u. s. w. gibt.

Insbesondere verfolgt die neuere synthetische Geometrie eine Art mittlere Stellung, die beiderlei Interessen zu verbinden sucht, indem sie darauf ausgeht, die algebraischen Gebilde, die sie von der analytischen Geometrie übernimmt, in bestimmter Weise rein geometrisch zu erzeugen.

Man hat sich nun aber weiterhin sowohl bei I als II veranlasst gesehen, noch andre geometrische Gebilde in Betracht zu ziehen, Gebilde, die weder einfach Curven noch Flächen sind, und hiervon wollen wir vor allen Dingen handeln.

I. Was zunächst wieder die algebraische Geometrie betrifft, so hat man Gleichungen betrachtet, die nicht allein die Coordinaten eines Punktes, sondern die zweier Punkte enthalten. Wir nennen dieselben als Dreieckscoordinaten gewöhnlich $x_1\ x_2\ x_3$ resp. $y_1\ y_2\ y_3$, als homogen geschriebene gewöhnliche Coordinaten dagegen $x, y, t$ und $x', y', t'$; auf diese verschiedenartige Bezeichnung sei an dieser Stelle ausdrücklich aufmerksam gemacht, um späterhin, wenn sie immer wiederkehrt, Verwechslungen vorzubeugen. Die allgemeine Form unserer Gleichung ist dann etwa:

$$\Omega(x_1, x_2, x_3; y_1, y_2, y_3) = 0;$$

die Bedeutung derselben ist leicht zu erkennen, <u>sie stellt eine Beziehung zwischen 2 Punkten dar der Art, dass der eine Punkt immer auf eine Curve eingeschränkt ist, sobald wir den andern Punkt festhalten.</u>

<u>Einen ersten Fall einer solchen Gleichung $\Omega = 0$ gab die Polarentheorie der Kegelschnitte</u>. Schreibt man die Gleichung der letzteren $\Sigma a_{ik} x_i x_k = 0$, wo $a_{ik} = a_{ki}$, so wird die gemeinte Verwandtschaft durch die Gleichung $\Sigma a_{ik} x_i y_k = 0$ gegeben. Durch letztere wird bekanntlich jedem Punkte $x$ eine Gerade als „<u>Polare</u>" zugeordnet, die den Kegelschnitt in reellen, oder imaginären Punkten schneidet, je nachdem der Punkt $x$ ausserhalb oder innerhalb des Kegelschnittes liegt; diese Punkte sind die Berührungspunkte der von $x$ an den Kegelschnitt gehenden Tangenten. Umgekehrt wird jeder Geraden natürlich auch ein Punkt als Pol entsprechen. Die Beziehung zwischen den Punkten $x_i$ und $y_i$ ist überdies eine gegenseitige; $y_i$ liegt auf der Polaren von $x_i$,

wenn $x_i$ auf der Polaren von $y_i$ liegt.

Es ist Ihnen allen wohl bekannt, wie aus dieser Theorie der Polaren bei Kegelschnitten zu Anfang des Jahrhunderts die Lehre von der Dualität zwischen Punkt und Gerade hervorgegangen ist. Denkt man sich irgend eine Figur gegeben, über die ein Satz ausgesagt ist und construirt dann zu jedem Punkte seine Polare und umgekehrt zu jeder Geraden ihren Pol, so erhalten wir eine neue Figur, die Polarfigur, über die dann ein analoger Satz gilt. Der erste, der dieses Verfahren angewandt hat, ist Brianchon im Jahre 1806. gewesen,*) indem er den bekannten Pascal'schen Satz, dass bei jedem einem Kegelschnitt einbeschriebenen Sechseck die Schnittpunkte der Gegenseitenpaare auf einer Geraden liegen, in den nach seinem Namen genannten „Brianchon'schen Satz" überbrug. Setzt man nämlich statt der 6 Punkte, den Ecken des Sechsecks, ihre Polaren, die Tangenten des Kegelschnittes werden, so erhalten wir ein dem Kegelschnitt umschriebenes Sechsseit und für dieses gilt dann ganz analog, dass die Verbindungslinien der Gegenecken durch einen Punkt gehen.

Wie sich diese Untersuchungen weiter entwickelt haben, werden wir bald näher kennen lernen. Die

*) Journal de l'Ecole Polytechnique, cah. 13.

obige Gleichung $\sum a_{ik} x_i y_k = 0$ nimmt in entwickelter Form die Gestalt an:

$$y_1(a_{11}x_1 + a_{12}x_2 + a_{13}x_3) + y_2(a_{21}x_1 + a_{22}x_2 + a_{23}x_3) + y_3(a_{31}x_1 + a_{32}x_2 + a_{33}x_3) = 0.$$

Es ist jedoch in ihr $a_{ik} = a_{ki}$ zu setzen. Dementsprechend stellt diese Gleichung noch keineswegs die allgemeine bilineare Gleichung dar. Weshalb sollte man aber nicht die Gleichung $\sum\sum a_{ik} x_i y_k = 0$ betrachten, in der $a_{ik}$ und $a_{ki}$ nicht notwendig einander gleich sind? Dies ist zuerst von Plücker in Bd II seiner analytisch-geometrischen Entwicklungen geschehen, (1831). Während aber damals Plücker diese allgemeinste bilineare Gleichung nur als ein Mittel der Transformation betrachte, welche jedem Punkt eine gerade Linie in dualistischer Weise zuordnet, hat man nunmehr für die Gleichung selbst, bezw. für die Zuordnung, die sie geometrisch vorstellt, ein unmittelbares Interesse gewonnen und sie also als selbständiges Object in die geometrische Betrachtung eingeführt.

Als Specialfall dieser bilinearen Beziehung verdient neben dem symmetrischen Falle ($a_{ik} = a_{ki}$) d. h. der Polarenverwandtschaft in Bezug auf einen Kegelschnitt (oder in Bezug auf eine Fläche 2ten Grades besondere Beachtung der antisymmetrische Fall, die sogenannte schiefe bilineare Gleichung (gauche, skew, gobbo), in der $a_{ik} = -a_{ki}$ ist. Die hierdurch vermittelte Beziehung müssen wir in der Ebene und im Raum jetzt näher betrachten. Wir werden erkennen, dass für die Ebene nichts besonderes herauskommt, im Raume dagegen das sogenannte „Nullsystem" sich ergibt, das durchaus zu den Fundamentalgebilden der modernen Geometrie zu zählen ist. Zunächst ergibt sich aus der Annahme

$a_{ik} = -a_{ki}$, dass: $a_{11} = a_{22} = a_{33} = 0$ zu setzen ist.

Unsere Gleichung nimmt daher für die Ebene die folgende Gestalt an:

$$a_{23}(x_2 y_3 - x_3 y_2) + a_{31}(x_3 y_1 - x_1 y_3) + a_{12}(x_1 y_2 - y_1 x_2) = 0.$$

Man erkennt sofort, dass die linke Seite [illegible]gezeichnete Form der Determinante

$$\begin{vmatrix} a_{23} & a_{31} & a_{12} \\ x_1 & x_2 & x_3 \\ y_1 & y_2 & y_3 \end{vmatrix}$$

darstellt. Die geometrische Bedeutung der Gleichung liegt dann auf der Hand; die Determinante verschwindet, wenn die Punkte $x_i$ $y_i$ und $a_{kl}$ auf einer geraden Linie liegen. Die Gleichung hat daher eine triviale Bedeutung, indem sie jedem Punkt $x_i$ diejenige Gerade zuordnet, die ihn mit dem festen Punkte $a$ verbindet. Von dieser einfachen Beziehung redet man dann nicht weiter und sagt wohl, in der Ebene giebt es kein Nullsystem.

Wie ist es nun im Raume? Wir haben es hier mit der Gleichung zu thun:

$$0 = a_{12}(x_1 y_2 - x_2 y_1) + a_{13}(x_1 y_3 - x_3 y_1) + a_{14}(x_1 y_4 - x_4 y_1)$$

$$+ a_{34}(x_3 y_4 - x_4 y_3) + a_{42}(x_4 y_2 - x_4 y_2) + a_{23}(x_2 y_3 - x_3 y_2)$$

oder abgekürzt geschrieben $\sum a_{ik}(x_i y_k - y_i x_k) = 0$

Diese Gleichung stellt das nämliche Nullsystem dar, wie es zuerst von Moebius 1833 in Crelle Bd 10 entwickelt ist. [Vi. 22.XI.92 {Doch soll schon 1827 ein italienischer Geometer Giorgini dasselbe betrachtet haben.
Memorie dei XL Bd 20)}.

Um über Moebius einige historische Notizen zu geben: Moebius war von 1816–1868 Professor der Astronomie in Leipzig. Neben seinen barycentrischen Calcul (1827) haben wir von ihm eine Statik 1838 und eine elementare Behandlung der Mechanik des Himmels 1843. Erstere ist wieder in geometrischer Hinsicht besonders interessant. Daneben eine Fülle der schönsten geometrischen Abhandlungen. Vergl. ges. Werke I–IV Leipzig 1885–87. –

Wir führen hier eine Reihe von Sätzen, die sich auf das Nullsystem beziehen, ohne Beweis an; dieselben ergeben sich unmittelbar aus der allgemeinen Gleichungsform:

1.) Jedem Punkt $x_i$ entspricht eine Ebene, die durch den Punkt selbst hindurchgeht; umgekehrt jeder Ebene ein Punkt, der in ihr liegt.

2.) Wenn $x_i$ sich auf einer Geraden bewegt, so dreht sich die zugehörige Ebene um eine zweite Gerade.

3.) Wenn $y_i$ in der Ebene von $x_i$ liegt, so liegt umgekehrt $x_i$ in der Ebene von $y_i$.

4.) Die Beziehung zwischen diesen Geraden ist wiederum eine gegenseitige; denn jedem Punkt $y_i$ der zweiten Geraden muss doch umgekehrt eine Ebene entsprechen, die alle Punkte $x_i$ der ersten Geraden enthält. Solche zwei gerade Linien nennt man nun <u>conjugirte Polaren</u>.

5.) Die geraden Linien des Raumes ordnen sich in Bezug auf das Nullsystem paarweise als conjugirte Polaren zusammen.

Dies sind die Grundzüge der allgemeinen Theorie; wir sind aber mit diesen allgemeinen Sätzen nicht zufrieden, sondern wünschen möglichst <u>anschaulich</u> vor Augen zu haben, wie jedem Punkte eine Ebene wirklich zugeordnet ist. Dieses werden wir besonders einfach erreichen, wenn wir ein specielles Coordinatensystem einführen analog, wie man etwa die Flächen 2ten Grades auf ihr Axensystem bezieht. Wir wollen der Uebersichtlichkeit wegen, die einzelnen Punkte der Ueberlegung wieder numeriren:

1.) Wir richten unser Augenmerk zunächst auf die unendlich fernen Punkte, die hier im Gebiet der projectiven Geometrie natürlich eine „Ebene" erfüllen. Es wird daraufhin einen Punkt der unendlich fernen Ebene geben, welcher dieser Ebene im Nullsystem zugehört. Wir wollen nun den Gesammtraum so gedreht denken, dass dieser Punkt gerade vertical über uns zu liegen kommt. An dieser Lage des Nullsystems halten wir fortan fest.

2.) Nun gibt es in der unendlich fernen Ebene eine horizontale gerade Linie, deren conjugirte Polare wir ins Auge fassen wollen. <u>Diese letztere nennen wir die Axe des Nullsystems und behaupten, dass dieselbe irgend eine verticale gerade Linie ist.</u> Um dies zu erkennen, überlegen wir uns, wie wir die betreffende conjugirte Polare finden. Wir betrachten alle die Ebenen, die durch die horizontale unendlich ferne Gerade gehen; dies werden sämmtliche Horizontalebenen sein, zu denen auch die unendlich weite Ebene selbst zu rechnen ist. Jeder dieser Ebenen gehört nun ein Punkt zu, der in ihr liegt, die Gesammtheit dieser Punkte bildet die gesuchte conjugirte Polare. Nun findet sich unter diesen Punkten auch der vertical über uns liegende Punkt als der der unendlich fernen Ebene entsprechende Punkt, die Axe muss folglich eine Verticallinie sein.

3) Diese Axe des Nullsystems machen wir nun zur Z-Axe eines rechtwinkligen Coordinatensystems, in welchem wir die homogenen Coordinaten der Punkte in der bilinearen Grundgleichung mit $x\ y\ z\ t$ resp. $x'\ y'\ z'\ t'$ bezeichnen. Die letztere hat dann das Aussehen

$$0 = a_{12}(xy' - yx') + a_{13}(xz' - x'z) + a_{23}(yz' - y'z)$$
$$+ a_{14}(xt' - x't) + a_{24}(yt' - y't) + a_{34}(zt' - z't) \quad \text{oder}$$

indem wir $t = t' = 1$ setzen:

$$0 = a_{12}(xy' - x'y) + a_{13}(xt' - x't) + a_{23}(yz' - y'z)$$
$$+ a_{14}(x - x') + a_{24}(y - y') + a_{34}(z - z').$$

Dies ist zunächst noch die allgemeine Gleichung unseres Nullsystems. Nun soll die Z-Axe die Axe des Nullsystems sein, d. h. jedem Punkte der Z-Axe eine horizontale Ebene entsprechen. Setzen wir daraufhin in die letzte Gleichung $x' = 0$, $y' = 0$ ein, während $z'$ beliebig sein möge, so erhalten wir die Gleichungen der betreffenden Ebenen zunächst in der Gestalt:

$$0 = (a_{13}z + a_{14})\,x + (a_{23}z' + a_{24})\,y + a_{34}(z - z').$$

Damit diese Gleichung nun eine Horizontalebene darstellt, müssen die Glieder mit $x$ u. $y$ fortfallen, d. h. es muss $a_{13} = a_{14} = a_{23} = a_{24} = 0$ sein. Führen wir dies in unsere allgemeine Gleichung ein, so nimmt dieselbe die Gestalt an

$$0 = a_{12}(xy' - yx') + a_{34}(z - z'),$$ oder bei vereinfachter Coefficientenbezeichnung

$$0 = (xy' - x'y) + k(z - z').$$

Das besagt aber: <u>Beziehen wir unser Nullsystem auf irgend ein rechtwinkliges Coordinatensystem, dessen Z-Axe die Axe des Nullsystems ist, so bekommen wir die letzthingeschriebene einfache Gestalt der Gleichung.</u>

5.) <u>Die Grösse $k$ nennt man den Parameter des Nullsystems.</u> Derselbe drückt sich, wie wir nicht weiter beweisen wollen, durch die ursprünglichen Coefficienten der allgemeinen Gleichung wie folgt aus:

$$k = \frac{a_{12}\,a_{34} + a_{13}\,a_{42} + a_{14}\,a_{23}}{a_{12}^2 + a_{13}^2 + a_{23}^2}.$$

Die rechte Seite ist dabei unter Benutzung der Relation $a_{ik} = -a_{ki}$ in symmetrischer Form geschrieben.

6.) Wie ist nun die Zuordnung von Punkt und Ebene in diesem Nullsystem anschauungsmässig zu erfassen? Wir betrachten zunächst die speciellen Fälle $k = 0$ u. $k = \infty$, deren Bedeutung man sofort überzieht. Ist $k = 0$, so wird jedem Punkt $x'y'z'$ die Ebene zugeordnet, die durch ihn selbst und die Z-Axe hindurchgeht, d. h. seine Verbindungsebene mit der Z-Axe. Ist $k = \infty$, so wird jedem Punkte $x'y'z'$ die durch ihn hindurchgehende Horizontalebene, d. h. die Verbindungsebene des Punktes mit der unendlich weiten horizontalen Linie, zugeordnet. Das sind beides „triviale" Fälle.

7.) Wie ist nun die Beziehung bei allgemeinen Werten von $k$?

a) Zunächst machen wir eine Bemerkung, die sich auf die Wahl unseres Coordinatensystems bezieht. Wir können offenbar unser Nullsystem längs der Z-Axe parallel verschieben und um die Z-Axe drehen – oder, was dasselbe besagt, wir können unser Coordinatensystem in entgegengesetztem Sinne verschieben oder drehen, – ohne dass sich irgend etwas ändert: Unsere Gleichung

$$0 = (xy' - x'y) + k(z - z')$$

bleibt genau dieselbe. Wir erkennen hieraus, mit welchem Rechte wir die Z-Axe „die Axe des Nullsystems" genannt haben. Der Vorteil, den diese Bemerkung für unsere obige Frage darbietet, ist leicht einzusehen. Um uns nämlich zu unterrichten, wie die Ebene im Raume liegt, die dem beliebigen Punkt $x', y', z'$ zugeordnet ist, beantworten wir diese Frage zunächst für die Punkte $x', o, o$ der positiven Hälfte der $x$-Axe. Wir brauchen dann die Figur nur längs der $Z$-Axe zu verschieben und um dieselbe zu drehen, um das gefundene Resultat auf jeden beliebigen andern Punkt des Raumes zu übertragen.

b.) Nachdem wir solcherweise unser Problem reducirt haben, gehen wir daran, uns von den Ebenen ein klares Bild zu schaffen, die zu dem längs der positiven $x$-Axe sich bewegenden Punkt $x', o, o$ gehören. Für die letzten Werte der Coordinaten $x', y', z'$ nimmt unsere Fundamentalgleichung die einfache Form an:

$$-x'y + k \cdot z = o \text{ oder } \frac{z}{y} = \frac{x'}{k}$$

Dieser entnehmen wir nun in Beziehung auf die nebenstehende Figur sofort das Resultat: <u>Dem Punkte $x', o, o$ der $x$-Axe entspricht im Nullsystem eine Ebene, welche durch die $x$-Axe selbst hindurchgeht u. mit der Horizontalebene den Winkel $\varphi$ bildet, wo</u>

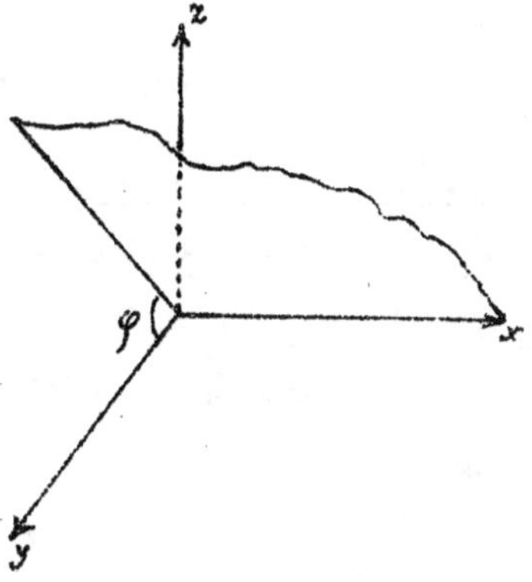


$tg\, \varphi = \frac{z}{y} = \frac{x'}{k}$ ist. Ferner erkennt man: <u>Für $x' = o$ ist</u>

<u>$tg\,\varphi$ gleichfalls $0$ und wächst mit $x$ ins Unendliche.</u>
Zieht man für jeden Wert von $x$ die zugehörige Senkrechte auf die $x$-Axe, deren Neigung gegen die Horizontalebene den Winkel $\varphi$ angiebt, so wird die entstehende Fläche in gewisser Weise ihrer Gestalt nach einem Windmühlenflügel vergleichbar. (v. Fig.)

c.) Allgemein gilt dann vermöge unserer obigen Ueberlegung für einen beliebigen Raumpunkt:
<u>Jedem Punkte des Raumes wird durch das Nullsystem eine Ebene zugeordnet, welche das Perpendikel enthält, das sich von dem Punkte auf die Axe des Nullsystems, die $z$-Axe fällen lässt und dabei einen Winkel $\varphi$ mit der Horizontalebene bildet, der gegeben ist durch $tg\,\varphi = \frac{r}{k}$ unter $r$ den Abstand des Punktes von der $x$-Axe verstanden.</u>

Dabei kommt noch wesentlich das Vorzeichen von $k$ in Betracht; der Windmühlenflügel wird im Falle eines negativen $k$ gerade umgekehrt gedreht sein, wie im Falle eines positiven $k$, und man nennt dann das Nullsystem im letzten Fall $k > 0$ rechtsgewunden, im ersteren links gewunden ($k < 0$).

Wir werden noch von einer andern Seite [Mo. 28. XI. 92] her das Nullsystem anschaulich erfassen können; dasselbe steht nämlich in Beziehung zu einer gewissen <u>Schraubenbewegung</u>, die man um die $z$-Axe des Coordinatensystems, d. h. um die Axe des Nullsystems ausführen kann. Nehmen wir z. B. an, es solle eine rechtsläufige Schraubenbewegung, d. h. eine Schraubenbewegung im Sinne der Korkzieherwindungen betrachtet werden, die jeden Punkt des Raumes eine gewöhnliche Archimedische Schraubenlinie von gleicher „Ganghöhe" um die $z$-Axe beschreiben lässt. Diese Bewegung findet ihren Ausdruck in den sich auf nebenstehendes Coordinatensystem beziehenden Formeln:

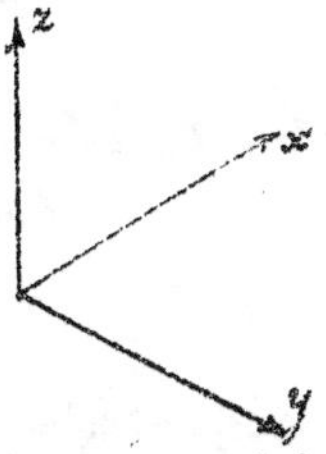

$$
\begin{aligned}
X &= x \cos\varphi - y \sin\varphi \\
Y &= y \cos\varphi + x \sin\varphi \\
Z &= z - \frac{h\varphi}{2\pi}
\end{aligned}
;
$$

in ihnen bezeichnen $x, y, z$ die anfänglichen, $X, Y, Z$ die neuen Coordinaten, während $\varphi$ den Drehwinkel u. $h$ die Höhe des einzelnen Schraubenganges bedeutet. Wenn $\varphi$ um $2\pi$ wächst, sind eben $X$ u. $Y$ wieder gleich $x$ u. $y$ geworden; $Z$ dagegen hat um $h$ abgenommen. Hier ist $h$ natürlich positiv gedacht; nehmen wir es negativ, so haben wir die Formeln für eine links gewundene Bewegung. Wenn wir nun von dieser Schraubenbewegung nur einen unendlich kleinen Teil ausgeführt denken, so werden wir also an Stelle von $\varphi$ in die letzten Formeln $d\varphi$ zu setzen haben und erhalten:

$$\left.\begin{aligned} X &= x - y\,d\varphi \\ Y &= y + x\,d\varphi \\ Z &= z - \frac{h\,d\varphi}{2\pi} \end{aligned}\right\},$$

oder indem wir die Coordinatenzuwächse $X-x$, $Y-y$, $Z-z$ resp. mit $\delta x, \delta y, \delta z$ bezeichnen:

$$\delta x = -y\,d\varphi,\quad \delta y = x\,d\varphi,\quad \delta z = -h\frac{d\varphi}{2\pi}.$$

Aus der letzten Form folgt schliesslich das Verhältniss:

$$\delta x : \delta y : \delta z = -y : x : -\frac{h}{2\pi}.$$

Mit dieser Formel für die $\infty$ kleine Schraubenbewegung bringen wir diejenige zusammen, die im Nullsystem einem Punkte seine Ebene zuordnet:

$$(xy' - x'y) + k(z - z') = 0.$$

Wir wollen festsetzen, dass die Coordinaten $x, y, z$ den gegebenen Punkt bezeichnen, $x', y', z'$ dagegen der laufende Punkt der Ebene sei. Nach letzteren Coordinaten geordnet heisst dann unsere Gleichung:

$$(-y) \cdot x' + x y' - k z' + k z = 0.$$

Errichten wir nun im Punkte $x\,y\,z$ die Normale auf dieser Ebene und gehen längs derselben zu einem benachbarten Punkt $x+\delta x, y+\delta y, z+\delta z$ weiter, so ergiebt uns die letzte Gleichung für diese Fortschreitungsrichtung:

$$\delta x : \delta y : \delta z = -y : x : -k.$$

Wir erkennen sofort die Uebereinstimmung dieser Formel mit jener für die $\infty$ kleine Schraubenbewegung, sofern wir nur $+\frac{h}{2\pi} = k$, oder $h = 2\pi \cdot k$ setzen, und wir erhalten demnach den Satz:

<u>Wir werden die Zuordnung zwischen Punkt und Ebene im Nullsystem erhalten, wenn wir um die z-Axe herum eine Schraubenbewegung von der Ganghöhe $2k\pi$ einleiten und nun jedem Punkt die Normalebene der dabei durch ihn gehenden Schraubenlinie zuordnen.</u> Diese Beziehung lässt uns dann insbesondere anschaulich vor Augen treten, wie für Punkte nahe der Axe, die entsprechende Ebene fast horizontal, für sehr weit entfernte Punkte dagegen fast vertical gerichtet ist.

Hiemit haben wir nun so deutlich als möglich das Nullsystem geometrisch uns klar gemacht; wir wenden nur dazu noch einige litterarische Bemerkungen betreffend die Anwendung derselben hinzuzufügen.

<u>Das Nullsystem findet seine Anwendung insonderheit</u>

<u>in der Mechanik fester Körper und in der Geometrie und zwar beidemal in doppelter Hinsicht.</u>

Was zunächst den ersten Punkt, <u>die Bedeutung des Nullsystems für die Mechanik fester Körper</u>, betrifft, so liegt dieselbe einmal gerade in der engen Beziehung begründet, die das Nullsystem mit einer bestimmten unendlich kleinen Schraubenbewegung verknüpft. Und die ganze Wichtigkeit dieser Beziehung wird klar, wenn man bedenkt, dass ja jede ∞ kleine Bewegung eines starren Körpers überhaupt eine unendlich kleine Schraubenbewegung ist. Demnach spielt das Nullsystem in der Kinematik der starren Körper eine wesentliche Rolle. Besonders zu erwähnen sind hier die Untersuchungen des Astronomen <u>R. St. Ball</u> [früher in Dublin, jetzt in Cambridge], der über dieses Gebiet neben zahlreichen Abhandlungen ein besonderes Werk veröffentlichte: Theory of screws (Dublin 1876). Das Wort „screw" (Schraube) bedeutet geradezu dasselbe, was Nullsystem.

Die zweite Bedeutung des Nullsystems in der Mechanik bezieht sich auf die Zusammensetzung beliebiger Kräfte, die auf einen starren Körper angreifen. Ist der Angriffspunkt aller Kräfte derselbe, so ist es natürlich leicht, eine alle ersetzende Resultante zu construiren. Wenn jedoch die Richtungen der Kräfte zu einander windschief sind, so ist eine höhere geometrische Theorie nötig. Es handelt sich hier etwa um die Frage, wie alle wirkenden Kräfte durch eine Kraft und ein Kräftepaar zu ersetzen sind und dergl. Auch hier spielt dann das Nullsystem eine wichtige Rolle, wie wir jedoch nicht weiter ausführen wollen. Man vergleiche zum näheren Studium meine Vorlesung über Mechanik vom W. S. 1890/91. oder irgend ein neues Lehrbuch der Mechanik fester Körper, z. B. Budde, in dem besonders viel vom Nullsystem gehandelt wird, vielleicht sogar zu viel, d. h. auf Kosten anderer Gegenstände.

Auch in der Geometrie hat, wie gesagt, das Nullsystem in bestimmter Weise seine hervorragende Bedeutung und zwar in zweifacher Hinsicht. Zunächst definirt das Nullsystem eine $\infty^3$ fache Manigfaltigkeit gerader Linien, welche man Nullgerade nennt. „Unter einer „Nullgeraden" hat man jede gerade Linie zu verstehen, welche durch irgend einen Raumpunkt in der diesem Punkte zugehörigen Ebene läuft. Und nun sollte man meinen, dass es $\infty^4$ solcher Geraden im Raume geben müsse, da doch jedem der $\infty^3$ Raumpunkte in den zugehörigen Ebenen ein Strahlbüschel, also eine einfach $\infty$ Manigfaltigkeit gerader Linien zugehört. Doch kommen nur $\infty^3$ Nullgerade bei genauer Abzählung heraus, weil jede Nullgerade für jeden ihrer Punkte Nullgerade ist, weil die Ebene, die einem Punkt im Nullsystem entspricht, sich um die Nullgerade dreht, wenn der Punkt auf dieser Nullgeraden fortschreitet. Es ist dies eine unmittelbare Folge des oben unter 2) gegebenen Satzes: Liegt y in der Ebene von x, so liegt x in der Ebene von y. Wir werden uns bald mit der Liniengeometrie im Raum zu beschäftigen haben, d. h. derjenigen Geometrie, die mit den Geraden des Raumes als Element arbeitet. In ihr nennt man den Inbegriff dieser $\infty^3$ Nullgeraden eines Nullsystems einen linearen Liniencomplex; es ist unter allen Liniencomplexen, d. h. dreifach unendlichen Systemen von Geraden, die man betrachtet, der einfachste.

Wir kommen nun zu der zweiten geometrischen Anwendung des Nullsystems. Dieselbe bezieht sich auf die Theorie der Polyeder. Bei jeder bilinearen Gleichung besteht zwischen den beiden Punkten $xyz$ u. $x'y'z'$ eine einfache Reciprocität der folgenden Art: Wählen wir einen einzelnen Punkt $xyz$, so entspricht ihm eine Ebene, auf die der Punkt $x'y'z'$ in seiner Lage eingeschränkt ist. Bewegt sich der Punkt $xyz$ auf einer geraden Linie, so dreht sich die Ebene um eine gerade Linie. Bewegt sich der Punkt in einer Ebene, so dreht sich die Ebene um einen Punkt. Man wird diese Beziehung geradezu eine „Verwandtschaft" zwischen den Punkten $xyz$ $x'y''z'$ nennen *)

*) nach Moebius

Man kann z. B. den Punkt $x\,y\,z$ einen gebrochenen geraden Linienzug durchlaufen lassen; dementsprechend werden wir eine Reihenfolge von Ebenen bekommen, die sich nach einander um bestimmte Gerade drehen. Hierbei wird jeder Ecke des Linienzuges eine Ebene entsprechen, jeder Verbindungslinie der ersteren eine gemeinsame Schnittgerade von Ebenen; jeder Ebene durch drei Punkte des Linienzuges wird weiter eine dreiseitige Ecke correspondiren u. s. w. Wenn wir etwa den Punkt $x\,y\,z$ ein Tetraeder bestreichen lassen, so wird aus ihm infolge der gleichen Zahl von Ecken u. Seiten-Flächen desselben gleichfalls ein neues Tetraeder entstehen. Allgemein werden wir den Satz haben:

<u>Bei jeder bilinearen Gleichung zwischen 2 Punkten wird aus einem ersten Polyeder ein neues entstehen, indem den Ecken, Kanten und Seitenflächen des Polyeders die Seitenflächen, Kanten und Ecken des zweiten Polyeders resp. entsprechen werden.</u>

Im Nullsystem gewinnt nun die Beziehung zwischen den beiden Polyedern einen besonderen Charakter. Zuerst stellt das Nullsystem eine involutorische "Verwandtschaft dar, d. h. die Gleichung desselben bleibt unverändert, wenn wir $x\,y\,z$ mit $x'\,y'\,z'$ vertauschen, wie wir Analoges bei der Transformation durch reciproke Radien erkannten, resp. auch für die Polarenverwandtschaft bezüglich einer Fläche 2ten Grades gilt. Doch merkwürdiger noch als dieses ist die gegenseitige Lage der beiden Polyeder. Da im Nullsystem jeder Punkt in der ihm entsprechenden Ebene gelegen ist, so wird auch hier jede Ecke des ersten Polyeders in einer Seitenfläche des zweiten Polyeders und umgekehrt jede Ecke des zweiten Polyeders in einer Seitenfläche des ersten Polyeders liegen. Dies besagt aber, dass die Polyeder, z. B. die beiden Tetraeder, sich wechselseitig einbeschrieben und umbeschrieben sind. Dass wir derartig gelegene Polyeder leicht construiren können, darin haben wir die andre geometrische Bedeutung des Nullsystems zu erblicken.

Diese Theorie der „reciproken" Polyeder ist eine geometrisch sehr merkwürdige Sache, die ihrerseits wieder in einem Zweig der Mechanik von praktischer Bedeutung wird, nämlich in der „graphischen Statik". Diese letztere hat es mit solchen Problemen zu thun, wie die im Brückenbau, Dachstuhlconstructionen u. s. w. vorliegen. Ihre Aufgabe ist es, die Verteilung der Druckkräfte, der Spannungen in einem Gitterträger auf die einzelnen Stäbe mit zeichnenden Mitteln zu behandeln, und hierbei spielen nun unsere einander ein- und umbeschriebenen Polyeder eine fundamentale Rolle, so dass man auf

<u>Grund des Nullsystems eine besonders gute Einsicht in die graphische Statik bekommt.</u>

Wir wollen diesen Excurs über Bilinearfor- [Di. 29. XI. 92.] men, resp. das Nullsystem nun noch einige allgemeine Bemerkungen hinzufügen. Wie man Bilinearformen betrachtet, so kann man überhaupt homogene Gleichungen mit 2 Reihen von Punktcoordinaten $f(x_1 x_2 x_3 x_4 ; y_1 y_2 y_3 y_4) = 0$ in Betracht ziehen, die nicht gerade linear sind. Man kann ferner auch Gleichungen mit 3 und mehr Punkten behandeln; hier würde dann die Trilinearform das einfachste Gebilde darstellen. Insbesondere können wir es z. B. bei den Gleichungen zwischen 2 Punktcoordinaten so einrichten, dass dieselben linear in den $y$, aber nicht in den $x$ sind, also etwa $X_1 y_1 + X_2 y_2 + X_3 y_3 + X_4 y_4 = 0$ nehmen, wo die $X$ Formen von $x$ von höherem als dem ersten Grad sind. Wir können es ausserdem etwa so einrichten, dass diese Gleichung identisch Null wird, wenn wir $y$ u. $x$ zusammenfallen lassen. Wenn wir dann $x$ fest sein lassen, so beschreibt $y$ eine Ebene und gemäss unserer letzten Annahme geht die letztere durch den Punkt $x$ selbst hindurch; doch wird sie nicht linear vom Punkte $x$ abhängen, so dass die Reciprocität fehlt. Solche Beziehungen bezeichnet man dann als <u>höhere Nullsysteme</u>. Wir sehen solcherweise eine Menge von Möglichkeiten zum nähern Studium sich darbieten.

Wir gehen nun, wie wir es bereits in Aussicht genommen, zu analogen Betrachtungen bei der Differentialgeometrie über. Wie die Gleichung zwischen zwei Reihen von Punktcoordinaten uns eine Erweiterung der gewöhnlichen algebraischen Geometrie bedeutete, werden wir in ähnlicher Weise auch die Differentialgeometrie ausdehnen können. Wir betrachten nicht nur Gleichungen zwischen den Coordinaten x, y, z selbst, um diese eventuel zu differentiiren, sondern führen von vorneherein die Ableitungen der x, y, z neben den letzteren ein. Mit anderen Worten: Differentialgleichungen selbst bilden ein hervorragendes Object geometrischer Forschung in der Differentialgeometrie, indem man fragt, wie man geometrisch sich die Bedeutung einer Differentialgleichung klar machen kann und insbesondere, was es geometrisch heisst, eine Differentialgleichung integriren.

Das ist die Auffassung, die schon Monge hatte und die dann besonders wieder von Lie hervorgekehrt ist.

Gehen wir einmal die verschiedenen Gattungen solcher Differentialgleichungen, die man zu betrachten pflegt, durch.

1.) Wir haben zunächst für die <u>Ebene</u> die Gleichung $f(x, y, z) = 0$; was bedeutet dieselbe geometrisch: Sobald $x$ u. $y$ bestimmte Werte bekommen, erfahren wir aus der Gleichung $f(x, y, y') = 0$ einen oder mehrere Werte von $y'$. Jeder derselben giebt uns aber die Richtung an, in der eine Curve durch den Punkt $x, y$ hindurchgehen soll. <u>Der geometrische Inhalt der Differentialgl. $f(x, y, y') = 0$ ist also der, dass dieselbe jedem Punkt $x, y$ eine oder mehrere bestimmte Fortschreitungsrichtungen zuordnet. Und die Gleichung integriren heisst geometrisch, Curven zu zeichnen, die in jedem ihrer Punkte die bestimmte Fortschreitungsrichtung zur Tangente haben</u>; mit andern Worten: <u>die $\infty$ vielen Fortschreitungsrichtungen zu lauter zusammenhängenden Curven zusammenfassen</u>. In diesem Sinne wird also die Differentialgleichung $f(x, y, y') = 0$ Gegenstand geometrischer Betrachtung.

2.) Was bedeutet weiter die Differentialgleichung $f(x, y, y', y'') = 0$? Wir können offenbar einen Punkt $x, y$, sowie eine Fortschreitungsrichtung $y'$ in ihm beliebig wählen. Unsere Gleichung liefert uns dann bestimmte Werte für $y''$. Nun ist die Formel für den Krümmungsradius $\rho$ einer ebenen Curve

bekanntlich $\rho = \frac{\sqrt{(1+y'^2)^3}}{y''}$; es ist also mit $y'$ u. $y''$ auch $\rho$ bekannt. Eine Differentialgleichung 2. Ordnung ordnet daher jedem Elemente $x, y, y'$ d. h. jedem Punkte und einer Fortschreitungsrichtung in ihm einen bestimmten Krümmungsradius zu und die Aufgabe der Integration wird darin bestehen, alle diese gekrümmten Elemente zu Curven zusammenzusetzen. Wir können auch so sagen:
Durch $x, y, y' y''$ wird die Gleichung einer osculirenden Parabel $(\eta - y) = y'(\xi - x) + \frac{y''}{2}(\xi - x)^2$ geliefert.
Unsere Differentialgleichung ordnet jedem Element $x\, y\, y'$ eine bestimmte osculirende Parabel zu.

3.) Gehen wir nun zum Raume mit seinen 3 Coordinaten über, so tritt uns zunächst die Gleichungsform: $f(x, y, z, y', z') = 0$ entgegen, worin $y' = \frac{dy}{dx}$, $z' = \frac{dz}{dx}$ ist. Solche Gleichungen betrachtet man allgemein zu reden, in den Lehrbüchern der Analysis nicht; [illegible] stellen dieselben ja keineswegs partielle Differentialgleichungen dar. Doch ist es ein specieller Fall, der von Alters her das Interesse lebhaft auf sich lenkte, wenn nämlich die Differentialquotienten $y'$ u. $z'$ linear in der Gleichung vorkommen, dieselbe also in der Form existirt

$$X(x, y, z) \cdot dx + Y(x\, y\, z) \cdot dy + Z(x\, y\, z) \cdot dz = 0$$

Solche besondere Gleichungen $f(x, y, z, y', z') = 0$ werden dann als <u>Pfaff'sche Probleme</u> bezeichnet. (Pfaff war um die Wende des vorigen Jahrhunderts Professor in dem 1810 als Universität aufgehobenen Helmstädt und als solcher der Lehrer von Gauss. Seine hier in Betracht kommende Abhandlung findet sich in den Abhandlungen der Berliner Academie 1814-15. Pfaff starb als Professor zu Halle 1825.) Wir fragen uns wieder nach der geometrischen Bedeutung der Gleichung: $f(x, y, z, y', z') = 0$. Das Verhältniss $dx : dy : dz = 1 : y' : z'$ legt doch eine bestimmte Fortschreitungsrichtung vom Punkte $xyz$ aus fest. Haben wir daher eine Gleichung zwischen $y'$ u. $z'$, so stellt uns diese einen Kegel dar, der von den Fortschreitungsrichtungen im Punkte $x, y, z$ gebildet wird. <u>Unsere Gleichung ordnet demnach jedem Punkte im Raume einen Kegel von Fortschreitungsrichtungen zu, der insbesondere eine Ebene ist, wenn $f(x, y, z, y', z') = 0$ in ein Pfaff'sches Problem übergeht.</u> Wir erkennen zugleich den folgenden merkwürdigen Zusammenhang, dass nämlich in diesem Sinne jedes Pfaff'sche Problem mit einem Nullsystem (im höheren Sinne) zusammengehört u. umgekehrt. <u>Die Integrationsaufgabe aber ist diesmal in der Weise zu characterisiren, dass man allgemein Raumcurven sucht, welche in jedem ihrer Punkte ei-</u>

ne Tangente haben, die dem vom Punkte auslaufenden Kegel, bezw. im speciellen Falle eines Pfaff'schen Problems der vom Punkte auslaufenden Ebene angehört. Wie man die Integration jedoch ausführt, haben wir hier ebensowenig, wie in den andern Fällen zu untersuchen; uns kommt es eben zunächst nur auf die geometrische Bedeutung der Differentialgleichung an. Ein besonderer Fall des Pfaff'schen Problems liegt vor, wenn $X\,dx + Y\,dy + Z\,dz = 0$ ein exactes Differential ist, oder durch einen Multiplicator in ein solches verwandelt werden kann; dann kann man nach Integralflächen fragen.

4.) Nun gibt es bei 3 Variabeln noch die partiellen Differentialgleichungen, zuerst diejenigen der ersten Ordnung:

$$f(x, y, z, p, q) = 0, \text{ wo } p = \frac{\partial z}{\partial x} \text{ u. } q = \frac{\partial z}{\partial y} \text{ gesetzt}$$

ist. Man denkt sich also $z$ als Function von $x$ u. $y$. (Vielleicht ist hier die Bemerkung nicht überflüssig, dass in Deutschland im Gegensatz zu englischen Lehrbüchern seit Jacobi partielle Differentialquotienten mit geschweiftem $\partial$ geschrieben werden.) Nun wird bekanntlich durch die Grössen $p$ u $q$ die Normale (u. damit die Tangentialebene) einer Fläche in einem Punkte der Richtung nach festgelegt. Bezeichnet man etwa die Winkel der Normalen gegen die Coordinatenaxen mit $\alpha, \beta, \gamma$, so gilt die Beziehung

$$\cos\alpha : \cos\beta : \cos\gamma = p : q : 1.$$

Haben wir daher für einen bestimmten Raumpunkt $x, y, z$ nicht die Werte $p$ u. $q$ selbst, wohl aber eine Gleichung $f(q, p) = 0$ zwischen ihnen gegeben, so wird die Normalenrichtung hierdurch auf einen bestimmten Kegel eingeschränkt, der sich vom Punkte $x\,y\,z$ aus erstreckt. Wir erkennen daher: <u>Eine partielle Differentialgleichung zwischen 3 Variabeln ordnet jedem Raumpunkt einen Kegel zu, auf welchem die Normale jeder Fläche liegen muss, die als Integralfläche der Differentialgleichung erscheint</u>, u. die Gleichung integriren heisst wieder, die allgemeinste so beschaffene Fläche zu finden.

5.) Wie wir schon andeuteten, können wir natürlich eine partielle Differentialgleichung 1. Ordnung auch so auffassen, dass sie ein Gesetz giebt <u>für die Stellung der Tangentialebene im Punkte $x, y, z$.</u> Die abkürzende Schreibweise $dz = p\,dx + q\,dy$ gibt uns geradezu in differentieller Form die Gleichung der Tangentialebene, d. h. durch $p$ u. $q$ ist die Lage der Tangentialebene bestimmt.

Diese Bemerkung wird uns von Nutzen sein, wenn wir jetzt zu der partiellen Differentialgleichung übergehen. Wir schreiben deren allgemeine Form:

$f(x, y, z, p, q, r, s, t) = 0$, worin die neuen Bezeichnungen $r, s, t$ durch die Gleichungen

$$\frac{\partial^2 z}{\partial x^2} = r;\ \frac{\partial^2 z}{\partial x \partial y} = s;\ \frac{\partial^2 z}{\partial y^2} = t \quad \text{definirt sind.}$$

(Die allgemein üblichen Bezeichnungen $p, q, r, s, t$, sind von Monge eingeführt). Wir werden jetzt nicht mehr bei $dz = p\,dx + q\,dy$ stehen bleiben, sondern die Entwicklung von $dz$ noch weiter führen, also schreiben:

$$dz = p\,dx + q\,dy + \frac{1}{2}(r\,dx^2 + 2s\,dx\,dy + t\,dy^2).$$

Diese Gleichung stellt für die Fortschreitungsrichtungen eine Fläche 2ten Grades dar u. zwar ein Paraboloid. Dasselbe hat die gleiche Tangentialebene, wie die Fläche selbst; doch schmiegt sich dasselbe noch sehr viel inniger an die letztere an, als es bei der Tangentialebene der Fall ist, nämlich bis auf Grössen 3. Ordnung. Man spricht daher von dem „<u>osculirenden Paraboloid</u>".

Wir nehmen nun $x\,y\,z$, sowie $p$ u $q$ beliebig an, d.h. wir wählen einen Raumpunkt u. eine Tangentialebene in ihm aus; dann können wir jedoch auch noch 2 der Grössen $r, s, t$ beliebig annehmen. Durch die gegebene Gleichung $f(x, y, z, p, q, r, s, t)$ ist dann die dritte Grösse bestimmt u. damit sämmtliche Coeffizienten der für $dz$ auf voriger Seite gegebenen Gleichung.

<u>Eine partielle Differentialgleichung 2. Ordnung besagt, dass das osculirende Paraboloid irgend welcher gesuchten Fläche in jedem Punkte $x, y, z$ des Raumes der bestimmten Relation</u>

$$f(x, y, z, p, q, r, s, t) = 0 \text{ unterliegt.} -$$

Der Kernpunkt aller dieser letzten Betrachtungen, wie wir nochmals zusammenfassend bemerken wollen, ist die gewonnene Einsicht, dass die Differentialgleichungen als solche Object geometrischer Betrachtung sind. Und in der That ist die hier anknüpfende geometrische Theorie der Differentialgleichungen für deren Integration von der grössten Bedeutung. –

## Zweites Kapitel des ersten Abschnitts:

## I.b <u>Wechsel des Raumelementes.</u>

Die bisher angestellten Betrachtungen grup- [Do. 1.XII.92] pirten sich um den Begriff der Punktcoordinaten. Wir wenden uns jetzt zu einem neuen Kapitel, dem wir die Ueberschrift „Wechsel des Raumelementes" geben können.

Wir legen jetzt nicht mehr einen Punkt durch Coordinaten fest, sondern irgend welche andre geometrische Gebilde und wir versuchen, die durch Gleichungen zwischen den Coordinatengrössen dargestellten Beziehungen geometrisch zu deuten, bezw. durch solche Gleichungen alle möglichen geometrischen Figuren zu beherrschen. Nächst den Punktcoordinaten sind am einfachsten im Raum die Ebenencoordinaten, in der Ebene die Liniencoordinaten. [Wir wollen im Folgenden nur die Verhältnisse im Raum näher studiren, indem dieselben in der Ebene ja ganz analog sich gestalten.]
Wenn uns die Gleichung einer Geraden vorliegt: $ux + vy + wz + 1 = 0$, so ist man von Altersher gewohnt, die Grössen $u, v, w$ als "Constante" zu bezeichnen. Der Fortschritt der neuen Betrachtungsweise ist nun der, die Grössen $u, v, w$ als Coordinaten der Ebene zu bezeichnen, sie also als veränderlich anzusehen und mit ihnen dann genau wie mit den Punktcoordinaten $x, y, z$ zu operiren. Es ist bekannt, wie man die $u, v, w$ elementargeometrisch definirt; sie sind die negativen reciproken Abschnitte, welche der Schnitt mit der Ebene auf den drei Coordinatenaxen liefert. Doch in ganz analoger Weise können wir auch etwa

von der Gleichung einer Fläche 2. Grades ausgehen:

$$Ax^2 + Bxy + \ldots + 1 = 0$$

und die 9 Coefficienten derselben als ihre Coordinaten bezeichnen, sodass dann die $F_2$ als zu Grunde liegendes Raumelement erscheint. In beiden Fällen werden wir irgend welche Gleichungen zwischen den neuen Coordinaten aufstellen und nach ihrer geometrischen Bedeutung fragen können. Bei dieser Auffassung hat unser empirisch gegebener Raum dann je nach der Wahl des Raumelementes eine kleine oder beliebig grosse Zahl von Dimensionen, gleich der Zahl der nötigen Coordinaten, um das einzelne Element festzulegen.

Dieser Gedanke, den ich an dem obigen Beispiel klar zu machen suchte, stammt von Plücker; von dessen „analytisch-geometrischen Entwicklungen" an durchzieht er alle seine folgenden Werke. Später ist derselbe von Lie, Anm. X, aufs neue aufgenommen worden.

Sehen wir nun, wie diese Sache im einzelnen sich entwickelt hat. Das erste Auftreten der neuen Idee haben wir in dem Princip der Dualität zu erblicken, d. h. der Gegenüberstellung von Punkt u. Ebene im Raum, resp. von Punkt und Gerade in der Ebene. Dieser wiederum hat sich aus der Polarenverwandtschaft bei einer Fläche, resp. Curve 2. Grades entwickelt, also aus der Gleichung:

$\Sigma a_{ik} x_i y_k = 0$ (mit $a_{ik} = a_{ki}$). Brianchon hat nur ein specielles Beispiel solcherweise behandelt. Der erste, der systematisch vorging, ist Poncelet gewesen; man betrachtet ihn mit Recht als den eigentlichen Begründer der „projectiven Geometrie," in der jenes Princip übrigens nur ein einzelnes, wenn auch besonders wertvolles Moment bildet. Poncelet war nicht nur Mathematiker, er war auch Officier und Techniker. Sein Hauptwerk, das für uns in Betracht kommt, ist sein Traité des propriétés projectives; an dasselbe knüpft gerade die Lehre von der Dualität, wie die Lehre von Projiciren an. Dieses Werk verdanken wir seinen unglücklichen Kriegserlebnissen. Poncelet ist 1812 in Russland gefangen gewesen und hat so in Saratow an der Wolga unfreiwillige Musse gefunden, seine mathematischen Ideen zu ordnen. Dort ist der Traité entstanden, aber erst 1822 in Paris publicirt. Als zweite Arbeit ist hier zu nennen die théorie générale des polaires réciproques in Crelle Bd 4 (1829). Seitdem hat sich Poncelet dem technischen Unterricht u. mathematisch technischen Untersuchungen zugewendet [in Metz], und wer jemals mit technischen Kreisen Beziehung gehabt hat, der weiss, wie hochangesehen in der Maschinenlehre noch heute Poncelet's Name ist. (vergl. z. B. Poncelet's Wasserrad.) Gegen Ende seines Lebens, als er im Ruhestand zu Paris lebte, empfand er es als eine grosse Enttäuschung, dass Andre die von ihm verlassenen rein mathematischen Arbeitsgebiete in der Zwischenzeit occupirt hatten und der Untersuchung vielfach andre Wendungen gegeben hatten, als er ursprünglich beabsichtigt hatte. Dieser Stimmung giebt er in seinen Büchern, die er damals hat erscheinen lassen, lebhaften Ausdruck, nämlich in den „Applications d'analyse," sowie der 2ten Auflage des Traité. Es ist in psychologischer Hinsicht bemerkenswert, dass ein Mann, der in der Mitte seines Lebens nach den verschiedensten Richtungen, im Fortificationswesen, wie in der Technik die grössten Erfolge hatte, im Alter auf den rein wissenschaftlichen Ehrgeiz seiner Jugend zurückkommt u. sein Leben beklagt, weil seine Gedanken nicht in der Form, die er ihnen gegeben, und nicht unter ausschliesslicher Voranstellung seines Namens zur allgemeinen Herrschaft durchgedrungen sind.

Neben Poncelet ist hier Gergonne zu nennen; er war ein mehr philosophischer Kopf. Als solcher hat er insonderheit weiter ausgeprägt, was Poncelet in mehr particulärer Form ersonnen, er hat z. B. auch das Wort Dualität geschaffen. Er stellt immer neben das eine Theorem das ihm dualistisch entsprechende und zeigt, wie in unserer Anschauung selbst auch ohne vermittelnden Kegelschnitt beide Sätze neben einander vorhanden sind. Solcherweise hat er auch das System der Parallelkolonnen eingeführt, welches seitdem in vielen Lehrbüchern angewendet ist, ich meine jenes System, welches auf der geteilten Seite die einander entsprechenden Sätze direkt gegenüberstellt. Seine grundlegende Arbeit findet sich im XVI Bd seiner Annales (1825/26.)

An ihn knüpfen von deutscher Seite dann Moebius u. Plücker an, der letztere mit seinen analytisch-geometrischen Entwicklungen II (1830/31.)

Hier erwächst der Begriff der Ebenencoordinaten, wie wir ihn gerade besprechen. Aus der Gleichung: $ux + vy + wz + 1 = 0$ welche die vereinigte Lage von Punkt und Ebene aussagt, erwächst dann für Plücker das Princip der Dualität. Entweder hält man $u, v, w$ fest, dann haben wir die Gleichung der Ebene in Punktcoordinaten vor uns, oder aber man hält $x, y, z$ fest, dann haben wir die Gleichung des Punktes in Ebenencoordinaten. Beide Auffassungen sind genau gleichberechtigt wegen der Symmetrie der Gleichung in den $u\ v\ w$ bezw. $x\ y\ z$. Homogen geschrieben heisst die Gleichung:

$$u_1 x_1 + u_2 x_2 + u_3 x_3 + u_4 x_4 = 0$$

Wie wir 4 homogene Punktcoordinaten $x_i$ haben, so gibt es auch 4 homogene Ebenencoordinaten $u_i$. Von hier aus ergiebt sich dann die Entwicklung der analytischen Geometrie in 2 parallel neben einander herlaufenden Colonnen, wobei die Curven $n^{ter}$ Ordn. und $n^{ter}$ Classe einander gegenüber gestellt sind. Ich will hier ins besondere darauf aufmerksam machen, wie sehr unsere Phantasie durch das Princip der Dualität belebt wird. Wie ein Punkt eine Curve durchläuft, so umhüllen die Tangenten die Curve. Dieses führt sofort zu mancher neuen geometrischen Anschauung.

Wir können z. B. an den Doppelpunkt denken, durch den reelle, vielleicht auch imaginäre Aeste der Curve hindurchgehen, – Im letzteren Falle haben wir dann einen isolirten Doppelpunkt. – oder oder an eine Spitze, die Frage ist dann, was diesen Vorkommnissen dualistisch entspricht. Natürlich eine singuläre Tangente u. zwar dem ersten Beispiel entsprechend eine Doppeltangente, die entweder zwei reelle Curvenzweige berührt, oder isolirt verläuft. Im Beispiel der Spitze aber erinnern wir uns, dass bei der Bewegung des Curvenpunktes längs derselben dieser plötzlich stehen bleibt und seine Richtung ändert, während die zugehörige Tangente der Curve ihren Drehsinn nicht wechselt. Dem wird dann dualistisch entsprechen, dass die Tangente einer Curve plötzlich ihren Drehsinn wechselt, der Curvenpunkt selbst aber ruhig seine Richtung behält. Dies führt zu dem Wendepunkt (oder Wendetangente)

Es ist nun eine sehr nützliche Uebung, wenn man irgendwelche gestaltlichen Verhältnisse von Punktcoordinaten auf Liniencoordinaten in der Ebene überträgt. Sind uns z. B. 2 Ellipsen $f_1 = 0$ u. $f_2 = 0$ gegeben, die sich in 4 reellen Punkten schneiden.

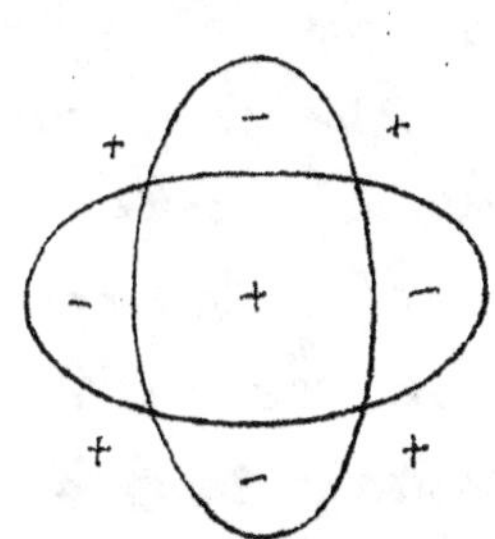


Das Produkt $f_1 \cdot f_2$ wird dann (bei entsprechender Wahl der Zeichen) in dem Stück der Ebene, welches im Innern, wie im Aeussern beider Ellipsen liegt, positiv, in den 4 sichelförmigen Stücken aber die dazwischen liegen, negativ sein. Wir setzen nun $f_1 f_2 = \varepsilon$, wo $\varepsilon$ eine sehr kleine Grösse ist. Diese Gleichung wird uns dann eine Curve 4. Ordnung vorstellen, die ganz in der Nähe der Ellipsen verläuft und zwar je nachdem $\varepsilon > 0$ oder $< 0$ ist, in den positiven oder negativen Teilen der Ebene.

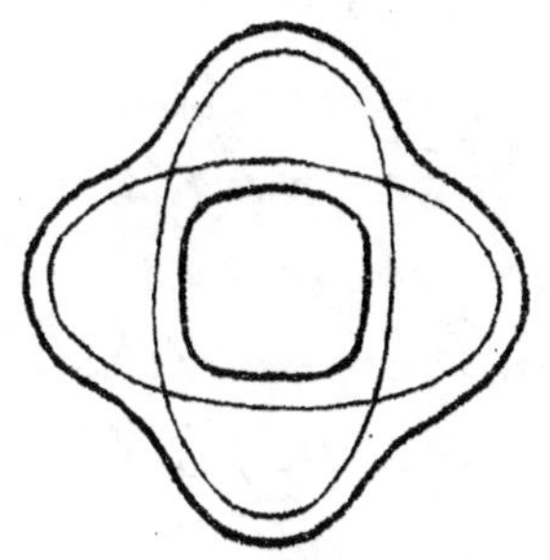

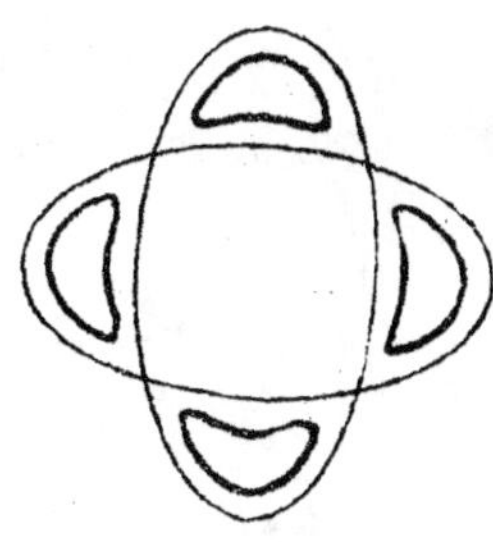

Dieses ist eine beliebte Manier, um sich Gestalten einer $C_4$ zu verschaffen. Nun wäre die Aufgabe, das Analoge dualistisch durchzuführen. Unserem Ellipsenpaar entspricht dualistisch wieder ein Ellipsenpaar $\varphi_1 = 0$ und $\varphi_2 = 0$, mit 4 reellen gemeinsamen Tangenten. Wir können gleich an unseren ursprünglichen Figur festhalten. Wie finden wir nun die Curve 4ter Classe? Zu dem Zwecke gehen wir von den 4 reellen „Doppeltangenten" des Ellipsenpaares aus, welche den 4 „Doppelpunkten" unseres vorigen Falles dualistisch gegenüberstehen. Wir unterscheiden bei jeder derselben ein inneres und ein äusseres Segment. Das führt uns zu den beiden neuen Figuren, wo wir das eine Mal nur die innern, das andre Mal nur die äussern Segmente markirt haben. Der Process durch welchen wir von hier aus Curven 4. Classe erhalten (indem wir den obigen Uebergang zu den Curven 4. Ordnung genau copiren) ist nur sehr merkwürdig. Die 4 Doppeltangenten werden nämlich gespalten u. setzen sich mit den Teilen der beiden Ellipsen zu eigenarti-

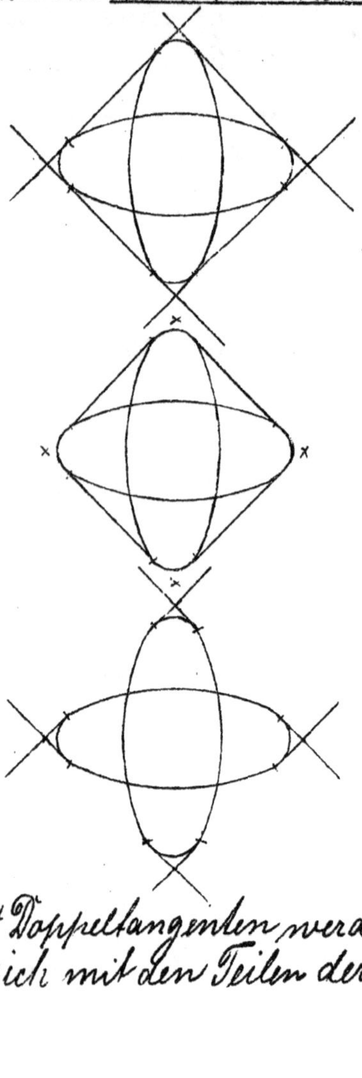

gen Curvenzweigen zusammen: Im ersten Falle erhalten wir einen ersten Curvenzug mit 8 Spitzen und 4 Doppelpunkten, der von einem zweiten Curvenzug eingeschlossen wird; es entspricht dies genau der ersten Figur der Curve 4. Ordnung, die 4 Doppeltangenten und 8 Wendepunkte darbietet bei ihrem einen Zuge. Im andern Falle bekommen wir eine noch etwas complicirtere Gestalt, eine Curve 4. Classe, die aus 4 einzelnen sich hyperbelartig durchs Unendliche ziehenden Zügen besteht, und von jeder 2 Spitzen und 1 Doppelpunkt besitzt. Von den Zügen ist in der Figur einer mit Pfeilspitzen versehen. Die 4 Züge durchsetzen sich wechselseitig noch in 24 Doppelpunkten. Dieses wäre ein Beispiel dafür, wie man Figuren dualistisch umgestaltet; zweifellos wird durch solche Umsetzung die geometrische Anschauung sehr

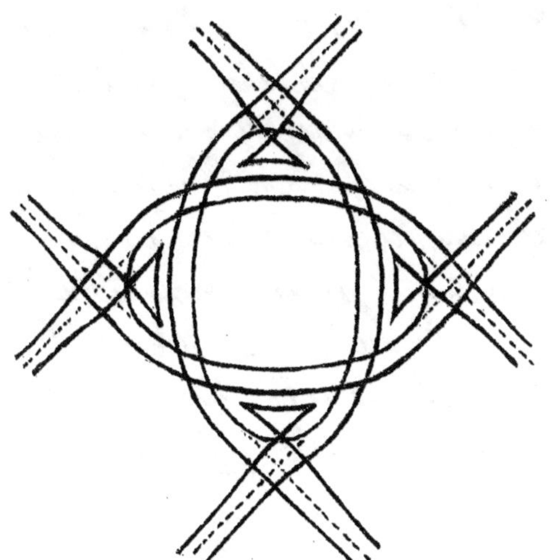

geübt, dass es sich empfiehlt, andre Curven, auch transcendente, wie etwa die Sinuslinie in demselben Sinne einmal zu studiren. Wir beschränken uns aber nicht auf die Dualität im engern Sinne.

Die Plücker'sche Auffassung sagt, man kann [Fr. 2. XII. 92.] nicht nur die Ebene im Raum (resp. die Linie in der Ebene), sondern beliebige andre Gebilde als Element wählen und durch Coordinaten festlegen. Wir wählen z. B. Gebilde 2. Grades $\Sigma\Sigma a_{ik} x_i x_k = 0$. In der Ebene stellt diese Gleichung einen Kegelschnitt dar, der durch 5 unabhängige Constante, im Raum eine $F_2$, die durch 9 unabhängige Constante bestimmt ist. Dementsprechend redet man von einer Mannigfaltigkeit von 5 resp. 9 Dimensionen. Studiren wir dann irgend welche Gleichung zwischen den $a_{ik}$, so vermögen wir sie als Gebilde zu deuten, die in dieser Mannigfaltigkeit aus Kegelschnitten in bestimmter, aber niedrigerer Mannigfaltigkeit bestehen. Genau so kann man bei Gebilden 2. Classe $\Sigma\Sigma \alpha_{ik} u_i v_k$ verfahren, wieder werden wir Gleichungen zwischen den Grössen $\alpha_{ik}$ aufstellen und geometrisch discutiren können. Wir gehen hierauf nicht näher ein, erwähnen vielmehr nur historisch, dass Untersuchungen in dem hiermit bezeichneten Gebiete beispielsweise von Reye, dem Verfasser des bekannten Lehrbuches, in Crelle Bd 82 veröffentlicht sind (1877): Ueber lineare Systeme und Gewebe von Flächen 2. Grades.

Wie dieser Titel sagt, beschränkt sich Reye auf lineare Gleichungen zwischen den Coefficienten. „Systeme" sollen insbesondere solche Gebilde sein, die durch lineare Gleichungen zwischen den Grössen $a_{ik}$, „Gewebe" solche, die durch lineare Gleichungen zwischen den Grössen $\alpha_{ik}$ gegeben werden.

Wir gehen nun zu einem weiteren Beispiel über, das wir seiner Wichtigkeit wegen ausführlicher behandeln müssen, nämlich zur Liniengeometrie, d. h. derjenigen Geometrie, die mit der Geraden im Raum als Element arbeitet. Es handelt sich hier um die Untersuchungen, welche Plücker 1868/69 durch sein Werk „Neue Geometrie des Raumes gegründet auf die Betrachtung der geraden Linie als Raumelement" in die Wege geleitet hat. Uebrigens gehen diese neuern Arbeiten Plückers auf die ältern Untersuchungen zurück, die in der Geometrie des Raumes niedergelegt sind, 1846, vergl. z. B. No. 258. Hier spricht Plücker bereits den Gedanken aus, dass die Geraden im Raum von 4 Constanten abhängen, und wir Gleichungen zwischen 4 Variabeln stets so deuten können, dass sie Beziehungen von Raumgeraden darstellen. Eine gerade Linie im Raume wird doch gegeben sein, wenn man ihre Projection auf zwei Coordinatenebenen z. B. auf die XZ- u. YZ-Ebene kennt, also etwa $x = rz + \rho$, $y = sz + \sigma$. Die Grössen $r, s, \rho, \sigma$ wird man geradezu als Liniencoordinaten bezeichnen. Man kann dann offenbar dreierlei Gebilde betrachten, je nachdem eine, zwei oder drei Gleichungen zwischen den Liniencoordinaten gegeben sind, Gebilde, die dementsprechend aus 3fach, 2fach oder 1fach ∞ vielen Geraden bestehen. Dieselben nennt Plücker entsprechend Liniencomplexe, Liniencongruenzen u. Linienflächen. Ein erstes Beispiel für einen Liniencomplexe bieten die Tangenten einer beliebigen Fläche, doch stellt dasselbe nicht den allgemeinsten Fall dar, wie wir schon erkennen, wenn wir an das zurückdenken, was häufig über den linearen Liniencomplex gesagt wurde. Ein Beispiel für eine Liniencongruenz ist uns bereits begegnet; dasselbe gaben die gemeinsamen Tangenten zweier $F_2$. Hier bezeichneten wir insbesondere die Flächen 2ten Grades als die Brennflächen des Liniengebildes. Ein Beispiel für eine Linienfläche ist jedes einschalige Hyperboloid und zwar in doppeltem Sinne, je nachdem wir auf die eine oder die andere Schaar geradliniger Erzeugender unser Augenmerk richten. Ein näheres Eindringen in diese Untersuchungen zeigt uns nun, dass es zweckmässig sein wird neben $r\ s\ \rho\ \sigma$ noch $r\sigma - s\rho = \eta$ als gleichberechtigte 5. Coordinate einzuführen. Bildet man nämlich die Projection der Geraden auf die dritte Coordinatenebene, die XY-Ebene, was durch einfache Elimination von $z$ aus den angeführten Projectionen auf die XZ- u. YZ-Ebene geschieht, so ergiebt sich die Gleichung: $ry - sx = r\sigma - s\rho$. Und wir sehen, dass mit Hinzunahme von $\eta$ dann die nicht berechtigte Sonderstellung der dritten Coordinatenebene aufgehoben wird. Hat man so die 5 Liniencoordinaten $r\,s\,\rho\,\sigma\,\eta$ mit der Identität $\eta = r\sigma - s\rho$ definirt, so studirt man weiter lineare oder auch quadratische Gleichungen derselben und nennt die hierdurch gegebenen Gebilde einen linearen Complex, resp. einen Complex 2. Grades etc. Wir wollen jedoch gleich noch allgemein einen Schritt weiter gehen, indem wir homogene Veränderliche einführen. Zu dem Zwecke beginnen wir am besten folgendermassen: Ist die Gerade bestimmt gedacht durch ihre beiden Punkte $x\,y\,z$ u $x'y'z'$, so drücken sich die 5 Liniencoordinaten wie folgt aus:

$$r = \frac{x - x'}{z - z'}, \qquad s = \frac{y - y'}{z - z'},$$

$$\rho = \frac{x'z - xz'}{z - z'}, \qquad \sigma = \frac{y'z - yz'}{z - z'}, \qquad \eta = \frac{xy' - x'y}{z - z'},$$

wie leicht zu verificiren ist. Statt unserer 5 Coordinaten $r, s, \rho, \sigma, \eta$ werden wir nun zweckmässig das Verhältniss von den folgenden 6 Grössen einführen:

$r : s : 1 : -\sigma : \rho : \eta$, das sich gleich dem

Verhältniss:

$$x-x' : y-y' : z-z' : yz'-y'z : zx'-xz' : xy'-yx'$$

ergiebt. Zwischen diesen 6 Grössen, die wir jetzt als homogene Coordinaten der Geraden wählen, besteht dann die identische Relation:

$$0=(x-x')(yz'-y'z)+(y-y')(x'z-xz')+(z-z')(xy'-x'y).$$

Um obiges Verhältniss leicht übersehen u. behalten zu können, bilden wir die Matrix $\begin{vmatrix} x & y & z & 1 \\ x' & y' & z' & 1 \end{vmatrix}$. Man erkennt, dass die 6 Liniencoordinaten sich gerade verhalten, wie die zweigliedrigen Unterdeterminanten, welche man aus dieser Matrix zusammensetzen kann. Wollen wir uns auch noch von dem rechtwinkligen Coordinatensystem frei machen, und ein Coordinatentetraeder zu Grunde legen, so tritt an Stelle der letzthingeschriebenen Matrix die folgende: $\begin{vmatrix} x_1 & x_2 & x_3 & x_4 \\ y_1 & y_2 & y_3 & y_4 \end{vmatrix}$. Aus ihr bilden wir wieder die zweigliedrigen Unterdeterminanten und definiren entsprechend als homogene Coordinaten der geraden Linie unter Einführung des Proportionalitätsfactors $\rho$ die folgenden Grössen:

$$\begin{aligned} \rho p_{12} &= x_1 y_2 - x_2 y_1 & \qquad \rho p_{34} &= x_3 y_4 - x_4 y_3 \\ \rho p_{13} &= x_1 y_3 - x_3 y_1 & \qquad \rho p_{42} &= x_4 y_2 - x_2 y_4 \\ \rho p_{14} &= x_1 y_4 - x_4 y_1 & \qquad \rho p_{23} &= x_2 y_3 - x_3 y_2 \end{aligned}$$

oder allgemein:

$$\rho p_{ik} = x_i y_k - x_k y_i .$$

In Worten besagt unser schliessliches Resultat:
<u>Als Liniencoordinaten $p_{ik}$ im Raum definiren wir 6 Grössen, die sich verhalten wie die 2gliedrigen Unterdeterminanten, die man aus den Coordinaten 2er auf der geraden Linie gelegenen Punkte zusammensetzen kann.</u>
Zwischen denselben besteht dann eine quadratische Relation

$$P = 0 = p_{12}\, p_{34} + p_{13}\, p_{42} + p_{14}\, p_{23}.$$

Dieselbe folgt ganz einfach aus der folgenden Determinantengleichung:

$$\begin{vmatrix} x_1 & x_2 & x_3 & x_4 \\ y_1 & y_2 & y_3 & y_4 \\ \hline x_1 & x_2 & x_3 & x_4 \\ y_1 & y_2 & y_3 & y_4 \end{vmatrix} = 0$$

deren linke Seite wir der Art entwickeln, dass wir jede 2gradige Determinante der beiden ersten Zeilen mit ihrer adjungirten Determinante multipliciren.
Dies ist die eine Art, Liniencoordinaten einzuführen; dieselbe ging davon aus, dass jede gerade Linie durch zwei ihrer Punkte bestimmt ist. Insofern nennt Plücker die gerade Linie einen <u>Strahl</u> und die Coordinaten $p_{ik}$ „<u>Strahlencoordinaten</u>". Demgegenüber lässt sich die Gerade auch dualistisch als Schnitt zweier Ebenen auffassen; dann werden wir sie mit Plücker als eine <u>Axe</u> bezeichnen und von <u>Axencoordinaten</u> sprechen [eine Terminologie, die leider nicht in Aufnahme

gekommen ist, die neuern Autoren bevorzugen einseitig das aus der Optik geläufige Wort Strahl]. Wie werden nun die Axencoordinaten definirt sein?

Wir bilden ganz analog uns die Matrix aus den Coordinaten der beiden Ebenen: $\begin{vmatrix} u_1 & u_2 & u_3 & u_4 \\ v_1 & v_2 & v_3 & v_4 \end{vmatrix}$ und deren zweigliedrige Determinanten.

Dann setzen wir $\sigma q_{ik} = u_i v_k - v_i u_k$ und haben in diesen 6 Verhältnissgrössen die 6 Axencoordinaten der geraden Linie vor uns, welche der Schnitt der beiden Ebenen $u, v$ ist. Zwischen denselben besteht wieder eine quadratische Identität:

$$\Omega = 0 = q_{12}\, q_{34} + q_{13}\, q_{24} + q_{14}\, q_{23}.$$

Uns drängt sich nun von selbst die Frage auf, wann sich die Coordinaten $p_{ik}$ und $q_{ik}$ auf dieselbe gerade Linie beziehen werden?

Offenbar dann, wenn die zur Definition von $p_{ik}$ benutzten Punkte $x_i$ u. $y_i$ in den zur Definition von $q_{ik}$ benutzten Ebenen $u_i$ u. $v_i$ liegen, wenn also die 4 Gleichungen bestehen $u_x = 0$; $u_y = 0$; $v_x = 0$; $v_y = 0$. Um die hieraus folgende Relation zwischen den Grössen $p_{ik}$ u $q_{ik}$ aufzustellen, ist eine kleine Determinantenrechnung nötig, die ich nicht weiter ausführen will. Wir erhalten, dass die $p_{ik}$ u. $q_{ik}$ proportional sind, jedoch mit einer gewissen Vertauschung der Indices:

$$p_{12} : p_{13} : p_{14} : p_{34} : p_{42} : p_{23} = q_{34} : q_{42} : q_{23} : q_{12} : q_{13} : q_{14} .$$

Hierfür können wir auch einfach schreiben:

$$\rho \cdot p_{ik} = \frac{\partial Q}{\partial q_{ik}} \quad \text{oder} \quad \sigma q_{ik} = \frac{\partial P}{\partial p_{ik}} \,,$$ wo $\rho$ u. $\sigma$

Proportionalitätsfactoren sind.

Wir werden nun noch in Liniencoordinaten die Bedingung dafür aufstellen, dass 2 gerade Linien sich schneiden. Wir werden offenbar 4 Formeln erhalten müssen, je nachdem wir die eine oder die andre Gerade mit Strahlen- oder mit Axencoordinaten bezeichnen. Die Methode, diese Formeln abzuleiten, wird etwa von den Punktepaaren ausgehen, welche die beiden Geraden festlegen: $x_i$ u. $y_i$ für die eine, $x_i'$ u. $y_i'$ für die andere Gerade. Schneiden sich die beiden Geraden, so liegen die 4 Punkte in einer Ebene, d.h. es gilt die Determinantengleichung

$$\begin{vmatrix} x_1 & x_2 & x_3 & x_4 \\ y_1 & y_2 & y_3 & y_4 \\ x_1' & x_2' & x_3' & x_4' \\ y_1' & y_2' & y_3' & y_4' \end{vmatrix} = 0.$$

Entwickeln wir die linke Seite wieder nach 2 gliedrigen Unterdeterminanten, erhalten wir:

$$0 = p_{12}\,p'_{34} + p_{13}\,p'_{42} + p_{14}\,p'_{23} + p_{34}\,p'_{12} + p_{42}\,p'_{13} + p_{23}\,p'_{14}$$

oder unter Berücksichtigung der Beziehungen, welche die $p_{ik}$ mit den $q_{ik}$ derselben Geraden verknüpfen:

$$0 = \sum p_{ik}\,q'_{ik} = \sum q_{ik}\,p'_{ik} \quad \text{oder auch}$$

$$0 = q_{12}\,q'_{34} + q_{13}\,q'_{42} + q_{14}\,q'_{23} + q_{34}\,q'_{12} + q_{42}\,q'_{13} + q_{23}\,q'_{14}.$$

Jede dieser 4 Gleichungen stellt uns also die Bedingung für das Schneiden der beiden Geraden in Liniencoordinaten dar; wir sehen insbesondere, dass diese Bedingung in den letzteren für jede Gerade linear ist.

Wir hatten in der letzten Stunde die geraden Linien des Raumes durch Coordinaten $p_{ik}$ resp. $q_{ik}$ festgelegt, welche der Relation $P=0$ resp. $Q=0$ zu genügen hatten. Indem nun die Grössen $r, s, \rho, \sigma$ eindeutig durch die Coordinaten $p_{ik}$ bestimmt sind, können wir umgekehrt den Satz aussprechen: [Mo. 5. XII. 92]

Wenn 6 Grössen $p_{ik}$ die Bedingung $P=0$ befriedigen, dann werden sie allemal als Coordinaten einer geraden Linie angesehen werden dürfen. Analog bei den $q_{ik}$.

Wir wenden uns nun zu der neuen Aufgabe, lineare Gleichungen zwischen den Coordinaten $p_{ik}$ resp. $q_{ik}$ in Betracht zu ziehen. Und zwar fragen wir uns zunächst, was eine Gleichung, dann was zwei Gleichungen, schliesslich was drei

Gleichungen zwischen den letzteren geometrisch bedeuten werden.

1. Gegeben sei eine Gleichung zwischen den Grössen $p_{ik}$ oder den Grössen $q_{ik}$. Es ist bequem, in unsern Entwicklungen sogleich beide Fälle neben einander zu behandeln. Es sei etwa eine der Gleichungen also gegeben:

$$\sum a_{ik}\, p_{ik} = 0 \quad \text{oder} \quad \sum b_{ik}\, q_{ik} = 0.$$

Die Grössen $a$ sollen mit den $b$ entsprechend den zwischen den Coordinaten $p_{ik}$ und $q_{ik}$ bestehenden Beziehungen in sofern geradezu übereinstimmen, als je zwei von ihnen mit complementären Indices dasselbe bedeuten. Unsere Gleichung stellt uns einen linearen Liniencomplex vor; wir nennen ihn linear, weil eben die eine vorliegende Gleichung vom ersten Grade ist. Was stellt dieselbe nun geometrisch dar? Es giebt einen speciellen Fall, in dem wir über die Bedeutung sofort anschaulich im Klaren sind, wenn nämlich der Ausdruck

$$A = a_{12}\, a_{34} + a_{13}\, a_{42} + a_{14}\, a_{23} \quad \text{oder} \quad B = b_{12}\, b_{34} + b_{13}\, b_{42} + b_{14}\, b_{23}$$

identisch verschwindet. Dann können wir die Grössen $a_{ik}$ resp $b_{ik}$ selbst als Liniencoordinaten deuten; wir werden etwa setzen dürfen:

$$a_{ik} = q'_{ik}\,, \quad b_{ik} = p'_{ik}\,,$$

um der gewohnten Bezeichnungsweise uns anzuschliessen.

Unsere ursprüngliche Relation geht dann über in

$$\sum q'_{ik}\, p_{ik} = 0 \quad \text{oder aber} \quad \sum p'_{ik}\, q_{ik} = 0.$$

Hieraus ergiebt sich in Rücksicht auf die Formeln der Seiten 168/69 der Satz: <u>Wenn A beziehungsweise B = 0 ist, so haben wir einen speciellen linearen Complex, dessen sämmtliche gerade Linien eine feste Gerade schneiden, deren Coordinaten $q'_{ik} = a_{ik}$ resp. $p'_{ik} = b_{ik}$ sind.</u>

Von diesem Falle aus können wir leicht auf eine Eigenschaft der Ausdrücke A, resp. B schliessen. Wir haben hier eine <u>Invariante</u> (speciell eine Invariante unseres linearen Complexes.) Wir können als eine vorläufige Definition, mehr zur Orientirung als zur Festlegung des Begriffes etwa, wie folgt sagen: <u>Unter einer Invariante eines geometrischen Gebildes versteht man einen Ausdruck, gebildet aus den Coefficienten der Gleichung, dessen Verschwinden etwas aussagt, was vom Coordinatensystem unabhängige Bedeutung hat. Infolge dessen wird ein solcher Ausdruck sich bei Coordinatenverwandlung, allgemein zu reden, nur um einen nicht verschwindenden Faktor ändern.</u> Ein derartiger Ausdruck ist nun in A (oder B) gegeben; deshalb nennen wir denselben schlechtweg <u>„Invariante des Complexes."</u>

Was besagt nun der allgemeine Fall der Gleichung

$$\sum a_{ik}\, p_{ik} = 0 \quad \text{resp.} \quad \sum b_{ik}\, q_{ik} = 0$$

geometrisch? Wir können an Stelle der ersten Gleichung auch schreiben: $\sum a_{ik}(x_i y_k - y_i x_k) = 0$; diese Gleichung stellt uns dann alle Geraden dar, die irgend 2 ihr genügende Punkte $x$, $y$ verbinden. Doch die letzte Gleichung ist uns von früher her ganz bekannt. Sie definirt uns ein Nullsystem; die in Betracht kommenden geraden Linien haben wir die „Nullgeraden" desselben genannt. Damit haben wir sofort die in Aussicht genommene Erklärung des linearen Complexes: Die geraden Linien eines linearen Complexes sind die Nullgeraden eines Nullsystems, welches in trivialer Weise ausartet, wenn der Complex ein specieller wird.

Wir können diesen Satz sofort auf einen Liniencomplex $n^{ten}$ Grades ausdehnen, der durch die Gleichung $f_n(p_{ik}) = 0$ definirt sein möge. Wieder schreiben wir statt dessen: $f_n(x_i y_k - y_i x_k) = 0$. Halten wir dann z. B. den Punkt $x$ fest, so beschreibt der Punkt $y$ eine Kegelfläche $n^{ter}$ Ordnung, deren Spitze eben der Punkt $x$ ist. Ueberhaupt bilden daher bei einem Liniencomplex $n^{ten}$ Grades die geraden Linien, die durch einen festen Punkt $x$ laufen, einen Kegel $n^{ter}$ Ordnung.

Es ist nun das Schöne dieser Betrachtungen, dass sie sich sofort auf die Coordinaten $q_{ik}$ und ihre Gleichung $\sum b_{ik} q_{ik} = 0$ übertragen lassen. Wir können die letzte Gleichung jetzt schreiben:

$$\sum b_{ik}(u_i v_k - v_i u_k) = 0,$$

indem ja jetzt die gerade Linie als Schnitt zweier Ebenen aufgefasst wird. Dualistisch bekommen wir dann bei festgehaltenen $u$: die Gleichung des Punktes, welcher dieser Ebene im Nullsystem entspricht. Die Gesammtheit unserer geraden Linien werden wieder durch die Nullgeraden der letzteren gegeben. Allgemein erhalten wir bei gegebener Gleichung $f_n(q_{ik})$ für $q_{ik} = u_i v_k - v_i u_k$ bei festgehaltenen $u$ in laufenden Ebenencoordinaten $v$ die Gleichung der Curve, welche innerhalb der Ebene $u$ von den Complexgeraden umhüllt wird; diese Curve aber ist von der $n^{\text{ten}}$ Classe.

2. Wir gehen nun dazu über, 2 lineare Gleichungen für die Liniencoordinaten an die Spitze zu stellen:

$\sum a_{ik} p_{ik} = 0$ u. $\sum a'_{ik} p_{ik} = 0$, die gleichzeitig erfüllt sein sollen. Wir nennen das hierdurch definirte geometrische Gebilde eine lineare Congruenz. Wie viel Geraden derselben laufen durch einen beliebigen Raumpunkt? Im ersten Complex $\sum a_{ik} p_{ik} = 0$ wird dem beliebigen Punkte $x$ eine Ebene zugeordnet, ebenso im zweiten Complex. Die Schnittgerade beider Ebenen stellt die einzige durch den Raumpunkt gehende Gerade unseres Systems dar. Ein analoger Satz ergibt sich in Beantwortung der Frage, wie viele Geraden in einer Ebene liegen. Unsere lineare Congruenz ist demnach von der ersten Ordnung und der ersten Klasse.

<u>weil durch jeden Raumpunkt nur ein Strahl läuft, und in jeder Ebene nur eine Axe liegt.</u>

Dieser linearen Congruenz genügen selbstverständlich alle geraden Linien, die durch irgend einen aus den gegebenen Complexen zusammengesetzten Complex

$$\sum (a_{ik} + \lambda a'_{ik}) p_{ik} = 0 \text{ definirt werden.}$$

Der letzte Ausdruck giebt uns nun bei variablem $\lambda$ ein ganzes „Büschel von linearen Complexen.“ Wir werden uns daher fragen dürfen, ob unter denselben nicht specielle Complexe enthalten sind, d. h. ob wir dem $\lambda$ nicht solche Werte erteilen können, dass die Grössen $a_{ik} + \lambda a'_{ik}$ selbst als Liniencoordinaten zu deuten sind. Dann muss folgende Gleichung bestehen:

$$(a_{12}+\lambda a'_{12})(a_{34}+\lambda a'_{34}) + (a_{13}+\lambda a'_{13})(a_{42}+\lambda a'_{42}) + (a_{14}+\lambda a'_{14})(a_{23}+\lambda a'_{23}) = 0$$

Dies aber stellt eine quadratische Gleichung für $\lambda$ dar. <u>Im allgemeinen gibt es daher im Büschel dieser Complexe 2 specielle, so dass also die Congruenz aus allen geraden Linien besteht, die 2 feste Geraden, die „Leitlinien“ treffen.</u> Die letzteren können reell oder conjugirt imaginär sein. Doch gibt es auch den speciellen Fall, dass die quadratische Gleichung eine Doppelwurzel für $\lambda$ besitzt. Alsdann haben wir nur <u>eine</u> doppeltzählende Direktrix. Endlich aber kann unsere Gleichung auch identisch erfüllt sein. Als Bedingung hierfür findet sich:

$$A = a_{12}a_{34} + a_{13}a_{42} + a_{14}a_{23} = 0,$$
$$A' = a'_{12}a'_{34} + a'_{13}a'_{42} + a'_{14}a'_{23} = 0$$

und: $a_{12}a'_{34} + a_{34}a'_{12} + a_{13}a'_{42} + a_{42}a'_{13} + a_{14}a'_{23} + a_{23}a'_{14} = 0$

Die erste Gleichung aber besagt, dass der erste Complex speciell ist, also aus allen Geraden besteht, die eine feste Gerade treffen. Dasselbe gilt gemäss der zweiten Gleichung für den zweiten Complex. Die dritte Gleichung endlich gibt an, dass diese beiden festen Geraden sich selbst wechselseitig schneiden. In diesem Falle, (in dem die Gleichung für $\lambda$ identisch erfüllt ist) haben wir es daher mit einer "zerfallenden" Congruenz zu thun. Dieselbe besteht aus einer Congruenz erster Ordnung 0. Classe, deren sämmtliche gerade Linien, durch einen festen Raumpunkt gehen, und einer Congruenz 0 Ordnung 1. Klasse, deren sämmtliche gerade Linien eine Ebene ausfüllen.

Die Congruenz hat unendlich viele Leitlinien, $q_{ik} = a_{ik} + \lambda a'_{ik}$, nämlich alle diejenigen Geraden, welche dem durch die Geraden $a_{ik}$ und $a'_{ik}$ bestimmten Geradenbüschel angehören.

Was nun diese Lehre von den Congruenzen angeht, so gibt es ganz allgemein ein Gebiet der Anwendung (analog wie die linearen Complexe als Nullsysteme in der Mechanik vorkommen). Wir meinen die geometrische Optik. Dieselbe nennt die Congruenzen dann „Strahlensysteme". Man betrachtet etwa zuerst einen Lichtpunkt, der nach allen Seiten Strahlen aussendet; dieselben werden eine Congruenz 1. Ordnung 0. Klasse vorstellen. Diese Strahlen mögen etwa auf Linsen fallen, die wir uns übrigens ganz beliebig (nicht sphärisch) begrenzt denken mögen, vielleicht weiterhin noch an irgendwelchen Spiegeln reflecktirt werden u. s. w. Schliesslich werden die Endstrahlen immer wieder eine 2-fach ∞ Schaar gerader Linien bilden, d. h. wir werden auf alle Fälle eine Liniencongruenz vor uns haben. Ich darf hier die Namen Hamilton und Kummer nennen, als diejenigen Forscher, die sich hauptsächlich in diesem Gebiet beschäftigt haben. Diese optischen Strahlensysteme sind natürlich, allgemein zu reden, keineswegs lineare Congruenzen. Aber sie können in der Nähe jedes einzelnen ihrer Strahlen mit Annäherung so behandelt werden, als wenn sie lineare Congruenzen wären, entsprechend, wie man eine Fläche in einem Punkte durch ihre Tangentialebene ersetzt. Auf diese Vorstellungsweise beziehen sich nun die Modelle, welche von Kummer ausgeführt sind.*) Dieselben geben alle Strahlen einer linearen Congruenz welche durch die Punkte eines kleinen

*) vergl. Katalog mathem. Modelle etc. von W. Dyck [München 1892] pag. 280 № 192.

Kreises laufen, der in einer, zu einem ausgewählten Strahle senkrechten Ebene, um den Schnittpunkt von Strahl und Ebene herum gelegt ist. Im einzelnen sind die 3 Fälle dargestellt, dass die beiden Leitlinien der Congruenz reell, oder imaginär sind oder in eine zusammenfallen. Es ist sehr lehrreich, sich auch die Gesammtheit der Strahlen vorzustellen, welche eine lineare Congruenz ausmachen. So lange die Leitlinien reell sind, hat dies natürlich keine Schwierigkeit. Dagegen wird man im Falle imaginärer oder zusammenfallender Leitlinien nicht wohl ohne Modell durchkommen.

3) Es seien 3 lineare Gleichungen der Linien- [Do. 8. XII. 92. coordinaten gegeben:

$$\sum a_{ik}\, p_{ik} = 0,\ \sum a'_{ik}\, p_{ik} = 0,\ \sum a''_{ik}\, p_{ik} = 0;$$

dieselben stellen eine einfach unendliche Mannigfaltigkeit gerader Linien dar d. h. eine Linienfläche. Wir fragen uns nun, von welchem Grade diese Fläche sein wird. Zu dem Zwecke werden wir die Zahl der Schnittpunkte der letzteren mit einer geraden Linie $q_{ik}$ abzählen, d. h. die Zahl der Linien, welche ausser den gegebenen Gleichungen noch die folgende $\sum q'_{ik}\, p_{ik} = 0$ befriedigen. Erinnern wir uns, dass noch die quadratische Relatation $P(p_{ik}) = 0$ zwischen den Coordinaten besteht, so erkennt man leicht, dass die Zahl der Lösungen aller unserer Gleichungen mit den 6 homogenen Variabeln $p_{ik}$ gerade 2 beträgt. Es giebt demnach, allgemein zu reden, auf unserer Linienfläche stets 2 gerade Linien, welche die Gerade $q'_{ik}$ treffen. In leicht verständlicher Verallgemeinerung lautet das hierin sich ausdrückende Theorem: 3 Complexe von der Ordnung l, m und n haben eine Linienfläche gemein, welche die Ordnung 2.l.m.n besitzt.

Wir bekommen in unserem speciellen Falle der linearen Complexe als das Gebilde der ihnen gemeinsamen geraden Linien eine Linienfläche 2 Ordnung, d.h. ein einschaliges Hyperboloid (welches natürlich im Besonderen in ein hyperbolisches Paraboloid übergehen kann). Nun trägt ein einschaliges Hyperboloid neben der ersten Schaar Erzeugender noch eine zweite; es drängt sich daher die Frage auf, welche Rolle diese letztere bei unserem Ansatze spielt. Zunächst ist einleuchtend, dass die Fläche 2. Ordnung nicht nur den 3 gegebenen Complexen, sondern der ganzen 3 gliedrigen Schaar gemeinsam angehört:

$$\lambda \sum a_{ik} p_{ik} + \lambda' \sum a'_{ik} p_{ik} + \lambda'' \sum a''_{ik} p_{ik} = 0 \text{ oder}$$

anders geordnet:

$$\sum (\lambda a_{ik} + \lambda' a'_{ik} + \lambda'' a''_{ik}) p_{ik} = 0.$$

In der letzteren suchen wir die in ihr enthaltenen speciellen Complexe zu bestimmen.
Wir haben zu diesem Zwecke einfach die Invariante des Complexes gleich 0 zu setzen. d. h.

$$(\lambda a_{12} + \lambda' a'_{12} + \lambda'' a''_{12})(\lambda a_{34} + \lambda' a'_{34} + \lambda'' a''_{34}) + (\lambda a_{13} + \lambda' a'_{13} + \lambda'' a''_{13}).$$

$$(\lambda a_{42} + \lambda' a'_{42} + \lambda'' a''_{42}) + (\lambda a_{14} + \lambda' a'_{14} + \lambda'' a''_{14})(\lambda a_{23} + \lambda' a'_{23} + \lambda'' a''_{23}) = 0.$$

Dies aber ist eine quadratische Gleichung für das Verhältniss $\lambda : \lambda' : \lambda''$, liefert also $\infty^1$ Lösungssysteme. Die Leitgeraden dieser in unserer Schaar enthaltenen einfach $\infty$ vielen speciellen linearen Complexe sind eben die Linien zweiter Erzeugung unseres Hyperboloids.
Wir nennen übrigens eine solche Schaar linearer Complexe, wie sie die obige Summenformel darstellt, jenachdem eine 3 gliedrige lineare Schaar, oder eine 2 fach unendliche lineare Schaar, wie leicht verständlich ist. Diese Bezeichnungen werden wir bald öfter anzuwenden Gelegenheit haben. Wir könnten nun noch die speciellen Fälle erörtern, welche eine dreigliedrige lineare Schaar linearer Complexe darbieten kann, doch wollen wir darüber hinweg gehen und weitergehend uns fragen:
4) Was bedeuten 4 lineare Gleichungen zwischen den $p_{ik}$:

$$\sum a_{ik} p_{ik} = 0, \sum a'_{ik} p_{ik} = 0, \sum a''_{ik} p_{ik} = 0 \sum a'''_{ik} p_{ik} = 0 ?$$

Da wiederum noch ausserdem die quadratische Gleichung $P = 0$ besteht, so liefern uns die Gleichungen überhaupt 2 Lösungen d. h. 4 lineare Complexe haben 2 gerade Linien gemein. Allgemein ausgesprochen lautet dieser Satz: Haben wir 4 Complexe von den Ordnungen $l, m, n, o$, so haben dieselben allgemein zu reden $2\, l \cdot m \cdot n \cdot o$ gerade Linien gemein, natürlich besondere Fälle vorbehalten, die wir hier nicht näher discutiren.

Ich gehe nun jetzt dazu über, diejenige Erweiterung der liniengeometrischen Ansätze vorzutragen, die in meinen Arbeiten Ann. II 1869 entwickelt ist.*) Dieselbe basirt darin, dass wir nicht sowohl die gerade Linie als Raumelement betrachten, sondern den allgemeinen linearen Liniencomplex, (den wir durch die Gleichung $\sum a_{ik} p_{ik} = 0$ definirten). d. h. wir studiren Gleichungen zwischen den Coefficienten $a_{ik}$ des Complexes.

Mit diesen Gedanken stimmen sehr gut die Tendenzen überein, die Ball in seiner bereits von uns erwähnten Schraubentheorie verfolgt hat. Derselbe betrachtet daselbst die Schraube als Raumelement; ausführlicher können wir leider hierauf nicht eingehen.

Wir denken also die Grössen $a_{ik}$ als Coordinaten [die wir

*) Zur Theorie der Liniencomplexe ersten u. zweiten Grades. – Die allgemeine lineare Transformation der Liniencoordinaten.

unter Umständen auch $b_{ik}$ schreiben, wobei stets auf die uns bekannte Regel die Vertauschung der Indices betreffend Rücksicht zu nehmen ist.]

Es seien zwei Systeme der neuen Coordinaten $a_{ik}$ u. $a'_{ik}$ (oder auch $b_{ik}$, $b'_{ik}$) gegeben. Wir bilden aus ihnen die ganze Schaar $\lambda a_{ik} + \lambda' a'_{ik}$. Dieser zweigliedrigen d.h. einfach unendlichen Schaar entspricht, wie wir wissen, <u>ein Büschel von linearen Complexen</u>. Wir bilden uns nach dem bekannten Schema für den einzelnen Complex dieses Büschels die Invariante: $(\lambda a_{12} + \lambda' a'_{12}) \cdot (\lambda a_{34} + \lambda' a'_{34}) + \ldots + \ldots$ oder

$$\lambda^2 A + \lambda'^2 A' + \lambda\lambda'(a_{12} a'_{34} + a_{34} a'_{12} + a_{14} a'_{23} + a'_{14} a_{23} + a_{13} a'_{42} + a'_{13} a_{42}),$$

worin wir $A$ und $A'$ als Abkürzungen für $a_{12} a_{34} + a_{13} a_{42} + a_{14} a_{23}$ resp. $a'_{12} a'_{34} + a'_{13} a'_{42} + a'_{14} a'_{23}$ eingeführt haben; $A$, $A'$ sind die „Invarianten" der Complexe $a_{ik}$, $a'_{ik}$. Es handelt sich für uns jetzt insbesondere um den Klammerausdruck, den wir abkürzend schreiben können: $\Sigma a_{ik} b_{ik}$ oder $\Sigma a'_{ik} b_{ik}$. Wir nennen ihn die <u>simultane Invariante zweier Complexe</u>.

Die nächste Frage wird wieder sein, <u>was das Verschwinden der simultanen Invariante bedeutet</u>. Insofern die $b_{ik}$ ganz beliebig gegeben werden können, stellt die Gleichung $0 = \Sigma a_{ik} b_{ik}$ bei variablen $a_{ik}$ zugleich die allgemeine lineare Gleichung dar, die man für Complexcoordinaten bilden kann. <u>Mit unserer letzten Frage ist daher die-</u>

jenige nach der Bedeutung der allgemeinen linearen Gleichung zwischen Complexcoordinaten identisch. Wie liegen nun zwei Complexe gegen einander, für welche die Gleichung $\sum a_{ik} b'_{ik} = 0$ gilt? Die Beantwortung dieser Frage ist für viele der folgenden Untersuchungen von grosser Wichtigkeit. Man bezeichnet diese Lage der beiden Complexe gegen einander als involutorische Lage. [Ball nennt zwei in derselben Beziehung stehende Schrauben „Correciprokalschrauben"]. Zum vollen Verständniss dieser Beziehung müssen wir auf den Begriff der Involution zurückgehen, wie er in der niedern projectiven Geometrie entwickelt wird. Man nennt dort bekanntlich im einfachsten Fall Involution diejenige Beziehung der Punkte einer festen Geraden zu einander, welche die zu 2 bestimmten reellen od. imaginären Punkten $d_1$ u. $d_2$ dieser Geraden harmonisch liegenden Punkte z. B. p und p' zu Paaren zusammenfasst. Wir haben den Ausdruck „involutorische Verwandtschaft" übrigens ja schon in der Theorie der reciproken Radien und beim Nullsystem gebraucht. In Uebereinstimmung mit dem damaligen Sprachgebrauch ist die Beziehung der Punkte eines Paares auf unserer geraden Linie ja in der That eine gegenseitige, eine reciproke. Doch gehen wir zu dem linearen Complex zurück. Wir wählen irgend eine Ebene des Raumes aus;

in derselben wird dem Complex $a_{ik}$ ein bestimmter Punkt $x_i$ entsprechen, ebenso dem zweiten Complex $a'_{ik}$ ein zweiter Punkt $x'_i$ als Träger der Complexstrahlen in der Ebene. Die Verbindungsgerade dieser Punkte gehört beiden Complexen zugleich an und stellt den Congruenzstrahl in der ausgewählten Ebene dar. Nun gehört offenbar dem Complex $\lambda a_{ik} + \lambda' a'_{ik}$ in der letzten ein Punkt desselben Congruenzstrahles zu (insofern doch letzterer allen Complexen der Schaar gemeinsam ist), und zwar sind die homogenen Coordinaten dieses Punktes durch den Ausdruck $\lambda x_i + \lambda' x'_i$ gegeben, wie wir nicht weiter beweisen wollen. Um die Directricen der Complexschaar $\lambda a_{ik} + \lambda' a'_{ik}$ zu finden, hatten wir die Gleichung:

$$A\lambda^2 + A'\lambda'^2 + \lambda\lambda'\{\dots\dots\} = 0$$ aufgestellt.

Verschwindet die simultane Invariante der beiden Complexe, so geht diese Gleichung über in:

$$A\lambda^2 + A'\lambda'^2 = 0$$ oder

$$\frac{\lambda}{\lambda'} = \pm\sqrt{-\frac{A'}{A}}.$$

Es ergeben sich daher unter dieser speciellen Vertauschung die Gleichungen der Directricen in der Form:

$$\begin{cases} \sqrt{-A'}\,\Sigma\, a_{ik}\, p_{ik} + \sqrt{A}\,\Sigma\, a'_{ik}\, p_{ik} = 0, \\ \sqrt{-A'}\,\Sigma\, a_{ik}\, p_{ik} - \sqrt{A}\,\Sigma\, a'_{ik}\, p_{ik} = 0, \end{cases}$$

und

wo nun die Coefficienten der $p_{ik}$ mit richtigen Indices genommen die Coordinaten der Directricen sind. Diese Leitlinien müssen offenbar den in der Figur gezeichneten Congruenzstrahl in 2 Punkten $d_1$ u $d_2$ treffen, da letzterer ja auch den durch die Directricen vorgestellten speciellen Complexen angehört. Als Coordinaten dieser Schnittpunkte ergeben sich dem Vorstehenden gemäss:

für $d_1$: $\sqrt{-A'}\, x_i + \sqrt{A}\, x'_i$ ,

für $d_2$ $\sqrt{-A'}\, x_i - \sqrt{A}\, x'_i$ .

Wie man sofort erkennt, liegen diese Punkte zu den Punkten $x_i$ und $x'_i$ harmonisch, so dass wir als schliessliches Resultat den Satz erhalten:

<u>Zwei lineare Complexe in Involution liefern in einer beliebigen Ebene des Raumes auf dem dieser Ebene zugehörigen Congruenzstrahl 2 Punkte, welche jedesmal harmonisch liegen zu denjenigen beiden Punkten, in denen der Congruenzstrahl den beiden Directricen begegnet.</u>

In diesem Satz kann man die Worte Ebene und Punkt vertauschen, d. h. die involutorische Lage zweier line-

arer Complexe ist etwas sich selbst Dualistisches.
Wenn wir nun annehmen, dass einer von den 2 Complexen, die involutorisch liegen, <u>ein specieller</u> wird, so können wir etwa $b'_{ik} = p'_{ik}$ setzen, und unsere Bedingungsgleichung $\sum a_{ik} b'_{ik} = 0$ geht über in $\sum a_{ik} p'_{ik} = 0$. <u>Es besagt daher die involutorische Lage dann einfach, dass die Leitlinie dieses speciellen Complexes dem andern Complex angehört.</u> – Wenn wir endlich annehmen, dass beide Complexe speciell sind, so setzen wir $b'_{ik} = p'_{ik}$, $a_{ik} = q_{ik}$ und erhalten die Gleichung $\sum q_{ik} p'_{ik} = 0$. <u>Es besagt daher die involutorische Lage dann, dass die beiden Leitgeraden sich schneiden.</u> Beide Vorkommnisse können wir natürlich unter die allgemeine Definition unterbegreifen.

Wir hatten in der letzten Stunde in der linea- [Fr. 9. XII. 92
ren Gleichung $\sum a_{ik} b'_{ik} = 0$ allgemein die <u>Bedingung für die involutorische Lage</u> der beiden Complexe $a_{ik}$, $b_{ik}$ erkannt. An eine solche lineare Gleichung kann man nun immer eine <u>Theorie der Reciprocität anknüpfen.</u>

Da ein linearer Complex $\sum a_{ik} p_{ik} = 0$ von 5 wesentlichen Constanten abhängt, so werden wir überhaupt mit einer 5 fach unendlichen Mannigfaltigkeit linearer Complexe zu thun haben. Sind irgend 6 lineare Complexe gegeben: $\sum a_{ik} p_{ik} = 0 \ldots\ldots \sum a'_{ik} p_{ik} = 0$, die linear unabhängig von einander sind, d. h. deren Coefficienten eine nicht verschwindende Determinante darstellen, so können wir den allgemeinsten linearen Complex aus ihnen mit Hülfe von 6 Parametern zusammensetzen, also:

$$\lambda \sum a_{ik} p_{ik} + \lambda' \sum a'_{ik} p_{ik} \ldots\ldots + \lambda^{V} \sum a^{V}_{ik} p_{ik} = 0,$$

wovon man sich leicht mittelst der Methode der Coefficientenvergleichung überzeugt. Da diese Gleichung auf der linken Seite aus 6 Gliedern besteht, werden wir die Mannigfaltigkeit der linearen Complexe ebensowohl eine <u>6gliedrige lineare Schaar</u> nennen können.

1) Nun wollen wir zuerst <u>eine</u> weitere Gleichung hinzunehmen: $\sum a_{ik} B_{ik} = 0$ (die unserer obigen Gleichung $\sum a_{ik} b'_{ik} = 0$ entspricht; nur dass wir für $b'_{ik}$ die Bezeichnung $B_{ik}$ substituirt haben, um eine grössere Mannigfaltigkeit der Bezeichnung zur Verfügung zu haben.) Wir betrachten die Grössen $a_{ik}$ als bestimmt gegebene Constanten. Dem Complex mit den Coefficienten $a_{ik}$ tritt dann eine 4 fach $\infty$ Schaar von Complexen $B_{ik}$ gegenüber, die mit ersterem die hingeschriebene Bedingung erfüllen, d. h. mit ihm in Involution stehen. Wir behaupten nun, dass die Complexe $B_{ik}$ zugleich eine 5gliedrige lineare Schaar bilden. Es ist dies leicht einzusehen. Der allgemeine Complex setzt sich aus 6 Complexen mit ebensoviel Parametern $\lambda$ zusammen. Ordnet man diese Form nach den

Coordinaten $p_{ik}$ und setzt die Coefficienten derselben für $B_{ik}$ in die obige Gleichung $\Sigma a_{ik} B_{ik} = 0$ ein, so erhält man eine Gleichung mit den 6 Parametern $\lambda$, die gestattet, einen derselben durch die übrigen auszudrücken. Hieraus folgt unmittelbar, dass der allgemeinste lineare Complex, der obige Bedingung erfüllt, sich durch 5 Complexe $B_{ik}$ mit 5 Parametern $\Lambda$ in der Formel darstellen lässt.

$$\Lambda B_{ik} + \Lambda' B'_{ik} + \ldots\ldots \Lambda^{IV} B^{IV}_{ik} .$$

Natürlich müssen diese Complexe $B_{ik}, B'_{ik} \ldots\ldots B^{IV}_{ik}$ dabei linear unabhängig genommen werden, d. h. so, dass nicht alle fünfgliedrigen Determinanten, die man aus ihren Coordinaten bilden kann, verschwinden.

Wir fassen nun die gegebenen Grössen $a_{ik}$, die wir doch unbeschadet der geometrischen Bedeutung in $\lambda a_{ik}$ verwandeln können, alle als eine eingliedrige Schaar linearer Complexe auf. Derselben wird dann vermittels der Gleichung $\Sigma a_{ik} B_{ik} = 0$ eine fünfgliedrige Schaar linearer Complexe zugeordnet, die sämmtlich mit den ersten in Involution liegen.

2) Nun nehmen wir an, es seien 2 Gleichungen gegeben: $\Sigma a_{ik} B_{ik} = 0$, $\Sigma a'_{ik} B_{ik} = 0$, in denen die Grössen $a_{ik}$ u. $a'_{ik}$ als Constante gelten. Diese beiden Gleichungen können wir mit 2 Parametern $\lambda$ in eine zusammenfassen: $\Sigma(\lambda a_{ik} + \lambda' a'_{ik}) B_{ik} = 0$, die uns besagt, dass der Complex $B_{ik}$ zu der ganzen 2 gliedrigen

Schaar $\lambda a_{ik} + \lambda' a'_{ik}$ in Involution stehen soll. Wir überlegen, dass die Gesammtheit der Complexe $B_{ik}$, welche dieser Forderung genügen, eine 3fach unendliche Mannigfaltigkeit oder eine 4gliedrige lineare Schaar bilden werden. Haben wir daher 4 Complexe $B_{ik} \dots B^{IV}_{ik}$ dieser Art gefunden, die linear unabhängig sind, so drückt sich der allgemeinste wieder in der Formel aus:

$$\Lambda B_{ik} + \Lambda' B'_{ik} + \Lambda'' B''_{ik} + \Lambda''' B'''_{ik}.$$

3) Endlich können wir 3 Gleichungen als gegeben annehmen.

$$\Sigma a_{ik} B_{ik} = 0, \ \Sigma a'_{ik} B_{ik} = 0, \ \Sigma a''_{ik} B_{ik} = 0.$$

Dann wird der 3gliedrigen Schaar auf der einen Seite, die sich aus den 3 Complexen $a_{ik}$, $a'_{ik}$, $a''_{ik}$ bilden lässt, auch auf der andern Seite eine dreigliedrige Schaar entsprechen, deren einzelne Complexe mit allen Complexen der ersten Schaar in Involution stehen.

Alle diese Fälle zusammenfassend werden wir daher sagen dürfen: Insofern unsere Involutionsbedingung in den Coordinaten der beiden in Betracht kommenden linearen Complexe linear ist, wird vermöge derselben jeder $\nu$-gliedrigen linearen Schaar linearer Complexe eine $(6-\nu)$ gliedrige lineare Schaar linearer Complexe zugeordnet, die mit sämmtlichen Complexen der ersten Schaar in Involution liegen. $(\nu = 0, 1, 2, \dots 6)$.

In diesem Satze spricht sich die von uns gemeinte Reciprocität aus. Wir können nun weiter auf die speciellen Complexe achten, die in diesen zusammengehörigen Schaaren enthalten sind. Nehmen wir z.B. eine 3gliedrige Schaar linearer Complexe, so bekommen wir, wie wir von früher wissen, in ihr einfach $\infty$ viele specielle Complexe; dieselben bilden die Erzeugenden der einen Art bei einem einschaligen Hyperboloid. Die soeben betrachtete Reciprocität zwischen 2 dreigliedrigen d.h. 2 fach $\infty$ Systemen linearer Complexe tritt hier besonders deutlich hervor. Die speciellen Complexe der beiden Schaaren sind einfach die beiden Systeme geradliniger Erzeugender eines Hyperboloids. Die involutorische Lage der beiden Schaaren aber tritt darin hervor, dass alle Erzeugenden der einen Art alle Erzeugenden der andern Art schneiden.

Mit diesen Erörterungen sind wir einer ferneren Betrachtungsweise nahe gekommen, welche die Einführung einer neuen allgemeineren Coordinatenbestimmung des linearen Complexes zum Gegenstand hat.

Wir definiren die neuen Coordinaten $y_e$ als irgendwelche lineare Functionen der bisherigen Coordinaten $a_{ik}$ [unter Einführung eines Proportionalitätsfaktor $\sigma$, da es ja nur auf das Verhältniss ankommt]:

$$\sigma y_e = \Sigma_{ik}\, c_{ike}\, a_{ik}.$$

Bedingung ist natürlich, dass die Determinante $|c_{ike}|$ der Coefficienten von Null verschieden ist. Dann können wir die Gleichungen nach den Grössen $a_{ik}$ auflösen und erhalten etwa:

$$\tau \cdot a_{ik} = \sum \gamma_{ik\epsilon}\, y_\epsilon$$

Wir wir sogleich erkennen, bedeutet jede einzelne der verallgemeinerten Coordinaten $y_\epsilon$ die linke Seite einer auf einen festen Complex $C_\epsilon$ bezüglichen Involutionsbedingung. Wie werden wir nun mit diesen verallgemeinerten Coordinaten $y_\epsilon$ operiren? Als Bedingung für einen speciellen Complex hatten wir früher das Verschwinden des Ausdruckes $a_{12}\, a_{34} + a_{13}\, a_{42} + a_{14}\, a_{23}$ gefunden. Tragen wir für die $a_{ik}$ die Werte der letzten Gleichung ein, so geht die Bedingungsgleichung über in

$$\sum \gamma_{12\epsilon}\, y_\epsilon \cdot \sum \gamma_{34\epsilon}\, y_\epsilon + \cdots + \cdot = 0,$$

was wir abkürzend mit $\Omega = 0$ bezeichnen. d. h. Sollen die neuen Coordinaten sich auf einen speciellen Complex beziehen, also Liniencoordinaten vorstellen, so muss eine bestimmte quadratische Gleichung $\Omega = 0$ zwischen ihnen stattfinden.

Das algebraische Gebiet, in welches wir hier notwendig hineingeführt werden, ist die Lehre von den quadratischen Formen, insbesondere ihr Verhalten bei linearen Substitutionen. Wir werden daher einen kleinen Excurs einzuschalten haben, der mehr auf eine Zusammenstellung der wichtigsten Sätze als auf die Ableitung und Begründung derselben hinauslaufen kann;

des näheren Studiums wegen sei auf die Darstellung in Baltzer's Determinanten verwiesen.

## Quadratische Formen mit n Veränderlichen

1) Es seien $x_1 \ldots x_n$ die ursprünglichen Coordinaten und $\Sigma k_{\alpha\beta} \cdot x_\alpha x_\beta$ die vorliegende quadratische Form. Nun führen wir durch eine ganz beliebige lineare Substitution mit nicht verschwindender Determinante neue Variable $y_1 \ldots y_n$ in die quadratische Form ein; dieselbe möge übergehen in $\Sigma l_{\alpha\beta} y_\alpha y_\beta$. Was hat diese letzte Form nun mit der Ausgangsform gemein?

Da zeigt sich zunächst dass die Determinante der $k_{\alpha\beta}$ eine Invariante der quadratischen Form ist, die bei der Transformation 0 bleibt, wenn sie zu Anfang 0 war, aber übrigens sich nur um einen nicht verschwindenden Faktor ändert. Umgekehrt wird man 2 quadratische Formen von nicht verschwindender Determinante auch immer durch lineare Substitution, die eine aus der andern ableiten können.

Von diesem Satze sei doch sogleich die Anwendung auf unsere quadratische Form, die Invariante des linearen Complexes, $a_{12}\,a_{34} + a_{13}\,a_{42} + a_{14}\,a_{23}$ gemacht, die wir gemäss der obigen Bezeichnung der Variabeln jetzt als $x_1 x_2 + x_3 x_4 + x_5 x_6$ schreiben werden.

Die Determinante derselben ergiebt sich leicht gleich:

$$\begin{vmatrix} 0&1&0&0&0&0\\ 1&0&0&0&0&0\\ 0&0&0&1&0&0\\ 0&0&1&0&0&0\\ 0&0&0&0&0&1\\ 0&0&0&0&1&0 \end{vmatrix} = -1.$$

Der Ausdruck $a_{12}\,a_{34} + a_{13}\,a_{42} + a_{14}\,a_{23}$ aufgefasst als quadratische Form von 6 Variabeln hat daher jedenfalls eine nicht verschwindende Determinante. Nun soll aus derselben durch lineare Substitution der Grössen $a_{ik}$ die Form $\Omega$ sich ergeben. Wir schliessen, dass das $\Omega$ auch eine nicht verschwindende Determinante hat, und dass weiter jede Form $\Omega$, welche eine nicht verschwindende Determinante besitzt, durch eine geeignete Wahl der Complexcoordinaten $y$ hergestellt werden kann.

2) Kehren wir zu der allgemeinen Betrachtung der quadratischen Formen zurück. Wenn wir verlangen, es sollen imaginäre Grössen überhaupt ausgeschlossen sein, beschränken wir uns also auf reelle quadratische Formen und reelle lineare Substitutionen, so kommt neben dem bis jetzt Gesagten auch noch das Trägheitsgesetz der quadratischen Formen in Betracht. Dasselbe besteht in folgendem:

Nehmen wir an, es gelingt uns irgendwie die gegebene quadratische Form $\Sigma\, k_{\alpha\beta}\, x_\alpha\, x_\beta$ durch lineare Substitution der $x_i$ umzuwandeln in die Form:

$$m_1 z_1^2 + m_2 z_2^2 + \ldots\ldots + m_n z_n^2$$

d.h. in eine Summe von $n$ rein quadratischen Gliedern, was auf mannigfachste Weise möglich sein wird. Die Determinante der neuen Form ist dann:

$$\begin{vmatrix} m_1 & 0 & \cdots & \cdots & 0 \\ 0 & m_2 & \cdots & \cdots & 0 \\ 0 & 0 & m_3 & \cdots & 0 \\ 0 & \cdot & & \ddots & \cdot \\ \vdots & \vdots & & & \vdots \\ 0 & \cdots & \cdots & \cdots & m_n \end{vmatrix} = m_1 \cdot m_2 \cdots m_n$$

Zufolge unseres obigen Satzes wird also keine dieser Grössen $m$ verschwinden, sofern die gegebene Form, wie wir hier voraussetzen, eine nicht verschwindende Determinante hat. Das Trägheitsgesetz bezieht sich nun auf die Frage, wie viele dieser $m$ positiv, bezüglich negativ sein werden. *Dasselbe besagt, dass bei jeder einzelnen reellen quadratischen Form mit nicht verschwindender Determinante notwendig eine ganz bestimmte Anzahl positiver $m$ und negativen Coefficienten $m$ herauskommen muss, wie immer man auch die Einführung der $z$ wählt.*

Wir machen die Anwendung des Trägheits- [Mo. 12. XII. 92. gesetzes auf die uns vorliegende quadratische Form der Liniengeometrie $x_1 x_2 + x_3 x_4 + x_5 x_6$, indem wir uns fragen, wie viele Glieder bei der Transformation derselben in eine Form mit nur quadratischen Gliedern positiv, wie viele negativ sein werden. Es ist leicht, eine Substitution, die diese leistet, sofort hinzuschreiben, es sei gesetzt:

$$x_1 = y_1 + y_2 \,,\quad x_3 = y_3 + y_4 \,,\quad x_5 = y_5 + y_6$$
$$x_2 = y_1 - y_2 \,,\quad x_4 = y_3 - y_4 \,,\quad x_6 = y_5 - y_6$$

Wir erhalten dann als eine neue Form:

$$\Omega = y_1^2 - y_2^2 + y_3^2 - y_4^2 + y_5^2 - y_6^2 \;;$$

d. h. <u>die quadratische Form $A$, die in der Liniengeometrie fundamental ist, gehört im Sinne des Trägheitssystems zu denjenigen, welche gleichviel positive und negative Vorzeichen aufweisen.</u>

Wollen wir uns auf reelle lineare Substitution bei der Einführung der neuen Coordinaten beschränken, so werden wir demnach von $A$ ausgehend auf keine Weise eine Form erreichen können, die sich nur aus positiven Quadraten zusammensetzt. Anders ist es bei Zulassung von imaginären Substitutionen. Setzen wir z. B. nachträglich

$$z_1 = y_1 \,,\quad z_3 = y_3 \,,\quad z_5 = y_5 \,,$$
$$z_2 = i y_2 \,,\quad z_4 = i y_4 \,,\quad z_6 = i y_6 \,,$$

so erhalten wir in der That die Gestalt $\Sigma z_i^2$.

Denken wir uns jetzt, dass wir für den linearen Complex irgendwelche $y_1 \ldots y_6$ als Coordinaten eingeführt haben; wie werden wir mit denselben nun weiter operiren? Wir haben wieder die quadratische Form $\Omega(y_1 \ldots y_6)$ als „<u>Invariante</u>" zu betrachten. Ihr Verschwinden giebt sofort die Bedingung für einen speciellen Complex an.

Wie bilden wir nun aber die simultane Invariante zweier Complexe in den neuen Coordinaten? Hatten wir dieselbe früher eingeführt, indem wir in der Entwicklung von $A(\lambda a_{ik} + \lambda' a'_{ik})$ den Coefficienten von $\lambda\lambda'$ ins Auge fassten, so werden wir jetzt analog vorgehen und schreiben

$$\Omega(\lambda y + \lambda' y') = \lambda^2 \Omega(y) + \lambda\lambda' \sum_1^6 \frac{\partial \Omega}{\partial y_\alpha} y'_\alpha + \lambda'^2 \Omega(y').$$

Der Coefficient von $\lambda\lambda'$: $\sum_1^6 \frac{\partial\Omega}{\partial y_\alpha} y'_\alpha$ giebt uns dann den Ausdruck für die gesuchte simultane Invariante; sein Verschwinden bedeutet wie früher die involutorische Lage beider Complexe. Hat $\Omega$ insbesondere die Gestalt $y_1^2 - y_2^2 + y_3^2 - y_4^2 + y_5^2 - y_6^2$, so wird die simultane Invariante die Gestalt $2yy' - \ldots + \ldots - 2y_6 y'_6$ haben.

Anknüpfend an die besondere Form von $\Omega$ wollen wir jetzt folgende Complexe als Fundamentalcomplexe bezeichnen:

1) $y_1 = 1,\ y_2 = 0,\ y_3 = 0 \ \ldots\ y_6 = 0$
2) $y_1 = 0,\ y_2 = 1,\ y_3 = 0 \ \ldots\ y_6 = 0$
⋮
6) $y_1 = 0\ \ y_2 = 0\ \ y_3 = 0 \qquad y_6 = 1.$

Man übersieht leicht die Invarianten dieser 6 Fundamentalcomplexe; wir können dieselben zweckmässig bezeichnen mit $\Lambda(ii)$ resp. $\Lambda(ik)$, wobei durch die gleichen Indices $(ii)$ die Invariante des $i^{ten}$ Complexes, durch die Indices $(ik)$ die simultane Invariante des $i^{ten}$ u. $k^{ten}$ Complexes bezeichnet sein möge. Durch einfache Ausrechnung ergibt sich sofort:

$$\Lambda(1,1) = 1,\ \Lambda(2,2) = -1, \ldots \Lambda(6,6) = -1,$$

und $$\Lambda(1,2) = \Lambda(1,3) = \ldots \Lambda(5,6) = 0,$$ d. h. in Worten: <u>Die Invarianten der 6 Fundamentalcomplexe sind abwechselnd +1 und −1, die simultanen Invarianten dagegen sämmtlich 0.</u> Es ist sofort die geometrische Bedeutung dieses Resultates einleuchtend, wenn man sich nur erinnert, dass das Vorzeichen der Invariante eines Complexes angibt, ob der letztere rechts oder links gewunden ist. <u>Drei von unsern Complexen sind rechts gewunden, drei links gewunden und je zwei liegen miteinander in Involution.</u>

Damit haben wir eine merkwürdige Configuration getroffen, über die seither viel gearbeitet ist. Neben <u>meiner Abhandlung in Ann. II</u> darf ich das Werk von <u>Ball</u> citiren, wo sehr viel mit 6 „Correciprocalschrauben" operirt wird, die durchaus unsern 6 Fundamentalcomplexen entsprechen. Ganz neuerdings ist auch auf die <u>Liniengeometrie von Sturm</u> zu verweisen, die leider rein synthetisch ist unter Beiseitelassung jeglicher Formeln, jedoch viele Litteraturangaben enthält.

Die rein synthetische Darstellung in diesem Gebiet befriedigt nach meinem Dafürhalten nicht, weil sie den Ueberblick hemmt und beispielsweise gar nicht erkennen lässt, dass es sich hier um eine einfache Anwendung der Theorie der quadratischen Formen und insbesondere ihres Trägheitsgesetzes handelt.

In Ann. II habe ich übrigens wesentlich mit der Form

$$z_1^2 + z_2^2 + z_3^2 + z_4^2 + z_5^2 + z_6^2$$

gearbeitet, d. h. der Summe von nur positiven Quadraten, die, wie bereits bemerkt wurde, durch eine imaginäre Substitution aus der ursprünglichen hervorgeht. Die Voraussetzungen sind noch nach anderer Seite allgemeiner. Wir haben hier in der Vorlesung immer angenommen, dass wenigstens die Gleichungen der Complexe immer reell sind. Doch wird man bei Construction unseres Coordinatensystems auch solche Complexe zulassen können, welche imaginär sind, und wird dann jeweils die conjugirt imaginären Complexe hinzunehmen.

Von den 6 Complexen, die $z_1^2 + \ldots\ldots z_6^2 = 0$ angeben, wird dann noch immer gelten, dass sie paarweise in Involution liegen, und insbesondere ist von den <u>reellen</u> Complexen, die unter ihnen enthalten sind, die Hälfte rechts, die Hälfte links gewunden.

Wir wenden uns dazu, über den <u>Complex 2^ten Grades</u> einige Angaben zu machen. Derselbe wird gegeben durch die Gleichung:

$$F_2 = \sum b_{ik.i'k'}\, p_{ik}\, p_{i'k'} = 0,$$ die in extenso 21 Glieder enthält.

Hierzu tritt dann die Bedingung:

$$A = 0 = p_{12}\, p_{34} + p_{13}\, p_{42} + p_{14}\, p_{23} = 0$$

Wir haben also 2 simultane quadratische Formen vor uns, und wieder greift die Aufgabe Platz, die wir neulich schon bei der Betrachtung der Cycliden behandelt haben, beide Formen gleichzeitig, durch lineare Substitution der Coordinaten, auf Summen rein quadratischer Glieder zurückzuführen:

$$F'_2 = \frac{z_1^2}{k_1} + \frac{z_2^2}{k_2} + \cdots\cdots + \frac{z_6^2}{k_6},$$

$$A' = z_1^2 + z_2^2 + \cdots\cdots + z_6^2,$$

woselbst die Grössen $k_i$ geeignete Constanten darstellen. Die Theorie der quadratischen Formen besagt, dass man die Formen $A$ und $F$ allgemein in der That in letztere Gestalt bringen kann; die Grössen $k_i$ ergeben sich als die reellen oder imaginären Wurzeln derjenigen Gleichung 6ten Grades, die man durch Nullsetzen der Determinante von $A - kF$ erhält. Wir können nun wieder sehr einfach 6 Fundamentalcomplexe definiren durch die Gleichungen $z_1^2 = 0 \ldots\ldots z_6^2 = 0$. Hiernach kommt auch in der Theorie der Complexe 2ten Grades ein System von 6 reellen oder imaginären linearen Fundamentalcomplexen der soeben betrachteten Art zur Geltung. Die nähere Ausführung dieser Ansätze ist in meiner Arbeit selbst nachzulesen. Ich betrachtete dort insbesondere eine Schaar von Complexen 2ten Grades, wie sie die folgende Gleichung mit dem Parameter $\lambda$ angibt:

$\sum \frac{x_i^2}{k_i - \lambda} = 0$. Diese Gleichungsform erinnert uns sofort an die Theorie der confocalen Flächen zweiten Grades, wie die der confocalen Cycliden. Dementsprechend sollen auch diese Complexe confocale Complexe genannt werden.

## Vergleich mit den pentasphärischen Coordinaten

Wir wollen nun weiterhin nicht die Liniengeometrie als solche im Einzelnen entwickeln, sondern gehen dazu über einen Vergleich anzustellen zwischen der Liniengeometrie und der Punktgeometrie der pentasphärischen Punktcoordinaten. In der That fordern unsere letzten Formeln zu einem solchen Vergleiche auf. Wir wollen die einzelnen Sätze, die sich hier entsprechen, direkt einander gegenüber stellen:

| Liniengeometrie: | Pentasphärische Punktcoordinaten: |
|---|---|
| 1) Definition der 6 Liniencoordinaten | Definition der 5 pentasphärischen Punktcoordinaten |
| $x_1 \ldots\ldots\ldots x_6$ | $x_1 \ldots\ldots\ldots x_5$ |

| | |
|---|---|
| mit der Bedingung $\sum x_i^2 = 0$ | mit der Bedingung $\sum x_i^2 = 0$ |
| 2) $\sum_1^6 a_i x_i = 0$ gibt den linearen Complex; | $\sum_1^6 a_i x_i = 0$ bedeutet hier eine Kugel; |
| der Complex ist speciell für $\sum_1^6 a_i^2 = 0$ | ist $\sum_1^5 a_i^2 = 0$ haben wir eine Punktkugel. |
| 3) Zwei lineare Complexe liegen in Involution wenn $\sum_1^6 a_i a_i' = 0$ ist | Die Gleichung $\sum_1^5 a_i a_i' = 0$ bedeutet für zwei Kugeln, dass dieselben sich orthogonal durchdringen. |
| Specieller Fall: zwei Gerade schneiden sich | Specieller Fall: Zwei Punkte haben verschwindende Entfernung*) |
| 4) Dem Coordinatensystem liegen 6 Fundamentalcomplexe zu Grunde. | hier dagegen 5 Orthogonalkugeln. |
| 5) Confocale Complexe 2ten Grades | Confocale Cycliden nach Darboux |

<u>Liniengeometrie und Punktgeometrie bei Zugrundelegung der pentasphärischen Coordinaten arbeiten daher mit denselben Formeln</u>; nur hat man das eine Mal 6 Coordinaten, das andere Mal 5 Coordinaten. Die hiermit berührte Analogie ist jedoch unvollständig, soweit die <u>Realitätsverhältnisse</u> in Frage kommen. Wir hatten speciell die orthogonalen pentasphärischen <u>Punktcoordinaten</u> definirt durch die Gleichung

*) Darum fallen sie noch keineswegs zusammen, da wir unseren Coord. immer imaginäre Werte gestatten.

$\sigma x_i = \frac{s_i}{\rho_i}$, in denen $s_i$ die Potenz des Punktes in Bezug auf die $i^{\text{te}}$ Kugel und $\rho_i$ den zugehörigen Radius bedeutet, und hatten überdies erkannt, dass notwendig eine der 5 Kugeln (die wir sämmtlich als reell voraussetzen) nullteilig ist. Das heisst aber, dass z. B. $\rho_5$ und damit auch $x_5$ rein imaginär ist. Um reelle Coordinaten zu haben werden wir daher $i y_5$ statt $x_5$ einführen und der gleichmässigen Bezeichnung wegen $y_1\, y_2\, y_3\, y_4$ für $x_1\, x_2\, x_3\, x_4$ schreiben. Die quadratische Identitätsgleichung lautet dann:

$$y_1^2 + y_2^2 + y_3^2 + y_4^2 - y_5^2 = 0.$$

Ihr steht die Bedingungsgleichung der Liniengeometrie:

$$y_1^2 - y_2^2 + y_3^2 - y_4^2 + y_5^2 - y_6^2 = 0$$

gegenüber bei Einführung reeller Coordinaten. Der fragliche Unterschied in den Realitätsverhältnissen documentirt sich demnach insofern, dass im letzten Falle im Sinne des Trägheitsgesetzes gleich viel positive wie negative Quadrate in der Normalform vorhanden sind, im ersteren Falle dagegen 3 positive Quadrate mehr als negative. Dies ist jedoch keineswegs als ein Nachteil der Vergleichung zu betrachten, im Gegenteil besteht in dieser Hinsicht geradezu der Vorzug derselben; indem auf der einen Seite reell wird, was auf der andern imaginär ist, wird man der geometrischen Anschauung hier zugänglich machen können, was dort nicht möglich ist und umgekehrt.

Wir wollen nun unsere obige Vergleichungstabelle noch weiter ausführen, indem wir die einander entsprechenden geometrischen Gebilde mit einem Stichwort gegenüberstellen.

| Liniengeometrie | Pentasphärische Punktcoordinaten. |
|---|---|
| Es entsprechen sich | |
| Linearer Complex | Kugel |
| Specieller linearer Complex | Punktkugel |
| Lineare Congruenz | Kreis |
| Regelschaar (auf dem Hyperboloid) | Punktepaar als Schnitt dreier Kugeln |
| Geradenpaar (als die 4 Complexen gemeinsamen Linien) | Das Analogon fehlt hier, da wir eine Coordinate weniger haben als in der Liniengeometrie. |

Um dem wahren Ursprung der hiermit erkannten Analogie nachzugehen, wird es zweckmässig sein, auf die elementare Einführung der Liniengeometrie und der pentasphärischen Coordinaten zurückzugehen.

Was die erstere betrifft, so erteilten wir der geraden Linie zunächst 4 Coordinaten $r, s, \rho, \sigma$, denen wir als gleichberechtigte 5te Coordinate $\eta = r\sigma - s\rho$ hinzufügten. Endlich führten wir 6 homogene Coordinaten ein durch die Gleichungen

$$r = \frac{x_1}{x_6}\,,\quad \sigma = -\frac{x_2}{x_6}\,,\quad \rho = \frac{x_4}{x_6}\,,\quad \eta = \frac{x_5}{x_6}\,,\quad s = \frac{x_2}{x_6}$$

Die identische Relation nimmt hiernach die Gestalt an:

$$\Omega = x_1 x_2 + x_3 x_4 + x_5 x_6 = 0$$

<u>Die Liniengeometrie bekommt ihren specifischen Charakter nun dadurch, dass die wichtige geometrische Beziehung zwischen 2 geraden Linien, die Bedingung des Schneidens, sich in der Polarengleichung ausdrückt $\sum \frac{\partial \Omega}{\partial x_i} x_i' = 0$.</u> Genau entsprechend ist die Einführung der pentasphärischen Punktcoordinaten. Zunächst hatten wir dem Raumpunkte 3 Coordinaten erteilt $x, y, z$, zu diesen nehmen wir aus Zweckmässigkeitsgründen als 4 Coordinate $p = x^2 + y^2 + z^2$ hinzu. Zugleich ist uns hiermit eine Bedingungsgleichung zwischen den 4 Coordinaten gegeben. Nun gehen wir wieder zur homogenen Schreibweise über, indem wir setzen

$$x = \frac{y_1}{y_5}, \quad y = \frac{y_2}{y_5}, \quad z = \frac{y_3}{y_5}, \quad p = \frac{y_4}{y_5}.$$

Die quadratische Relation $p = x^2 + y^2 + z^2$ geht dann über in die folgende:

$$\Omega = y_1^2 + y_2^2 + y_3^2 - y_4 y_5 = 0.$$

Hier stellen uns die Coordinaten $y_1 \ldots y_5$ noch keineswegs <u>orthogonale</u> pentasphärische Coordinaten dar, diese selbst erwachsen aus unsern $y$ erst durch geeignete lineare Substitution. Aber wir wollen jetzt gar nicht auf die orthogonalen Coordinaten hinaus, sondern zusehen, wie man mit den $y$, so wie sie vorliegen, operirt. Zu dem Zwecke bilden wir uns wieder die Polarengleichung der Identität $\Omega = 0$ also:

$$0 = \sum \frac{\partial \Omega}{\partial y_i} \cdot y_i' = 2 y_1 y_1' + 2 y_2 y_2' + 2 y_3 y_3' - y_4 y_5' - y_5 y_4'$$

Diese Gleichung geht, indem wir für die Grössen $y_i$ ihre ursprünglichen Werte einsetzen, über in

$$2xx' + 2yy' + 2zz' - (x^2 + y^2 + z^2) - (x'^2 + y'^2 + z'^2) = 0$$

oder:

$$(x - x')^2 + (y - y')^2 + (z - z')^2 = 0.$$

<u>Auch beim Gebrauche pentasphärischer Coordinaten bedeutet also die Polarengleichung $\sum \frac{\partial \Omega_i}{\partial y_i} y_i' = 0$ wieder geometrisch etwas durchaus Wesentliches; nämlich, dass die Punkte $x$ und $x'$ eine verschwindende Entfernung haben.</u>

Und wenn wir jetzt beides miteinander vergleichen, so finden wir:

<u>Die Analogie zwischen Liniengeometrie u. Punktgeometrie der pentasphärischen Coordinaten basirt in letzter Hinsicht darauf, dass man beide Male eine quadratische Gleichung von nicht verschwindender Determinante zwischen homogenen Coordinaten hat, und dass die aus dieser Gleichung abzuleitende Polarengleichung jedesmal ihre gute</u>

und einfache geometrische Bedeutung besitzt. –

Nun haben wir uns doch eine erweiterte Liniengeometrie gebildet, indem wir den linearen Complex als Raumelement wählten. Dementsprechend werden wir uns jetzt eine erweiterte Punktgeometrie der pentasphärischen Coordinaten schaffen, in denen die Kugel als Element gilt. Der involutorischen Lage zweier linearen Complexe in jenem wird dann die Orthogonalität 2er Kugeln hier entsprechen. Auf der ersteren Eigenschaft linearer Complexe baute sich uns weiter das Reciprocitätsgesetz auf, demzufolge einer eingliedrigen Schaar linearer Complexe eine 5gliedrige Schaar entsprach u.s.w. und zwar so, dass die entsprechenden Schaaren angehörenden linearen Complexe allemal zu einander involutorisch gelegen waren. Diesem Gesetze wird auch in der erweiterten Punktgeometrie der pentasphärischen Coordinaten ein analoges Reciprocitätsgesetz gegenüberstehen: Jeder einzelnen Kugel, die wir als eine eingliedrige Kugelschaar auffassen können, wird eine 4gliedrige Schaar, die Gesammtheit aller die erstere orthogonal schneidender Kugeln, entsprechen; jeder zweigliedrigen Schaar oder jedem Kugelbüschel d.h. der einfach unendlichen Mannigfaltigkeit aller der Kugeln, die einen Kreis gemein haben,

wird eine dreigliedrige Schaar, oder eine zweifach $\infty$ Mannigfaltigkeit von Kugeln, die zu allen Kugeln der ersten Schaar orthogonal sind, ein sogenanntes „Kugelnetz" entsprechen. Wir haben hier natürlich nur diese 2 Arten reciproker Gebilde, da wir nur mit 5 homogenen Coordinaten zu thun haben.
Gemäss unseren früheren Betrachtungen der Kugel (u. des Kreises) werden wir, falls wir überhaupt von Kugelgeometrie sprechen, zwischen einer elementaren und einer höheren Kugelgeometrie unterscheiden können, je nachdem wir bloss solche Beziehungen betrachten, in denen das Quadrat des Radius vorkommt, wie die Bedingung der Orthogonalität zweier Kugeln, und solche Beziehungen, in denen der Radius selbst vorkommt, wie z. B. die Bedingung für die Berührung zweier Kugeln oder das Schneiden unter beliebigen Winkel. *Die Kugelgeometrie, auf welche wir hier geführt werden, ist die elementare Kugelgeometrie.* Wir können daher zusammenfassend sagen: *Die Liniengeometrie ist analog mit der Punktgeometrie der pentasphärischen Coordinaten im dreidimensionalen Raume, Erweiterte Liniengeometrie ist analog mit der elementaren Kugelgeometrie im dreidimensionalen Raume.* Die Beziehungen zwischen beiden Geometrien kön-

-nen wir nun noch klarer zum Ausdruck bringen, wenn wir nur einen <u>4 dimensionalen Punktraum</u> heranziehen wollen und in ihm eine Kugelgeometrie konstruiren. Alsdann werden wir für die Festlegung des Grundgebildes, des Elementes, in beiden Fällen die gleiche Zahl der Coordinaten nötig haben, und die Analogie verwandelt sich infolge dessen, von den Realitätsverhältnissen abgesehen, in eine volle Identität. Wir sagen demnach:

<u>Die Liniengeometrie ist identisch mit der Punktgeometrie im 4 dimensionalen Raume beim Gebrauche hexasphärischer Coordinaten; erweiterte Liniengeometrie ist identisch mit der hier anschliessenden elementaren Kugelgeometrie des 4 dimensionalen Raumes.</u>

Diese Art der Parallelisirung ist die Grundlage, von der ich in Ann. V 1871 in meiner Arbeit: <u>Ueber Liniengeometrie u. metrische Geometrie</u> ausgegangen bin. Natürlich habe ich mich dort nicht auf die ersten Sätze beschränkt, wie ich sie soeben angeführt habe, sondern es werden daselbst beispielsweise Orthogonalsysteme des 4 dimensionalen Raumes betrachtet und deren liniengeometrische Analoga gesucht. Man kann sagen, dass es sich darum handelt, zwischen meinen liniengeometrischen Untersuchungen von 1869 und Darboux's Untersuchungen die Verbindung herzustellen. Nun hatte aber vorher Lie diesen Beziehungen eine andere Seite abgewonnen, die er ebenfalls in Annalen V publicirte in einer Arbeit, die ich im folgenden noch oft zu nennen haben werde. Ueber Complexe, insbesondere Linien und Kugelcomplexe, mit Anwendung auf die Theorie partieller Differentialgleichungen.

Hier entwickelt Lie „höhere Kugelgeometrie des dreidimensionalen Raumes", in deren Aufgaben der Radius selbst vorkommt, nicht nur sein Quadrat. Ist bei mir die Liniengeometrie in Parallele gestellt mit der Punktgeometrie des $R_4$, so zeigt Lie, dass Liniengeometrie ebensowohl mit der höheren Kugelgeometrie des $R_3$ verglichen werden kann. Die naturgemässe Verbindung zwischen der Lie'schen Auffassung und meiner eigenen ist dann die, dass die Punktgeometrie des $R_4$ und die höhere Kugelgeometrie des $R_3$ unmittelbar in Verbindung gesetzt werden können, wie wir bald noch näher ausführen. –

Wollen wir also jetzt die Lie'sche Kugelgeometrie des Näheren kennen lernen, wobei wir unsern Anfangspunkt wieder durchaus elementar wählen.

# Lie's Kugelgeometrie

Die Gleichung der Kugel lautet im gewöhnlichen rechtwinkligen Coordinaten bekanntlich: [Di. 13. XII. 92

$$x^2+y^2+z^2-2\alpha x-2\beta y-2\gamma z+C=0.$$

Die Kugel ist daher bestimmt durch die Grössen $\alpha, \beta, \gamma, C$. Wir nehmen als 5^te^ Grösse noch den Radius $r$ hinzu, der die Beziehung liefert: $r^2=\alpha^2+\beta^2+\gamma^2-C$. Der Grundgedanke ist nun, diese 5 Grössen $\alpha\ \beta\ \gamma\ C\ r$ nebeneinander als Coordinaten der Kugel anzusehen; dieselben sind nicht unabhängig von einander, sondern an die eben genannte quadratische Gleichung gebunden. Um nun homogene Schreibweise einzuführen, setzen wir:

$$\alpha=\frac{\xi}{\nu},\ \beta=\frac{\eta}{\nu},\ \gamma=\frac{\zeta}{\nu},\ r=\frac{\lambda}{\nu},\ C=\frac{\mu}{\nu}$$

so dass jetzt $\xi\ \eta\ \zeta\ \lambda\ \mu\ \nu$ die <u>homogenen Coordinaten der Kugel</u> sind. Zwischen denselben besteht dann gemäss der Gleichung $r^2=\alpha^2+\beta^2+\gamma^2-C$ die quadratische Bedingungsgleichung:

$$\Phi=0=\xi^2+\eta^2+\zeta^2-\lambda^2-\mu\nu.$$

Es wird nach den Erläuterungen der letzten Stunde zunächst unsere Aufgabe sein, die letzte Form im Sinne der allgemeinen Theorie der quadratischen Formen, insbesondere des Trägheitsgesetzes, zu untersuchen. Die Determinante derselben ergiebt sich als:

$$\begin{vmatrix} 1 & 0 & 0 & 0 & 0 & 0 \\ 0 & 1 & 0 & 0 & 0 & 0 \\ 0 & 0 & 1 & 0 & 0 & 0 \\ 0 & 0 & 0 & 1 & 0 & 0 \\ 0 & 0 & 0 & 0 & 0 & -\frac{1}{2} \\ 0 & 0 & 0 & 0 & -\frac{1}{2} & 0 \end{vmatrix} = \frac{1}{4}$$

, d. h. unsere quadratische Form hat eine nicht verschwindende Determinante.

Wir setzen nun weiter: $\mu = \mu' + \nu'$, $\nu = \mu' - \nu'$, während wir die 4 ersten Variabeln unverändert beibehalten. Dann geht die fragliche Form über in

$$\xi^2 + \eta^2 + \zeta^2 - \lambda^2 - \mu'^2 + \nu'^2.$$

Dies besagt: <u>die Vorzeichen der einen Art sind um 2 zahlreicher als die der andern Art</u>; es kommt nicht darauf an, ob wir 4 positive und 2 negative Glieder oder umgekehrt zählen, da wir die Form $= 0$ zu setzen haben. Lassen Sie uns des besseren Ueberblicks wegen die verschiedenen quadratischen Formen mit 6 Veränderlichen, mit denen wir bisher zu thun hatten in Rücksicht auf das Trägheitsgesetz überblicken.

In der <u>Liniengeometrie</u> bestand die nur aus quadratischen Gliedern zusammengesetzte Form aus 3 positiven u. 3 negativen Gliedern (natürlich bei Beschränkung auf reelle Substitutionen)

<u>In der Punktgeometrie des 4 dimensionalen Raumes</u>, der wir hexasphärische Coordinaten zu Grunde legen, haben wir eine Form mit 5 positiven u.

einem negativen Gliede, [indem auch hier wie in der pentasphärischen Geometrie des $R_3$ nur eine der sechs reell vorausgesetzten Fundamentalkugeln nullteilig ist].

In Lie's Kugelgeometrie des $R_3$ dagegen hat die Form, wie wir soeben sahen, 4 positive und 2 negative Glieder.

Diese dreierlei Arten von Geometrie, welche im algebraischen Sinne darin übereinstimmen, dass sie 6 homogene Veränderliche und eine quadratische Gleichung zwischen ihnen mit nicht verschwindender Determinante zu Grunde legen, unterscheiden sich also, was Realität angeht darin, dass die quadratischen Gleichungen im Sinne des Trägheitsgesetzes zu 3 verschiedenen Typen gehören.*)

Wir müssen nun bemerken, dass es bei der Wahl der Coordinaten $\alpha\, \beta\, \gamma\, C\, r$ für die Kugel gleichgültig ist, ob wir das positive oder negative Vorzeichen dem Radius $r$ beilegen; beidemal werden wir auf dieselbe Kugel geführt. Da es nun unzweckmässig sein würde, dem Radius etwa die Beschränkung grösser als Null zu sein aufzuerlegen, so erscheint in der Lie'schen Kugelgeometrie jede Kugel doppelt, für positiven wie negativen Wert

*) Der 4te denkbare Typus (eine quadratische Form mit 6 übereinstimmenden Zeichen) fehlt; würde man auch für ihn eine geeignete geometrische Interpretation finden können?

des r.*) Erinnern wir uns nun der gewöhnlichen Bedingungen für die Beziehung zweier Kugeln, für die senkrechte Durchdringung oder das Schneiden derselben unter beliebigen Winkel. 1) Indem die Elementargeometrie r und r' immer als positiv denkt, setzt sie, was das erstere betrifft, die Bedingung der Berührung in die folgende Formel:

$$(\alpha-\alpha')^2+(\beta-\beta')^2+(\gamma-\gamma')^2=(r\mp r')^2$$

wo dass doppelte Vorzeichen sich auf den Fall der verschiedenartigen Berührung bezieht, und zwar bezeichnet das negative Vorzeichen die innere das positive Vorzeichen die äussere Berührung der beiden Kugeln.**) Indem wir uns aber frei halten, die Radien auch als negative Grössen zu betrachten, können wir beide Fälle der Berührung in die eine Formel zusammenfassen:

$$(\alpha-\alpha')^2+(\beta-\beta')^2+(\gamma-\gamma')^2=(r-r')^2,$$

wo dann innere Berührung statt hat, wenn r und r' im Vorzeichen übereinstimmen, äussere Berührung, wenn sie im Vorzeichen verschieden sind.

*) Laguerre hat um 1880 herum diesen Gedanken nach verschiedenen Richtungen weiter verfolgt, er bezeichnet die Kugel mit dem mit besonderen Vorzeichen genommenen Radius als <u>démisphère oder sphère orientée</u>

**) Inverse Berührung soll heissen, dass irgend eine der beiden Kugeln im Inneren der anderen liegt.

2) Die Bedingung, dass 2 Kugeln sich senkrecht durchdringen, lautet einfach:

$$(\alpha-\alpha')^2+(\beta-\beta')^2+(\gamma-\gamma')^2=r^2+r'^2.$$

Diese Bedingung hat „elementaren Charakter", so dass man von dem Vorzeichen der Radien gar nicht zu sprechen braucht.

3) Die Bedingung, dass 2 Wurzeln den Winkel $\varphi$ einschliessen, hat die Gestalt:

$$(\alpha-\alpha')^2+(\beta-\beta')^2+(\gamma-\gamma')^2=r^2+r'^2-2rr'\cos\varphi.$$

Wir wollen hier wieder das doppelte Zeichen im letzten Gliede schreiben, je nachdem man den Winkel $\varphi$ in der einen oder der andern Weise rechnen will; doch nehmen wir dieses in das Vorzeichen, das man den Radien geben will, mit hinein.

<u>Das Schöne dieser Bedingungen beruht nun wieder darin, dass man dieselben zu der Bedingungsgleichung der homogenen Kugelcoordinaten in einfache Beziehung setzen kann.</u>

<u>Ad 1.</u> Die Bedingung der Berührung zweier Kugeln können wir umformen in:

$$2\alpha\alpha'+2\beta\beta'+2\gamma\gamma'-2rr'-\overbrace{(\alpha^2+\beta^2+\gamma^2-r^2)}^{C}-\overbrace{(\alpha'^2+\beta'^2+\gamma'^2-r'^2)}^{C'}=0$$

woselbst wir für die Klammerausdrücke die Grössen $C$ und $C'$ einführen. Wenden wir dann noch die homogene

Schreibweise an, so ergiebt sich die Form:

$$2\xi\xi' + 2\eta\eta' + 2\zeta\zeta' - 2\lambda\lambda' - \mu\nu' - \mu'\nu = 0.$$

Nun sehen wir hierin gerade die Polarenbildung unserer quadratischen Form $\Phi$:

$$\frac{\partial\Phi}{\partial\xi}\cdot\xi' + \cdots\cdots + \frac{\partial\Phi}{\partial\nu}\cdot\nu' = 0$$

In Worten besagt dies Resultat: <u>Das Verschwinden der in Bezug auf die Fundamentalform $\Phi$ genommenen Polare besagt, dass die beiden Kugeln sich berühren.</u> Denken wir an die analogen Verhältnisse der Liniengeometrie zurück, so zeigt sich, dass die Berührung zweier Kugeln in der Kugelgeometrie für die analytische Behandlung genau dieselbe fundamentale Stelle einnimmt, wie in der Liniengeometrie das Schneiden zweier geraden Linien.

<u>Ad 3.</u> Nehmen wir den dritten Fall vorweg, die Bedingungsgleichung für das Schneiden zweier Kugeln unter bestimmten Winkel, so bekommen wir bei Einführung homogener Coordinaten:

aus $2\alpha\alpha' + 2\beta\beta' + \gamma\gamma' - 2rr'\cos\varphi - C - C' = 0$, die Gl.:

$$(2\xi')\cdot\xi + (2\eta')\cdot\eta + (2\zeta')\cdot\zeta - (2\lambda'\cos\varphi)\cdot\lambda - (\nu')\cdot\mu - (\mu')\cdot\nu = 0.$$

Indem die 6 Coefficienten dieser linearen Gleichung zwischen den 6 homogenen Coordinaten von einander völlig unabhängig sind, entnehmen wir hieraus den Satz: <u>Die Bedingung, dass 2 Kugeln sich unter einem Winkel $\varphi$ schneiden, gibt für die einzelne Kugel die allgemeine</u>

lineare Gleichung zwischen ihren 6 Coordinaten.

Ad 2. Die Bedingung, dass 2 Kugeln sich rechtwinklig schneiden, geht aus der letzten hervor, indem wir $\cos \varphi = 0$ setzen. Es ändert sich alsdann in der linearen Gleichung nichts Wesentliches; es fällt nur das eine Glied derselben fort. Wir müssen dieses ausdrücklich hervorheben, da ja in der elementaren Kugelgeometrie des $R_3$ die genannte Bedingung von fundamentaler Bedeutung war, was hier nicht mehr der Fall ist.

Haben wir uns solcherweise über diese Elementaraufgaben Klarheit verschafft, so können wir nunmehr mit Sie nach Analogie der Liniengeometrie von linearen Complexen und Congruenzen u.s.w. der Kugelgeometrie sprechen. Wir werden sehen, dass wir in moderner Auffassung gerade auf diejenigen Figuren geführt werden, die, wie wir früher lernten, von den Geometern in den ersten Decennien des Jahrhunderts betrachtet wurden. Stellen wir die Resultate der Liniengeometrie und der Kugelgeometrie geradezu wieder einander gegenüber:

| Liniengeometrie | Kugelgeometrie |
| --- | --- |
| 1) Unter einem linearen Liniencomplex haben wir 3-fach $\infty$ viele Linien zu ver- | Dem tritt gegenüber der lineare Kugelcomplex als die Gesammtheit von $\infty^3$ Kugeln, welche |

stehen, die in bekannter Weise zu einem Nullsystem in Beziehung stehen.

Als Unterart ergab sich der <u>specielle Liniencomplex</u>, als die $\infty^3$ Treffgeraden einer festen Geraden

eine feste Kugel unter gegebenem Winkel schneiden.

Als <u>specieller Kugelcomplex</u> sind analog <u>$\infty^3$ Berührungskugeln einer festen Kugel</u> anzusehen. (Hier zählen alle Kugeln mit, diejenigen, welche die feste Kugel von innen oder von aussen berühren; nur müssen wir letztere mit negativem Vorzeichen von r einführen, vorausgesetzt, dass der Radius der festen Kugel > 0 genommen ist).

2) <u>Die lineare Congruenz</u> besteht aus der Gesammtheit aller geraden Linien, welche 2 feste Geraden treffen, mögen letztere reell oder imaginär sein, in eine Leitlinie zusammenfallen oder gar unbestimmt werden. Diese Geraden bilden eine 2 fach unendliche Mannigfaltigkeit.

<u>Die lineare Kugelcongruenz</u> besteht dem analog aus $\infty^2$ Berührungskugeln zweier Leitkugeln. Hier aber ist noch ein Unterschied zu machen. Bei gegebenen 2 Leitkugeln gibt es noch 2 Congruenzen. Die Kugeln der einen Congruenz berühren beide Leitkugeln gleichartig [also von

aussen, oder von innen], die der andern Congruenz ungleichartig [die eine von aussen, die andere von innen resp. umgekehrt].

3) Als die 3 linearen Complexen gemeinsamen Geraden haben wir die Regelschaar erkannt, welche die eine Erzeugung eines einschaligen Hyperboloids bildet. Die Linien der andern Erzeugung des Hyperboloids bilden die $\infty$ vielen „Leitlinien," und zwar schneiden sämmtliche Geraden der ersten Art sämmtliche Geraden der zweiten Art.

Drei lineare Gleichungen der Kugelgeometrie geben eine Kugelschaar als einfach unendliche Mannigfaltigkeit aller der Kugeln, die eine ebenfalls einfach unendliche Mannigfaltigkeit von Leitkugeln berühren. Wählt man drei Leitkugeln aus, so ist durch sie das ganze Gebilde erst vierdeutig bestimmt.

Die erste Kugelschaar hat nun eine Röhrenfläche zur Enveloppe, die auch von der zweiten Schaar umhüllt wird. Man sieht leicht, dass wir zu der doppelten Erzeugung der „Dupinschen Cyclide" geführt werden.

In dieser Gegenüberstellung von Hyperboloid und „Dupin-

*scher Cyclide" findet der Uebergang von der Liniengeometrie zur Lie'schen Kugelgeometrie seinen prägnantesten Ausdruck!*

Wir könnten nun auch von quadratischen Complexen in der Kugelgeometrie sprechen, könnten den linearen Kugelcomplex als Raumelement einführen und uns fragen, was es heisst, wenn 2 lineare Kugelkomplexe involutorisch liegen u. s. w. Wir übergehen dieses und wenden uns vielmehr zu der überaus interessanten und wichtigen Anwendung, die Lie von seiner Kugelgeometrie auf die Differentialgeometrie der Flächen gemacht hat. In der Flächengeometrie haben wir seiner Zeit die *Haupttangentencurven* (oder Asymptotenlinien) und *Krümmungscurven* erwähnt. Der Lie'sche Gedanke, den wir meinen, lässt sich nun kurz so angeben, *dass die beiden Arten der Curven auf den Flächen ganz mit denselben Formeln behandelt werden können, nur sind dieselben das eine Mal in der Liniengeometrie, das andere Mal in der Kugelgeometrie zu deuten.* Dieser Satz ist als eine der glänzendsten Entdeckungen der Geometrie in den letzten Decennien anzusehn.

Um diese Beziehung einsehen zu können, werden wir uns zunächst mit den Krümmungscurven auf den Flächen etwas vertrauter machen müssen, als es bisher geschehen ist. Wir haben bisher die Krümmungsrichtungen in einem Punkte der Fläche von den Krümmungen der Normalschnitte der Fläche aus definirt, für die jene Richtungen ein Maximum und Minimum der Krümmung bedeuten. Nun gibt es jedoch noch eine andere Definition der Krümmungsrichtungen, welche sich auf die Construction der Normalen in den Nachbarpunkten stützt. Die Normale in einem Nachbarpunkte wird im allgemeinen zu der ursprünglichen Normalen windschief verlaufen; wir können jedoch die Forderung aufstellen, dass wir zu einem solchen Nachbarpunkte übergehen sollen, dessen Normale die ursprüngliche Normale trifft.

Da zeigt sich dann, dass dies nur bei den Nachbarpunkten auf den Krümmungslinien eintritt.

Lassen Sie uns dieses mit analytischer Rechnung näher ausführen. Wir nehmen den ausgewähelten Flächenpunkt zum Anfangspunkt eines Coordinatensystems und legen letzteres so, dass die $z$-Axe mit der Flächennormale, die $x$ u. $y$ Axe mit der Richtung der Krümmungslinien des Flächenpunktes zusammenfallen. Denken wir uns dann die $z$ Coordinaten der Fläche nach Potenzen von $x$ u. $y$ entwickelt, so wird die Reihe beginnen müssen mit:

$$z = a x^2 + c y^2 + \ldots \text{ Glieder höherer Ordnung.}$$

Das Glied mit $xy$ wird ebenso wie die Glieder erster Ordnung fortfallen, da ja die $x$ und $y$- Axen die Symmetrieaxen der Dupin'schen Indicatrix sind. Ist nun die Flächengleichung in der Gestalt $f(x, y, z) = 0$ gegeben, so lautet die Gleichung der Normalen in einem beliebigen Punkte $x'y'z'$:

$$\frac{x - x'}{\frac{\partial f}{\partial x}} = \frac{y - y'}{\frac{\partial f}{\partial y}} = \frac{z - z'}{\frac{\partial f}{\partial z}},$$

woselbst nach Ausführung der Differentiation im Nenner für $xyz$ die Coordinaten des Punktes $x'y'z'$ einzusetzen sind. Wenden wir diese Gleichungen auf die obige Entwicklung für $z$ an, so ergibt sich:

$$\frac{x - x'}{2ax' + \cdots} + \frac{y - y'}{2cy' + \cdots} = z' - z.$$

Wenn wir nun jetzt den Punkt $x'y'z'$ als einen Nachbarpunkt zu dem ausgewählten Flächenpunkt wählen, so sind die Glieder höherer Ordnung zu vernachlässigen, und unsere Gleichungen lauten demnach einfach:

$$\frac{x - x'}{2a \cdot x'} + \frac{y - y'}{2c \cdot y'} = z' - z.$$

Nun ist die Frage, unter welcher Bedingung diese Normale die $z$ Axe d. h. die ursprüngliche Normale trifft. Setzen wir $x = y = 0$ ein, so erhalten wir:

$$z = \frac{x'}{2ax'} = \frac{y'}{2cy'}.$$

Diese Gleichungen können, da a und c von einander verschieden sind, nur bestehen, wenn entweder $x' = 0$ ist, dann wird $z = \frac{1}{2c}$, oder wenn $y' = 0$ ist, dann wird $z = \frac{1}{2a}$.

Es wird daher die ursprüngliche Normale nur geschnitten, wenn wir zu einem Nachbarpunkte in der Richtung der Krümmungslinien übergehen; als Schnitt ergiebt sich entweder der Punkt $z = \frac{1}{2c}$ oder der Punkt $z = \frac{1}{2a}$, welche die Krümmungsmittelpunkte der bezüglichen Normalschnitte genannt werden. Haben wir so unsere obigen Angaben verificirt, so können wir jetzt leicht die Konstruktion der Krümmungslinien angeben. Im allgemeinen werden die Normalen der Flächen längs einer beliebigen Curve eine windschiefe geradlinige Fläche bilden. Die Krümmungscurven auf einer Fläche haben aber die charakteristische Eigenschaft, dass die in ihren Punkten errichteten Flächennormalen eine abwickelbare Fläche bilden, da ja 2 aufeinanderfolgende Erzeugende derselben sich schneiden. Hieran knüpfen wir vorab einige weitere orientirende Bemerkungen: 1) Auf der Kugel ist offenbar jede beliebige Curve eine Krümmungslinie, oder anders ausgedrückt, die Krümmungslinien auf der Kugel sind unbestimmt. In der That bilden ja die Normalen längs einer beliebigen Curve stets eine Kegelfläche, d. h. also eine abwickelbare Fläche.

2) Sie werden sich erinnern, dass wir die Röhrenflächen durch die Bewegung einer Kugel erzeugt hatten. Die Kugel berührt in ihren aufeinanderfolgenden Lagen die Röhrenflächen jedesmal längs desjenigen Kreises, in welchem sie ihre Nachbarkugel durchsetzt. Hieraus aber ergibt sich folgender Satz: Auf einer Röhrenfläche, d. h. einer Fläche, welche von einer Schaar von Kugeln umhüllt wird, kennt man immer die eine Reihe von Krümmungscurven, das sind diejenigen Kreise, in denen sich die aufeinander folgenden Kugeln der Schaar durchdringen und längs deren die Röhrenfläche von der einzelnen Kugel berührt wird. Da nun, wie wir wissen, die Dupinsche Cyclide im doppelten Sinne Röhrenfläche ist, so erkennen wir, dass auf ihr beide Schaaren von Krümmungscurven durch Kreise gebildet werden, wie wir früher ohne Beweis anführten.

Diese neue Definition der Krümmungslinien müssen wir nun kugelgeometrisch auffassen. Wir gehen wieder davon aus, dass wir die z-Coordinaten der Fläche im Punkte O unter Zugrundelegung des speciellen Coordinatensystems in die Reihe entwickeln konnten: $z = a x^2 + c y^2 + \ldots$ Glieder höherer Ordnung. Wir wollen nun sämmtliche Kugeln betrachten, die in dem ausgewählten Punkte O die Fläche berühren. Ihre Gleichung wird sein: $x^2 + y^2 + (z-r)^2 = r^2$ oder $x^2 + y^2 + z^2 - 2rz = 0$. Entwickeln wir auch aus dieser Gleichung $z$ nach Potenzen von $x$ und $y$, so kommt: $z = \frac{x^2+y^2}{2r} + \ldots$ Glieder höherer Ordnung, und wenn wir beide Reihen für für $z$ einander gleich setzen, so ergiebt sich:

$$0 = (2ar-1)x^2 + (2cr-1)y^2 + \ldots \text{ Glieder höherer Ordnung.}$$

Diese Gleichung stellt uns die Projection der Schnittcurve unserer Fläche mit der Kugel auf die $xy$-Ebene, d. h. die Tangentialebene der Fläche im Punkte O, dar, und wir sehen: <u>Eine jede dieser Berührungskugeln schneidet die Fläche in der Nähe des Punktes O in einer Kurve, die im Punkte O einen Doppelpunkt hat, dessen beide Aeste symmetrisch gegen die Richtungen der Krümmungscurven liegen.</u> Natürlich können diese beiden Aeste reell oder imaginär sein, so dass wir einen gewöhnlichen Doppelpunkt oder einen isolirten Doppelpunkt vor uns haben können. Nun wollen wir als Mittelpunkte der Berührungskugeln insbesondere die Krümmungsmittelpunkte wählen und dementsprechend $r = \frac{1}{2a}$ oder $= \frac{1}{2c}$ setzen. Die Projectionscurve wird dann z. B. für $r = \frac{1}{2a}$: $0 = (\frac{c}{a} - 1) y^2 + \dots$ analog ergibt sich für $r = \frac{1}{2c}$: $0 = (\frac{a}{c} - 1) x^2 + \dots\dots$ Diese Gleichungform lässt aber auf das Auftreten einer Spitze im Punkte O für die Curven schliessen, die Spitzentangente ist die x resp y Axe. Das ergibt uns den Satz, dass diese speciellen Kugeln die Fläche in einer Curve mit Spitze schneiden. Hiermit tritt hervor, dass unsere Kugeln die Fläche noch in einem Nachbarpunkte berühren, der in der Richtung der Krümmungslinien liegt, wie dies unser Theorem von der Normale des Nachbarpunktes verlangt. Unsere so bestimmten Kugeln wollen wir in der Folge die Hauptkugeln für unsern Flächenpunkt nennen. Betrachten wir nun die Aufeinanderfolge der Punkte einer Krümmungslinie und konstruiren in jedem derselben die zu dieser Krümmungslinie gehörigen Hauptkugeln, so wird in der ganzen Reihe der Kugeln jede derselben die nachfolgende in dem dieser letzteren zugehörigen Flächenpunkte berühren. Dieser letztere aber wird längs der Krümmungslinie über die Fläche hinwandern. Wir haben hier ein geometrisches Gebilde vor uns, das in der Kugelgeometrie dieselbe Bedeutung hat, wie die abwickelbaren Flächen in der Liniengeometrie: Sowie die benachbarten Erzeugenden einer Linienfläche im allgemeinen windschief gegen einander stehen, es aber eine besondere Gattung von Linienflächen giebt, bei denen sie sich schneiden, nämlich die developpablen Flächen, so haben die aufeinander folgenden Kugeln einer Kugelserie im allgemeinen keinen Kontakt, können sich aber im speciellen Falle in stetiger Aufeinanderfolge berühren. Wir verabreden für unsere Betrachtungen eine solche Kugelschaar eine Kugelserie von besonderem Charakter zu nennen. [Man denke etwa an die analogen Verhältnisse bei Kreisen einer Ebene. Die auf einander folgenden Krümmungskreise irgend welcher Curve bilden eine Kreisserie „von besonderem Charakter".] Hier nun knüpft die kugelgeometrische Auffassung der Krümmungscurven an:

Das Problem der Krümmungscurven einer gegebenen Fläche wird man so auffassen können, dass man erstens die zweifach unendlich vielen Hauptkugeln berechnet, welche zu den verschiedenen Punkten der gegebenen Fläche gehören, und zweitens innerhalb der Mannigfaltigkeit der Hauptkugeln solche Serien sucht, welche die charakteristische Eigenschaft haben. Von hier aus ist es dann ganz einfach, die Analogie zum Problem der Haupttangentencurven zu überblicken:

## Krümmungcurven

In einem beliebigen Flächenpunkt gibt es ein die Fläche berührendes Kugelbüschel, in demselben sind 2 Hauptkugeln ausgezeichnet, deren jede noch in einem Nachbarpunkte berührt; die also, wie wir kurz sagen können, 2 Nachbarbüscheln angehören

Aufgabe: Aus ihnen charakteristische Serien von Hauptkugeln zu bilden.

## Haupttangentencurven.

In einem beliebigen Flächenpunkte existirt ein Tangentenbüschel, in demselben sind 2 Haupttangenten ausgezeichnet, deren jede noch einem Nachbarbüschel angehört.

Aufgabe: Die Haupttangenten so aneinander zu reihen, dass eine developpable Fläche entsteht.

Wir sehen, rechts ist stets ganz derselbe Schritt liniengeometrisch ausgeführt, der links kugelgeometrisch gemacht ist.

*Hiermit erkennen wir also, dass das Problem der Krümmungscurven in der Kugelgeometrie in der That dieselbe Stellung einnimmt wie das Problem der Haupttangenten für die Liniengeometrie.* Erst im weiteren Verlaufe dieser Vorlesung werden wir Gelegenheit nehmen den so in seinem geometrischen Grundgedanken gefassten Lie'schen Satz in bestimmten analytischen Formeln auszugestalten.

Wir führen noch kurz den bereits ausgesprochenen Gedanken aus, dass zwischen der höheren Kugelgeometrie des $R_3$ und der metrischen Punktgeometrie des $R_4$ eine unmittelbare Beziehung bestehen muss. [Do. 15. XII. 92 Die Sache ist ganz einfach. Bezeichnen wir mit $\alpha, \beta, \gamma, r$ und $\alpha', \beta', \gamma', r'$ Mittelpunkt und Radius zweier Kugeln im $R_3$, so lautet die fundamentale Bedingung für die Berührung beider Kugeln:

$$(\alpha-\alpha')^2+(\beta-\beta')^2+(\gamma-\gamma')^2=(r-r')^2.$$

Wählen wir nun als Abbild dieser Kugeln diejenigen Punkte des $R_4$, welche die rechtwinkligen Coordinaten $\alpha, \beta, \gamma, ir$ resp. $\alpha', \beta', \gamma', ir'$ haben, so wird der gemeinte Zusammenhang beider Geometrien sich darin äussern, dass die obige Bedingung, der wir die Form $(\alpha-\alpha')^2+(\beta-\beta')^2+(\gamma-\gamma')^2+(r.i-r'.i)^2=0$ erteilen, auch in der metrischen Punktgeometrie des $R_4$ nicht minder wie in der Kugelgeometrie des $R_3$ ihre gute geometrische Bedeutung hat; <u>sie drückt nämlich aus, dass die beiden Punkte eine verschwindende Entfernung haben.</u>

Der analoge Uebergang kann natürlich auch von den Kreisen der Ebene zu den Punkten des $R_3$ gemacht werden. Wir lassen dem Kreis, dessen Mittelpunkt und Radius durch die Grössen $\alpha, \beta, r$ gegeben sein möge, im $R_3$ den Punkt mit den Coordinaten $\alpha, \beta, i\,r$ entsprechen. Um uns diesen Uebergang anschaulich vorzustellen, denken wir uns im Mittelpunkte des Kreises auf seiner Ebene, der $xy$-Ebene, das Lot errichtet und vom Fusspunkt aus die Strecke $i\,r$ abgetragen; der Endpunkt dieser Abtragung stellt dann den unserm Kreise entsprechenden Raumpunkt vor. Dem doppelten Vorzeichen von $r$ entsprechend erhalten wir natürlich für jeden Kreis zwei Raumpunkte.

Diese Abbildung der Kreise einer Ebene auf die Punkte des $R_3$ haben schon Chasles und Moebius benutzt (in den fünfziger Jahren), um reelle Kreise mit imaginären Radien der anschaulichen Behandlung zu unterwerfen.

Doch können wir ja auch dem Kreise $\alpha, \beta, r$ der Ebene den Raumpunkt mit den rechtwinkligen Coordinaten $\alpha, \beta, r$ entsprechen lassen. Die fundamentale Bedingung $(\alpha-\alpha')^2+(\beta-\beta')^2-(r-r')^2=0$ drückt dann aber nicht mehr aus, dass die Raumpunkte eine verschwindende Entfernung haben, sondern dass ihre Verbindungsgerade unter $45°$ gegen die $z$-Axe geneigt ist, also einer Erzeugenden des Kegels $x^2+y^2-z^2=0$ parallel ist.

Der hiermit bezeichnete Gedanke ist von Fiedler seinem Buche über „Cyclographie" zu Grunde gelegt und findet dort seine konstructive

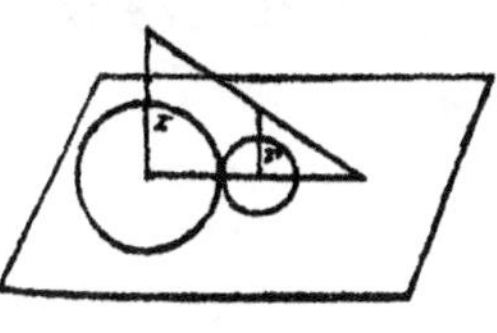

Ausbildung.

Nun habe ich noch einiges darüber zu sagen, wie die Lie'sche Kugelgeometrie im geometrischen Publicum aufgenommen ist. Wir müssen leider die Thatsache konstatiren, dass dieselbe zwar bei den französischen Geometern Anklang gefunden hat, dass dagegen die deutschen Geometer völlig an ihr vorbeigegangen sind. Insbesondere sind von ihnen die interessanten Entwicklungen zur Differentialgeometrie, die sich an die Lie'sche Kugelgeometrie knüpfen, wie die Beziehung zwischen Haupttangenten- und Krümmungscurven durchaus bei Seite gelassen worden. Die deutschen Geometer haben unter Führung von Reye einzig die *elementare* Kugelgeometrie bearbeitet. Reye hat nämlich 1879 eine kleine Schrift erscheinen lassen: Synthetische Geometrie der Kugeln und linearen Kugelsysteme, der er dann noch verschiedene Abhandlungen hat folgen lassen z. B. Crelle Bd 99 (1886), woselbst er sich gleichfalls rein synthetisch, d. h. ohne Formeln, mit quadratischen Kugelcomplexen beschäftigt. Aber diese quadratischen Kugelcomplexe sind nicht diejenigen von Lie, sondern nur specielle Fälle derselben. Sie sind, wenn wir bei unseren elementaren Coordinatenbestimmungen bleiben wollen, durch Gleichungen 2ten Grades zwischen $\alpha\, \beta\, \gamma\, C$, aber nicht durch solche zwischen $\alpha\, \beta\, \gamma\, C\, r$ gegeben.

Wir müssen hier ein Urteil über die in Deutschland noch immer viel verbreitete Steinersche Schule abgeben. Steiner selbst ist in gewissem Sinne gar nicht als Repraesentant dieser Schule zu betrachten; hat er sich doch in Crelle I zur Aufgabe gemacht, alle Sätze, die man für sich rechtwinklig schneidende Kreise gefunden hat, auf Kreise, die sich unter beliebigem Winkel schneiden, zu übertragen, und damit den richtigen Anlauf zu den höheren Problemen genommen. Die Schüler von Steiner aber sind nicht etwa mit diesen Ansätzen weiter gegangen, mit denen Steiner begonnen hat, sondern haben einseitig die systematischen Gesichtspunkte des alternden Steiner bearbeitet unter principieller Vermeidung neuer Ideen. Diese Richtung hat die Entwicklung der Geometrie in Deutschland auf die Dauer entschieden gehemmt. Da ist denn wohl von den linearen Gebilden der elementaren Kugelgeometrie die Rede, aber nur so, wie man auch von linearen Systemen von Kegelschnitten sprechen kann; dass <u>interessanten</u> Dingen in der Liniengeometrie auch <u>interessante</u> Dinge in der Kugelgeometrie entsprechen, wie die Lie'schen Untersuchungen zeigen, dass hier ein überraschender Zusammenhang zwischen berühmten Problemen hervortritt, die in verschiedenen Gebieten der Wissenschaft ihre Ausbildung gefunden haben, davon findet sich nichts erwähnt. Man könnte diese Bemerkungen über die Steinersche Schule noch sehr ausdehnen. Eine specielle hierher gehörige Frage betrifft z. B. das Zeichnen geometrischer Figuren. Wir werden in demselben ein gutes Mittel die Anschauung zu üben erblicken können. Dem entgegen perhorrescirt die Steinersche Schule alle Figuren, man vergleiche nur z. B. die Schröter'schen Schriften – und doch hat Steiner im Anfange seiner Laufbahn sehr viel gezeichnet!

Wir resumiren noch einmal die in diesem Kapitel entwickelte Plücker'sche Auffassung: Der Grundgedanke derselben findet seinen Ausdruck darin, bei der Behandlung der Raumgeometrie <u>irgend ein geometrisch wohl definirtes Gebilde als Raumelement zu wählen und durch Coordinaten festzulegen</u>. Wählen wir den Punkt oder die Ebene als Raumelement, so stellt unser Raum eine Mannigfaltigkeit von 3 Dimensionen vor, wählen wir die Gerade oder die Kugel als Raumelement, eine Mannigfaltigkeit von 4 Dimensionen, wählen wir den linearen Complex oder die Ball'sche Schraube, was ja identisch ist, als Raumelement, eine Mannigfaltigkeit von 5 Dimensionen, wählen wir endlich die Fläche 2. Grades als Raumelement, eine Mannigfaltigkeit von 9 Dimensionen. Neben der Zahl der Dimensionen, die unserem Raume je nach der Wahl des Elementes beizulegen ist, werden wir bei diesem Rückblick noch unterscheiden, ob wir es beim Gesammtraume mit einer linearen Mannigfaltigkeit oder einer quadratischen Mannigfaltigkeit zu thun haben. Eine lineare Mannigfaltigkeit liegt der elementaren Punkt- und Ebenengeometrie, der elementaren Kugelgeometrie und schliesslich auch der Schraubengeometrie zu Grunde, indem die zur Bestimmung des Elementes in ihnen angewandten Coordinaten ja von einander völlig unabhängig sind. Dagegen die Punktgeometrie der pentasphärischen Coordinaten, die höhere Kugelgeometrie und die Liniengeometrie mit ihren 6 homogenen Coordinaten benutzen sämmtlich überzählige Coordinaten, welche eine quadratische Bedingungsgleichung zu erfüllen haben. Dementsprechend werden wir bei ihnen den Raum als eine quadratische Mannigfaltigkeit bezeichnen müssen.

Neben der Plückerschen Auffassung tritt nun in der Entwicklung der neuern Geometrie noch eine zweite Richtung in den Vordergrund, die darauf hinauskommt, die n homogenen <u>Variabeln</u> $x_1, x_2 \ldots x_n$ <u>als Punktcoordinaten in einem entsprechend ausgedehnten Raume von n-1 Dimensionen zu deuten.</u>

Dieser Gedanke (den wir schon gelegentlich berührten,) behält also den Punkt als Raumelement bei und substituirt nur für unsern $R_3$ ein höheres Analogon, in dem nun projective Constructionen vorgenommen werden. Die hiermit bezeichnete Auffassung geht auf die beiden berühmten Mathematiker <u>Grassmann</u> und <u>Cayley</u> zurück, über die ich zunächst einiges Persönliche mitteilen will.

<u>Grassmann</u> ist einer der wenigen Gymnasiallehrer, die auf den Fortschritt der Mathematik bedeutenden Einfluss gehabt haben. Der Wirkungskreis seines Lebens ist ausschliesslich in Stettin gewesen. 1844 erschien in erster Auflage sein Hauptwerk, die <u>Ausdehnungslehre</u>. Diesen Namen hat er sich gebildet, weil es ihm unbequem war, von einer Geometrie im „Raume von n Dimensionen" zu sprechen. Uebrigens arbeitet er daselbst ausschliesslich mit geometrischen Analogien und ist darum sehr schwer verständlich. Im Jahre 1862 hat er sein Werk in zweiter Auflage neu herausgegeben, in der er weit weniger abstrakt ist und mit Formeln die Darstellung giebt, immer weicht seine Formelsprache von der gewöhnlichen ab. Diese Werke haben äusserst langsam bei den Mathematikern Eingang gefunden, sind jedoch von um so nachhaltigerem Einfluss gewesen. Neuerdings ha-

ben insbesondere englische und amerikanische Forscher sich an <u>Grassmann</u> angeschlossen, z. B. hat sich <u>Gibbs</u> in seinen Entwicklungen die Planetenbahnen betreffend der Grassmann'schen Methoden bedient. Es ist daher jedenfalls zeitgemäss, wenn die Leipziger Gesellschaft der Wissenschaften eine Gesammtausgabe der Grassmann'schen Schriften zu veranstalten beabsichtigt.

<u>Cayley</u> lenkte zugleich mit Sylvester um 1850 die Aufmerksamkeit der Mathematiker nach England, indem sie in glänzenden Arbeiten den Teil der Algebra entwickelten, den man die <u>Invariantentheorie</u> der algebraischen Formen nennt. Während aber Sylvester diese Disciplin mehr abstrakt behandelte, hat Cayley die <u>geometrische Interpretation</u> hinzugefügt und damit diejenige Richtung innerhalb der analytischen Geometrie zur Herrschaft gebracht, die von Hesse im Anschluss an Jacobi in Deutschland begonnen war. Cayley und Sylvester leben beide noch, ersterer in Cambridge, letzterer in Oxford. Sylvester hat noch 1874 als 60 jähriger Mann den Mut gehabt, um die Johns-Hopkins University in Baltimore überzusiedeln und durch eine ganz specifische durch 10 Jahre fortgesetzte Lehrthätigkeit höhere mathematische Studien auf amerikanischem Boden zu

initiiren.

Wir handeln also von der Auffassung, die homogenen Variablen $x_1, x_2 \ldots x_n$ als Punkte eines $(n-1)$fach ausgedehnten Raumes zu deuten. In letzterem wollen wir nun *lineare Schaaren* von Punkten betrachten; und zwar werden wir da zunächst die eingliedrige Schaar durch $\lambda x_1, \lambda x_2, \ldots \lambda x_n$ festlegen, dieselbe stellt, da es nur auf das Verhältniss der Coordinaten ankommt, den Punkt $x_i$ selbst dar. Die zweigliedrige Schaar werde durch die linearen Verbindungen der Coordinaten zweier Punkte:

$$\lambda x_1 + \lambda' x_1', \; \lambda x_2 + \lambda' x_2', \; \lambda x_3 + \lambda' x_3' \ldots \lambda x_n + \lambda' x_n'$$

die dreigliedrige Schaar durch die linearen Verbindungen der Coordinaten dreier Punkte: $\lambda x_1 + \lambda' x_1' + \lambda'' x_1''$, $\lambda x_2 + \lambda' x_2' + \lambda'' x_2'', \ldots, \lambda x_n + \lambda' x_n' + \lambda'' x_n''$ u. s. w. fort, schliesslich die $(n-1)$ gliedrige Schaar entsprechend durch die Ausdrücke:

$$\lambda x_1 + \lambda' x_1' + \ldots + \lambda^{(n-2)} x_1^{(n-2)}, \ldots, \lambda x_n + \lambda' x_n' + \ldots + \lambda^{(n-2)} x_n^{(n-2)}$$

definirt.

Diese linearen Punktschaaren werden völlig dem Punkt, der geraden Linie, der Ebene des $R_3$ analog sein. Wie werden wir die durch sie dargestellten geometrischen Gebilde des $R_{n-1}$ nun durch *Coordinaten* festgelegt denken? Wir bilden einfach *die Unterdeterminanten* gewisser Matrices. Bei der eingliedrigen Schaar ist die Matrix $\left|x_1\ x_2\ \ldots\ldots\ x_n\right|$, deren $n$ einzelne Glieder die homogenen Coordinaten $p_i$ des Punktes sind. Dieser Fall ist natürlich selbstverständlich und trivial. Bei der zweigliedrigen Schaar bilden wir die Matrix aus den Coordinaten zweier Punkte $\begin{vmatrix} x_1 & x_2 & \ldots\ldots & x_n \\ x'_1 & x'_2 & \ldots\ldots & x'_n \end{vmatrix}$;

die Verhältnisse der $\frac{n(n-1)}{2}$ Unterdeterminanten stellen uns die homogenen Coordinaten $p_{ik}$ des Gebildes dar. In derselben Weise haben wir in den $\frac{n(n-1)(n-2)}{1.\ 2.\ 3.}$ Unterdeterminanten der Matrix $\begin{vmatrix} x_1 & x_2 & \ldots\ldots & x_n \\ x'_1 & x'_2 & \ldots\ldots & x'_n \\ x''_1 & x''_2 & \ldots\ldots & x''_n \end{vmatrix}$

die homogenen Coordinaten $p_{ik\ell}$ des Gebildes der dreigliedrigen Schaar zu sehen und so fort bis zur $(n-1)$ gliedrigen Schaar. Und wir erkennen leicht, dass z. B. jede Unterdeterminante der Matrix:

$$\begin{vmatrix} \lambda x_1 + \lambda' x'_1\ , & \lambda x_2 + \lambda' x'_2\ , & \ldots\ldots & \lambda x_n + \lambda' x'_n \\ \mu x_1 + \mu' x'_1\ , & \mu x_2 + \mu' x'_2\ , & \ldots\ldots & \mu x_n + \mu' x'_n \end{vmatrix},$$

in der wir den Grössen $\lambda, \lambda', \mu, \mu'$ irgend welche bestimmte Werte beigelegt denken können, sich von der analogen Determinante der Matrix $\begin{vmatrix} x_1 & x_2 & \ldots\ldots & x_n \\ x'_1 & x'_2 & \ldots\ldots & x'_n \end{vmatrix}$ nur um den Faktor $\begin{vmatrix} \lambda & \lambda' \\ \mu & \mu' \end{vmatrix}$ unterscheidet. Dies rechtfertigt die Einführung der Coordinaten $p_{ik}$ als der Verhältnisse der Unterdeterminanten der letzten Matrix, weil diese Verhältnisse sich nicht ändern, wenn man für $x$ und $x'$ irgend

2 andere Punkte unseres Gebildes $\lambda x_i + \lambda' x'_i$ in die Matrix einführt. Das Analoge gilt für die Einführung der Coordinaten der drei und mehrgliedrigen Schaaren.

Neben diese erste Theorie des linearen Gebilde im $R_{n-1}$ stellt sich dualistisch eine zweite, die sich wie folgt aufbaut: Wir knüpfen an die Gleichung

$$u_1 x_1 + u_2 x_2 + \ldots\ldots u_n x_n = 0$$ an und

definiren ein eingliedriges lineares Gebilde, dass wir eine <u>Ebene</u> im $R'_{n-1}$ nennen können, durch die Coordinaten $u_1 : u_2 : u_3 : \ldots\ldots : u_n$. Mit diesen „Ebenencoordinaten" können wir dann genau so operiren wie soeben mit den Punktcoordinaten. Wir bilden uns 2 gliedrige, 3gliedrige Gebilde, deren Coordinaten wir entsprechend durch die Unterdeterminanten der Matrix

$$\begin{vmatrix} u_1 & u_2 & \ldots\ldots & u_n \\ u'_1 & u'_2 & \ldots\ldots & u'_n \end{vmatrix} \quad \text{oder} \quad \begin{vmatrix} u_1 & u_2 & \ldots\ldots & u_n \\ u'_1 & u'_2 & \ldots\ldots & u'_n \\ u''_1 & u''_2 & \ldots\ldots & u''_n \end{vmatrix}$$

einführen und mit $q_{ik}$ resp. $q_{ikl}$ bezeichnen.

Und in gleicher Weise können wir zu noch höher gliedrigen Gebilden weitergehen. Nun zeigt sich sofort das schöne Resultat, dass die Gebilde $q_{ikl}$ hier den Gebilden $p_{ikl}$ durchaus entsprechend sind und zwar in dem Sinne, dass z. B. das $(n-1)$ gliedrige Gebilde der $n$ Coordinaten dem eingliedrigen Gebilde der $x$ Coordinaten, das $(n-2)$ gliedrige Gebilde der $u$ Coordinaten dem zweigliedrigen Gebilde der $x$ Coordinaten; allgemein das $(n-r)$ gliedrige Gebilde der Ebenencoordinaten den $r$ gliedrigen Gebilde der Punktcoordinaten geometrisch genau gleich ist. Das ist genau dieselbe Reciprocität, welche neulich im Falle $n=6$ unserer Discussion der linearen Schaaren linearer Liniencomplexe zu Grunde lag. Die Gebilde der 2ten Tabelle sind demnach in umgekehrter Richtung dieselben wie die Gebilde der ersten Tabelle. Man macht sich diesen Satz am besten an den Verhältnissen unseres gewöhnlichen Raumes anschaulich klar. Doch geht die Uebereinstimmung beider Tabellen bei näherer Betrachtung noch weiter: Des näheren ist nämlich die Sache so, dass die aus $r$ Reihen von Punktcoordinaten zusammengesetzten Coordinaten $p$ eines Gebildes sich geradezu genau so verhalten wie die aus $(n-r)$ Reihen von Ebenencoordinaten in komplementärer Weise zusammengesetzten Coordinaten $q$ desselben Gebildes. Der Beweis dieses Reciprocitätsgesetzes kommt auf einen allgemeinen Determinantensatz hinaus, der sich implicite bereits in Grassmann's Ausdehnungslehre findet, aber in der gewohnten Sprache erst von Brill in Bd. 3 der Annalen aufgestellt und abgeleitet worden ist. Wir gehen auf diese Ableitung nicht näher ein, sondern wenden uns sogleich zu den Folgerungen unseres Satzes, die in der Frage gipfeln: Was für Gleichungen wir nun in der Theorie der $R_{n-1}$ studiren werden? Offenbar wird jedes Gebilde in dem Grassmann-Cayley'schen Raume Objekt der geometrischen Untersuchungen sein können, welches durch eine oder mehrere Gleichungen zwischen verschiedenen Reihen von $p_i$, $p_{ik}$, $p_{ikl}$ .... oder entsprechend zwischen verschiedenen ..... $q_{ikl}$, $q_{ik}$, $q_i$ dargestellt wird.

Wir können nun die Grassmann'schen [Fr. 16. XII. 92 und Plücker'schen Ideen mit einander in Verbindung zu bringen suchen. Haben wir z. B. auf der einen Seite die Plücker'sche Liniengeometrie des $R_3$ mit den homogenen Coordinaten $x_1$, $x_2$ .... $x_6$ und der quadratischen Bedingungsgleichung $\Omega(x) = 0$, so können wir andererseits die 6 Coordinaten auch im Grassmann'schen Sinne zur Festlegung der Punkte eines $R_5$ deuten; $\Omega(x) = 0$ stellt dann im letzteren eine Fläche 2. Grades dar, zu der jedes weitere durch irgend welche Gleichung zwischen den $x_i$ gegebene Gebilde in Beziehung gesetzt wird. Oder haben wir im Plücker'schen Sinne z. B. den linearen Complex als Raumelement eingeführt und durch 6 unabhängige Coordinaten festgelegt, so werden wir dieser Geometrie die gewöhnliche des $R_5$ parallelisiren können. Beide Ansätze gebrauche ich viel in meinen wiederholt genannten Arbeiten Annalen II und V. Allgemein werden wir sagen: Wir können die Untersuchungen über höhere Elemente eines niederen Raumes immer auf die Punkte eines höheren Raumes beziehen.

Doch können wir natürlich auch noch von anderer Seite die Verknüpfung von Grassmann- und Plücker'scher Anschauung bewirken. Haben wir uns z. B. entschlossen, im Grassmann'schen Raume von beliebig hohen Dimensionen zu arbeiten, so können wir doch in ihm auch etwa von einer Kugelgeometrie sprechen, kurz statt der Punkte irgend ein anderes Gebilde im Plücker'schen Sinne als Raumelement einführen.

Dass man, wenn irgendwelche Variable zu interpretiren sind, wechselnd bald diese bald jene Anschauungsweise gebrauchen kann, das ist das Wesentliche.

Wir wollen nun in diesem Kapitel noch einen letzten Punkt zur Sprache bringen, mit dem die französischen Geometer seit 1880 sich mannigfach beschäftigt haben; derselbe betrifft, was wir <u>die elementare Kreisgeometrie in unserm gewöhnlichen Raum nennen könnten.</u>

Ein Kreis in der Ebene hängt von 3 Constanten ab, aber die Ebene, welche ihn trägt, erfordert gleichfalls 3 Constante zu bestimmen. Wir sehen, ein Kreis im $R_3$ besitzt also <u>sechs</u> Constante. Wir wollen denselben nun folgendermassen durch Coordinaten festlegen: Eine Kugel legen wir in der elementaren Kugelgeometrie, von der wir hier ausgehen, bekanntlich durch 5 homogene Coordinaten fest, die wir hier $x_1, x_2 \dots x_5$ nennen wollen. Indem nun der Kreis sich als Schnitt zweier Kugeln darstellt und als solcher den Kugeln eines ganzen Büschels angehört, so werden wir uns die folgende Matrix bilden:

$$\left| \begin{matrix} x_1 & x_2 & x_3 & x_4 & x_5 \\ x_1' & x_2' & x_3' & x_4' & x_5' \end{matrix} \right|$$

und aus ihr die 10 verschiedenen Unterdeterminanten $p_{ik}$ bilden. Diese Grössen wählen wir als <u>homogene Coordinaten des Kreises im Raume</u>. Zwischen diesen $p_{ik}$ müssen offenbar 3 unabhängige Identitäten bestehen, weil doch der Kreis im Raume von 6 Constanten abhängen soll. Nun können wir sehr leicht 5 der Form nach verschiedene Identitäten finden, indem wir die beiden Zeilen der obigen Matrix noch einmal unter dieselbe setzen und nun allemal eine Colonne der neuen Matrix fortlassen. Die so entstehenden Determinanten ergeben gleich 0 gesetzt und in bekannter Weise nach Unterdeterminanten entwickelt die gewünschten Identitäten, die vom 2 Grade in den $p_{ik}$ sind. Um nur ein Beispiel anzuführen, erhalten wir solcherweise etwa die Gleichung $0 = p_{12}\, p_{34} + p_{13}\, p_{42} + p_{14}\, p_{23} = P$. Diese 5 Bedingungsgleichungen haben natürlich nur die Bedeutung von 3 unabhängigen Gleichungen. Haben wir uns so über die Fixirung der Coordinaten eines Kreises im $R_3$ verständigt, so werden wir nunmehr Gleichungen zwischen denselben studiren. Zunächst bietet sich wieder die lineare Gleichung $\Sigma\, a_{ik}\, p_{ik} = 0$ dar, die in extenso aus 10 Gliedern bestehen wird. Da wir 6 wesentliche Constante zur Bestimmung eines Kreises erkannt haben, so können wir auch 6 lineare Gleichungen der letztgenannten Form neben einander betrachten; dieselben werden nur eine <u>endliche</u> Zahl von Kreisen definiren können.

Es ist sehr merkwürdig, dass sich da genau 5 Kreise ergeben, die in bestimmter Weise gegen einander im Raume liegen; die Franzosen nennen ein solches Gebilde ein "Pentacycle".

Indem wir daher den Kreis im Raume durch die Verhältnisse der 10 Coordinaten $p_{ik}$ festlegen, erscheint die Mannigfaltigkeit der Kreise als ein 6 fach ausgedehntes Gebiet 5. Ordnung im Raume von 9 Dimensionen.*) Als Litteratur sei eine zusammenfassende Arbeit von Cosserat im III. Bande der Annales de Toulouse**) genannt: Sur le cercle considéré comme élément générateur dans l'espace (1889). Im übrigen sind hier noch manche Fragen aufzuwerfen, die ihrer Erledigung harren; eine gründliche und systematische Behandlung dieser Kreisgeometrie, die etwa nach einander eine lineare Gleichung, zwei lineare Gleichungen u. s. w. zwischen den Coordinaten betrachtet, steht eben noch aus; ein Gleiches gilt übrigens auch von der Lie'schen Kugelgeometrie, so dass hier eine Stelle ist, wo ohne besondere Erfindung nützliche Arbeiten gemacht werden können.

## Geometrische Auffassung der Differentialgleichungen

Wir kehren nun noch zu einer Aufgabenstellung zurück, die wir bereits früher gelegentlich der

*) Andererseits können wir sagen: unsere Kreisgeometrie ist ein Abbild der „Liniengeometrie" der vierdimensionalen Construirung.

**) In Toulouse ist seit einer Reihe von Jahren ein wissenschaftliches Nebencentrum besonders für jüngere Mathematiker.

Betrachtung der gewöhnlichen Punktcoordinaten behandelt; dieselbe betrifft die <u>geometrische Auffassung der Differentialgleichungen</u>, die wir nun von unserem entwickelten Standpunkte aus, den uns die Liniencoordinaten der Ebene und die Ebenencoordinaten des Raumes verschafft haben, beleuchten wollen. Wir sprechen zunächst von <u>Differentialgleichungen 1. Ordnung</u>; ich darf sogleich an die drei verschiedenen Arten der Differentialgleichungen erinnern, die sich in den Gleichungen darstellen: 1) $f(x, y, y') = 0$, 2) $f(x, y, z, p, q) = 0$ 3) $f(x, y, z, \frac{dx}{dz}, \frac{dy}{dz}) = 0$.

Mit jeder dieser Gleichungen hatten wir bereits eine bestimmte geometrische Auffassung verbunden. Die erste ordnete jedem Punkte der Ebene eine bestimmte Fortschreitungsrichtung in der Ebene zu, die zweite lieferte für jeden Raumpunkt einen Kegel von Fortschreitungsrichtungen im Raume, die dritte endlich liess Tangentialebene der Integralflächen in ihrem Berührungspunkte je einen bestimmten Kegel berühren. Die Fälle zwei und drei stehen daher in demselben dualistischen Gegensatz, wie etwa Punkt- und Ebenencoordinaten in der Ebene. Wir wollen nun die Bezeichnung „incident" einführen für den Fall, dass irgend zwei Gebilde, wie Punkt und Linie, Linie und Ebene oder Ebene und Punkt in einander liegen. Wir können daher auch sagen: Einem beliebigen Punkte ordnet die erste Gleichung eine incidente Gerade, die zweite eine incidente Schaar von Geraden, die dritte eine incidente Schaar von Ebenen zu.

Dieser Auffassungsweise geht nun eine analytische Behandlung der Differentialgleichungen erster Ordnung parallel, welche Clebsch in seinen letzten Arbeiten 1871–72 begründete; wir können dieselbe kurz als die homogene Formulirung unserer Differentialgleichungen bezeichnen. Bleiben wir zunächst bei dem Typus 1 der Gleichung *). Clebsch bildet sich eine Gleichung, die eine Reihe Punktcoordinaten und eine Reihe Liniencoordinaten neben einander, jede homogen, enthält, etwa $f(x_1 x_2 x_3 ; u_1 u_2 u_3) = 0$, und fügt als Bedingung hinzu, dass $x_i$ u. $u_i$ incident zu einander sein sollen, d. h. es gilt

$$u_1 x_1 + u_2 x_2 + u_3 x_3 = 0$$

Diese beiden Gleichungen zusammen werden dann gerade die Differentialgleichung $f(x, y, y') $ ersetzen.

*) Man vergleiche hierzu das Schlusskapitel von Band I der Vorlesungen über Geometrie von Clebsch-Lindemann

Für einen konstanten Wert der $x_i$ gibt die Gleichung $f(x_i, u_i) = 0$ zunächst als Umhüllungsgebilde der Geraden $u_i$ eine bestimmte Curve; da aber ausserdem die Bedingung der Incidenz für Punkt und Gerade gilt, kommen nur die Tangenten der Curve in Betracht, welche durch die Punkte $x_i$ gehen. Die Aufgabe der Integration ist, aus den so bestimmten Geraden $u_i$ und zugehörigen Punkten $x_i$ Curven zusammenzusetzen, für welche dieselben zusammengehörige Tangenten und Curvenpunkte sind. Clebsch hat auch eine besondere Terminologie für diese Betrachtungen gebildet. Eine Gleichung wie $f(x_i, u_i) = 0$ nennt er einen <u>Connex</u>, d. h. eine Verknüpfung von Punkt und Linie; was 2 Connexe gemein haben, ist nach ihm eine <u>Coincidenz</u>. Auch die Gleichung $\sum u_i x_i = 0$ stellt einen Connex vor; wir wollen ihn insbesondere den <u>Hauptconnex</u> nennen. Für uns handelt es sich dann um die Coincidenz, welche dem erstgegebenen Connex und dem Hauptconnex gemeinsam ist, und diese nennt Clebsch eine <u>Hauptcoincidenz</u>. <u>Die Differentialgleichung $f(x\ y\ y') = 0$ wird demnach jetzt gegeben durch die Hauptcoincidenz eines Connexes $f(x|u) = 0$.</u>

Im übrigen können wir dieses Formelsystem noch auf verschiedene gleichberechtigte Weise schreiben:

1) Lassen wir z. B. $y_i$ einen Punkt der Geraden $u_i$

sein, die mit dem Punkte $x_i$ incident liegt, so können wir die Coordinaten $u_i$ durch die zweigliedrigen Unterdeterminanten der Matrix

$$\begin{vmatrix} x_1 & x_2 & x_3 \\ y_1 & y_2 & y_3 \end{vmatrix}$$

ersetzen, die wir mit $(xy)_{23}$, $(xy)_{31}$ $(xy)_{12}$ bezeichnen wollen. Setzen wir diese Werte für $u_i$ in unsere Gleichung ein, so nimmt dieselbe die Gestalt an: $f(x_1\, x_2\, x_3\, ;\, (xy)_{23}\, ,\, (xy)_{31}\, ,\, (xy)_{12}\, ) = 0$.

2) Wählen wir den Punkt $y_i$ insbesondere in der Nachbarschaft des Punktes $x_i$, so können wir $y_i = x_i + dx_i$ setzen und die Determinanten $(xy)_{23}$ $(xy)_{31}$ $(xy)_{12}$ werden dann gleich $(x\,dx)_{23}$ $(x\,dx)_{31}$ $(x\,dx)_{12}$, so dass unsere Gleichung jetzt die Form

$f(x_1, x_2 ; x_3 ; (x\,dx)_{23} , (x\,dx)_{31} ; (x\,dx)_{12}) = 0$ bekommt.

3. Endlich noch eine letzte Schreibweise. Denken wir uns unsere Differentialgleichung $f(x\,y\,y') = 0$ integrirt und sei $\Phi_0 (x_1\, x_2\, x_3) =$ const das Integralcurvensystem derselben [wo wir in $\Phi$ eine Form $0^{\text{ter}}$ Dimension zu sehen haben], so stellt sich die Tangente einer beliebigen Curve im Punkte $x_i$ dar durch die Gleichung:

$$\frac{\partial \Phi}{\partial x_1} x_1 + \frac{\partial \Phi}{\partial x_2} x_2 + \frac{\partial \Phi}{\partial x_3} x_3 = 0 ;$$

dies ergiebt, dass unsere obigen Coordinaten $u_i$ den partiellen Ableitungen $\frac{\partial \Phi}{\partial x_i}$ proportional zu setzen sind, und demnach unsere Gleichung auch die Gestalt:

$$f\left(x_1, x_2, x_3; \frac{\partial\Phi}{\partial x_1}, \frac{\partial\Phi}{\partial x_2}, \frac{\partial\Phi}{\partial x_3}\right) = 0$$

ertheilt werden kann.
Alle diese 3 neuen Formen der Gleichung sind demnach der ursprünglichen Formulirung von Clebsch gleichwertig und drücken eben immer aus, dass es sich bei der Hauptgleichung um die Hauptcoincidenz eines Connexes handelt. Nun ist die Frage, was wir mit dieser Formulirung der Integralaufgabe gewonnen haben? Es ist durch diesen Ansatz ein zweifacher Fortschritt in der Theorie der Differentialgleichungen angebahnt worden.

1) Zunächst haben wir ein Princip zur Aufzählung aller möglichen Differentialgleichungen $f=0$ gewonnen, welches sich darauf stützt, dass die Grössen $x_i$ und $u_i$ gleichwertig neben einander vorkommen. Ausgehend von der gewöhnlichen Gleichungsform $f(x\,y\,y')=0$ classificirt man herkömmlicher Weise nur nach dem Grade des $y'$, und unterscheidet so Differentialgleichungen ersten, zweiten, $n^{ten}$ Grades, kümmert sich aber nicht darum, in welchem Grade $x$ und $y$ vorkommen, ja, dieselben können sogar in transcendenten Verbindungen erscheinen. Wenn wir aber jetzt schreiben $f(x_1 x_2 x_3; u_1\ u_2\ u_3)=0$,

so werden wir ganz von selbst dazu geführt, nach 2 Zahlen die Gleichungen einzuteilen, sowohl nach der Ordnung, in welcher die $x_i$ vorkommen, wie nach der Klasse, in welcher die $u_i$ auftreten. Wir werden ferner auch den Grössen $u_i$ nicht minder, wie den Grössen $x_i$ gestatten, transcendent in der Gleichung vorzukommen. Der einfachste Fall wird dann der Fall (1,1) sein, woselbst die Grössen $x_i$ und $u_i$ beide linear in der Gleichung auftreten (bilineare Gleichungsform), dann folgen die Fälle (1,2) und (2,1), ferner der Fall (2,2) und so fort. Es ist solcherweise ein ganz neues Princip gewonnen, diese Differentialgleichungen $f=0$ hinter einander aufzuzählen.

2). Der zweite Punkt betrifft noch direkter die Gleichberechtigung von $x_i$ und $u_i$. Wie wir neben der Gleichungsform $f(x_i\ u_i)=0$ die andern Formen:

$$f(x; (x\,dx))=0 \text{ und } f(x, \frac{\partial \Phi}{\partial x})=0 \text{ einführten,}$$

können wir auch schreiben $f(u, (du, u))=0$ oder

$$f(u, \frac{\partial \Psi}{\partial u})=0.$$

Die Formulirung von Clebsch belehrt uns eben, dass bei den vorliegenden Differentialgleichungen Punkt und gerade Linie gleichberechtigte Elemente sind, und zeigt uns damit, dass man die $u$ gerade so als unabhängige Coordinaten betrachten kann, wie man es zuerst mit den $x$ macht. So ist z. B. der Fall (1,2) der Differentialgleichung völlig äquivalent mit dem Falle (2,1); kann ich den einen Fall integriren, so vermag ich es auch im andern Falle.

Sie werden nun wünschen, die besprochene geometrische Auffassung an einem Beispiel durchgeführt zu sehen; wir wählen als solches den einfachsten Fall (1,1) der Differentialgleichung aus. Wir gehen aus von der allgemeinen bilinearen Gleichung: $\sum a_{ik} x_i u_k = 0$, oder

$$u_1(a_{11} x_1 + a_{21} x_2 + a_{31} x_3) + u_2(a_{12} x_1 + a_{22} x_1 + a_{32} x_3) + u_3(a_{13} x_1 + a_{23} x_2 + a_{33} x_3) = 0.$$

Wenn wir hier für $u_i$ die Determinante einführen, so bekommen wir:

$$(x_2\,dx_3 - x_3\,dx_2)(a_{11} x + a_{21} x_2 + a_{31} x_3) + (x_3\,dx_1 - x_1\,dx_3).(a_{12} x_1 + a_{22} x_2 + a_{32} x_3) + (x_1\,dx_2 - x_2\,dx_1)(a_{13} x_1 + a_{23} x_2 + a_{33} x_3) = 0.$$

Diese Differentialgleichung kommt nun von Alters her bereits in der Litteratur vor; so hat sich insbesondere Jacobi mit derselben beschäftigt in Crelle Band 24. (1842), andererseits haben Sie und ich dieselbe in den Comptes rendus von 1870 und in Annalen IV (1871) wieder aufgenommen; wir haben dort insbesondere die Integralcurven dieser Differentialgleichung, die wir „W-Curven" nannten, nach ihren geometrischen Eigenschaften studirt. Um Jacobi's Arbeit mit dem vorlie-

genden zu vergleichen, haben wir zur unhomogenen Schreibweise überzugehen und demgemäss $x_3 = 1$, $dx_3 = 0$ zu setzen, so dass die Gestalt unserer Gleichung lautet:
$$-dx_2(a_{11}x_1 + a_{21}x_2 + a_{31}) + dx_1(a_{12}x_1 + a_{22}x_2 + a_{32}) + (x_1 dx_2 - x_2 dx_1)(a_{13}x_1 + a_{23}x_2 + a_{33}) = 0.$$

Man sieht, wie in dieser unhomogenen Form die schöne Symmetrie der ursprünglichen Form ganz verloren gegangen ist

*Wir gehen nun auf die geometrische Bedeutung der ursprünglichen Form der Differentialgleichung:*
$$u_1(a_{11}x_1 + a_{21}x_2 + a_{31}x_3) + \dots + \dots = 0$$
näher ein. Dieselbe stellt doch bei constanten Werten der $x_i$ die Gleichung eines Punktes in Ebenencoordinaten dar; die Punktcoordinaten desselben werden unter Einführung des Proportionalitätsfaktors $\rho$ durch die Gleichungen gegeben sein:
$$\rho y_1 = a_{11}x_1 + a_{21}x_2 + a_{31}x_3,$$
$$\rho y_2 = a_{12}x_1 + a_{22}x_2 + a_{32}x_3,$$
$$\rho y_3 = a_{13}x_1 + a_{23}x_2 + a_{33}x_3.$$

*Einem jeden Punkt $x$ wird demnach hier durch eine bestimmte lineare Transformation ein Punkt $y$ zugeordnet, und man wird nun nach Curven suchen, welche in jedem ihrer Punkte $x_i$ die Verbindungslinie des*

Punktes $x$ mit dem zugehörigen $y_i$ zur Tangente haben. Will man daher die Differentialgleichungen integriren, so hat man vor allen Dingen diese linearen Substitutionen, – die man nach ihrer geometrischen Bedeutung Collineationen nennt – näher zu studiren. Es ist zunächst die Frage, ob es möglich ist, Punkte $x$ zu finden, die mit den ihnen entsprechenden $y$ identisch sind. Dies führt auf die Gleichungen:

$$\begin{aligned} \rho x_1 &= a_{11} x_1 + a_{21} x_2 + a_{31} x_3 , \\ \rho x_2 &= a_{12} x_1 + a_{22} x_2 + a_{32} x_3 , \\ \rho x_3 &= a_{13} x_1 + a_{23} x_2 + a_{33} x_3 , \end{aligned}$$

die bekanntlich nur dann Lösungen zulassen, wenn die Determinante der Coefficienten:

$$\begin{vmatrix} a_{11}-\rho & a_{21} & a_{31} \\ a_{12} & a_{22}-\rho & a_{32} \\ a_{13} & a_{23} & a_{33}-\rho \end{vmatrix} = 0 \text{ ist.}$$

Wir wollen annehmen, dass diese cubische Gleichung drei getrennte Wurzeln $\rho_1$, $\rho_2$, $\rho_3$ für $\rho$ liefert; wie die Betrachtung abzuändern ist, wenn 2 oder gar 3 der Wurzeln zusammenfallen, wollen wir nicht weiter untersuchen. Es giebt also dann 3 verschiedene Punkte der Ebene, welche bei der Collineation festbleiben. Dieselben führen wir nun weiterhin als Ecken eines neuen Coordinatendreiecks ein; dann gehen unsere Substitutionsformeln, wie wir gleichfalls nicht näher nachweisen wollen, über in die folgenden:

$$\rho y_1' = \rho_1 x_1',$$
$$\rho y_2' = \rho_2 x_2',$$
$$\rho y_3' = \rho_3 x_3',$$

woselbst der Accent eben auf das neue Coordinatensystem hinweisen soll.

Bezogen auf dieses neue Coordinatendreieck nimmt unser Connex nun die Gleichungform an:

$$\rho_1 u_1' x_1' + \rho_2 u_2' x_2' + \rho_3 u_3' x_3' = 0.$$

Um diese Gleichung als Differentialgleichung zu schreiben, führen wir jetzt statt $u_1'$ $u_2'$ $u_3'$ die partiellen Ableitungen der gesuchten Integralfunction $\Phi(x_1' x_2' x_3') = \text{Const.}$ ein. Wir erhalten dann (indem wir die Accente wieder fortlassen):

$$\rho_1 x_1 \frac{\partial \Phi}{\partial x_1} + \rho_2 x_2 \frac{\partial \Phi}{\partial x_2} + \rho_3 x_3 \frac{\partial \Phi}{\partial x_3} = 0.$$

Diese Gleichung lässt sich aber leicht integriren und liefert uns:

$$\Phi = x_1^{\rho_2 - \rho_3} \cdot x_2^{\rho_3 - \rho_1} \cdot x_3^{\rho_1 - \rho_2} = \text{Const.}$$

Dies sind eben diejenigen Curven, die von Lie und mir in der genannten Arbeit als W-Curven bezeichnet sind.

Die hier gegebene geometrische Theorie der Integration stimmt sachlich genau mit dem analytischen Verfahren Jacobi's überein. Wir legen aber Gewicht darauf, jeden einzelnen

<u>Schritt geometrisch zu verstehen</u>. Wir wiederholen in dieser Hinsicht, dass wir die Differentialgleichung zunächst als Connex auffassen, diesen Connex durch eine Collineation interpretiren, die festbleibenden Punkte dieser Collineation suchen und endlich das von diesen gebildete Dreieck als neues Coordinatendreieck einführen. —

Diese Erläuterungen bezogen sich erst auf die Differentialgleichungen $f(xyy')=0$. Analoge Betrachtungen werden wir jetzt an $f(xyz\,p\,q)=0$, wie an $f(x\,y\,z\,\frac{dx}{dz}\,\frac{dy}{dz})=0$ anknüpfen können. Wir schreiben das erste Mal einen <u>Connex im Raume</u> $f(x_1 x_2 x_3 x_4 | u_1\, u_2\, u_3\, u_4)=0$, neben den wir die Gleichung des <u>Hauptconnexes</u> stellen:

$$u_1 x_1 + u_2 x_2 + u_3 x_3 + u_4 x_4 = 0.$$

Das zweite Mal haben wir eine <u>Gleichung mit Punkt- und Liniencoordinaten</u>:

$$f(x_1 x_2 x_3 x_4 | p_{12}, p_{13}, \ldots\ldots p_{23}) = 0$$

und neben ihr die Bedingungen für die Incidenz von Punkt und Gerade: $x_\alpha\, p_{\beta\gamma} + x_\beta\, p_{\gamma\alpha} + x_\gamma\, p_{\alpha\beta} = 0$ (unter $\alpha\,\beta\,\gamma$ irgend 3 Indices aus der Reihe 1, 2, 3, 4 verstanden).

Hier entsteht die Frage: Welches Integrationsproblem kann man an eine Gleichung $f(x_i | u_i |, p_{ik})=0$ anknüpfen, vorausgesetzt, dass man $x_i$, $u_i$, $p_{ik}$, alle drei wechselseitig incident sein lässt? Wir müssen mit diesen Betrachtungen hier leider abbrechen.

Wir könnten ferner <u>die Differentialgleichungen</u> [Mo. 19. XII. 92.]

zweiter Ordnung gleicherweise behandeln. In demselben kommen, (wenn wir uns auf den Fall dreier Variablen beschränken,) die Grössen $x\, y\, z\, p\, q\, r\, s\, t$ vor, die wir früher als Bestimmungsstücke eines osculirenden Paraboloids bezeichneten, jetzt aber die Coordinaten desselben nennen. Wir gehen nicht weiter darauf ein zu untersuchen, wie sich diese 7 Grössen bei Coordinatentransformation umsetzen, und wie man schliesslich eine symmetrische, homogene Bezeichnung für dieselben einführen könnte. Es würde dies immerhin einige Rechnung erfordern; uns genügt es auf diese Fragen hingewiesen zu haben, die ja ein Gegenstück zu dem von uns erledigten Fall der Differentialgleichung erster Ordnung bilden.

Wir wollen vielmehr die letzten beiden Stunden in diesem Jahre noch benutzen, um ganz elementar die Formeln der Flächenkrümmung abzuleiten, da dieselben von zu grosser fundamentaler Bedeutung sind, als dass wir sie nicht explicit anführen sollten, und nun dann diese Formeln von Punktcoordinaten in Ebenencoordinaten umzusetzen. Wir denken uns wieder die Fläche in der Gleichungsform $z = f(x, y)$ gegeben. Der einzelne ausgewählte Flächenpunkt habe die Coordinaten $z_0, x_0, y_0$. Die Fortschreitungsrichtung von dem Flächenpunkt aus, die keineswegs an die Fläche gebunden gemein braucht, bezeichnen wir mit $\delta x$, $\delta y$ $\delta z$. Die Entwicklung der $z$ Coordinate der Fläche $z = f(x, y)$ nach dem Taylorschen Satz ergiebt uns die Formel:

$$\delta z = p\,\delta x + q\,\delta y + \tfrac{1}{2}\{r\,\delta x^2 + 2s\,\delta x\,\delta y + t\,\delta y^2\} + \ldots\ldots,$$

woselbst wir für $z - z_0$, $x - x_0$, $y - y_0$ entsprechend $\delta z$, $\delta x$, $\delta y$ gesetzt haben, da es uns vornehmlich auf die nächste Umgebung der Stelle $z_0$, $x_0$, $y_0$ ankommt. Die Tangentialebene der Fläche in unserem Punkte wird in denselben Coordinaten $\delta x$, $\delta y$, $\delta z$ gegeben durch die Gleichung $\delta z = p\,\delta x + q\,\delta y$, in der für $p$ und $q$ ihre Werte nach der Gleichung $z = f(x, y)$ einzutragen sind. Aus den beiden letzten Gleichungen ergibt sich nach Elimination von $\delta z$:

$$0 = \tfrac{1}{2}\,(r\,\delta x^2 + 2s\,\delta x\,\delta y + t\,\delta y^2) + \text{Glieder 3. Ordnung.}$$

Diese Gleichung stellt uns die Projektion der Durchschnittscurve der Fläche und der Tangentialebene auf die $xy$ Ebene dar. Wie wir schon früher bemerkten, und sich ohne Weiteres aus dieser Gleichung ergibt, besitzt diese Durchschnittscurve im Punkte $z_0$, $x_0$, $y_0$ einen Doppelpunkt. Die Richtungen ihrer Aeste bekommen wir, wenn wir uns in der letzten Gleichung auf die Glieder 2. Ordnung beschränken:

$$0 = r\,\delta x^2 + 2s\,\delta x\,\delta y + t\,\delta y^2$$

Die so festgesetzten Fortschreitungsrichtungen sind aber identisch mit denen der Haupttangentencurven.

**Die Differentialgleichung der Haupttangentencurven, bezüglich derjenigen Curven in der $xy$ Ebene, welche die orthogonale Projektion der Haupttangentencurven sind, ist demnach die folgende:**

$$0 = r\,\delta x^2 + 2s\,\delta x\,\delta y + t\,\delta y^2.$$

Entsprechend werden wir nun die Differentialgleichung der Krümmungscurven abzuleiten wünschen. Wir wollen zu dem Zwecke uns auf der Fläche vom Punkte $x_0\,y_0\,z_0$ aus in einer solchen Richtung $dx, dy, dz$ fortschreitend denken, dass die Normalen in den Nachbarpunkten sich treffen. In letzterer Eigenschaft lag für uns ja gerade die Definition der Krümmungscurven. Konstruiren wir zunächst einmal die Tangentialebenen in den Nachbarpunkten; dieselben haben eine bestimmte Schnittgerade gemeinsam. Andererseits denken wir die Punkte selbst durch eine Gerade verbunden, welche die obige Fortschreitungsrichtung $dx, dy, dz$ enthält. Soll die letztere nun ein Element einer Krümmungscurve sein, so muss offenbar die Verbindungsgerade der beiden Punkte jene Schnittgerade ihrer Tangentialebenen senkrecht kreuzen; denn dann und nur dann werden sich die Nachbarnormalen schneiden. Die Tangentialebene im Ausgangspunkt lautet nun: $\delta z = p\,\delta x + q\,\delta y$, die Tangentialebene im Nachbarpunkte $dx\,dy\,dz$

dagegen: $\delta z = (p + dp)\,\delta x + (q + dq)\,\delta y$. In diesen beiden Gleichungen beziehen sich zwar $\delta x, \delta y, \delta z$ auf 2 verschiedene, doch parallel gerichtete Coordinatensysteme; insofern wir aber nur die Richtung der Durchdringungsgeraden suchen, dürfen wir die beiden Gleichungen so behandeln, als wenn sie sich auf dasselbe Coordinatensystem bezögen.
Es folgt aus ihnen durch Subtraktion $0 = dp\,\delta x + dq\,\delta y$. Aus dieser und der letzten Gleichung ergibt sich dann für die Richtung der Schnittgeraden:

$$\delta x : \delta y : \delta z = dq : -dp : p\,dq - q\,dp.$$

Die Bedingung, dass letztere auf der Fortschreitungsrichtung $dx, dy, dz$ in der Fläche senkrecht stehen soll, ist nun: $dx\,\delta x + dy\,\delta y + \delta z\,dz = 0$ oder nach Einsetzung der Werte für $\delta x, \delta y, \delta z$: $dq\,dx - dp\,dy + (p\,dq - q\,dp)\,dz = 0$ oder geordnet

$$dp(dy + q\,dz) = dq(dx + p\,dz).$$

Dies also ist die Differentialgleichung der Krümmungscurven. Setzen wir noch $dz = p\,dx + q\,dy$, $dp = r\,dx + s\,dy$, $dq = s\,dx + t\,dy$ in die letzte Gleichung ein, so erhalten wir schliesslich nach leichter Umformung:

$$0 = (pqr - (1+p^2)s)\,dx^2 + ((1+q^2)r - (1+p^2)t)\,dx\,dy + ((1+q^2)s - pqt)\,dy^2$$

als Differentialgleichung der Krümmungscurven, bezüglich ihrer Projektion auf die $xy$-Ebene, ganz analog der Gleichung für die Haupttangentencurven. {Da ist nun zunächst gar nicht zu erkennen, dass zur Differentialgleichung der Haupttangentencurven eine enge Beziehung besteht!}

Nun müssen wir noch die Gleichungen der Hauptkugel berechnen. Der Mittelpunkt einer beliebigen Kugel, welche die Fläche im Punkte $x_0 y_0 z_0$ berührt, sei mit $\alpha, \beta, \gamma$ bezeichnet. Da derselbe auf der Normale gelegen ist, so gelten die Beziehungen:

$$x_0 - \alpha = mp, \quad y_0 - \beta = mq, \quad z_0 - \gamma = -m,$$

in denen $m$ ein beliebiger Faktor ist. Der Radius $\rho$ jener Kugel ergibt sich aus der Gleichung

$$(x_0-\alpha)^2 + (y_0-\beta)^2 + (z_0-\gamma)^2 = m^2(1+p^2+q^2) = \rho^2,$$

d. h. $\rho = m\sqrt{1+p^2+q^2}$. Die Gleichung der Kugel ist dann:

$$(x-x_0)^2 + (y-y_0)^2 + (z-z_0)^2$$
$$+ 2m[(z-z_0) - p(x-x_0) - q(y-y_0)] = 0.$$

Setzen wir wieder statt $x-x_0$, $y-y_0$, $z-z_0$ in diese Gleichung $\delta x, \delta y, \delta z$ ein, da es uns nur auf die Umgebung des Punktes $x_0 y_0 z_0$ ankommt, so bekommen wir die Kugelgleichung:

$$\delta x^2 + \delta y^2 + \delta z^2 + 2m(\delta z - p\,\delta x - q\,\delta y) = 0,$$

oder indem wir $\delta z$ hieraus in eine Reihe entwickeln

$$\delta z = -m + m\left[1 + 2\left(\frac{p\,\delta x + q\,\delta y}{m}\right) - \frac{\delta x^2 + \delta y^2}{m^2}\right]^{\frac{1}{2}}$$

oder

$$\delta z = p\,\delta x + q\,\delta y - \frac{(1+p^2)\,\delta x^2 + 2\,pq\,\delta x\,\delta y + (1+q^2)\,\delta y^2}{2\,m} +$$

Glieder 3. Ordnung .....
Mit dieser Darstellung der Berührungskugel vergleichen wir die Darstellung unserer Fläche selbst:
$\delta z = p\,\delta x + q\,\delta y + \frac{r\,\delta x^2 + 2\,s\,\delta x\,\delta y + t\,\delta y^2}{2} + \ldots\ldots$; wir bekommen durch Subtraktion beider:
$0 = (r\,m + 1 + p^2)\,\delta x^2 + 2(s\,m + pq)\,\delta x\,\delta y + (t\,m + 1 + q^2)\,\delta y^2$.
Diese Gleichung giebt uns die beiden Fortschreitungsrichtungen derjenigen Curve, in der die Originalfläche sich mit der ausgewählten Berührungskugel durchdringt. Soll nun unsere Kugel eine Hauptkugel sein, so müssen jene beiden Fortschreitungsrichtungen in eine zusammenfallen. Diese Bedingung ergibt:

$$0 = (s\,m + pq)^2 - (r\,m + 1 + p^2)(t\,m + 1 + q^2),$$

oder: $0 = m^2(s^2 - rt) + m(2\,pqs - r(1+q^2) - t(1+p^2)) - (1+p^2+q^2)$.
Diese quadratische Gleichung liefert uns für die beiden Hauptkugeln den Wert des zugehörigen $m$. Setzen wir in ihr schliesslich aus der Gleichung $\rho = m\sqrt{1+p^2+q^2}$ den Ausdruck für $m$ ein, so erhalten wir als Gleichung zur Bestimmung der beiden Hauptradien:

$$\rho^2(s^2 - rt) + \rho\left(2\,pqs - r(1+q^2) - t(1+p^2)\right)\sqrt{1+p^2+q^2} - (1+p^2+q^2)^2 = 0$$

Wir wollen noch kurz die Formeln hinzufügen, [Di. 20.XII.92 die sich hier für das Krümmungsmass $\frac{1}{\rho_1\rho_2}$ und die mittlere Krümmung $\frac{1}{\rho_1}+\frac{1}{\rho_2}$ ergeben. Die Werte $\rho_1$ u. $\rho_2$ sind die Wurzeln unserer letzten Gleichung. Demnach ergibt sich einfach:

$$\frac{1}{\rho_1\rho_2}=\frac{rt-s^2}{(1+p^2+q^2)^2} \text{ und}$$

$$\frac{1}{\rho_1}+\frac{1}{\rho_2}=\frac{2pqs-r(1+q^2)-t(1+p^2)}{(1+p^2+q^2)^{3/2}}.$$

Soll das Krümmungsmass für alle Flächenpunkte gleich 0 sein, so haben wir es mit den sogenannten abwickelbaren Flächen zu thun d.h. mit den Flächen, die sich auf die Ebene ausbreiten lassen. Als Bedingung derselben erhalten wir die Differentialgleichung $rt-s^2=0$. Gleicherweise können wir alle Flächen betrachten, deren mittlere Krümmung verschwindet; es sind dies bekanntlich die Minimalflächen.

Deren Differentialgleichung wird dann sein:

$$2pqs-r(1+q^2)-t(1+p^2)=0.$$

Wir sind nun bisher von der Flächengleichung $z=f(x,y)$ ausgegangen; es ist natürlich, dass wir auch die Gl. $\varphi(x,y,z)=0$, oder homogen geschrieben,

$$\varphi(x_1,x_2,x_3,x_4)=0$$ zu Grunde legen können. Ferner kann man auch die Parameterdarstellung der Flächen als Ausgangspunkt wählen, man hat dann etwa die Gleichungen

$x = X_1(u,v)$, $y = X_2(u,v)$, $z = X_3(u,v)$ als gegeben anzusehen. Die sich anschliessende Aufgabe würde sein, für alle diese Darstellungsformen der Fläche unsere aufgestellten Differentialformeln umzugestalten. Doch wollen wir hierauf nicht weiter eingehen; wir wenden uns vielmehr gleich zu dem zweiten in Aussicht gestellten Punkte, der sich auf die *Einführung der Ebenencoordinaten an Stelle der Punktgeometrie* beziehen sollte. Wir wollen die Ebenencoordinaten bezeichnen mit $\mathfrak{X}, \mathfrak{Y}, \mathfrak{Z}$, und es sei demnach die Gleichung der Fläche $\mathfrak{Z} = \mathfrak{F}(\mathfrak{X}, \mathfrak{Y})$ vorliegend, d. h. ein Gesetz, nach welchem eine Ebene eine Fläche umhüllt. Unsere Aufgabe wird es sein, in die vorhin gefundenen Formeln die partiellen Differentialquotienten $\mathfrak{P}, \mathfrak{Q} \ldots$ dieses $\mathfrak{Z}$ einzuführen. Bekanntlich führt man die homogenen Ebenencoordinaten $u_i$ am einfachsten ein als die Coefficienten der homogenen Gleichung einer Ebene in Punktcoordinaten:

$$u_1 x_1 + u_2 x_2 + u_3 x_3 + u_4 x_4 = 0$$

Da wir hier nicht homogen operiren, so werden wir die letzte Gleichung durch je eine der Grössen $u$ und $x$ dividiren. Dies lässt eine gewisse Willkür zu, wir wollen die Gleichung der Ebene insbesondere in der symmetrischen Gestalt schreiben: $z - \mathfrak{X}x - \mathfrak{Y}y - \mathfrak{Z} = 0$. Die hier auftretenden Constanten $\mathfrak{X}, \mathfrak{Y}, \mathfrak{Z}$ mögen dann fortan als die „Coordinaten" der Ebene bezeichnet werden. Es ist dieses die Art und Weise, von der Plücker in seiner Raumgeometrie (1846) Gebrauch macht. Wir nehmen nun an, dass die durch die Gleichung $Z = F(X, Y)$ dargestellte Fläche in Punktcoordinaten durch die frühere Gleichung $z = f(x, y)$ gegeben wird, und untersuchen, wie die verschiedenen partiellen Differentialquotienten beider Gleichungen miteinander zusammenhängen. Wie wir bereits andeuteten, werden wir hierbei die partiellen Differentialquotienten der Gl. in Ebenencoordinaten in entsprechender Weise mit grossen Buchstaben bezeichnen, wie die der Gleichung in Punktcoordinaten.

Die Gleichung der Tangentialebene im Punkte $x_0\, y_0\, z_0$ lautet in Punktcoordinaten bekanntlich: $z - z_0 = p_0(x - x_0) + q_0(y - y_0)$ oder $z - p_0 x - q_0 y - (z_0 - p_0 x_0 - q_0 y_0) = 0$. Soll dies aber die Gleichung der Ebene sein, deren Coordinaten $X, Y, Z$ sind, dann muss $X = p, Y = q, Z = z - px + qy$ sein, was unsere ersten Formeln sind. Wir lassen hier den Index $0$ fort, da diese Beziehungen ja für jeden Flächenpunkt gelten. Wir können nun aber in gleicher Weise ausgehen von der Gleichung $Z = F(X, Y)$ und die Gleichung des Berührungs=

punktes $x_0\, y_0\, z_0$ der Ebene $X_0\, Y_0\, Z_0$ bilden. Dieselbe wird gemäss des Principes der Dualität ganz analog wie die Gleichung der Tangentialebene gebaut sein und also lauten:

$$(Z - Z_0) = P_0 (X - X_0) + Q_0 (Y - Y_0) \text{ oder:}$$
$$Z - P_0 X - Q Y - (Z_0 - P_0 X_0 - Q_0 Y_0) = 0$$

Es folgt daher die zweite Formelgruppe:

$x = -P,\ y = -Q,\ z = Z - PX - QY$, wo wir wieder den Index 0 fortgelassen haben.

Indem wir daher die Ebenencoordinaten $X, Y, Z$ und die zugehörigen Differentialquotienten $P, Q$ einführen, ergeben sich zwischen ihnen und den entsprechenden Grössen $x, y, z, p, q$ die in den letzt unterstrichenen Gleichungen ausgedrückten Beziehungen. Vermöge derselben können wir dann jede partielle Differentialgleichung 1 Ordnung, die in Punktcoordinaten angelegt ist, sofort in eine partielle Differentialgleichung zwischen Ebenencoordinaten setzen.

Zugleich zeigt sich aus den Transformationsgleichungen, wie durch einfache Substitution zu verificiren ist, die merkwürdige Beziehung, dass:

$dZ - P dX - Q dY = dz - p dx - q dy$ wird;

wir kommen später unter allgemeineren Gesichtspunkten auf diese Beziehung zurück.

Nun gehen wir zu den zweiten Differentialquotienten über.

Es gelten zunächst die beiden Doppelgleichungen:

$$dp = r.dx + s\,dy, \qquad dP = R\,dX + S\,dY$$

$$dq = s\,dx + t\,dy, \quad \text{und} \quad dQ = S\,dX + T\,dY.$$

Setzen wir nun z. B. in die letzten Gleichungen $P$, $Q$, $X$ und $Y$ gemäss der obigen Relationen ihre Werte ein, so gehen dieselben über in:

$$-dx = R\,dp + S\,dq,$$

$$-dy = S\,dp + T\,dq.$$

Aus dem ersten Gleichungspaar dagegen ergiebt sich durch Auflösen nach $dx$ und $dy$:

$$-dx = \frac{-t\,dp + s\,dq}{rt - s^2},$$

$$-dy = \frac{s\,dp - r\,dp}{rt - s^2}.$$

Durch Vergleichung ergibt sich demnach:

$$R = \frac{t}{s^2 - rt}, \quad S = \frac{-s}{s^2 - rt}, \quad T = \frac{r}{s^2 - rt}$$

und hieraus folgt noch: $S^2 - RT = \frac{1}{s^2 - rt}$. In analoger Weise oder auch directe Auflösung der letzthingeschriebenen Gleichungen erhält man darauf die dualistischen Formeln:

$$r = \frac{T}{S^2 - RT}, \quad s = \frac{-S}{S^2 - RT}, \quad t = \frac{R}{S^2 - RT}.$$

Damit haben wir aber bereits die gesuchten Transformationsformeln für die Differentialquotienten 2. Ordnung erhalten.

Wir wollen nun noch 2 Beispiele durchführen, welche die Umsetzung partieller Differentialgleichungen von Punktcoordinaten in Ebenencoordinaten betreffen. Als erster sei die Gleichung der Minimalflächen gewählt:

$$0 = 2pqs - (1+q^2)\,r - (1+p^2)\,t.$$ Dieselbe geht durch die Substitutionen in die einfache Form über:

$$0 = 2\,XYS - (1+Y^2)\,T + (1+X^2)\,R.$$

Indem hier nur die Differentialquotienten $S, T, R$ und zwar in jedem Gliede einmal auftreten, haben wir es mit einer linearen partiellen Differentialgleichung 2. Ordnung zu thun. Hierin liegt für die Theorie der Minimalflächen ein bemerkenswerter Ansatz.

Das zweite Beispiel sei die allgemeine sogenannte Monge-Ampère'sche Gleichung, die uns später noch beschäftigen wird. Dieselbe lautet:

$A\cdot r + B\cdot s + Ct + D(s^2 - rt) + E = 0$, wo die Coefficienten $A, B, C$ u. s. w. abkürzend Ausdrücke der Grössen $x, y, z, p, q$ bezeichnen. Es ist wesentlich hervorzuheben, dass die Grössen $r, s, t$ gerade in der charakteristischen Einfachheit vorkommen, wie sie aus der Formel hervorleuchtet. Durch Substitution der Ebenencoordinaten geht die Gleichung dann über in:

$A' F - B' S + C' R + D' + E' (S^2 - R T) = 0$, woselbst wieder die Bezeichnungen $A', B', C'$ u. s. w. als Abkürzung für Ausdrücke der Grössen $X, Y, Z, P, Q$ eingeführt sind. Jede Monge-Ampère'sche Gleichung geht daher bei unserer Transformation wieder in eine Monge-Ampère'sche Gleichung über.

Nun noch einige Worte über die weitere Ausdehnung der hiermit angebahnten Untersuchungen, die auf der Einführung der Ebenencoordinaten an Stelle der Punktcoordinaten beruhten.

Wir können doch die Grössen $X, Y, Z$ auch als Parameter einer dreifach unendlichen Flächenmannigfaltigkeit deuten, die etwa durch die Gleichung

$$\Omega(x, y, z, X, Y, Z) = 0$$

gegeben sein kann, in der $X, Y, Z$ als Parameter auftreten. Diese Gleichung braucht keineswegs, wie in dem von uns behandelten Falle, bilinear zu sein. Die Frage wird sein, wie transformiren sich dann die Coordinaten, ihre ersten und zweiten Differentialquotienten und dementsprechend die Differentialgleichungen? Die Vorstellung ist dabei die, dass man irgend welche Fläche immer durch eine Gleichung $Z = F(X, Y)$ „darstellen" soll, welcher diejenigen Flächen $X, Y,$

$Z$ genügen, welche die darzustellende Fläche „umhüllen"
Mit dieser Frage hat sich bereits <u>Plücker</u> beschäftigt. –
Man könnte weiter $X, Y, Z$ mit <u>Lie</u> auch als Parameter von $\infty^3$ Curven deuten, [deren Gesammtheit wir, mit <u>Lie, einen Curvencomplex</u> nennen können.] Man sehe dessen Arbeit Ann. 5. 1871. Eine Gl. $Z = F(X, Y)$ siebt dann aus der 3fach unendlichen Curvenschaar des Complexes eine <u>Congruenz</u> heraus, welche eine Brennfläche besitzt, und von dieser Brennfläche sagen wir dann, „sie sei eben durch die Gleichung $Z = F(X, Y)$ als Umhüllungsgebilde dargestellt." Dieselbe Fläche denken wir uns nun wieder in gewöhnlichen Punktcoordinaten gegeben; und die Frage ist nun, wie bei ihr die Grössen $x, y, z, p, q, r, s, t$ mit den zu derselben Flächenstelle gehörigen Grössen $P, Q, R, S, T$ zusammenhängen mögen.
Wir sehen allgemein:
<u>Indem wir mit Plücker und Lie an Stelle der Punkte irgend welche andere von drei Parametern abhängende Gebilde als Raumelement einführen, haben wir eine grosse Reihe von Transformationen für die Differentialgleichungen der Raumgeometrie an der Hand.</u>
Eine letzte Verallgemeinerung würde sein, dass wir solche Flächen- oder Curvenschaaren einführen, die von mehr als drei Parametern abhängen. Die $\infty^4$ Kugeln der Kugelgeometrie und die $\infty^4$ Geraden der Linien-

geometrie geben dafür das nächstliegende Beispiel. Auch mit ihrer Hülfe können wir andere Flächen „darstellen", indem wir nach allen „Umhüllungskugeln" oder „Umhüllungslinien" fragen. Wie werden sich nun mit Hülfe der bez. neuen Coordinaten die x y z p q r s t darstellen? Allgemein ist diese Frage von Königs untersucht worden, vergl. z. B. dessen Abhandlung in Acta X. 1887. „Sur une classe de formes différentielles et sur la théorie des systèmes d'éléments."

## Zweiter Teil:

[Mo. 9. I. 9

## Lehre von den Transformationen.

Die „Lehre von den Transformationen", die wir in der Ueberschrift als den Inhalt des zweiten Teiles der Vorlesung hinstellen, tritt zwar, wie wir sogleich zeigen werden, unseren bisherigen Betrachtungen gegenüber, die mit dem „Wechsel des Coordinatensystems" sich befassen, doch ist die innige Durchdringung beider Gebiete nicht zu verkennen und die Trennung im Vorgehenden auch nicht immer scharf durchgeführt worden. Wir haben als Grundlage der Untersuchung auf der einen Seite die geometrische Figur, auf der anderen Seite den analytischen Apparat eines bestimmten Coordinatensystems. Bisher herrschte die Tendenz vor, eine und dieselbe Figur mit verschiedenem analytischen Apparat zu behandeln, sei es unter Benutzung verschiedener Punktcoordinaten, sei es von Ebenencoordinaten, Kugelcoordinaten u.s.w.; wir werden so zu verschiedenen Gleichungen für diese Figur geführt. Jetzt jedoch wollen wir dieselbe Formel $f(x, y, z, \ldots) = 0$ in mehrerer Weise geometrisch interpretiren indem wir die Grössen $x, y, z, \ldots$ bald als gewöhnliche Punktcoordinaten, bald als höhere Punktcoordinaten u.s.w. deuten. Solcherweise werden wir verschiedene geometrische Figuren in dieser einen Gleichung dargestellt finden. Den Uebergang von der ersten Figur zu der zweiten, dritten etc nennen wir dann eine Transformation; unsere Aufgabe ist es, dieselbe geometrisch aufzufassen.

Dabei beschränken wir uns, um uns bestimmt ausdrücken zu können, zunächst auf gewöhnliche Punktcoordinaten und betrachten demnach im ersten Kapitel allein die:

## I. Punkttransformationen des Raumes.

Es seien die Coordinaten wie gewöhnlich bezeichnet mit $x, y, z$, und es mögen die folgenden Bezeichnungen bestehen, welche die Coordinaten $x\, y\, z$ und $x'\, y'\, z'$ verbinden.

$$x' = \varphi(x, y, z), \quad y' = \chi(x, y, z), \quad z' = \psi(x, y, z).$$

Während wir früher diese 3 Formeln so interpretirten,

dass wir sagten, sie ordnen dem Punkte $x, y, z$ die 3 neuen Coordinaten $x', y', z'$ zu, werden wir jetzt sagen, sie ordnen dem Punkte $x, y, z$ einen neuen Punkt mit den (gewöhnlichen) Coordinaten $x' y' z'$ zu. Jetzt wird daher das Coordinatensystem als unverändert gewählt und der Punkt „transformiert", früher war der Punkt fest und das Coordinatensystem wurde transformiert. In den angegebenen Formeln ist somit die allgemeinste Form der Punkttransformation gegeben.

Die erste specielle Art der letzteren, die wir genauer betrachten müssen, ist die lineare Transformation, die durch die Gleichungen gegeben wird:

$$x' = \frac{a x + b y + c z + d}{a''' x + b''' y + c''' z + d'''} \,, \quad y' = \frac{a' x + b' y + c' z + d'}{a''' x + b''' x + c''' z + d'''} \,,$$

$$z' = \frac{a'' x + b'' y + c'' z + d''}{a''' x + b''' y + c''' z + d'''} \,.$$

Man bemerkt, der Nenner ist in allen 3 Ausdrücken derselbe. Hierin liegt gerade die grosse Zweckmässigkeit und Einfachheit der durch die Formeln gegebenen Beziehung. Führen wir homogene Coordinaten ein, indem wir statt $x, y, z$; $x' y' z'$ die Verhältnisse $\frac{x}{t}, \frac{y}{t}, \frac{z}{t}$; $\frac{x'}{t'}, \frac{y'}{t'}, \frac{z'}{t'}$ setzen, so können wir die gegebenen Formeln unter Benutzung des Proportionalitätsfaktors $\rho$ auch schreiben:

$$\begin{aligned}
\rho x' &= ax + by + cz + dt,\\
\rho y' &= a'x + b'y + c'z + d't,\\
\rho z' &= a''x + b''y + c''z + d''t,\\
\rho t' &= a'''x + b'''y + c'''z + d'''t.
\end{aligned}$$

Es springt jetzt die Symmetrie der Formeln unmittelbar in die Augen: Die neuen homogenen Variablen werden einfach mit ganzen homogenen linearen Funktionen der alten homogenen Variablen proportional gesetzt. Wenden wir die oft bequeme Schreibweise an, die verschiedenen Coordinaten durch Indices desselben Buchstabens zu unterscheiden, so können wir die sämmtlichen Formeln in der einen zusammenfassen:

$$\rho \cdot x_i' = \sum_{1}^{4}{}^{k} a_{ik} x_k ,$$

die für $i = 1, 2, 3, 4$ gilt. Nun wird offenbar der Wert, den die Determinante der Coefficienten $a_{ik}$ dieser Gleichungen annimmt, besonders von Wichtigkeit sein. Wir nehmen denselben zunächst immer von Null verschieden, damit sich die Coordinaten $x_k$ umgekehrt aus den $x_i'$ eindeutig in ihren Verhältnissen berechnen lassen. Doch wollen wir schon jetzt vormerken, dass wir später auch gerade solche Transformationen betrachten werden, die einem verschwindendem Determinantenwerte entsprechen.

Was bedeutet nun unsere Transformation geometrisch? Diese Frage hat in ganz allgemeiner Form Moebius zuerst in seinem schon oft von uns genannten <u>Baryzentrischen Calcul</u> (1827) aufgeworfen und behandelt. Derselbe führte dabei statt "<u>Transformation</u>" die Bezeichnung "<u>Verwandtschaft</u>" ein, indem er überhaupt zwei durch "irgend welche Gleichung aufeinander bezogenen Gebiete miteinander <u>verwandt</u>" nennt. In unserm speciellen Falle linearer Gleichungen zwischen homogenen Punktcoordinaten bezeichnet Moebius die Verwandtschaft der beiden Punkträume insbesondere als „<u>Collineation</u>". (Diese Bezeichnung ist später von <u>Chasles</u> in <u>Homographie</u> umgeändert worden). Dieser Ausdruck wird sofort verständlich, wenn wir mit Moebius solche Punkte collinear nennen, die auf derselben Geraden liegen. Moebius' Bezeichnung will aussagen: Punkte, welche collinear sind, gehen bei unsrer Verwandtschaft wieder in collineare Punkte über, oder in gewöhnlicher Ausdrucksweise: gerade Linien bleiben gerade Linien. Um dies ins Einzelne nachzuweisen, stellen wir folgende Betrachtung an: Zunächst folgt nach der Determinantentheorie aus den Gleichungen $\rho x'_i = \overset{4}{\sum_{1}^{k}} a_{ik} x_k$ mit der Bedingung: $|\underset{4}{a_{ik}}| \gtrless 0$ das Bestehen der umgekehrten Relationen $\sigma \cdot x_i = \sum_{1}^{k} A_{ik} x'_k$, in denen $\sigma$ wieder ein Proportionalitätsfaktor ist*), d.h. in Worten:

<u>Jedem Punkt $x$ entspricht <u>ein</u> Punkt $x'$ und jedem</u>

*) $A_{ik}$ soll dabei die zum Elemente $a_{ik}$ in der Determinante der $|a_{ik}|$ zugehörige Unterdeterminante sein.

<u>Punkt $x'$ ein Punkt $x$.</u>

Sind nun irgend zwei Punkte $x_i$ und $y_i$ gegeben, so wird ein beliebiger Punkt ihrer Verbindungslinie durch die Coordinaten $\lambda x_i + \mu y_i$ dargestellt werden. Aus den Gleichungen $\rho \cdot x'_i = \sum a_{ik} x_k$ und $\rho \cdot y'_i = \sum a_{ik} y_k$ folgen aber sofort durch Zusammenfassen mit den Multiplicatoren $\lambda$ und $\mu$ die neuen Gleichungen: $\rho \cdot (\lambda x'_i + \mu y'_i) = \sum a_{ik} (\lambda x_k + \mu y_k)$. Dem Punkte $\lambda x_i + \mu y_i$ entspricht also gerade der Punkt $\lambda x'_i + \mu y'_i$. Indem nun $\lambda x'_i + \mu y'_i$ wieder auf der Verbindungsgraden von $x'_i$ und $y'_i$ liegt, so haben wir den Satz:

<u>Irgend welchem Punkte, der auf der Verbindungsgeraden von $x$ und $y$ liegt, entspricht wieder ein Punkt, der mit $x'$ und $y'$ auf gerader Linie liegt, und umgekehrt.</u> Dies aber ist unsre obige Behauptung (in verschärfter Form). Offenbar können wir den Satz und seinen Beweis noch leichter erweitern, indem wir die Punkte $\lambda x_i + \mu y_i + \nu z_i$ betrachten, die mit den 3 Punkten $x_i, y_i, z_i$ in einer Ebene liegen. Es ergibt sich:

<u>4 Punkte, die in einer Ebene liegen, ergeben bei der Transformation wieder 4 Punkte, die in einer Ebene liegen und umgekehrt.</u>

In diesen Sätzen sehen wir die Haupteigenschaften der „Collineation" vor uns. Wir wollen insbesondere noch von den unendlich weiten Punkten reden. Ein Punkt liegt im Unendlichweiten, wenn bei gewöhnlicher Coordinatenbezeichnung eine der Coordinaten $\infty$ gross wird oder wenn bei der von uns benutzten homogenen Schreibweise $x_4 = 0$ bezw. $x'_4 = 0$ ist. Setzen wir $x_4 = 0$, so ergiebt unsere Transformationsformel die Gleichung:

$$A_{14} x'_1 + A_{24} x'_2 + A_{34} x'_3 + A_{44} x'_4 = 0$$

und setzen wir $x'_4 = 0$, so erhält man analog:

$$a_{14} x_1 + a_{24} x_2 + a_{34} x_3 + a_{44} x_4 = 0,$$

d. h. in beiden Fällen die Gleichung einer Ebene.
Bei der Collineation verwandeln sich also die $\infty$ weiten Punkte in eine Ebene, und da im allgemeinen bei einer Collineation aus einer Ebene eine Ebene wird, so ist es bequem, die Ausdrucksweise zu wählen, dass die $\infty$ weiten Punkte selbst eine Ebene bilden.

Es giebt natürlich eine besondre Art der Collineation, bei der diese letzte Verabredung nicht nötig ist, wenn nämlich dem Werte $x_4 = 0$ der Wert $x'_4 = 0$ entspricht. Unsere Gleichungen lauten dann:

$$\begin{aligned}
\rho x'_1 &= a_{11} x_1 + a_{12} x_2 + a_{13} x_3 + a_{14} x_4, \\
\rho x'_2 &= a_{21} x_1 + a_{22} x_2 + a_{23} x_3 + a_{24} x_4, \\
\rho x'_3 &= a_{31} x_1 + a_{32} x_2 + a_{33} x_3 + a_{34} x_4, \\
\rho x'_4 &= x_4,
\end{aligned}$$

indem wir den Coefficienten der letzten Gleichung solgleich in $\varrho$ hineinziehen. Hier brauchen wir in der That nicht darum zu sorgen, ob das Unendlichweite des Raumes eine Ebene bildet oder nicht. Moebius bezeichnet eine solche Collineation, bei der die $\infty$ ferne Ebene $\infty$ fern bleibt, insbesondere als „affine" Verwandschaft.
Wie leicht zu sehen, ist dieselbe dadurch ausgezeichnet, dass beim Gebrauche nicht homogener Parallelcoordinaten die Nenner in den Beziehungen fortfallen.
Nun ist es eine sehr interessante Frage, mit der auch Moebius sich bereits beschäftigt hat, die allgemeinste Collineation geometrisch zu Konstruiren. Dieselbe hat 15 Constanten, da es ja auf das Verhältniss der 16 Coefficienten $a_{ik}$ in den Substitutionsgleichungen ankommt. Wenn wir nun einem bestimmten Punkt $x_i$ einen bestimmten Punkt $x_i'$ zuordnen, so erhalten wir offenbar 3 lineare Bedingungen für die $a_{ik}$. Da wir nun 15 Bedingungen zur Bestimmung der 15 Constanten nötig haben, so erhalten wir den Satz: Eine Collineation ist eindeutig bestimmt, sofern man irgend 5 Punkten, von denen keine 4 in einer Ebene liegen, die ihnen entsprechenden Punkte, von denen na-

türlich auch keine 4 in einer Ebene liegen dürfen, zugeordnet hat. Die hinzugefügten Bedingungen finden ihre analytische Begründung darin, dass bei der Berechnung der $a_{ik}$ keine der 4gliedrigen Determinanten aus den Coefficienten von 4 Punkten verschwinden dürfen. Die Notwendigkeit derselben erhellt andrerseits, wenn wir dazu übergehen, uns rein geometrisch ein Bild von der gegebenen Beziehung beider Punktgebilde zu verschaffen. Wir fragen uns: Wie werden wir zu jenen 5 Punktepaaren beliebig viele weitere sich entsprechende Punkte hinzuconstruiren können?

Diese Frage beantwortet die sogenannte Netzconstruktion von Moebius. Derselbe legt nämlich durch je 3 von den 5 Grundpunkten des einen Raumes ihre Ebenen; dieselben werden sich zu dreien in bestimmten neuen Punkten schneiden. Diese neuen Punkte werden nun in Verbindung mit den alten genau so verwendet: wieder werden die sämmtlichen Punkte zu je dreien durch Ebenen verbunden gedacht, die zu weiteren Schnittpunkten führen und so fort. Ganz der analoge Process wird mit den Punkten des andern Raumes ausgeführt, indem man von den dort gegebenen 5 Grundpunkten ausgeht. So entsteht in beiden Räumen ein

eigenartiges Netzwerk, und nun ist das Wesentliche, dass die Maschen des letzteren schliesslich jenen Raum „überall dicht" ausfüllen. Dies wird von Moebius streng nachgewiesen. Nun ist die Sache die, dass homologe Punkte der beiden Netze sich bei der Collineation notwendig entsprechen müssen. Daher ist durch die beiderseitige Netzkonstruktion die Verwandtschaft der beiden Räume, sobald wir noch zufügen, dass es sich um eine stetige Beziehung handeln soll, vollkommen festgelegt. Wir wollen uns diese Verhältnisse noch etwas näher führen, indem wir uns einmal den analogen geometrischen Vorgang in der Ebene, d.h. bei der Beschränkung auf 3 homogene Variable, klar machen. Alsdann können wir leicht die einzelnen Schritte mit der Zeichnung verfolgen. [Di. 10. I. 93]
Wir haben jetzt von 4 Grundpunkten auszugehen, von denen keine 3 in einer Geraden liegen; in der Figur sind dieselben mit 1, 2, 3, 4 bezeichnet.

Ihre Verbindungslinien führen uns sogleich zu den Punkten 5, 6 und 7. Diese können wir weiter untereinander durch neue Geraden verbinden, die zu neuen Schnittpunkten führen. Und so fahren wir unablässig fort. Wir wollen nun das Dreieck der Punkte 1, 2, 3 als Coordinatendreieck zu Grunde legen und den Punkt 4 als „Einheitspunkt" wählen. Dann ergiebt eine nähere Betrachtung zunächst den Satz: *Alle Netzpunkte sind rationale Punkte in diesem Coordinatensystem* d. h. ihre Coordinaten werden durch das Verhältniss ganzer Zahlen gegeben. Wichtiger jedoch ist noch die Umkehrung, auf deren übrigens nicht ganz einfachen Beweis wir leider nicht eingehen können: *Jeder Punkt, der in unserem Coordinatensystem rational ist, ist ein Netzpunkt.* Aus diesen Sätzen folgt dann unmittelbar, dass die Netzpunkte in der Ebene überall dicht liegen. Zwischen den rationalen Punkten liegen nun die irrationalen, die nicht durch eine endliche Zahl von Verbindungen geliefert werden; denselben wird man jedoch durch Netzpunkte beliebig nahe kommen und sie selbst daher durch einen Grenzübergang definiren.

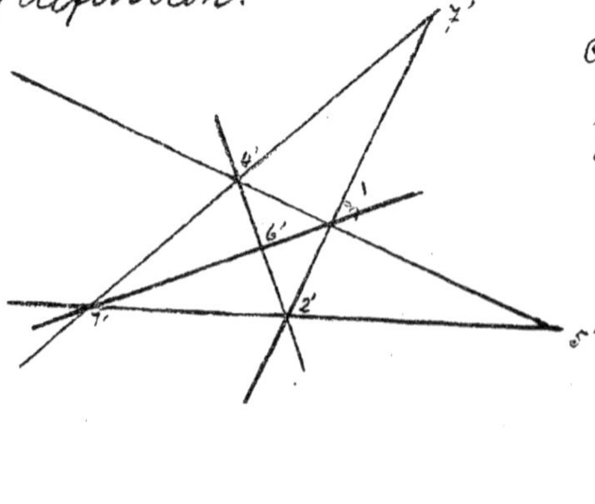

Nun werden wir noch in unserer zweiten Ebene dieselbe Konstruktion ausführen, ausgehend von 4 Punkten 1', 2', 3', 4'. Setzt man dann allemal diejenigen beiden rationalen Punkte einander entsprechend, zu denen man in analoger Weise in beiden Ebenen gelangt ist, während man diejenigen irrationalen Punkte einander zuweist, welche beiderseits durch den gleichen Grenzprozess definiert werden können, so hat man anschaulich die Collineation vor Augen, die zwischen den beiden Ebenen festgelegt ist. Bei der Moebius'schen Netzkonstruktion haben wir, was man wohl beachten mag, von einer linearen Beziehung zwischen den Coordinaten beider Ebenen noch gar nicht gesprochen; indem wir nun aber bemerken, dass eine solche durch das Entsprechen der 4 Punktepaare eindeutig festgelegt wird und darauf als Collineation die beiderseitigen Netzpunkte genau so zuordnet, wie unsere geometrischen Konstruktionen, so folgt:

<u>dass jede Collineation zweier Ebenen umgekehrt mit einer linearen Substitution der Coordinaten zusammenhängt, dass also die lineare Transformation geometrisch völlig charakterisiert ist, wenn wir sagen, sie sei eine Collineation.</u>

Ganz genau entsprechend wie hier in der Ebene

liegen die Verhältnisse im Raume, wie leicht zu übersehen ist, oder überhaupt bei mehrdimensionalen Mannigfaltigkeiten (Räumen); wie sich die Sache für eindimensionale Mannigfaltigkeiten stellt, werden wir erst weiter unten erörtern.

Nun wollen wir doch auch eine unmittelbare lebendige Anschauung uns verschaffen, wie die collineare Beziehung zwischen 2 Ebenen statthat. Wir betrachten ein Beispiel, das in den Anordnungen immer wieder hervortritt, indem wir sagen: Jede Perspektive, durch welche 2 Ebenen aufeinander bezogen werden, liefert eine Collineation dieser Ebenen. Wir haben uns zu denken, dass allemal diejenigen Punkte der Ebenen einander zugeordnet sind, in denen ein beliebiger Strahl von einem festen Augenpunkte O aus die letzteren durchdringt. Dass dies in der That eine Collineation giebt, ist von selbst einleuchtend.

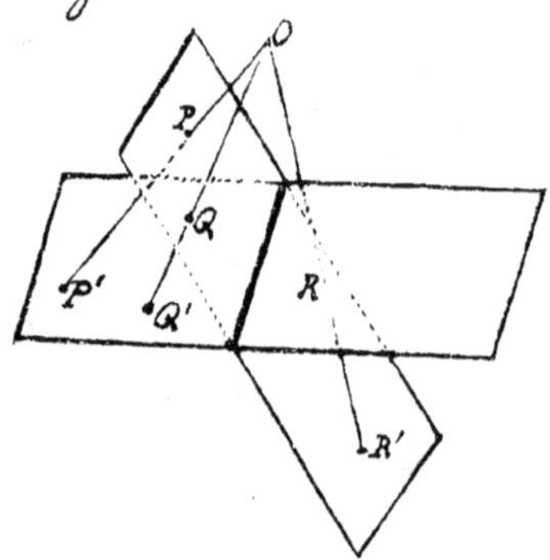


Diese Art der Transformation spielt bekanntlich eine grosse Rolle in der darstellenden Geometrie. Wir können uns nun fragen, wie die Formeln heissen, welche die Beziehung der beiden Ebenen in diesem Specialfall angeben, wie weit dieselben sich noch von den Formeln der allgemeinen Collineation unterscheiden etc., dann wieder, wie man, wenn die beiden Zeichenebenen neben einander liegen, die perspektivische Figur zu einer gegebenen construieren kann u.s.w. Indem wir wegen aller dieser Fragen auf ausführlichere Darstellungen verweisen, wollen wir hier sogleich einen Apparat kennen lernen, der in einfachster Weise aus einer vorgelegten Zeichnung eine perspektivische zu entwerfen gestattet. Man nennt solche Apparate dem-entsprechend „Perspektographen"; der von uns zu erklärende ist von einem Ingenieur C. Ritter in Frankfurt a/M. konstruirt worden, und dürfte in seiner Ausführung einer der einfacheren Apparate sein. Um das ihm zu Grunde liegende Princip zu erkennen, wollen wir vorerst einen seiner Teile in seiner mechanischen Construktion für sich betrachten. Derselbe besteht aus einem sogenannten „Froschschenkelsystem" dasselbe zeigt aus Holzstäben zusammengefügt zwei Rhombengelenksysteme, die gleiche Seitenlängen haben. Dieselben sind jedoch solcherweise mit einander fest verbunden, dass zwei aufeinanderfolgende Seiten des einen Rhombus senkrecht stehen auf zwei Seiten des andern, wie die Figur es zeigt. Die Seite AB. ist ausserdem über A. hinaus um sich selbst verlängert. Im übrigen befinden sich in sämmtlichen

Eckpunkten Gelenke, welche dem System gestatten, sich zusammenzuziehen oder auszudehnen. Nun ist leicht zu sehen, dass die punktierten Linien $RR'$ und $R'R''$ bei jeder Stellung der Rhomben einander gleich sind und aufeinander senkrecht stehen. In der That sind unsere beiden Rhomben immer congruent und zu einander senkrecht orientiert. —

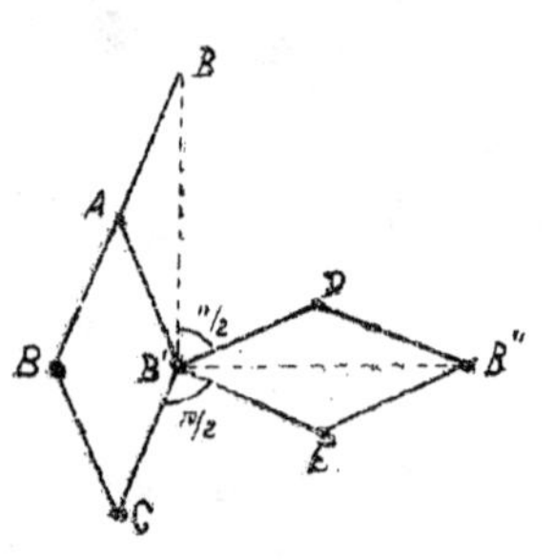


Die Punkte $R$ und $R''$ sind nun in dem Apparat gezwungen auf einer geraden Linie $AB$ sich zu bewegen, indem das Froschschenkelsystem in zwei gleichlange im Punkte $R$ und $R''$ befestigte Stäbe sich fortsetzt ($R'P'$ und $R''P''$), die gegen einander beweglich, als längs $AB$ fahrbare Schlitten befestigt sind. Es ist daher insbesondere $P'P''$ stets $= R'R''$ d.h. ebenfalls $= RR'$. Die einfache Bedeutung der Hinzufügung der beiden Leitstangen $R'P'$ und $R''P''$ werden wir sogleich erkennen.

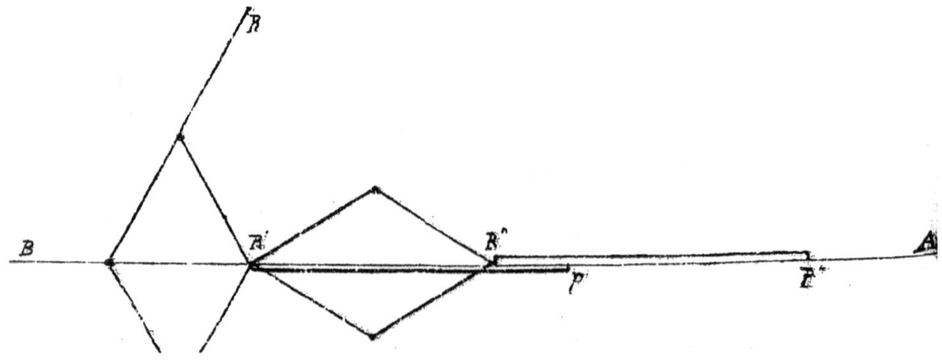

Machen wir nach dieser Vorbemerkung uns nun die Theorie des Apparates klar. Man denke sich, es sei von einer gegebenen Figur der Ebene I das perspektivische Bild vom festen Punkte O aus auf die zu ersterer senkrechte Ebene II zu entwerfen. Ein beliebiger Punkt M möge seinen Bildpunkt in P haben. Man fälle

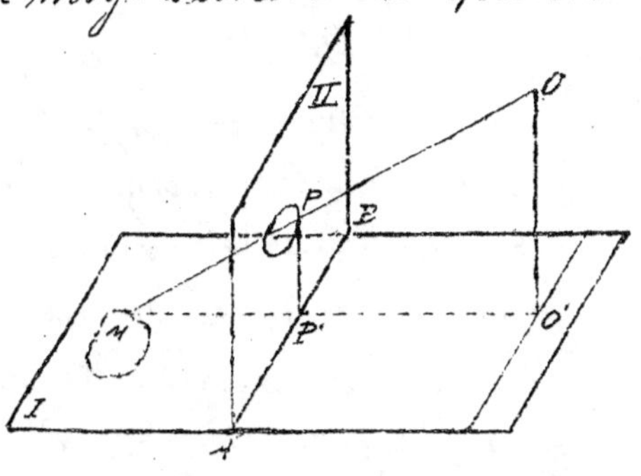


die Lote OO' und PP' auf die Grundebene I, und denke darauf die Dreiecksfläche MOO', die auch die Punkte PP' enthält, um die Linie MO' in O'' vielleicht nach vorn umgeklappt, wobei P in P'', O in O'' übergehen soll. Anderseits klappe man die Ebene II um AB nach rechts hin in die Ebene I um und verschiebe sie dann längs AB noch um ein beliebiges Stück, sodass die in ihr enthaltenen Punkte P und P' in den Punkten R und R' zu liegen kommen. Nun sind wir sogleich am Ziel.

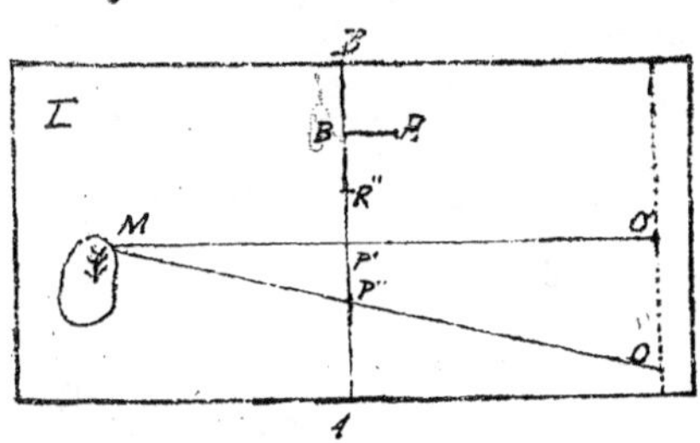


Es ist R'R = P'P''; wir nehmen noch einen zweiten Punkt R'' auf der Geraden AB hinzu, sodass P'P'' = R'R''

wird. Die Punkte O' und O'' sind in der Ebene I als fest anzusehen, die Punkte P' und P'' werden bei der Bewegung des Punktes M stets durch 2 Strahlen MO' und MO'' auf AB gegeben und hierdurch auch die Punkte R', R'', R bestimmt. Beschreibt daher der Punkt M die gegebene Figur, so beschreibt der Punkt R die gesuchte perspektivische Figur. Nun kommt, wie wir sofort verstehen können, zur mechanischen Realisirung dieses Vorganges das beschriebene Froschschenkelsystem in Anwendung, dessen Bezeichnungen mit denen unserer letzten Figur einfach zu identificiren sind. Wir haben nur noch ein Wort zu sagen, wie die Punkte P' und P'' mechanisch festgelegt werden. Zu dem Zweck dienen 2 Gleitlineale, welche die Schenkel eines Winkels mit dem Scheitel im beweglichen Punkte M bilden und mittels geeigneter Führungen stets durch die Punkte O' resp. O'' hindurchgehen. In den Punkten P' und P'' fassen diese Gleitlineale die beiden auf AB beweglichen Schlitten. Ersichtlich haben die Leitstangen P'R' und P''R'' den Zweck, die einzelnen Teile des Apparates bequem auseinanderzulegen, um so für die Führung des Zeichenstiftes R geeignet Raum zu schaffen. Die Handhabung des Apparates ergiebt sich hiernach von selbst.

Handelte es sich soeben um die durch Raum [Do. 12. I.

Konstruktion vermittelte perspektivische Beziehung zweier Ebenen auf einander, so wollen wir jetzt eine neue Perspektive kennen lernen, welche jedem Punkte einer Ebene einen andern Punkt der Ebene zuordnet, ohne aus der Ebene selbst herauszugehen. Wir legen ein gewöhnliches Coordinatendreieck mit den Ecken O, P, Q zu Grunde und wollen der einfacheren Ausdrucksweise halber die Coordinaten $x_1$, $x_2$, $x_3$ eines Punktes direkt als den Abständen derselben von den Dreiecksseiten proportionale Grössen einführen. Wir betrachten nunmehr die durch folgende Gleichungen vermittelte Punktbeziehung:

$$\rho x_1' = k x_1,$$
$$\rho x_2' = x_2,$$
$$\rho x_3' = x_3,$$

unter k eine beliebige Constante verstanden.

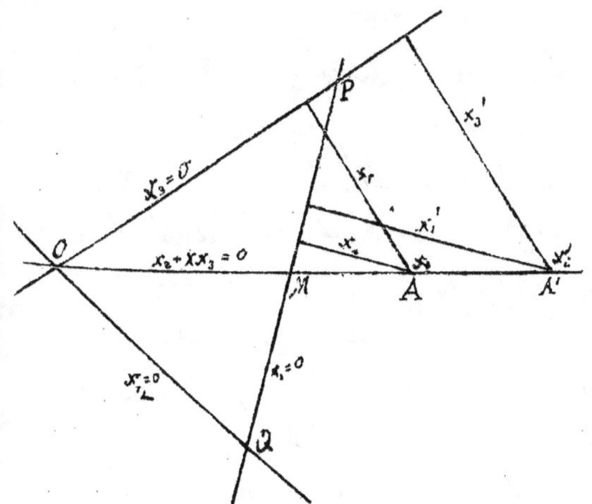


Wir erkennen sofort die folgenden Sätze: Der Eckpunkt O des Dreiecks entspricht sich selbst, ebenso sämmtliche Punkte der gegenüberliegenden Seite. Ein beliebiger durch den Punkt O gelegter

Strahl $x_2 + \lambda x_3 = 0$ geht gleichfalls in sich über, doch unter bestimmter Vertauschung seiner Punkte. Wir werden gleich sehen, wie wir auf ihm die einander entsprechenden Punkte konstruieren. – Man bezeichnet die so festgelegte einfache Beziehung als <u>ebene Perspektive</u>. Den Punkt O nennen wir das <u>Centrum</u>, die Gerade $x_1 = 0$ die <u>Axe</u> derselben. Um nun zu einem Punkte $x_i = A$ den zugehörigen Punkt $x_i' = A'$ zu finden, verbinden wir denselben mit O und stellen die einfachen Beziehungen auf

$$x_3 : x_3' = OA : OA'$$
$$x_1 : x_1' = MA : MA',$$

aus denen unter Benutzung unserer Ausgangsgleichungen folgt:

$$\frac{MA'}{OA'} = k\,\frac{MA}{OA}.$$

Diese Gleichung aber gestattet in einfachster Weise die gewünschte Konstruktion. Wir erkennen zugleich: in der ebenen Perspektive ist nur das Centrum O und die Axe wesentlich, die Strahlen $x_2 = 0$ u. $x_3 = 0$ sind mit allen andern Strahlen durch O gleich berechtigt.

Wir können nun mit leichter Mühe erkennen, wie sich eine Figur, die der Punkt $x$ beschreibt, in die entsprechende Figur des Punktes $x'$ umsetzt. Betrachten wir einmal die ganze Halbebene rechts von der Axe. Nehmen wir, um die Ideen zu fixieren, den Wert von k als echten Bruch, etwa $=\frac{1}{2}$, so wird der genannten Halbebene nur ein Parallelstreifen entsprechen, dessen Breite für $k=\frac{1}{2}$ beispielsweise gerade so gross ist, wie der Abstand des Centrums von der Axe. Die zur Axe parallele Begrenzungsgrade des Streifens nennt man die „Fluchtgerade" indem der zu einem beliebigen Punkte $x'$ derselben gehörende Originalpunkt $x$ in der ersten Figur gleichsam ins Unendliche geflohen ist.

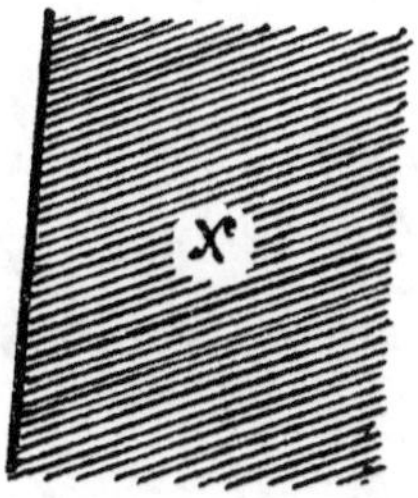

O

$x$

O'

$x'$

Wird $k$ grösser als $\frac{1}{2}$ (bleibt aber noch $<1$), so nimmt die Breite des Streifens zu, wird umgekehrt $k<\frac{1}{2}$, so nimmt sie ab. – (wie im Falle $k>1$ die Perspektive sich verhält ergiebt sich unmittelbar aus den bisherigen Beispielen nach Vertauschung von $x'$ u. $x$).

Um die Umformung einer einfachen Figur (für $k<1$) zu zeigen, geben wir den Satz:

Beispielsweise giebt ein Kreis der Ebene $x'$, der entweder

ganz in unsern Streifen liegt, oder die Fluchtgrade berührt oder sie trifft, in dem schraffierten Teile der x-Ebene eine Ellipse, eine Parabel oder einen Hyperbelast (dessen ergänzender Zweig in dem nicht schraffierten Teile der x-Ebene verlaufen wird).

Nun können wir offenbar auch die Umgebung der Punkte O u. O' mit einander vergleichen. Dieses wird ganz besonders in Frage kommen in dem speciellen Falle, dass die Axe der Perspektive in's Unendliche fällt. Wir erhalten dann einfach eine sogenannte Aehnlichkeitstransformation, wie wir sofort aus unsern Formeln ablesen können, indem ja jetzt an die Stelle der soeben betrachteten Dreieckscoordinaten gewöhnliche Parallelcoordinaten $x = \frac{x_2}{x_1}$, $y = \frac{x_3}{x_1}$ treten. Unsere Formeln ergeben nämlich $x' = \frac{x}{k}$, $y' = \frac{y}{k}$, d.h. Alle durch O hindurchlaufenden Geraden behalten ihre Lage, die Entfernungen von O aus aber werden mit einer bestimmten Constanten multipliciert. Die hierin liegende Beziehung wird mechanisch durch ein sehr einfaches Instrument, den Storchschnabel oder Pantographen vermittelt, (der praktisch dazu dient

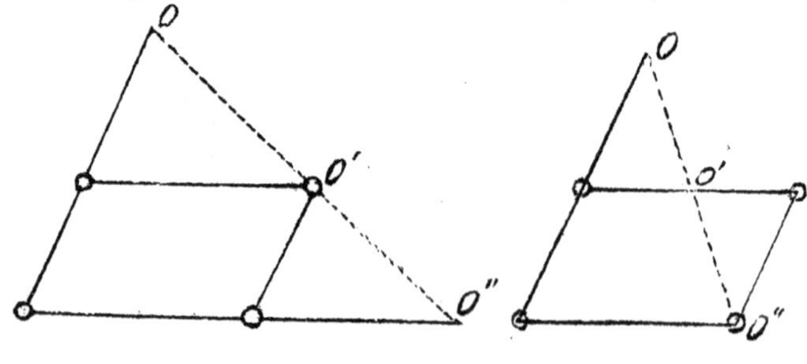

irgend welche vorgelegte Zeichnungen zu vergrössern oder zu verkleinern). Dasselbe besteht aus einem Parallelogrammgelenksystem mit Fortsätzen zweier Seiten derart, dass die Punkte $O, O', O''$ in gerader Linie liegen. Wird dann einer dieser Punkte festgehalten und der zweite Punkt auf einer Zeichnung entlang geführt, so beschreibt der dritte Punkt eine „ähnliche und ähnlich gelegene" Zeichnung. Was wir nun soeben in der Ebene ausführten, lässt sich entsprechend auch auf den Raum übertragen durch den Ansatz:

$$\begin{aligned} \rho\, x_1' &= k\, x_1 \\ \rho\, x_2' &= k\, x_2 \\ \rho\, x_3' &= x_3 \\ \rho\, x_4' &= x_4 \end{aligned}$$

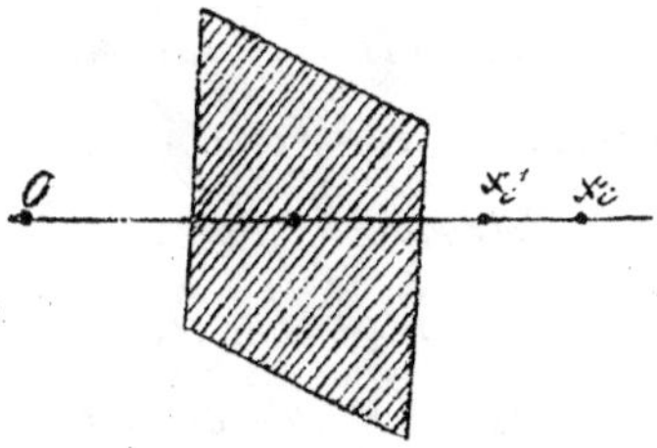

Wir reden wieder von einem Centrum und einer ausgezeichneten Ebene der Perspektive; letztere ist dadurch definirt, dass alle ihre Punkte ebenso wie das Centrum sich selbst entsprechen. Der ganze Halbraum rechts von dieser Ebene wird sich jetzt wieder für $k < 1$, auf eine Schicht $x'$ von bestimmter Dicke abbilden. Jeder Strahl durch das Centrum geht gleichfalls, unter Vertauschung seiner Punkte, in sich über. Man nennt diese specielle Collineation des Raumes die <u>Reliefperspektive</u>; man spricht von einem Hautrelief und einem Basrelief als Abbild einer körperlichen Figur, je nachdem die Schicht einigermassen dick oder nur dünn ist. Angewandt wird diese Perspektive übrigens nicht nur in der Skulptur, sondern z. B. auch als Theaterperspektive zur Bühnendarstellung. Es ist interessant an einem bestimmten Modell, z. B. an der in Brill'schem Verlage erschienenen Reliefperspektive eines Kegels, eines Würfels mit einer Kugel, und eines Hohlcylinders sich der optischen Täuschung bewusst zu werden, welche uns die dargestellten Dinge unmittelbar in ihren richtigen Dimensionen sichtbar macht. Als Beispiel sei noch die Transformation eines hyperbolischen Paraboloids in ein einschaliges Hyperboloid, oder des letzteren in das erstere erwähnt.

Die gewöhnliche Arbeit des Bildhauers benutzt wieder den speciellen Fall der einfachen Aehnlichkeitstransformation. Doch wie verhält sich im Gegensatz hierzu die Darstellungsmethode des Malers? Derselbe bildet alle Gegenstände des Raumes, die er wiedergiebt, perspektivisch auf einer Ebene ab. Die formelle Darstellung und die Gesetze dieser „<u>malerischen Perspektive</u>" erhalten wir sehr einfach aus unsern allgemeinen Formeln, wenn wir $k = 0$ setzen; es wird dann:

$$\rho x_1' = 0$$
$$\rho x_2' = x_2$$
$$\rho x_3' = x_3$$
$$\rho x_4' = x_4$$

Dies aber hat zur Folge, dass die Determinante unserer Substitution Null wird; wir haben daher das Beispiel einer Collineation mit verschwindender Determinante, auf deren Möglichkeit wir schon früher hinwiesen. Die Hauptsätze dieser ausgearteten Collineation sind die folgenden:

1). Jedem Punkte $x$ entspricht ein Punkt $x_i'$; nur das Centrum O der Perspektive bildet eine Ausnahme, sein Abbild ist völlig unbestimmt. Umgekehrt entsprechen jedem Punkte $x_i'$ der ausgezeichneten Ebene alle Punkte $x_i$, die auf dem zugehörigen Strahl durch O liegen; jedem andern Punkte $x_i'$ entspricht immer nur das Centrum O selbst.

2). Jeder von dem Punkte $x_i$ beschriebenen Geraden entspricht eine Gerade der Punkte $x_i'$. Eine Ausnahme bilden die Geraden durch O, insofern ihre sämmtlichen von O verschiedenen Punkte sich in denselben Punkt $x_i'$ projicieren. Man kann die formelle Uebereinstimmung so herbeiführen, dass man alle anderen Punkte $x_i'$ der Geraden als Bilder von O selbst ansieht. Umgekehrt entsprechen einer Geraden der Punkte $x_i'$ der ausgezeichneten Ebene unendlich viele Gerade $x$, welche ihrerseits eine durch O gehende Ebene erfüllen, etc. etc.

Analog wäre noch ein Satz über das Entsprechen von Ebenen hinzuzufügen. Diese elementaren Bemerkungen, die wir leicht noch vervollständigen können, lassen erkennen, wie der Charakter der linearen Transformation ein durchaus andrer wird, sobald die Determinante verschwindet.

Sprechen wir nun insbesondre von dem *Nutzen* [Fr. 13. I. 93] *dieser Betrachtungen für die Geometrie*. Wir können doch eine vorliegende Gleichung $f(x_1', x_2', x_3', \dots) = 0$ mittels der linearen Substitutionen der Variablen in manche andre Gestalt transformieren, die uns dann ein mit dem Gebilde der ersten Gleichung gleichwertiges Gebilde vorstellt. Die collineare Umformung auf der einen Seite, die lineare Transformation auf der andern Seite gestatten uns also, die geometrischen Figuren oder ihre Gleichungen gruppenweise zusammenzufassen und alle die Eigenschaften, welche den Gebilden der Gruppe gemeinsam sein mögen, am einfachsten Repräsentanten der Gruppe zu studieren. So sind für uns die Curven 2. Grades: Ellipse, Hyperbel, Parabel und Kreis, gleichwertig [wie dies durch ihre Bezeichnung als „Kegelschnitte" ausgedrückt wird], und dementsprechend können wir am Kreis oder an der Parabel die allen diesen Gebilden gemeinsamen Eigenschaften studieren. Entsprechend sind im Raum die Flächen: Ellipsoid, zweischaliges Hyperboloid, elliptisches Paraboloid und Kugel einerseits und die geradlinigen Flächen 2. Grades: einschaliges Hyperboloid und hyperbolisches Paraboloid andrerseits unter sich collinear verwandt und also zusammengehörig. Dies sind allbekannte elementare Beispiele.

Sprechen wir doch in gleichem Sinne noch kurz von den Curven 3. Ordnung in der Ebene. Dieselben lassen sich durch collineare Umformung auf 5 Typen zurückführen. Wir wollen dieselben zusammenstellen, indem wir mit dem analytischen Ansatz beginnen. Alle Fälle lassen sich durch geeignete lineare Umformungen auf die folgende Gestalt der Gleichung bringen:

$$y^2 = (x - e_1)(x - e_2)(x - e_3)$$

[in der die Symmetrie der spez. Curvengestalt zur $x$-Axe ausgesprochen liegt]. Des Näheren gliedert sich die Sache nun wie folgt:

1) Zwei der Werte $e_i$ sind conjugiert imaginär, der dritte natürlich reell:

Einteilige Curve dritter Ordnung.

2) Alle Werte $e_i$ sind reell. Dies ergiebt unter der Annahme $e_1 \geqq e_2 \geqq e_3$ die folgenden Unterfälle:

a). $e_1 > e_2 > e_3$, d. h. Alle $e_i$ von einander verschieden.

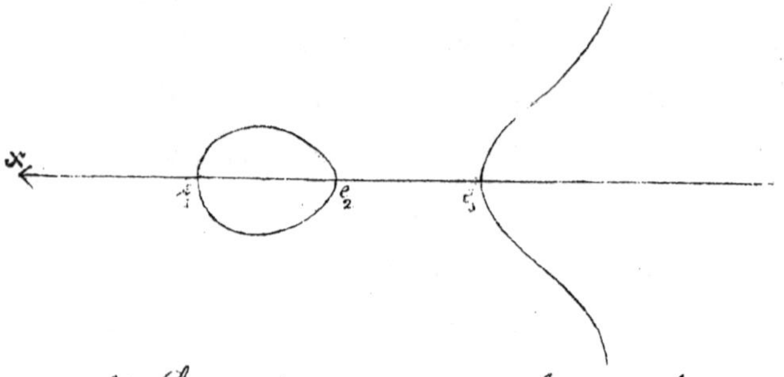

x $e_1$ $e_2$ $e_3$

Zweiteilige Curve dritter Ordnung.

b). Es sei $e_1 = e_2$, doch verschieden von $e_3$

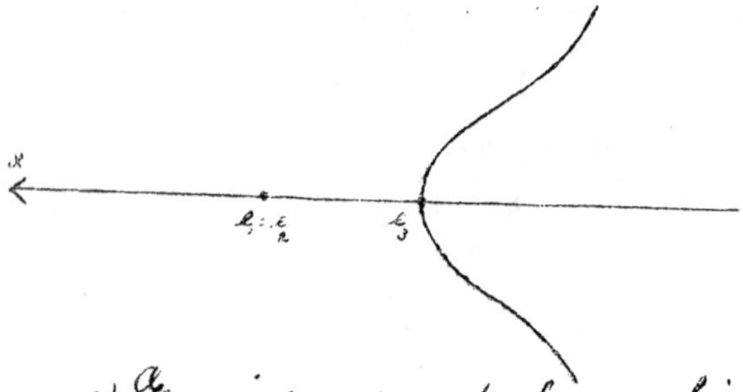

x $e_1 = e_2$ $e_3$

Curve dritter Ordnung mit isoliertem Doppelpunkt.

c). Es sei $e_2 = e_3$, doch verschieden von $e_1$

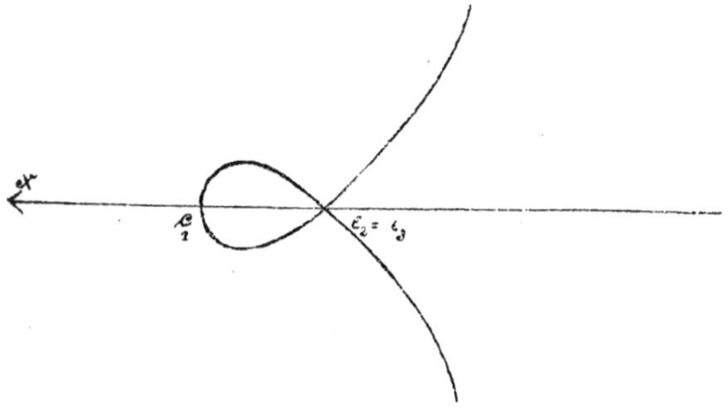

x $e_1$ $e_2 = e_3$

Curve dritter Ordnung mit eigentlichem Doppelpunkt.

d). Es sei $e_1 = e_2 = e_3$

Curve dritter Ordnung mit Spitze.

Jede $C_3$ der Ebene lässt sich durch Collineation, also etwa durch Perspektive, in einen dieser 5 Typen verwandeln, oder anders ausgedrückt: Alle $C_3$ erscheinen als ebene Schnitte von 5 Kegeln 3. Ordnung, die man erhält, wenn man von einem beliebigen Augenpunkt aus nach den obigen Figuren die Verbindungsstrahlen legt.

"Dieses Resultat der Einteilung der $C_3$ geht bereits bis auf Newton zurück in dessen Schrift: Enumeratio linearum tertii ordinis (1711); man sehe insbesondere das Kapitel „de generatione curvarum per umbras."

Man muss also nicht meinen, dass die projektiven Betrachtungen etwas ausschliesslich Modernes sind.

Wir wollen nun in der Weise weitergehen, dass wir weniger die Theorie der projektiven Geometrie ausführlich entwickeln, als die Hauptstufen ihrer Entwicklung nach ihrer historischen Aufeinanderfolge besprechen. Da ist gleich als erste Stufe zu nennen:

1). Poncelet's Werk 1822. Dort wird zwischen den Eigenschaften der Lage und des Masses bei geometrischen Gebilden unterschieden. Die ersteren sind dadurch charakterisiert, dass sie bei irgendwelchen projektiven Umformungen der Figur unverändert erhalten bleiben, was für die letzteren nicht gilt. Solcherweise wird die gesammte Geometrie in zwei Gebiete geteilt, die wir als Geometrie der Lage und des Masses einander gegenüber stellen können.

Nun hat es offenbar ein ganz besondres Interesse, aus Masszahlen der geometrischen Gebilde solche Ausdrücke zusammenzusetzen, die bei der Collineation unverändert bleiben, die demnach Eigenschaften der Lage bezeichnen. Das einfachste Beispiel dieser Art bildet das Doppelverhältniss von 4 collinearen Punkten. Sind 4 Punkte $A\,B\,C\,D$ einer Geraden gegeben, so bezeichnet man als Doppelverhältniss derselben das Streckenverhältniss:



$$\frac{AC}{AD} : \frac{BC}{BD} = \frac{AC \cdot BD}{AD \cdot BC}$$

Dasselbe drückt sich in den Coordinaten $x, y, z, t$ der

Punkte, die wir als Abscissen auf der geraden Linie selbst messen, aus als: $\frac{x-z}{x-t} : \frac{y-t}{y-z}$ oder bei homogener Schreibweise $\frac{(x_1 z_2 - x_2 z_1)(y_1 t_2 - y_2 t_1)}{(x_1 t_2 - x_2 t_1)(y_1 z_2 - y_2 z_1)}$, welches wir in leicht verständlicher Abkürzung:

$$\frac{(xz)(yt)}{(xt)(yz)}$$ schreiben wollen.

Dass dieser Ausdruck bei projektiver Umformung unverändert bleibt, wollen wir zunächst für die lineare Transformation der Geraden in sich zeigen, die durch die Gleichung $x = \frac{\alpha x' + \beta}{\gamma x' + \delta}$, oder in homogener Form:

$$x_1 = \alpha x_1' + \beta x_2'$$
$$x_2 = \gamma x_1' + \delta x_2'$$

(unter Fortlassung des Proportionalitätsfaktors) gegeben sein möge.

Die entsprechenden Transformationsgleichungen sollen natürlich für die Punkte $x$, $y$ und $t$ gelten. Setzen wir diese Werte in den soeben mitgeteilten Ausdruck des Doppelverhältnisses ein, so geht z. B der Faktor $(xz)$ über in:

$$\begin{vmatrix} \alpha x_1' + \beta x_2' & \gamma x_1' + \delta x_2' \\ \alpha z_1' + \beta x_2' & \gamma z_1' + \delta z_2' \end{vmatrix} = \begin{vmatrix} \alpha & \beta \\ \gamma & \delta \end{vmatrix} (x'z').$$

Im Zähler und Nenner hebt sich dann die je zweimal auftretende Determinante der Substitution fort. <u>Die Unveränderlichkeit des Doppelverhältnisses bei linearer Transformation der Geraden in sich ist daher eine Folge des Determinantenmultiplicationssatzes.</u>

Wenn wir nun aber eine lineare Transformation nicht blos in der Geraden selbst, sondern in der Ebene oder im Raume betrachten, so zeigen wir die Invariabilität des Doppelverhältnisses wie folgt:

Die Punkte $z_i$ u. $t_i$ können wir bekanntlich darstellen als $x_i + \lambda y_i$ und $x_i + \mu y_i$, worauf eine einfache Berechnung des Doppelverhältnisses als Wert desselben $\frac{\lambda}{\mu}$ ergiebt.

Lassen wir nun eine Collineation eintreten $x_i' = \sum^k a_{ik} x_k$, so gehen aus den Punkten $x_i, y_i, x_i + \lambda y_i, x_i + \mu y_i$ entsprechend die collinearen Punkte $x_i', y_i', x_i' + \lambda y_i', x_i' + \mu y_i'$ hervor. Deren Doppelverhältnis ist aber ersichtlich wieder gleich $\frac{\lambda}{\mu}$, q. e. d.

Diese angeführte Eigenschaft des Doppelverhältnisses ist ja allbekannt und in jedem Lehrbuch der analytischen oder synthetischen Geometrie enthalten. Doch können wir nicht noch andre Ausdrücke konstruieren, die gleichfalls gegenüber linearer Transformation der Variablen unverändert bleiben? Es seien z. B. die 5 Punkte $x_i, y_i, z_i, t_i, u_i$ in einer Ebene gegeben. Aus ihren Coordinaten setzen wir dreigliedrige Determinanten zusammen und fassen etwa insbesondere den Ausdruck $\frac{(xyz)(xtu)}{(xtz)(xyu)}$ ins Auge, in dem insbesondre der Punkt $x_i$ eine ausgezeichnete Rolle bekommen hat. Auch diese Form wird bei linearer Transformation der Ebene, wie sofort zu übersehen ist, unverändert bleiben; dasselbe gilt bei einer Raumcollineation. Der Ausdruck ist in dieser Eigenschaft bereits von Möbius in seinem Barycentrischen Calcul angeführt worden; man sieht leicht, dass man noch zu weiteren Ausdrücken der gleichen Eigenschaft übergehen kann. Die so angeführten einfachen Beispiele eröffnen uns einen ersten Blick in das Gebiet der Invariantentheorie.

Bei der Ausgestaltung der projektiven Geometrie hat man ganz besonders an der Betrachtung des Doppelverhältnisses festzuhalten. Wir müssen kurz lernen, wie man dasselbe in dualer Weise übertragen hat.

Es gelten in dieser Hinsicht die folgen- [Mo. 16. I. 93]. den 3 Sätze, die wir der Kürze halber ohne Beweis anführen.

1). Eine lineare Transformation der Punktcoordinaten $x_i$ ist zugleich eine lineare Transformation der Ebenen- resp. Liniencoordinaten $u_i$ und umgekehrt.

2). Vier Ebenen eines Büschels (d. h. der Gesammtheit aller durch dieselbe Gerade gehenden Ebenen), sowie 4 Geraden eines Büschels (d. h. der Gesammtheit aller Strahlen durch denselben Punkt in einer Ebene) haben ein bestimmtes Doppelverhältnis, welches sich durch die Coordinaten der Ebenen resp. Geraden genau in derselben Weise ausdrückt, wie das Doppelverhältnis von 4 collinearen Punkten durch deren Coordinaten.

3). Wenn diese 4 Ebenen oder Geraden eines Büschels durch 4 Punkte einer Punktreihe hindurchgehen, so haben dieselben genau dasselbe Doppelverhältnis wie die 4 Punkte. (Satz des Pappus).

Wir wollen ferner noch eine in unserer bisherigen Darstellung vorhandene Lücke ergänzen. Im Raume und in der Ebene haben wir die lineare Transformation uns geometrisch als Collineation anschaulich vor Augen geführt; wie werden wir jedoch die lineare Transformation einer Mannigfaltigkeit erster Dimension, speciell einer Geraden geometrisch definieren können, bei der das Wort Collineation ja seine Bedeutung verliert?

Die lineare Beziehung zwischen den 2 Geraden I u. II: $x' = \frac{\alpha x + \beta}{\gamma x + \delta}$ ist festgelegt, sobald wir 3 beliebigen Punkten der Geraden I drei beliebige Punkte der Geraden II entsprechen lassen. <u>Um nun diese hierdurch vermittelte Verwandtschaft geometrisch zu bestimmen werden wir den Begriff des Doppelverhältnisses heranziehen und sagen, dass jedem Punkte D ein Punkt D' entspricht, für welche die Gleichung: DV(ABCD) = DV(A'B'C'D') besteht.</u>

Diese an sich triviale Sache wird nun dadurch interessant, dass man häufig glaubte, diese projektive Verwandtschaft zwischen einstufigen Gebilden einfacher festlegen zu können. Man findet in vielen Lehrbüchern den Satz: <u>Wenn 2 Gerade eindeutig und stetig auf einander bezogen sind, so werden entsprechende Punkte durch eine lineare Substitution einander zugeordnet.</u>

Dieser Satz ist jedoch nur richtig, wenn er richtig gedeutet wird; fügt man keine weitere Erklärung hinzu, so ist er unrichtig. Denken wir z. B. an ein stets in gleichem Sinne gekrümmtes Oval in beliebigen 2 Punkten die Tangenten konstruiert und allemal 2 solche Punkte auf diesen einander zugeordnet, in denen eine variable dritte Tangente sie trifft, so haben wir in der That eine eindeutige, stetige Beziehung zwischen den beiden ersten Geraden festgelegt.

Doch stellt dieselbe gewiss nicht allgemein zu reden eine lineare Beziehung vor. Wäre sie nämlich linear, so würden unsere Tangenten nach bekannten Sätzen nicht ein beliebiges Oval, sondern eine Ellipse umhüllen. Sonach ist unser obiger Satz zunächst falsch. Ganz anders wird jedoch die Auffassung desselben, wenn man ihn auch auf complexe Werte der Veränderlichen $x$ u. $x'$ ausgedehnt wissen will, und wenn man zufügt, dass in der Formel $x' = \varphi(x)$ das $\varphi(x)$ eine analytische Funktion vorstellen soll.

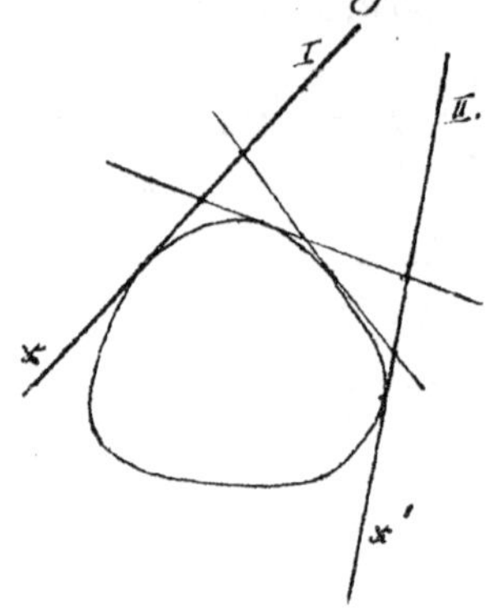


<u>Sollen die complexen Variablen $x$ und $x'$ durch eine ein-eindeutige Beziehung analytisch verbunden sein, dann ist dieselbe in der That notwendig linear, wie man in der Functionentheorie in strenger Weise ableitet.</u> Von hieraus erkennt man auch, dass der anfänglich falsche Satz richtig wird, wenn man das Oval als Curve 2. Klasse d. h. als Ellipse nimmt.

Denn von jedem Punkte der einen Tangente geht nur noch eine zweite Tangente an die Curve, und da sich diese Beziehung in einer algebraischen Gleichung ausdrückt, so gilt sie für complexe Werte der Veränderlichen so gut wie für reelle Werte. Demnach ist die Beziehung zwischen den Grössen $x$ u. $x'$ dann nicht mehr nur im Reellen für das Auge ein-eindeutig, sondern sie ist im algebraischen Gebiete ein-eindeutig, und damit sind die Prämissen für die funktionentheoretische Schlussweise gegeben.

2). Wir gehen nun zu der zweiten Stufe der Entwicklung der projektivischen Geometrie über, welche durch die Namen: Steiner und Chasles bezeichnet ist. Ueber Steiner haben wir bereits früher Näheres erfahren. Chasles hat von 1846 bis 1878 eine eigene Lehrstelle in der Faculté des Sciences zu Paris für Géométrie supérieure innegehabt und dort eine ausgezeichnete Lehrthätigkeit entwickelt. Zu nennen sind von seinen Werken hier ins besondere sein: „Aperçu historique sur l'origine et le developpement des methodes en géométrie etc" (1837), in dessen Noten sich neben der historischen Darstellung auch viele selbständige Ideen zur projektiven Geometrie finden, ferner der „traité de géométrie supérieure" (1852, in zweiter Auflage 1880),

endlich der traité des sections coniques (1865), von dem indess nur <u>ein</u> Band erschienen ist. Chasles hat hierüber hinaus sehr zahlreiche weitgehende Untersuchungen veröffentlicht, von denen wir jedoch an dieser Stelle nicht zu sprechen haben.*)
In den elementaren Betrachtungen hat Chasles wenig Eigenes hinzugefügt, sondern sich durchaus an Moebius und Steiner angeschlossen (obwohl er von sich behauptete, kein Deutsch lesen zu können). Doch gebrauchte er andere Bezeichnungen: statt Collineation sagt er Homographie, statt Dualität Correlation, statt Doppelverhältnis rapport anharmonique. (Das Wort „anharmonique" bedeutet soviel wie „überharmonisch", dementsprechend, dass man den speciellen Wert DV = −1 als harmonisches Doppelverhältnis zu bezeichnen pflegt.–)
Hatten wir früher zwischen metrischen und projektiven Eigenschaften der Gebilde unterschieden, so ist die zweite Stufe der projektiven Geometrie, von der wir jetzt reden, durch das völlige Zurücktreten des Metrischen charakterisiert. Insbesondre tritt der Steinersche <u>Grundgedanke der projektiven Erzeugung</u> in den Vordergrund. Wir werden denselben an einzelnen Beispielen leicht verstehen

<u>1).</u> Es seien $p + \lambda q = 0$ und $p' + \lambda q' = 0$ zwei Büschel

*) Man vergleiche Chasles „Rapport sur les progrès de la géométrie" Paris 1870, der auch sonst als Nachschlagebuch nützlich zu brauchen ist.

gerader Linien derselben Ebene in bekannter abgekürzter Bezeichnungsweise. Indem wir nun diejenigen Geraden, welche dasselbe $\lambda$ besitzen, zusammenordnen, beziehen wir die Büschel linear auf einander. Als Schnitt der jedesmal sich entsprechenden Strahlen ergiebt sich das Eliminationsresultat von $\lambda$ $pq' - p'q = 0$, d.h. ein Kegelschnitt. – Derselbe wird also erzeugt durch den Schnitt entsprechender Strahlen zweier projektiv aufeinander bezogenen Geradenbüschel.

2). In ganz entsprechender Weise erzeugen im Raume 2 projektive Ebenenbüschel $p + \lambda q = 0$ und $p' + \lambda q' = 0$ ein einschaliges Hyperboloid, dessen Gleichung wieder durch $pq' - p'q = 0$ gegeben wird.

3). Es seien endlich drei „Ebenenbündel" gegeben. (Unter einem Ebenenbündel haben wir die Gesammtheit der durch einen festen Punkt gehenden Ebenen zu verstehen). Ihre Gleichungen mögen sein:

$$p + \lambda q + \mu r = 0,$$
$$p' + \lambda q' + \mu r' = 0,$$
$$p'' + \lambda q'' + \mu r'' = 0.$$

Dieselben sollen wieder in der Art auf einander bezogen sein, dass je die gleichen Werten $\lambda$, $\mu$ zugehörigen Ebenen sich entsprechen; dies besagt wieder eine projektive Beziehung der 3 Bündel auf einander.

Je drei zusammengehörige Ebenen schneiden sich nun in einem Punkte; derselbe beschreibt bei variablem $\lambda$ und $\mu$ dann eine Fläche, deren Gleichung wir durch Elimination aus den vorstehenden Gleichungen in der Determinantenform

$$\begin{vmatrix} p & q & r \\ p' & q' & r' \\ p'' & q'' & r'' \end{vmatrix} = 0 \text{ erhalten.}$$

Wir sehen, wir erhalten eine <u>Fläche dritter Ordnung</u>. Die hier gegebene projektive Erzeugung derselben ist insbesondre von <u>Grassmann</u> entwickelt worden.

4). Ein ebenes Gebilde dritter Ordnung erhalten wir aus der projektiven Beziehung eines Büschels von Kegelschnitten $\varphi + \lambda\psi = 0$ auf ein Geradenbüschel $p + \lambda q = 0$. Die Elimination von $\lambda$ ergiebt in der Gleichung $\begin{vmatrix} p & q \\ \varphi & \psi \end{vmatrix} = 0$ eine <u>ebene Curve 3. Ordnung</u>. Analog eine ebene Curve 4. Ordnung als Schnitt zweier projektiver Kegelschnittbüschel. – Beidemal erhält man zugleich die allgemeinste Curve der betreffenden Ordnung. –

Der diesen Beispielen zu Grunde liegende Steiner'sche Gedanke, höhere geometrische Gebilde aus niedren durch projektive Beziehung zu erzeugen, ist vorallem in Reye's Geometrie der Lage systematisch zu Grunde gelegt und durchgeführt. Man vergleiche auch Schur in Annalen 18, sowie die Abhandlungen von Reye in den Bänden 74 ff. des Journals.

Was wird nun von der Tragweite dieser Methode zu sagen sein? [Di. 17. I. 93.]

Die projektive Erzeugung der algebraischen Gebilde ist ja selbstverständlich sehr einfach und schön; sie entspricht dem Umsetzen der algebraischen Gleichungen in eine Determinantenform. Indess ist doch nicht ausser Acht zu lassen, dass es einmal daneben durchaus andre ebenfalls schöne geometrische Erzeugungsarten von Curven z. B. durch Gelenkmechanismen giebt, andrerseits die projektive Erzeugung auch keine allgemeine Definition dessen, was wir ein algebraisches Gebilde nennen, vermittelt. In der That sind Steiner und Chasles in ihren späteren Arbeiten auch von dem ausschliesslich synthetischen, d. h. konstruktiven Prinzip abgegangen und haben den allgemeinen Begriff des algebraischen Gebildes und der algebraischen Konstruktion aus der Analysis entnommen. So ist denn die sogenannte „méthode mixte" entstanden, die zwar die Definition des Gebildes der analytischen Gleichung entlehnt, dann aber weiterhin die Formeln zurückdrängt

Sie ist beispielsweise in den Cremona'schen Lehrbüchern zu Grunde gelegt: „Höhere ebene Curven" und „Oberflächen" (die beide in deutscher Uebersetzung erschienen sind). Ich verweise übrigens auf meine Vorlesungen über Riemann'sche Flächen (den historischen Bericht über die Theorie der algebraischen Curven.)

3). Wir kommen nun zur dritten Stufe der projektiven Geometrie, die darauf ausgeht, die Metrik durch Projektivität zu beherrschen.

Der erste Ansatz hierzu ist bereits von Poncelet gegeben, indem er in bestimmter Weise die Kugel von den übrigen Flächen 2. Grades unterschied. Es sei die Gleichung der ersteren wie folgt gegeben:

$(x^2+y^2+z^2)+2\alpha x+2\beta y+2\gamma z+\delta=0$, oder homogen geschrieben

$(x^2+y^2+z^2)+2\alpha xt+2\beta yt+2\gamma zt+\delta t^2=0$.

Als Schnitte mit der unendlich fernen Ebene $t=0$ ergiebt sich die Curve:
$$\left\{\begin{matrix} x^2+y^2+z^2=0 \\ t=0 \end{matrix}\right\}$$
welche ersichtlich allen Kugeln gemeinsam ist. Dieselbe nennt man den imaginären „Kugelkreis"

Umgekehrt lassen sich die Kugeln nun durch die Bedingung, den Kugelkreis zu enthalten, unter den Flächen 2. Grades charakterisieren. – Das Entsprechende für die Ebene ist der Satz, dass alle Kreise durch die beiden „Kreispunkte" $x^2 + y^2 = 0$, $t = 0$ hindurchgehen.

Nun hat diese Definition der Kugeln (oder Kreise) insofern projektiven Charakter, als sie uns erkennen lässt, welche Flächen 2. Grades aus den Kugeln des Raumes bei beliebiger linearer Transformation hervorgehen, nämlich diejenigen Flächen, welche den Kegelschnitt enthalten, der bei der linearen Transformation aus dem Kugelkreis entsteht. – Der allgemein angestrebte Gedanke ist nun, alle metrischen Eigenschaften der Gebilde als projektive Beziehung derselben zum Kugelkreis aufzufassen. Chasles und seine Schule haben in dieser Richtung die ersten erfolgreichen Schritte gethan. Insbesondre ist ein kleiner Aufsatz von Laguerre zu nennen in den Nouvelles Annales von 1853. In demselben ist der Winkel $\varphi$ zweier Strahlen $t$ u. $u$ in einer ganz neuen Weise projektiv definiert. Laguerre zieht von dem Scheitel des Winkels die Verbindungslinien $v, w$ nach den beiden Kreispunkten der Ebene und betrachtet das Doppelverhältnis ($t$ $u$ $v$ $w$) der 4 Geraden. Er stellt dann die Formel auf $\varphi = \frac{i}{2} \log D V$ und giebt in solcher Weise den Winkel der beiden Strahlen als eine projektive Beziehung derselben zu den beiden Kreispunkten.

Ganz analog ist der Winkel zweier Ebenen im Raume zu definieren. Wir wissen: bei beliebiger linearer Transformation bleibt dieses Doppelverhältnis ungeändert; dasselbe bezieht sich jedoch dann auf diejenigen Geraden, welche von dem Scheitel des neuen Winkels nach den aus den Kreispunkten entstandenen Punkten hinlaufen. Der Winkel im gewöhnlichen Sinne wird also nur ungeändert bleiben, wenn letztere Punkte zufälligerweise selbst die Kreispunkte sind, d.h. wenn die Kreispunkte bei der linearen Transformation in sich selbst übergegangen sind. Hierdurch eben werden unter der Gesammtheit der Collineationen die Bewegungen und Umlegungen bezw. die „Aehnlichkeitstransformationen" charakterisiert sein. Die Auffassung Laguerre's hat eine wesentliche Erweiterung erfahren durch Cayley (1859) in einer Abhandlung der Londoner Philos. Transactions. Dieselbe ist die 6. in einer Reihe von Abhandlungen, die unter dem Titel „upon Quantics" (d.h. „Formen") von Invariantentheorie und projektive Geometrie handeln. Cayley entwickelt dort auf projektiver Basis eine allgemeine Lehre der Metrik oder Massbestimmung, indem er nämlich die projektive Beziehung der räumlichen Figur zu einer beliebigen Fläche 2. Grades in solcher Form entwickelt, dass die Formeln der gewöhnlichen Massbestimmung herauskommen, sobald man die Fläche

2. Grades in den Kugelkreis ausarten lässt. –
Alle diese Dinge sind ausführlich von mir in meinen Vorlesungen über nicht-Euklidische Geometrie behandelt worden; es wird also nicht nötig sein, auf dieselben hier noch genauer einzugehen.

4). Wir wenden uns jetzt zu der 4. Stufe der projektiven Geometrie, die als prinzipielle Grundlegung derselben zu überschreiben ist. Bei der zweiten und dritten Stufe findet gewissermassen ein Zirkel im Denken statt. Um nämlich den Zahlenwert eines Doppelverhältnisses festzulegen, muss man Strecken messen, um Coordinaten einzuführen, Abstände messen u. dergl. So steckt die metrische Geometrie, welche man durch die projektive Geometrie beherrschen will, selbst bereits in den Grundlagen der projektiven Geometrie drin. Wir werden uns daher fragen, können wir nicht ganz unabhängig von jeglicher Anwendung der Massgeometrie, vielleicht allein durch Ziehen von geraden Linien, die Zahl einführen, welche wir das Doppelverhältnis von 4 Punkten einer Geraden nennen? Können wir ferner nicht auch die homogenen Coordinaten $x_i$ der Ebene oder des Raumes als bestimmte Zahlen ohne Massbegriff festlegen? Derjenige Geometer, der in dieser Hinsicht Klarheit geschaffen hat, ist von Staudt (ein Süddeutscher (aus Rothenburg a/d Tauber), der während seiner ganzen Lehrthätigkeit in Erlangen (1835-1867) lebte). Sein Hauptwerk ist „die Geometrie der Lage" (1847), der er 1856-59 „die Beiträge zur Geometrie der Lage" folgen liess. Dies sind ausserordentlich inhaltreiche Bücher, wie jedenfalls v. Staudt einer der am tiefsten eindringenden Geometer gewesen ist, die je gelebt haben. Dieselben sind wegen ihres knappen und etwas schwer lesbaren Stiles bisher leider immer noch nicht so bekannt geworden, besonders im Ausland, wie sie es verdienen. Zwei Aufgaben kommen für uns besonders in Betracht, die dort ihre Lösung finden. Einmal ordnet v. Staudt 4 Punkten einer geraden Linie, ohne den Zirkel zu gebrauchen, eine Zahl zu, welche er den „Wurf" ABCD nennt, nämlich vermöge der Moebius'schen Netzkonstruktion, und diese Zahl erweist sich genau identisch mit der, die man von der metrischen Geometrie aus als das Doppelverhältnis der 4 Punkte einführt*).

Zweitens führt er auf solche „Würfe" die Definition der Dreieckscoordinaten der Ebene, der Tetraedercoordinaten im Raume zurück.

Diesen letzten Punkt können wir uns leicht klar machen, wenn wir zeigen, wie wir die betreffenden Coordinaten als Doppelverhältnisse einführen können.

*) v. Staudt vermeidet prinzipiell den Ausdruck: Doppelverhältnis; in der That bezieht sich dieser ja darauf, dass man den „Wurf" als Quotienten von Strecken definiert, während doch hier von allem Messen abgesehen werden soll.

Bleiben wir der Einfachheit halber bei den Punktcoordinaten in der Ebene. In Beziehung auf das Coordinatendreieck $ABC$ gilt für einen beliebigen Punkt $P$, dass seine Coordinaten sich wie die mit beliebigen Constanten multiplicierten Abstände von den Seiten des Dreiecks verhalten. Also z. B. $x_1 : x_3 = c_1 PP_1 : c_3 PP_3$. Wir müssen nun mit v. Staudt den Einheitspunkt $E$ der Ebene hinzunehmen, d. h. denjenigen Punkt, dessen Coordinaten $1, 1, 1$ sind. Dann gilt weiter in unserer Figur $c_1 \cdot EE_1 : c_3 EE_3 = 1 : 1$; wir können daher setzen:

$$c_1 = \frac{1}{EE_1}, \quad c_3 = \frac{1}{EE_3}; \text{ dann folgt:}$$

$$x_1 : x_3 = \frac{PP_1}{EE_1} \cdot \frac{EE_3}{PP_3}.$$

Bezeichnen wir die Winkel der Verbindungslinien $EB$ u. $PB$ mit den Seiten $x_1 = 0$ u. $x_3 = 0$ entsprechend mit $\psi_1\ \psi_2$, $\varphi_1\ \varphi_2$ so ergiebt sich aus der letzten Gleichung:

$$x_1 : x_3 = \frac{\sin\varphi_1}{\sin\varphi_2} \cdot \frac{\sin\psi_2}{\sin\psi_1}.$$

Die rechte Seite stellt aber die elementare Definition des Doppelverhältnisses der 4 Strahlen von $B$ nach den Punkten

P, E, C, A lar. <u>Aus dieser Hülfsbetrachtung geht nun allgemein hervor, dass sich die Dreiecks-coordinaten unter Zuhülfenahme des Einheitspunktes durch gewisse Doppelverhältnisse definieren lassen, und man hat also alle Mittel, Dreieckscoordinaten durch blosse projektive Konstruktionen einzuführen, sobald man in der Lage ist, Doppelverhältnisse rein projektiv nummerisch festzulegen, wie dies von Staudt thut.</u>

Weiter als hiermit geschildert ist, ist v. Staudt nicht gegangen; er hat sich darauf beschränkt, für die projektive Geometrie als solche eine prinzipielle Grundlage zu schaffen. Es hat aber keine Schwierigkeit, die Entwickelungen von Cayley nunmehr heranzuziehen und so ein einheitliches Lehrgebäude zu errichten, welches auf projektiver Basis die ganze Geometrie, d. h. auch die Geometrie des Masses, umspannt. Dies ist, was ich in meinen Arbeiten zur „Nichteuklidischen Geometrie" in Annalen 4 und 6 (1871-72) gewollt habe. Wegen der näheren Ausführung muss ich wieder auf meine Nichteuklidischen Vorlesungen verweisen.

In der heutigen Stunde wenden wir uns zu [Do. 19. I. 93.] dem Untersuchungsgebiete der englischen Mathematiker <u>Cayley</u> und <u>Sylvester</u>; d. h. zur <u>Invariantentheorie</u>, und haben deren Beziehung zur projektiven Geometrie darzulegen. Beide Disciplinen stehen einander nahe und sind doch von einander verschieden. Definieren wir zunächst den Inhalt der projektiven Geometrie in analytischer Form: Es sei (um bei 3 Variablen zu bleiben) die Curve $f(x_1, x_2, x_3) = 0$ gegeben. Wir wollen dieselbe der Collineation $\rho x'_i = \sum a_{ik} x_i$ unterwerfen und uns fragen, welche Eigenschaften dabei unverändert bleiben. Diese Frage suchen wir in der Weise in Angriff zu nehmen, dass wir Functionen der Coefficienten von $f = 0$, vielleicht speciell rationale Functionen, aufsuchen, die bei linearer Substitution sich nicht ändern. Funktionen der Coefficienten, die eine solche Eigenschaft haben, nennen wir dann „absolute Invarianten" oder Invarianten schlechtweg. Das einfachste Beispiel einer absoluten Invariante bietet wieder das D V von 4 auf einer Geraden gelegenen Punkten, deren Coordinaten mit $\frac{x_1}{x_2}\ \frac{y_1}{y_2}\ \frac{z_1}{z_2}\ \frac{t_1}{t_2}$ bezeichnet seien. Die letzten Grössen stellen 4 Reihen binärer Veränderlicher vor, welche „congruente" oder „cogrediente" lineare Substitutionen erleiden, sodass immer gleichzeitig:

$$\rho x'_i = \sum a_{ik} x_k$$
$$\rho y'_i = \sum a_{ik} y_k$$

u. so fort ist. Aus ihnen bildet sich alsdann der invariante Ausdruck des D V $\frac{(x\,z)(y\,t)}{(x\,t)(y\,z)}$, der als Form $0^{\text{ten}}$ Grades in jeder Variablenreihe seine unmittelbare geometrische Bedeutung als Streckenverhältnis hat. (Unser Beispiel geht ja in der Beziehung über das soeben allgemein Gesagte hinaus, insofern wir mehrere Reihen Variabeln „simultan" verändern.) Neben den so definierten invarianten Ausdrücken (absoluten Invarianten) stellen sich dann noch invariante Gleichungen, deren linke Seiten in der Art aus den Coefficienten der vorgelegten Gebilde zusammengesetzt sind, dass sie sich bei linearer Transformation nur um einen Faktor ändern. Ich erinnere in diesem Betracht an die Gleichung, welche in der Theorie des Nullsystems aussagte, dass man es mit einem „speciellen" Nullsystem zu thun habe. Diese etwas unbestimmten Definitionen verschärfen sich nun beim Uebergang zur eigentlichen Invariantentheorie.

Die Invariantentheorie verfährt nämlich folgendermassen: Zunächst ist ihr Gegenstand nicht sowohl die homogene Gleichung $f=0$ selbst, als die homogene Form $f(x_1\, x_2\, x_3)$, die linke Seite der Gleichung. In den Substitutionen der Variablen wollen wir dementsprechend auch nicht einen Proportionalitätsfaktor $\varrho$ einführen, sondern einfach setzen: $x_i' = \sum a_{ik}\, x_k$. Die Determinante $a_{ik}$ der Substitution, die jetzt einen bestimmten Zahlenwert hat, sei $= r$ gesetzt. Denken wir uns nun aus der ursprünglichen Form $f(x_1\, x_2\, x_3)$ mit den Coefficienten $c$ die neue Form $f'(x_1'\, x_2'\, x_3')$ mit den Coefficienten c' erhalten, so können wir von letzterer zur ersteren zurückgehen, indem wir für $x_i'$ ihre Substitutionswerte einsetzen. Zunächst ergiebt sich die Form

$$f'(a_{11}x_1+a_{12}x_2+a_{13}x_3,\ a_{21}x_1+a_{22}x_2+a_{23}x_3,\ a_{31}x_1+a_{32}x_2+a_{33}x_3),$$

und die Vergleichung derselben mit der Form $f(x_1\, x_2\, x_3)$ führt zu dem Satze: Die Coefficienten c sind homogene lineare Funktionen der Coefficienten c', welche von den Substitutionscoefficienten $a_{ik}$ im $m^{ten}$ Grade abhängen, wenn m die Ordnung von f ist.

Es handelt sich jetzt einfach darum, eine Invariante von f zu bilden.

Unter einer Invariante versteht man jetzt eine Funktion dieser Coefficienten c, $J(c)$, welche die Eigenschaft hat, von derselben Funktion der Coefficienten c' nur um einen Faktor abzuweichen, der eine Potenz von r ist.

In der Formel drückt sich dies aus durch die Gleichung: $J(c) = r^{\lambda} J(c')$.

Ist $\lambda$ von Null verschieden, so spricht man von einer relativen Invariante oder einer Invariante schlechtweg. Ist dagegen $\lambda = 0$, so hat man insbesondere eine absolute Invariante. Man erkennt sofort: Man kann sich absolute Invarianten immer verschaffen, indem man 2 relative Invarianten mit demselben $\lambda$ durch einander dividiert. Andrerseits: Man erhält invariante Gleichungen," indem man irgendwelche relative Invarianten gleich Null setzt.

Auch hier können wir wieder zu dem Beispiel des DV zurückgreifen, (wobei wir dann freilich wieder mit mehreren Reihen Variabler zu thun haben, die congruente Substitutionen erfahren). Aus den 2 Reihen binärer Veränderlicher bilden wir zunächst die Determinante $(x\,z)$, die bei linearer Substitution übergeht in $(x'z') = r\,(x\,z)$. Demnach ist beispielsweise bereits die Determinante $(x\,z)$ eine relative Invariante. In der That hat $(x\,z) = 0$ eine bleibende geometrische Bedeutung; es besagt, dass die Punkte $x, z$ zusammenfallen. Aus verschiedenen solchen relativen Invarianten setzt sich dann das Doppelverhältnis $\frac{(x\,z)(y\,t)}{(x\,t)(y\,z)}$ als absolute Invariante zusammen. Schon der einfache Quotient $\frac{(x\,z)}{(x\,t)}$ wäre eine absolute Invariante. Er kommt aber geometrisch nicht in Betracht, weil er in den $z$ und $t$ nicht von nullter Dimension ist. Wir werden uns nun fragen, welchen Vorteil es hat, die Theorie der absoluten Invarianten an diejenigen der relativen anzuschliessen. Dies ist leicht zu beantworten. Wir wollen hier nur von rationalen Invarianten reden.

Die sog. absoluten Invarianten müssen offenbar immer rationale gebrochene Formen der Coefficienten sein, da in ganzen Funktionen derselben bei Anwendung der Substitution $x_i' = \lambda \cdot x_i$ sicher ein Faktor aus allen Gliedern heraustreten muss. Relative Invarianten kann man dagegen sehr wohl als rationale <u>ganze</u> Formen der Coefficienten konstruieren. Der Fortschritt, der hier vorliegt, ist in dem ganz allgemein in der Mathematik geltenden Grundsatz zu suchen, <u>dass es immer viel besser ist sich im Gebiete der ganzen Funktionen zu bewegen als im Gebiet der gebrochenen.</u> *)

Im übrigen tritt die Invariantentheorie in Beziehung zu einer andern wichtigen Disciplin, zu der Zahlentheorie. Auch hier betrachtet man Formen f, deren Variable man linearen Substitutionen unterwirft; nur wird jetzt allemal die Bedingung der Ganzzahligkeit hinzugenommen. <u>Die Aufgabe der Invariantentheorie, wie wir sie bezeichneten, bildet demnach zugleich die Grundlage für die zahlentheoretische Betrachtung der Formen.</u> Als Unterschied gegenüber der projektiven Geometrie wollen wir doch insbesondere hervorheben, <u>dass 2 Formen, die sich nur durch einen constanten Faktor unterscheiden,</u> in der Zahlentheorie sehr verschieden, in der

*) Man vergl. z. B. die Darstellung der elliptischen Functionen durch Quotienten von $\vartheta$-Produkten; die Lehre von den $\vartheta$ Produkten ist die naturgemässe Basis, auf welche man die Theorie der elliptischen Funktionen zu gründen hat.

<u>Curvenlehre dagegen gleichbedeutend sind</u> (insofern man ja nur das Gebilde betrachtet, welches durch Nullsetzen der Formen vorgestellt wird).

Um etwas ins Concrete zu gehen, wollen wir einige einfache Beispiele anschliessen: Es sei die Form gegeben: $f_2 = a x_1^2 + 2 b x_1 x_2 + c x_2^2$. Der Ausdruck $b^2 - a c$, die sogenannte „Determinante der Form" giebt uns dann das einfachste Beispiel einer Invariante. Das Verschwinden ihres Wertes giebt bekanntlich an, dass die Gleichung $f_2 = 0$ eine Doppelwurzel besitzt. — Wir können eine erste Verallgemeinerung bilden, indem wir zu einer binären Form $n^{\text{ten}}$ Grades $f_n = a x_1^n + b x_1^{n-1} x_2 + \ldots + p x_1 x_2^{n-1} + q \cdot x_2^n$ übergehen. Hier giebt allemal die „Diskriminante" der Gleichung $f_n = 0$, d. h. diejenige ganze Form der Coefficienten, deren Verschwinden auf eine Doppelwurzel schliessen lässt, ein ferneres Beispiel einer Invariante. — Eine andre Verallgemeinerung der Form $f_2$ entsteht, indem wir zu einer grösseren Zahl Variabler übergehen. Da haben wir zunächst die ternäre Form 2. Grades: $f_2 = k_{11} x_1^2 + 2 k_{12} x_1 x_2 + \ldots + k_{33} x_3^2$, welche gleich Null gesetzt einen Kegelschnitt ergiebt. Die Determinante der Coefficienten:

$$\begin{vmatrix} k_{11} & k_{12} & k_{13} \\ k_{21} & k_{22} & k_{23} \\ k_{31} & k_{32} & k_{33} \end{vmatrix}$$

(mit der Bedingung $k_{il} = k_{li}$) liefert

uns dann wieder eine zugehörige Invariante. Aus der analytischen Geometrie wissen wir, dass das Verschwinden dieser Determinante ein Zerfallen des Kegelschnittes in gerade Linien angiebt. Ferner wählen wir, um noch ein specielles Beispiel näher auszuführen, eine binäre Form 4ten Grades:
$f_4 = a x_1^4 + 4 b x_1^3 x_2 + 6 c x_1^2 x_2^2 + 4 d x_1 x_2^3 + e x_2^4$. Man hat gefunden, dass hier bei Beschränkung auf rationale Invarianten 2 einfachste Invarianten bestehen, nämlich: eine ganze Funktion 2ten Grades: $ae - 4bd + 3c^2 = g_2$ und eine ganze Funktion 3ten Grades: $ace + 2bcd - ad^2 - b^2 e - c^3 = g_3$. Und zwar gilt gegenüber linearen Substitutionen: $g_2 = r^4 g_2'$, $g_3 = r^6 g_3'$. Aus $g_2$ u. $g_3$ setzen sich alle andern rationalen relativen Invarianten rational und ganz zusammen; die Discriminante von $f_4$ erweist sich z. B. als $g_2^3 - 27 g_3^2 = \Delta$.

Wir können nun hier, wo wir 2 Invarianten gegeben sehen, leicht eine absolute Invariante bilden, etwa $J = \frac{g_2^3}{\Delta}$; dieselbe ist wieder eine *gebrochene* rationale Funktion der Coefficienten, und aus ihr setzen sich wieder alle rationalen absoluten Invarianten von $f_4$ rational (aber nicht ganz) zusammen. Ich wähle hier ganz die Bezeichnungen, welche in Weierstraß' Theorie der elliptischen Funktionen, bez. der Theorie der elliptischen Modulfunktionen üblich ist. Mit dem D.V. $\lambda$ der 4 Punkte $f_4 = 0$, welches eine irrationale, absolute Invariante von $f_4$ ist und immer auf 6 Weisen gebildet werden kann, hängt das J durch die Gleichung 6^ten^ Grades zusammen:

$$J\left(\frac{g_2^3}{\Delta}\right) = \frac{4}{27}\,\frac{(\lambda^2-\lambda+1)^3}{\lambda^2(\lambda-1)^2}.$$

Eine nähere Ausführung aller dieser Dinge ist hier unmöglich, ich muss mich hier auf das vorstehende Referat beschränken, welches nur den Ansatz zum Studium der Invariantentheorie geben soll. Doch wollen wir sogleich noch einzelne termini technici kennen lernen: Unter einer simultanen Invariante versteht man eine Funktion, die von den Coefficienten zweier oder mehrerer Formen abhängt und sich nur um den Faktor $r^\lambda$ bei linearer Substitution ändert, unter einer Covariante eine Funktion, die ausser den Coefficienten auch die Variablen $x_i$ enthält und sich bei linearer Substitution wieder nur um den Faktor $r^\lambda$ ändert, unter einer Contravariante schliesslich eine Funktion, die auch die „contragredienten" Variablen $u_i$ enthält.

Beispiele:

Simultane Invariante: die Resultante zweier binärer Formen.

Covariante: die Hesse'sche Determinante einer binären Form $f$: $\begin{vmatrix} \frac{\partial^2 f}{\partial x_1^2} & \frac{\partial^2 f}{\partial x_1 \partial x_2} \\ \frac{\partial^2 f}{\partial x_1 \partial x_2} & \frac{\partial^2 f}{\partial x_2^2} \end{vmatrix}$, sofort auf ternäre Formen zu übertragen.

Contravariante: die „Adjuncte" einer ternären quadratischen Form: $\begin{vmatrix} a_{11} & a_{12} & a_{13} & u_1 \\ a_{21} & a_{22} & a_{23} & u_2 \\ a_{31} & a_{32} & a_{33} & u_3 \\ u_1 & u_2 & u_3 & 0 \end{vmatrix}$, gleich Null gesetzt die Gleichung in Liniencoordinaten desjenigen Kegelschnittes, der in Punktcoordinaten durch $\sum a_{ik} x_i x_k = 0$ gegeben ist. —

Gehen wir nun zum Ausgangspunkt der heutigen Betrachtung zurück, zu der Frage nach dem Verhältnis der projektiven Geometrie und Invariantentheorie, so sehen wir: <u>Die Invariantentheorie greift über die projektive Geometrie hinaus, indem sie eben die Formen $f$ selbst, nicht nur die Gleichung $f = 0$ studiert; (wir können auch sagen, indem sie die Variablen $x_1 x_2 \ldots$ selbst, nicht nur ihr Verhältnis ins Auge fasst).</u>

Dennoch kann der Gesammtinhalt der Invariantentheorie geometrisch einfach gedeutet werden. Wir brauchen z. B. bei den binären Formen $x_1$ u.

$x_2$ nur als gewöhnliche Coordinaten der Ebene (nicht mehr als homogene Coordinaten) zu deuten, zu denen wir $f_n$ selbst als dritte Coordinate des Raumes hinzunehmen. Die Gleichung: $f_n = a x_1^n + \dots + q x_2^n$ stellt dann eine Fläche im Raume dar. Soll $f_n$ insbesondre = const. sein, so haben wir eine bestimmte horizontale Schnittcurve dieser Fläche vor uns. Analog wird man bei mehr als 2 Variablen $x_i$ verfahren, indem man einfach in einen höheren Raum geht. *Nur haben wir nicht mehr die Deutung der gewöhnlichen projektiven Geometrie.*

Wir wollen nun einmal im Zusammenhang [Fr. 20. I. 93. von der *Bedeutung der projektiven Geometrie und der Invariantentheorie* sprechen. Wir sagen zunächst: Die projektive Anschauung in Räumen von beliebig vielen Dimensionen in Verbindung mit der Invariantentheorie ist nicht nur für die Geometrie, sondern nachgerade für sämmtliche Teile der reinen Mathematik, insbesondere für Funktionentheorie, von der durchschlagensten Bedeutung. Wie könnte ohne dieselbe z. B. von einem eingehenden Studium der elliptischen Funktionen, Abel'schen Funktionen u. dergl. die Rede sein? Andrerseits ist klar, dass neben der projektiven Geometrie eine ganze Zahl selbständiger geometrischer Ansätze bestehen, welche dieselbe Existenzberechtigung besitzen wie jene. Man wird keineswegs z. B. immer die Kreise (oder Kugel) nur als einen speciellen Fall der Kegelschnitte (resp. der Flächen 2ten Grades) einführen wollen, dazu haben sie doch zu viel Interesse vor den allgemeineren Gebilden voraus; ebenso würde es absurd sein, die Verwandtschaft der reciproken Radien absolut auf projektive Beziehungen aufbauen zu wollen. Schliesslich behält doch auch die elementare Geometrie selbst ihre gute, eigene Bedeutung. Es entsteht daher die Frage nach einem allgemeinen Prinzip, unter welches sich die verschiedenen neben einander stehenden Arten der Geometrie gemeinsam unterbegreifen und in ihrer wechselseitigen Beziehung verstehen lassen. Hierauf eine Antwort zu geben, ist die Absicht meines Erlanger Programms gewesen. <u>Das gesuchte Prinzip liegt in der Gruppentheorie; neben der Gruppe aller linearer Transformationen werden noch andere Arten von Transformationsgruppen zu betrachten sein. Jede Gruppe hat ihre eigene Invariantentheorie.</u> Es wird die Hauptaufgabe der spätern Vorlesung sein, über alle diese Gesichtspunkte volle Klarheit zu schaffen. Hier können dieselben nur erst ganz vorläufig hingestellt werden. –

Wir müssen nun noch einige weitere Ausführungen zur projektiven Geometrie hinzufügen und zwar wollen wir unsere Aufmerksamkeit zunächst auf Gebilde mit einer continuirlichen Schaar linearer Transformationen in sich lenken. Grade diese Gebilde werden besonders Intresse verdienen. Der hierin angedeutete Gedanke liegt unformuliert schon den elementaren Teilen der Theorie zu Gründe. Um gar nicht von der Kugel zu sprechen, z. B. eine Rotationsfläche geht durch eine continuirliche Drehung um ihre Axe in sich über. Etwas Analoges findet bei den Schraubenflächen statt. Wegen dieser besonderen Eigenschaften zieht man diese Flächen immer als Beispiele in der gewöhnlichen Differentialgeometrie (Flächentheorie) heran. Ferner ist hier die logarithmische Spirale zu nennen. Es ist bekannt, dass ausserordentlich viele Umformungen immer wieder zu logarithmischen Spiralen führen. Es sei nur an den Satz erinnert, dass die Evolute einer logarithmischen Spirale wieder eine logarithmische Spirale (und zwar eine zur ursprünglichen congruente Spirale) ist, eine Eigenschaft, die Jacob Bernoulli zu dem Ausspruch veran-

veranlasste: „iterum renata resurgo.“
Wir können alle diese Eigenschaften an die linearen Transformationen anknüpfen, welche die logarithmische Spirale in sich überführen. Wenn wir in der Ebene um den Anfangspunkt O eine Drehung ausführen und sogleich eine ihr stets proportionale Aehnlichkeitstransformation vom Punkte O aus hinzunehmen, die je nachdem eine Verkleinerung oder eine Vergrösserung darstellen, so werden wir als Bahncurve des einzelnen Punktes der Ebene eine logarithmische Spirale erhalten, die im ersten Fall sich zusammenzieht, im letzten Fall sich öffnet. Je nachdem Verhältnis der Drehung zur Verkleinerung oder Vergrösserung erhalten wir Spiralen von verschiedener Steilheit. In diesem Sinne stellt die logarithmische Spirale die Verbindung dar zwischen den Kreisen um O, die bei blosser Drehung und den Strahlen durch O, die bei blosser Aehnlichkeitstransformation entstehen. Man kann auch die Archimedische Radiusspirale zum Vergleich heranziehen, bei der ähnliche Verhältnisse obwalten. Die aus der Drehung und der gleichzeitigen Aehnlichkeitstransformation sich zusammensetzenden Collineationen geben dann die

einfach unendlich vielen Transformationen der logarithmischen Spirale in sich an. In der Existenz dieser $\infty$ vielen linearen Transformationen erblicken wir aber, wie schon angedeutet, den eigentlichen Grund für alle weiteren schönen Eigenschaften der logarithmischen Spirale.

Unser nächstes Interesse wenden wir nun wieder den Kegelschnitten und Flächen 2ten Grades zu. Der einzelne Kegelschnitt in der Ebene ist durch 5 Constante bestimmt, d. h. es giebt in ihr $\infty^5$ verschiedene Kegelschnitte, andrerseits haben wir $\infty^8$ Collineationen, deren jede einen beliebigen Kegelschnitt in einen andern überführt. Endlich ist es bekannt, dass man jeden Kegelschnitt in jeden andern durch Collineation überführen kann. Demnach wird es $\frac{\infty^8}{\infty^5}$ Collineationen geben, die einen bestimmten Kegelschnitt in sich selbst überführen. Analog zählen wir im Raume $\infty^9$ Flächen 2. Ordnung, $\infty^{15}$ Collineationen, demnach $\infty^6$ lineare Transformationen einer bestimmten Fläche 2. Ordnung in sich ab. Nehmen wir in gleicher Weise noch den linearen Complex des Nullsystems hinzu. Es giebt $\infty^5$ Nullsysteme, $\infty^{15}$ Collineationen, also geht das Nullsystem durch $\infty^{10}$ Collineationen in sich über. Wenn wir das Interesse, das ein Gebilde verdient, nach der Mannigfaltigkeit der linearen Transformationen desselben in sich abzählen, was seine gute Berechtigung hat, so ist also das Nullsystem noch viel schöner als die Flächen 2. Grades.

Wir hatten nun schon vor Weihnachten von den W-Curven gesprochen, die sich als Integralcurven eines (bilinearen) Connexes (1,1) darstellten. Wir wollen, ohne alle Specialfälle erschöpfend zu behandeln, nur den allgemeinen Fall noch näher ins Auge fassen. Die Gleichung der W-Curven wurde in Bezug auf ein bestimmtes Coordinatendreieck gegeben durch:

$x_1^a \cdot x_2^b \cdot x_3^c = \text{const.}$ mit der Bedingung $a + b + c = 0$; dieselbe mögen wir geradezu als Definition an die Spitze stellen. (Im Raume sind analog die W-Flächen durch die Gleichung $x_1^a \cdot x_2^b \cdot x_3^c \cdot x_4^d = \text{const.}$ mit der Bedingung $a + b + c + d = 0$ definiert).

Nun sehen wir sofort, jede lineare Transformation, welche die W-Curven in sich überführt, muss in der Form gegeben sein:

$$\rho x_1' = \lambda \cdot x_1,$$
$$\rho x_2' = \mu \cdot x_2,$$
$$\rho x_3' = \nu \cdot x_3.$$

Durch die Collineation geht nun $x_1'^a\, x_2'^b\, x_3'^c$ über in $(\lambda^a \mu^b \nu^c)\cdot x_1^a\, x_2^b\, x_3^c$, indem der Faktor $\rho^{-(a+b+c)}$ wegen $a+b+c=0$ zu 1 wird. Dies ergiebt sofort den Satz:

<u>Unsere W-Curven gehen durch alle Collineationen der genannten Form in sich selbst über, welche der Bedingung genügen: $\lambda^a \mu^b \nu^c = 1$.</u> Hiermit sind dann einfach $\infty$ viele lineare Transformationen bestimmt,*) gerade so wie der Kreis durch einfach $\infty$ viele Bewegungen der Ebene, nämlich die Drehungen um seinen Mittelpunkt in sich selbst übergeht.

Nun wollen wir vor Allem einige specielle Arten der W-Curven kennen lernen. Zunächst gehören zu ihnen die Curven 2. Ordnung: $x_1 x_2 = C\cdot x_3^2$ oder $x_1 x_2 x_3^{-2} = C$, d. h. Kegelschnitte, für welche das Coordinatendreieck ein sogenanntes Tangentialdreieck ist.

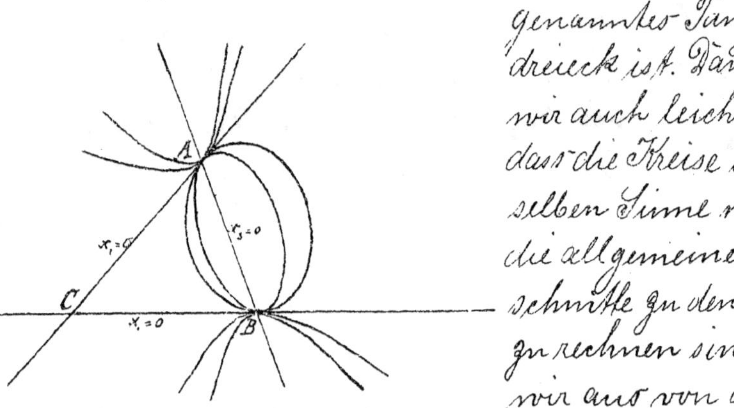


Dann können wir auch leicht zeigen, dass die Kreise in demselben Sinne wie hier die allgemeinen Kegelschnitte zu den W-Curven zu rechnen sind. Gehen wir aus von der Glei-

*) Es sind nur einfach $\infty$ viele Collineationen, weil man unbeschadet der Allgemeinheit im geometrischen Sinne eine der Grössen $\lambda, \mu, \nu$ oder auch die Substitutionsdeterminante $\lambda\mu\nu$ gleich 1 nehmen kann.

chung $x^2+y^2=r^2$, oder homogen geschrieben, $x^2+y^2=r^2t^2$, so können wir dieselbe umformen in: $(x+iy)(x-iy)t^{-2}=r^2$; und nun brauchen wir nur $x_1=x+iy$, $x_2=x-iy$, $x_3=t$ zu setzen, um die Gleichungsform der W-Curven zu erhalten. Die Kreise ordnen sich daher in der Weise in die gerade betrachteten W-Curven ein, dass man die beiden Kreispunkte ($x+iy=0$, $t=0$) und ($x-iy=0$, $t=0$) und den Mittelpunkt des Kreises $x\pm iy=0$ als Ecken des Coordinatendreiecks wählt.

Nun gehen wir zur logarithmischen Spirale; auch diese gehört hierher, wie jetzt nachzuweisen. Die Gleichung derselben in Polarcoordinaten ist bekanntlich:

$$r=C.\,e^{k\varphi} \text{ oder:}$$

$$(x+iy)^{\frac{1}{2}}(x-iy)^{\frac{1}{2}}=C.\,e^{k\varphi}.$$

Da nun allgemein $x+iy=r.e^{i\varphi}$ und $x-iy=r.e^{-i\varphi}$ ist, so folgt: $\dfrac{x+iy}{x-iy}=e^{2i\varphi}$ oder $\left(\dfrac{x+iy}{x-iy}\right)^{-\frac{ki}{2}}=e^{k\varphi}$.

Setzen wir das in unsere letzte Gleichung ein, so kommt:

$$(x+iy)^{\frac{1+ki}{2}}(x-iy)^{\frac{1-ki}{2}}\,t^{-1}=C,$$

oder für $x_1=x+iy$, $x_2=x-iy$, $x_3=t$:

$$x_1^{\frac{1+ki}{2}}.\,x_2^{\frac{1-ki}{2}}\,x_3^{-1}=C,$$

d.h. die gewünschte Form der W-Curven Gleichung. Auch die logarithmische Spirale ist also eine W-Curve; das zu Grunde liegende Coordinatendreieck ist wieder dasselbe, wie soeben beim Kreise; nur haben die Expo-

*nenten a, b, c der Gleichungsform zum Teil complexe Werte.*

Nun ist nur noch die Frage, wie der Name W-Curve zu verstehen ist. Das W bezieht sich auf die von Staudsche Bezeichnung des Doppelverhältnisses als „Wurf." *W-Curve heisst soviel wie Doppelverhältniscurve, d. h. eine Curve, die durch ein ausgezeichnetes Doppelverhältnis definiert ist.* Als solches ergiebt sich das Doppelverhältnis der 4 Punkte, welche die 3 Schnittpunkte jeder Tangente mit den Seiten des Coordinatendreiecks und der zugehörige Berührungspunkt mit einander bilden. Wir behaupten, dieses Doppelverhältnis hat für jede Curve einen constanten Wert, und umgekehrt kann die ganze Schaar von W-Curven $x_1^a \cdot x_2^b \cdot x_3^c = C$, zu der die vorgelegte Curve gehört, durch dieses Doppelverhältnis charakterisiert werden.

Der Beweis dieses Satzes ist besonders einfach. [Mo. 23. I. 93

Denken wir in nebenstehender Figur das Coordinatendreieck und ein Stück der vorliegenden W-Curve gezeichnet. Konstruieren wir dann in einem beliebigen Punkte O der letzteren die Tangente, so schneidet dieselbe auf den Seiten des Coordinatendreiecks die drei Punkte P, Q, R ab, die mit O in beliebiger Reihenfolge genommen ein Doppelverhältnis bilden. Wir wissen über dies, dass wir durch verschidene Wahl der Reihenfolge der Punkte (OPQR) 6 Werte des Doppelverhältnisses erhalten, die in bestimmter Weise zu einander in Beziehung stehen. Nun geht das Coordinatendreieck, sowie die W-Curve, durch die Gesammtheit der auf der vorletzten Seite angegebenen linearen Transformation in sich über. Bei jeder einzelnen derselben verschiebt sich daher der Punkt O und mithin dessen Tangente längs der Curve, während die Punkte P, Q, R längs der Dreiecksseiten hinwandern, d. h. die Schnittpunkte der Tangente mit den Dreiecksseiten bleiben. Daraus aber folgt unmittelbar die behauptete Constanz des Doppelverhältnisses.

Doch lässt sich der Wert des letzteren auch sehr einfach berechnen. Die Tangente der W-Curve $f = x_1^a x_2^b x_3^c = $ const im Punkte $x_1^0 x_2^0 x_3^0$ wird durch die Gleichung:

$$\left(\frac{\partial f}{\partial x_1}\right)_0 \cdot x_1 + \left(\frac{\partial f}{\partial x_2}\right)_0 \cdot x_2 + \left(\frac{\partial f}{\partial x_3}\right)_0 \cdot x_3 = 0$$

gegeben. Setzen wir für die Differentialquotienten ihre Werte ein, so ergiebt sich nach einfacher Umformung die Gleichung:

$$\frac{a x_1}{x_1^0} + \frac{b x_2}{x_2^0} + \frac{c x_3}{x_3^0} = 0.$$

Nun wollen wir in einer kleinen Tabelle die aus dieser Gleichung folgenden Coordinaten der Schnittpunkte P, Q, R sowie die des Punktes O eintragen:

| | $x_1$ | $x_2$ | $x_3$ |
|---|---|---|---|
| O | $x_1^0$ | $x_2^0$ | $x_3^0$ |
| P | $0$ | $cx_2^0$ | $-bx_3^0$ |
| Q | $-cx_1^0$ | $0$ | $ax_3^0$ |
| R | $bx_1^0$ | $-ax_2^0$ | $0$ |

Hier erkennt man leicht, dass die Coordinaten der Punkte Q und R sich aus denen der Punkte O und P wie folgt darstellen:

$$(Q) = -c(O) + (P)$$
$$(R) = b(O) + (P),$$

indem wir uns der Bedingung $a + b + c = 0$ erinnern. Die in Klammern geschriebenen Buchstaben sollen allemal die Coordinaten des betr. Punktes bezeichnen. Aus den letzten beiden Gleichungen folgt dann sofort für das Doppelverhältnis $(OPQR)$ der constante Wert $\lambda = -\frac{b}{c}$. Hätten wir die Punkte in andrer Reihenfolge genommen, so würden wir noch die 5 andern Werte für ihr Doppelverhältnis haben: $-\frac{c}{b}$, $-\frac{c}{a}$, $-\frac{a}{c}$, $-\frac{a}{b}$, $-\frac{b}{a}$. Nun können wir aus dem Wert des Doppelverhältnisses noch den Wert der rationalen Invariante J berechnen, welche durch die Formel:

$J = \frac{4}{27} \frac{(\lambda^2-\lambda+1)^2}{\lambda^2\cdot(\lambda-1)^2}$ gegeben wird. Es ergiebt sich, wenn wir für $\lambda$ seinen Wert setzen, die symmetrische Form:

$$J = \frac{4}{27} \cdot \frac{(ab+bc+ca)^3}{a^2\cdot b^2\cdot c^2}.$$

In derselben Weise wie soeben für das Doppelverhältnis der 4 Punkte (O, P, Q, R) können wir auch den Beweis des folgenden dualen Satzes führen: Die Tangente in einem beliebigen Punkte O einer W-Curve bildet zusammen mit den 3 Geraden, welche von O nach den Ecken des Coordinatendreiecks laufen, wieder ein constantes Doppelverhältnis. Von diesem Satze wollen wir die Anwendung auf die logarithmische Spirale machen. Die Ecken des zugehörigen Coordinatendreiecks werden in diesem Falle durch den Asymptotenpunkt M und die beiden Kreispunkte gegeben. Für einen beliebigen Punkt O der Spirale werden daher die genannten Geraden durch die Tangente, den Radius nach dem Punkte M, sowie die Strahlen nach den Kreispunkten gegeben. Nun wissen wir aber, dass nach Laguerre das Doppelverhältnis dieser 4 Geraden mit dem Winkel $\varphi$ der ersten beiden in der Beziehung steht: $\varphi = \frac{1}{2i} \log DV$.

Ist nun nach obigem Satze der Wert von $DV$ constant, so ergiebt sich das anderweit bekannte Resultat, dass die logarithmische Spirale die vom Anfangspunkt auslaufenden Radien unter constantem Winkel schneidet.

In dem genannten Aufsatze von Lie und mir finden Sie noch eine ganze Reihe ähnlicher Sätze. Der Ausgangspunkt unserer Untersuchung sind dabei die Betrachtungen, welche Lie vorher in den Göttinger Nachrichten vom Januar 1870 über einen besondren Liniencomplex entwickelt hat. Was Lie hier an dem Raumgebilde entwickelt hat, ist von uns zusammen dann auf die W-Curven der Ebene [resp. die W-Flächen des Raumes] angewandt worden. Der betr. Liniencomplex führt den Namen „tetraedraler Complex" oder „Reye'scher Complex," indem derselbe von Reye in seiner Geometrie der Lage besonders behandelt wird. Unter demselben versteht man denjenigen Liniencomplex, dessen sämmtliche Geraden die Ebenen eines festen Tetraeder nach konstantem Doppelverhältnis schneiden; er ist insbesondre vom 2. Grade und wird analytisch durch die einfache Gleichung gegeben:

$$a \cdot p_{12}\, p_{34} + b \cdot p_{13}\, p_{42} + c \cdot p_{14}\, p_{23} = 0,$$

wobei das Tetraeder als Coordinatentetraeder eingeführt

ist. Wir wollen uns erinnern, dass zugleich zwischen den $p_{ik}$ die Identität besteht: $p_{12}\,p_{34} + p_{13}\,p_{42} + p_{14}\,p_{23} = 0$, so dass man immer eines der Glieder der vorstehenden Gleichung fortlassen kann. Lie hat nun diesen Complex in neuer Weise untersucht, indem er davon ausging, dass derselbe durch die dreifach $\infty$ vielen Collineationen in sich übergeht, welche das Tetraeder in sich selbst überführen. Die letzteren werden in den Gleichungen dargestellt:

$$\rho \cdot x_1' = \lambda \cdot x_1\,,$$
$$\rho \cdot x_2' = \mu \cdot x_2\,,$$
$$\rho \cdot x_3' = \nu \cdot x_3\,,$$
$$\rho \cdot x_4' = \sigma \cdot x_4\,.$$

In der That wird ja jede gerade Linie, welche das Tetraeder unter irgend einem Doppelverhältnis trifft, bei jeder einzelnen dieser Collineationen immer in eine gerade Linie transformiert werden, welche das Tetraeder unter demselben Doppelverhältnis trifft. Lie erzeugt geradezu den tetraedralen Complex, indem er sich denkt, dass man auf eine gegebene Raumgerade die genannten dreifach $\infty$ vielen Collineationen anwendet.

Von hieraus leitet Lie nun, wie ich in Kürze bemerken will, eine ganze Reihe geometrischer Operationen ab, bei denen der Complex immer wieder in sich selbst übergeht, und es sind dann später, wie ich schon bemerkte, von Lie und mir zusammen dieselben Schlussweisen mutatis mutandis auf die ebenen W-Curven übertragen worden.

Der oben angeführte Ausspruch „eadem mutata resurgo" gilt daher von manchen allgemeineren Gebilden als die logarithmische Spirale, und für diese selbst in viel allgemeinerem Sinne als J. Bernoulli wusste. Als ein Beispiel will ich einen interessanten Satz für die letztere Curve anführen, der in unserer Arbeit sich findet. Zeichnen wir zu einer logarithmischen Spirale irgend ein rechtwinkliges Axenkreuz durch den Anfangspunkt und zu ihm als Asymptotenpaar eine gleichseitige Hyperbel, welche die Spirale berührt. Fassen wir dann die Gesammtheit der Polaren für alle Curvenpunkte der Spirale in bezug auf die Hyperbel ins Auge, so werden wir nach der Umhüllungscurve derselben fragen können. Wir finden das Resultat, dass hierbei unsere logarithmische Spirale selbst resultiert; anders ausgesprochen:

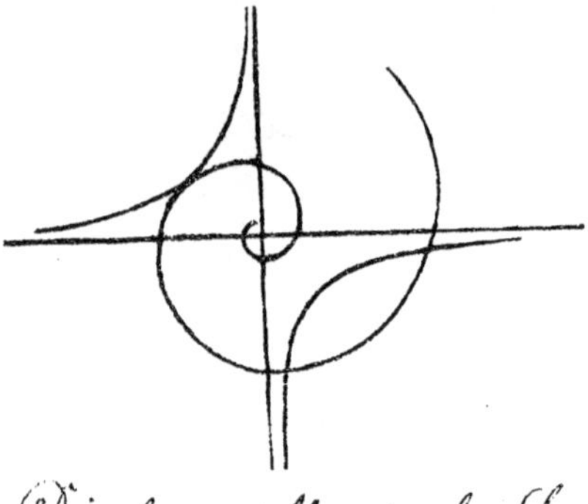

Die logarithmische Spirale ist ihre eigene reciproke Polare in bezug auf jede gleichseitige Hyperbel, von der sie berührt wird. —

Soviel über die W-Curven und überhaupt über die Gebilde mit linearen Transformationen in sich. Wir gehen dazu über, das Verhältnis der projektiven Anschauungen zu einer andern Disciplin zu erläutern, nämlich der Differentialgeometrie. Es ist von vornherein klar, dass die Auffassung der projektiven Geometrie ebensosehr in den Betrachtungen der Differentialgeometrie zur Geltung zu bringen ist, wie in der algebraischen Geometrie. Sowie man bei letzterer allgemein zwischen projektiver Geometrie und Massgeometrie unterscheidet, so kann man auch innerhalb der Differentialgeometrie eine projektive und eine elementare, metrische Auffassung auseinanderhalten; vermöge der projektiven Auffassung erscheinen die Massverhältnisse dann hinterher als Beziehungen zum Kugelkreis bezw. den Kreispunkten der Ebene. Es ist nur das allgemeine Gesetz, an dem Althergebrachten mit einer gewissen vis inertiae festzuhalten, demzufolge die hiermit bezeichnete Auffassung noch nicht in die Lehrbücher und die Universitätsvorlesungen über Differentialgeometrie eingedrungen ist. Betrachten wir z. B. den Differentialausdruck des Krümmungsradius der ebenen Curve $y = f(x)$, wie er durch die Formel:

$$\rho = \frac{(1+y'^2)^{\frac{3}{2}}}{y''}$$

in bekannter Weise gegeben wird. Wir wollen nun die projektive Auffassung insofern einführen, dass wir uns fragen, was das Verschwinden des Zählers oder des Nenners geometrisch bedeutet. Die Gleichung $y''=0$ besagt, dass ein Wendepunkt der Curve vorliegt; dies ist aber offenbar eine projektive Eigenschaft, d. h. eine Eigenschaft, die bei Collineation der Ebene erhalten bleibt. Die Gleichung $1+y'^2=0$ oder $y'=\pm i$ andrerseits besagt, dass die Tangente des betr. Curvenpunktes durch einen der Kreispunkte geht. Sie bezeichnet also keine projektive Eigenschaft der Kurve an sich, sondern des von ihr und den Kreispunkten gebildeten Systems. Man sollte nun offenbar systematisch vorgehen, nämlich erstens alle Verbindungen der $y, y', \ldots$ bilden, welche gleich Null gesetzt direkt eine projektive Bedeutung haben, dann alle Verbindungen, welche sich in entsprechendem Sinne auf das von der Kurve mit den Kreispunkten gebildete System beziehen. <u>Alle Formeln der Differentialgeometrie müssten sich hernach aus den so gewonnenen Ausdrücken zusammensetzen lassen.</u>

Ersetzen wir bei der vorstehenden Formulirung die Gruppe der projektiven Umformungen durch irgend eine continuierliche Gruppe von Transformationen, so wird die Theorie, welche wir postuliren, keine andere sein, als die allgemeine Theorie der Differentialinvarianten, wie Sie sie entwickelt. Die specielle Theorie der projektiven Differentialinvarianten ist explicite zuerst von Halphen in seiner Thèse von 1878 entwickelt worden.

Wir gehen nun näher auf die projektiven Differentialinvarianten ein. [Do. 26. I. 93.] Indem wir der Einfachheit der Schreibweise wegen die aufeinanderfolgenden Differentialquotienten durch die Variable $y$ mit unterem Index bezeichnen, also $y = f(x)$, $y_1 = \frac{dy}{dx}$, $y_2 = \frac{d^2y}{dx^2}$ u. s. w. setzen, werden wir diese Differentialinvarianten in der allgemeinen Form aufsuchen: $G(y, y_1, y_2, \dots y_n, x)$; d. h. als ganze rationale Funktion der Abhängigen und ihrer $n$ ersten Ableitungen, sowie der unabhängigen $x$. Ihre wesentliche Eigenschaft besteht, wie wir nochmals wiederholen wollen, darin, dass sie bei beliebigen Collineationen sich nur um einen Faktor ändern sollen. Die fundamentale Aufgabe in dieser Theorie besteht natürlich darin, alle projektiven Differentialinvarianten für steigende Werte von $n$ aufzusuchen, d. h.

alle diejenigen, aus denen sich die übrigen rational und ganz zusammensetzen. Diese Aufgabe bildet gerade den Inhalt der genannten Arbeit von Halphen, der in strenger Entwicklung die Invariante bis zu dem Werte $n = 7$ aufstellt. Wir wollen ohne auf die Beweise einzugehen, die von ihm gefundenen Resultate in kurzem Referat zusammenstellen. Es zeigt sich, dass innerhalb der bezeichneten Grenze 4 wesentliche Invarianten vorhanden sind, die wir der Reihe nach anführen wollen.

1.) Die einfachste Differentialinvariante giebt der Ausdruck $\underline{U = y_2}$. Gleich $0$ gesetzt liefert dieselbe die Differentialgleichung der geraden Linie.

2.) Die letzte Bemerkung führt uns sofort zu der nächsten Differentialinvariante, welche gleich $0$ gesetzt die Differentialgleichung der Curven 2. Ordnung darstellt. Wir wissen, ein Kegelschnitt ist allgemein durch 5 Punkte eindeutig bestimmt; als solche kann man insbesondere 5 benachbarte Punkte wählen, deren Coordinaten durch $x, y$; $x + dx$, $y + dy$; $x + 2\,dx + dx^2$, $y + 2\,dy + dy^2$; etc. gegeben seien. Durch letztere lassen sich sofort die Coefficienten der allgemeinen Gleichung des Kegelschnittes ausdrücken. Indem wir dann noch einen 6ten benachbarten Punkt hinzunehmen und verlangen, dass er wiederum der Kegelschnittgleichung genügen soll, finden wir eine bestimmte Differentialgleichung 5. Ordnung. Schon <u>Monge</u> hat die letztere ausgerechnet. Dieselbe lautet in geordneter Form: $\underline{y_2^2 y_5 - 3 y_2 y_3 y_4 + 2 y_3^2 = 0}$. Die linke Seite dieser Gleichung stellt also hinter $U$ die nächsthöhere Differentialinvariante dar, die wir mit $\underline{V}$ bezeichnen wollen.

3.) Weiter ergiebt sich als dritte Invariante der Differentialausdruck 7. Ordnung

$$\underline{\Delta} = \begin{vmatrix} y_3 & y_4 & y_5 & y_6 & y_7 \\ y_2 & y_3 & y_4 & y_5 & y_6 \\ -y_2^2 & 0 & y_3^2 & 2 y_3 y_4, & 2 y_3 y_5 + y_4^2 \\ 0 & y_2^2 & 2 y_2 y_3, & 2 y_2 y_4 + y_3^2, & 2 y_2 y_5 + 2 y_3 y_4 \\ 0 & 0 & y_2^2, & 3 y_2 y_3, & 3 y_3^2 + 3 y_2 y_4 \end{vmatrix}$$

4). und als 4<u>te</u> Invariante ein Ausdruck, der sich aus den vorhergehenden in der Form zusammensetzt:

$$\underline{H = \frac{256\,\Delta^3 - 27\,V^8}{U^4}},$$

woselbst der Zähler sich durch den Nenner teilbar erweist.

Ferner wollen wir sogleich bemerken, <u>dass der Ausdruck $\frac{\Delta^3}{V^8}$ die niedrigste absolute Invariante darstellt.</u>

<u>Alle rationalen ganzen Differentialinvarianten bis zur 7ten Ordnung incl.</u> (d. h. solche, welche keine höheren Differentialquotienten als den 7ten enthalten) <u>setzen sich nun aus diesen 4 Invarianten $U$, $V$, $\Delta$ und $H$ rational und ganz zusammen, alle rationalen absoluten Invarianten rational aus der einen $\frac{\Delta^3}{V^8}$.</u>

Nun werden wir zu fragen haben, welche geometrische Bedeutung denn diese 4 Invarianten $U$, $V$, $\Delta$, $H$ haben. Natürlich wird eine solche nur bei dem Nullsetzen der gegebenen Ausdrücke sich bieten können. Nun werden wir durchgehends 2 Auffassungen neben einander halten müssen. Einmal werden wir betrachten, was es für eine bestimmt gegebene Curve bedeutet, wenn einer ihrer Punkte die betr. Differentialgleichung erfüllt; andrerseits aber fragen, was das für Curven sind, für deren <u>sämmtliche</u> Punkte unsere Differentialinvarianten verschwinden. Beide Auffassungen hängen natürlich auf das Engste zusammen.

Gehen wir nun die einzelnen Ausdrücke durch;

<u>Ad 1.)</u> Wird die Gleichung $U = 0$ von einem einzelnen Punkte einer vorgegebenen Curve befriedigt, so besagt das bekanntlich, dass dieser Punkt ein <u>Wendepunkt der Curve</u> ist, d. h. dass drei aufeinan-

der folgende Curvenpunkte an dieser Stelle in gerader Linie liegen. Andrerseits ist $U=0$, wie wir bereits sagten, die Differentialgleichung der geraden Linie und drückt als solche aus, dass sämmtliche Punkte der letzteren Wendepunkte sind.

Ad 2). Die Gleichung $V=0$ giebt analog für eine beliebige Curve die Bedingung, wann 6 aufeinander folgende Punkte der letzteren auf einem Kegelschnitt liegen; solche Curvenpunkte, für die letzteres der Fall ist, nennt man sextactische Punkte. Eben deshalb ist $V=0$ zugleich die Differentialgleichung der Kegelschnitte, wie wir ebenfalls bereits anführten. In entsprechender Weise führen uns nun die folgenden Invarianten $\Delta$, $H$ zu den W-Curven zurück, so dass wir solcherweise an die früheren Entwickelungen Anschluss finden:

Ad 3). $\Delta=0$ ist nämlich die Differentialgleichung derjenigen W-Curven, deren Repräsentant im projektiven Sinne eine logarithmische Spirale ist, welche die Radien unter 30° schneidet. Ist dagegen wieder in einem einzelnen Punkte einer beliebigen Curve $\Delta=0$, so besagt dieses, dass dort 8 aufeinander folgende Punkte auf einer logarithmischen Spirale der genannten Art liegen, (indem ja die Gleichung $\Delta=0$ eine Differentialgleichung 7ter Ordnung ist.)

Ad 4). Die Differentialgleichung $H = 0$ definiert u die Curven, welche bei Zugrundelegung eines ge neten Coordinatensystems durch $x_1 x_2^2 x_3^{-3} = C$ o $x_1 x_2^2 = C \cdot x_3^{-3}$ gegeben sind, d.h. wieder eine besond Art von W-Curven, die Curven 3. Ordnung mit Spi Wenn in einem einzelnen Curvenpunkt einer belieb gen Curve die Gleichung $H = 0$ erfüllt ist, so liegen a wieder 8 aufeinanderfolgende Punkte auf einer C ve der genannten Art. –

Nun haben wir uns noch um die geometrische B deutung der absoluten Invariante $\frac{\Delta^3}{V^8}$ zu kümmer Dieselbe ergiebt sich offenbar, wenn wir $\frac{\Delta^3}{V^8}$ gleich e ner beliebigen Constante $k$ setzen, und dem ent sprechend die Gleichung $\Delta^3 - k V^8 = 0$ anschreibe Diese Differentialgleichung 7. Ordnung $\Delta^3 - k V^8 = 0$ definiert dann allgemein die W-Curven, deren Dop pelverhältnis $\lambda$ zu dem Werte der Constante $k$ durc die folgende Gleichung in Beziehung gesetzt wird:

$$k = \frac{25 \cdot 27}{16 \cdot 343} \cdot \frac{(\lambda^2 - \lambda + 1)^2}{[(\lambda - 2)(\lambda + 1)(2\lambda - 1)]^2}.$$

Führen wir statt $\lambda$ die absolute Invariante $J$ oder die relativen Invarianten $g_2$ und $g_3$ ein, so gelten die Gleichungen:

$$J = \frac{64 \cdot 343 \cdot k}{64 \cdot 343 k - 25 \cdot 27}$$

und: $\frac{g_2^3}{g_3^2} = \frac{64 \cdot 343}{25} \cdot k$. —

Gehen wir weiter zu Differentialinvarianten von höherer als der 7. Ordnung, so führen uns die Differentialinvarianten 8. Ordnung z. B. auf die Differentialgleichungen derjenigen Curven 3. Ordnung, welche eine gegebene absolute Invariante haben. — Die näheren Entwickelungen müssen bei Halphen nachgesehen werden. —

Wir wenden uns nun zu einer neuen Seite der projektiven Geometrie,

## Zu der Lehre von den imaginären Elementen.

Wir haben bisher schon gelegentlich vom Imaginären gehandelt, in der unbefangenen Weise, dass wir z. B. imaginäre Punkte, Geraden u. s. w. schlechtweg behandelten, als wenn sie reelle Punkte oder Geraden wären, ohne uns über ihre geometrische Bedeutung irgend welche Scrupel zu machen. Gerade diese naive Art ist für die projektive Auffassung der metrischen Geometrie sehr nützlich. Wir wollen dies hier zunächst durch ein Beispiel belegen. Wir wählen als solches die Lehre von den confocalen Kegelschnitten. Die letzteren wurden früher von und definiert durch die Gleichung:

$$\frac{x^2}{a_1 - \lambda} + \frac{y^2}{a_2 - \lambda} = 1.$$

Dieselbe wollen wir hier zunächst in Liniencoordinaten $u, v$ umsetzen, welch' letztere wir in der üblichen Weise einführen, dass die Bedingung der vereinigten Lage von Punkt und Linie durch $ux + vy + 1 = 0$ gegeben ist. Indem wir in bekannter Weise die Gleichung der Tangente des Kegelschnitts benutzen, kommt:

$(a_1 - \lambda) u^2 + (a_2 - \lambda) v^2 = 1$, oder indem wir nach $\lambda$ ordnen: $(a_1 u^2 + a_2 v^2 - 1) - \lambda . (u^2 + v^2) = 0$. Wir haben nun schon öfter eine ähnliche Gestalt einer Gleichung in Punktcoordinaten gehabt, etwa $\varphi_2 - \lambda . \psi_2 = 0$ und dieselbe geometrisch als ein <u>Büschel</u> aller der Curven 2. Grades gedeutet, die durch die 4 Schnittpunkte von $\varphi_2 = 0$ und $\psi_2 = 0$ hindurchgehen; analog reden wir hier von einer <u>linearen Schaar von Curven 2. Klasse</u>. Indem die Curven $a_1 u^2 + a_2 v^2 - 1 = 0$ und $u^2 + v^2 = 0$ 4 Tangenten gemeinsam haben, wird sich die Schaar geometrisch definieren lassen als die Gesammtheit aller derjenigen Kegelschnitte, welche jene 4 Tangenten gleichfalls berühren. <u>Wir schliessen daher hieraus, dass alle Kegelschnitte der confocalen Schaar 4 gemeinsame Tangenten besitzen, d. h. einem gemeinsamen</u>

<u>Vierseit einbeschrieben sind.</u> Natürlich zeigt ja die unmittelbare Anschauung, dass diese 4 Tangenten keineswegs reell sind, (womit wir denn eben in das Gebiet des Imaginären kommen). Wir werden etwas Bestimmteres aussagen, wenn wir uns die zweite Curve $u^2+v^2=0$ näher betrachten. Dieselbe stellt uns einfach das System der beiden Kreispunkte dar, welcher daher eine ausgeartete Curve unter den confocalen $C_2$ bildet. <u>Das genannte Vierseit besteht daher aus den 4 imaginären Tangenten, welche man von den beiden Kreispunkten aus an irgend eine Curve der Schaar legen kann.</u>

Um uns nun eine nähere Vorstellung zu bilden, wollen wir uns zunächst einmal klar machen, wie das System der Kegelschnitte beschaffen ist, welche 4 reelle gerade Linien berühren, um dann von hieraus die Resultate auf das Imaginäre zu übertragen.



<u>Insbesondere finden wir in der linearen</u> [Mo. 30. I. 93.] <u>Schaar der Curven $2^{ter}$ Klasse, welche vier gegebene gerade Linien berühren, drei ausgezeichnete Curven, welche in Punktepaare übergegangen sind.</u>

Ihre bezüglichen Verbindungslinien $AA'$, $BB'$, $CC'$, welche die Grenzlagen von Ellipsen angeben, sind in der Figur ausgezogen. Es ist leicht, diesen Satz aus der analytischen Gleichungsform abzulesen, die wir in der vorigen Stunde für das System der confocalen Kegelschnitte aufgestellt hatten:

$$(a_1 u^2 + a_2 v^2 - 1) - \lambda(u^2 + v^2) = 0$$

Wir erhalten für $\lambda = \infty$ die Gleichung:

$$u^2 + v^2 = 0$$

d. h. die beiden Kreispunkte;

für $\lambda = a_2$ die Gleichung:

$$(a_1 - a_2)\, u^2 - 1 = 0.$$

d. h. zwei auf der $x$-Axe gelegene reelle Punkte – $a_1 > a_2$ angenommen –, die sich als die „Brennpunkte" der Curven $2^{\text{ten}}$ Grades erweisen;

für $\lambda = a_1$ die Gleichung:

$$(a_2 - a_1)\, v^2 - 1 = 0,$$

d. h. zwei imaginäre Brennpunkte auf der $y$-Axe. Von letzteren spricht man gewöhnlich nicht, eben weil sie imaginär sind. Wir können nun dieses Resultat, soweit es unsere confocale Kegelschnittschar betrifft, geometrisch noch etwas näher führen, indem wir von den Kreispunkten die beiden Paare gemeinsamer Tangenten, die natürlich nicht reell sind, gezogen denken. Man beachte, dass die letzteren zu je zweien conjugiert imaginär sind; daher müssen für diese zwei reelle Schnittpunkte vorhanden sein, die uns die eigentlichen (reellen) Brennpunkte liefern, während andrerseits das Zusammenfassen der nicht zu einander conjugierten imaginären Tangenten zu zwei weiteren imaginären Schnittpunkten hinführt. Insbesondere werden wir uns die hierin liegende projektive Definition der Brennpunkte merken, (welch' letztere wir bisher in metrischer Weise aus der analytischen Geometrie eingeführt hatten):

Als Brennpunkte eines Kegelschnitts bezeichnet man eben diejenigen beiden reellen Punkte, in denen sich die imaginären Tangenten kreuzen, welche man von den Kreispunkten an den Kegelschnitt legen kann.

Von unserem neuen Standpunkte aus können wir nun auch leicht zeigen, dass die confocalen Kegelschnitte ein orthogonales Kurvensystem bilden. Denken wir uns zunächst von einem beliebigen Punkte P aus an alle Kegelschnitte mit vier gemeinsamen Tangenten, d. h. an die Kegelschnitte einer linearen Schar, die Tangentenpaare gelegt, so bilden letztere ein involutorisches Strahlenbüschel. Es ist dies nicht schwer nachzuweisen, doch wollen wir nicht auf den Beweis näher eingehen. Zur Erklärung sei nur bemerkt, dass das charakteristische Merkmal einer Involution darin liegt, dass die beiden Strahlen jedes Paares harmonisch liegen zu zwei festen Richtungen, den

Doppelelementen, die ihrerseits reell oder conjugiert imaginär sein können. Betrachten wir nun in diesem Sinne unser confocales System, wie es die Figur wiedergeben möge.

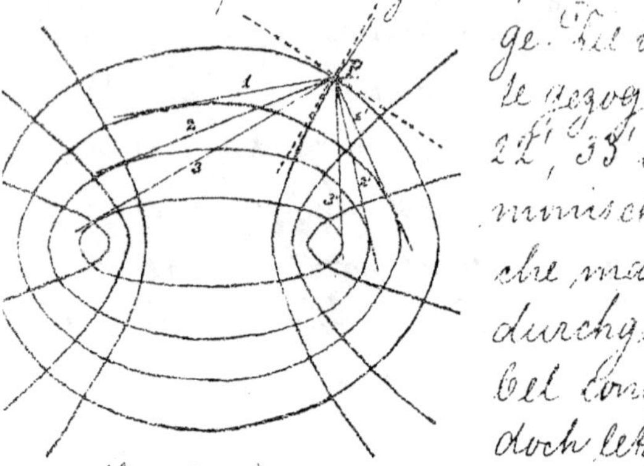


Die von einem beliebigen Punkte gezogenen Strahlenpaare 11', 22', 33' u.s.w. liegen dann harmonisch zu den Tangenten, welche man im Punkte P an die hindurchgehende Ellipse und Hyperbel construieren kann, indem doch letztere die Doppelstrahlen der Involution darstellen werden. Nun sind unter den Kegelschnitten des Systems, wie oben angegeben ist, auch die beiden Kreispunkte vorhanden. Wir können daher insbesondere auch von P die beiden Tangenten nach letzteren construieren, und da auch diese zu den beiden festen Richtungen harmonisch liegen müssen, so stehen die festen Richtungen eben aufeinander senkrecht, was zu beweisen war. Wir können bei diesen Einzelheiten, die in der Hauptsache bereits von Poncelet entwickelt sind, ja leider nicht länger verweilen. Die Berechtigung der hier im Beispiel gegebenen Behandlung des Imaginären liegt darin, dass alle unsere Konstruktionen eine algebraische Bedeutung haben, und letztere ganz unabhängig davon gilt, ob wir es mit reellen oder imaginären Werten der Variabeln zu thun haben.

Eine vollständige geometrische Deutung dieser Konstructionen ist dann in höchst interessanter Weise von v. Staudt gegeben worden in seinen „Beiträgen zur Geometrie der Lage" 1856–59. Doch wollen wir nicht näher darauf eingehen, zumal sie in meinen Vorlesungen über nichteuklidische Geometrie ausführlich behandelt ist. Wir bemerken indessen: so wichtig die Staudt'sche Theorie ist, so umständlich und schwerfällig ist sie in ihrer Anwendung und gerade die Leichtigkeit, mit der man vom analytischen Standpunkt aus vorgeht, und auf die wir besonderen Wert legen, geht dabei völlig verloren. Wir werden darum in der Folge auch nicht weiter auf dieselbe zurückkommen.

Wir wollen nun nach einer allgemeineren Richtung hin das Auftreten des Imaginären in der projektiven Geometrie verfolgen. Die allgemeine Beziehung der Collineation, die sich in der Gleichung $\rho x_i' = \sum a_{ik} x_k$ ausdrückt, ordnet jedem Punkte $x$ einen andern Punkt $x'$ zu, jedoch haben wir uns bisher fast ausschliesslich auf reelle Punkte beschränkt. Wir werden jetzt nach zwei Seiten eine Verallgemeinerung eintreten lassen. Zunächst werden wir auch complexe Werte von $x$ und $x'$ in Betracht ziehen. Für diese Ausdehnung der linearen Transformation bleibt die Bezeichnung als Collineation selbstverständlich unverändert giltig, denn der Satz, dass geraden Linien stets wieder gerade Linien entsprechen, behält auch im Complexen seine Geltung, da er eine algebraische Aussage enthält.

<u>Weiter erteilen wir jedoch auch den Coefficienten $a_{ik}$ complexe Werte.</u> Mit diesem Schritt wird es im allgemeinen eintreten, dass reellen $x$ complexe $x'$ entsprechen und umgekehrt. Doch ändert auch dieses den Charakter der Transformation als einer Collineation nicht, wie man leicht überlegt. Nun haben wir früher gelernt auf Grund der Moebius'schen Netzconstruction, dass jede Collineation eine lineare Transformation sei und umgekehrt. Dem ist jetzt nicht mehr in demselben Sinne so.

<u>Neben die gewöhnliche Collineation stellt sich nämlich eine zweite Art von Transformation $\rho x_i' = \sum a_{ik} \bar{x}_k$ wo $\bar{x}_k$ den zu $x_k$ conjugierten Wert bezeichnet.</u> Dieselbe ist vielfach von Autoren übersehen worden. Während bei der gewöhnlichen Collineation alle Doppelverhältnisse von vier collinearen Punkten, d. h. auch die complexen Doppelverhältnisse, völlig ungeändert bleiben, gehen hier die Doppelverhältnisse in ihre <u>conjugiert imaginären Werte</u> über; bei Beschränkung auf reelle Werte ist natürlich gegen früher nichts geändert. Das einfachste Beispiel dieser neuen Transformation giebt die Ersetzung jedes Raumpunktes durch seinen conjugiert imaginären, wie sie durch die Formeln dargestellt wird:

$$\rho x_1' = \bar{x}_1, \; \rho x_2' = \bar{x}_2, \; \rho x_3' = \bar{x}_3, \; \rho x_4' = \bar{x}_4$$

Was gewinnen wir nun, wenn wir die genannten Begriffserweiterungen einführen, für die projektive Geometrie und die Invariantentheorie? Es werden vor allem verschiedene Gebilde linear verwandt werden, die es bisher nicht waren. Nach unseren bisherigen Begriffen haben wir z. B. zwei wesentlich verschiedene nicht zerfallende Arten von Kegelschnitten unterschieden, die einteiligen $C_2$ (Ellipse, Hyperbel, Parabel), gegeben durch die Gleichung $x_1^2 + x_2^2 - x_3^2 = 0$, und die nullteiligen $C_2$, gegeben durch die Gleichung $x_1^2 + x_2^2 + x_3^2 = 0$. Diese lassen sich nun in einfachster Weise durch imaginäre Collineation, z. B. wenn wir $\rho x_1' = x_1$, $\rho x_2' = x_2$, $\rho x_3' = i x_3$ setzen, in einander überführen.

Das genau entsprechende Verhalten zeigen die Flächen zweiten Grades, die wir bisher einzuteilen gewohnt sind in nullteilige $F_2$: $x_1^2 + x_2^2 + x_3^2 + x_4^2 = 0$,

ovale $F_2$: $x_1^2 + x_2^2 + x_3^2 - x_4^2 = 0$,

d. h. Ellipsoid zweischaliger Hyperboloid, ell. Paraboloid,

ringförmige $F_2$: $x_1^2 + x_2^2 - x_3^2 - x_4^2 = 0$,

d. h. einschaliger Hyperboloid, hyperbolisches Paraboloid oder die geradlinige $F_2$.

Vom Standpunkte der imaginären Collineation aus verschwinden wieder die charakteristischen Unterschiede dieser Flächentypen.

Indem wir noch allgemeiner vorgehen wollen, können wir die Frage aufwerfen nach Einteilung der quadratischen Formen für n homogene Veränderliche vom Standpunkt einerseits der allgemeinen linearen Transformationen, andrerseits der reellen linearen Transformationen. Es sei allgemein die Form gegeben: $\sum a_{ik} x_i x_k$. Wir unterscheiden dann zunächst solche Formen, für welche die Determinante $D$ der Coefficienten von 0 verschieden ist und solche, für die sie verschwindet. Letztere teilen wir weiter ein, je nachdem nicht sämmtliche ersten Unterdeterminanten $D_{ik}$ oder alle verschwinden, weiter ob im letzten Falle nicht sämmtliche zweiten Unterdeterminanten $D_{iklm}$ verschwinden, oder doch u. s. f. Diese Einteilung möge in Kürze das folgende Schema wiedergeben:

Es sei

0) $D \gtrless 0$

1.) $D = 0, D_{ik} \gtrless 0$

2.) $D_{ik} = 0, D_{iklm} \gtrless 0$

3). $D_{iklm} = 0$ u. s. f.

Alle Formen derselben Art sind miteinander linear verwandt. Insbesondere zeigt es sich, dass man die quadratische Form in allen Fällen auf eine Summe von Quadraten zurückführen kann.

<u>Die verschiedenen Arten charakterisieren sich dabei in der Weise, dass wir als kanonische Typen im Falle</u>

0 eine Summe von n Quadraten, im Falle 1 von n-1 Quadraten, im Falle 2 von n-2 Quadraten u.s.w. bekommen.

Stellen wir uns jetzt aber auf den specielleren Standpunkt der reellen linearen Transformationen, so greifen alle diejenigen Unterscheidungen Platz, welche mit dem Trägheitsgesetz der quadratischen Formen zusammenhängen, d.h. wir unterscheiden im Falle 0 je nach der Wahl der Vorzeichen (n+1) Unterarten $\sum_1^n \pm x_i^2$, entsprechend im Falle 1 n Unterarten, im Falle 2 (n-1) Unterarten u.s.fort. Dies ist die ganze inbetrachtkommende Einteilung. –

Den speciellen Fall der Flächen zweiten Grades wollen wir nun nach seiner geometrischen Seite hin weiter verfolgen, indem wir das einschalige Hyperboloid und die Kugel nebeneinander stellen. Da wir wissen, dass beide Flächen, allerdings nur durch imaginäre Collineation, in einander übergeführt werden können, so werden wir auch alle Sätze, die wir von der einen Fläche erkannt haben, auf die andere übertragen können. Betrachten wir nun das einschalige Hyperboloid genauer, indem wir es von einem beliebigen Punkte O auf ihm auf eine Ebene projektiv bezogen denken.

Man bezeichnet diese Beziehung von Alters her als

stereographische Projektion.

Durch den Punkt O gehen zwei Erzeugende des Hyperboloids der einen und der anderen Art; dieselben mögen die Ebene in den Punkten O' und O'' durchstossen, deren Verbindungslinie zugleich die Schnittspur der Tangentialebene in O darstellt. Es gelten dann die folgenden Sätze: Den Punkten O' und O'', die wir die Fundamentalpunkte nennen, entsprechen auf dem Hyperboloid die sämtlichen Punkte der beiden Erzeugenden welche durch O laufen. Andrerseits entsprechen dem Punkte O selbst unendlich viele Punkte der Ebene, nämlich alle Punkte der Verbindungslinie O'O''. Uebrigens aber ist die Beziehung zwischen den Punkten des Hyperboloids und der Ebene ein-eindeutig.

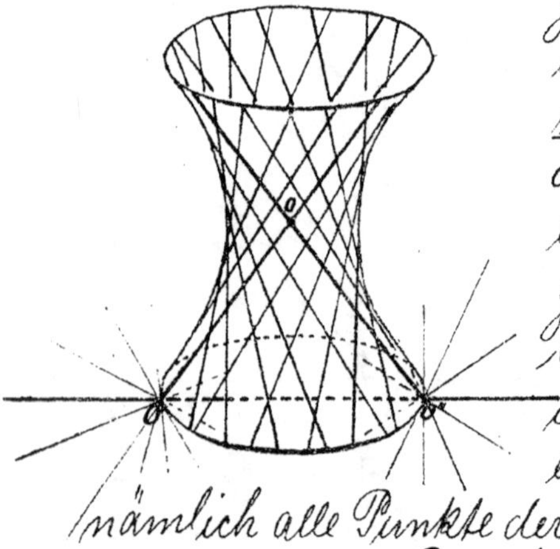

Alle nicht durch O laufenden Erzeugenden erster Art projicieren sich als Strahlbüschel durch O'', alle nicht durch O laufenden Erzeugenden der zweiten Art als Strahlbüschel durch O'. Indem ein beliebiger ebener Schnitt auch die beiden Erzeugenden durch O trifft, projiciert er sich in der Ebene als Kegelschn. durch O' u. O''.

Diese Bemerkungen über die stereographische Projektion der Hyperboloids wollen wir nun auf die Kugel übertragen, wobei natürlich mancher Einzelne imaginär wird, was dort reell ist. Zunächst wird auch die Kugel zwei Scharen gerader Linien tragen, die freilich imaginär sind. Konstruiert man in einem beliebigen Punkte $O$ der Kugel eine Tangentialebene, so schneidet diese zwei Erzeugende der Kugel aus, eine Erzeugende der ersten Art und eine Erzeugende der zweiten Art. Da die Tangentialebene auch den zu der Kugel gehörigen imaginären Kugelkreis in zwei Punkten trifft, so müssen die genannten Erzeugenden den Kugelkreis schneiden. Gerade Linien dieser letzten Eigenschaft nennen wir nun mit Lie allgemein <u>Minimalgerade</u>.

Wir können daher unsere bisherige Ueberlegung in dem kurzen Satze aussprechen: <u>Alle geraden Linien der Kugel sind Minimalgerade</u>. Wir wollen hier einen kleinen Excurs über die Minimalgeraden einschalten.

Wir stellen, wie leicht zu sehen, alle durch den Anfangspunkt laufenden Minimalgeraden dar in der Gleichung $x : y : z = \lambda : \mu : \nu$, indem wir zugleich $\lambda^2 + \mu^2 + \nu^2 = 0$ nehmen. Diese Geraden haben einige merkwürdige, im Vergleich zu dem Verhalten reellen Geraden paradoxe Eigenschaften. Da zunächst stets $x^2+y^2+z^2=0$, so folgt, dass die Entfernung zweier beliebiger Punkte der Minimalgeraden von einander gleich 0 ist. Ferner pflegt man gewöhnlich zu sagen, jede Minimalgerade stehe auf sich selbst senkrecht. Doch ist dies nicht streng richtig. Zwar wird die Bedingung $xx'+yy'+zz'=0$, die wir für das Senkrechtstehen zweier Richtungen vom Nullpunkt aus erhalten, von der einzelnen Minimalgeraden erfüllt, da $x^2+y^2+z^2=0$ ist. Doch wenn wir die allgemeine Formel für den Winkel zwischen zwei Strahlen durch den Nullpunkt betrachten

$$\cos\vartheta = \frac{xx'+yy'+zz'}{\sqrt{(x^2+y^2+z^2)(x'^2+y'^2+z'^2)}},$$

so erhalten wir, indem wir die beiden Strahlen mit einer Minimalgeraden zusammenfallen lassen,

$$\frac{x^2+y^2+z^2}{x^2+y^2+z^2} = \frac{0}{0}.$$

<u>Wir werden daher richtiger sagen, nicht: jede Minimalgerade steht auf sich selbst senkrecht, sondern: sie schliesst mit sich selbst einen unbestimmten Winkel ein.</u> Jedenfalls immer ein überraschendes Resultat. —

Wir gehen nun zu der in Angriff genommenen stereographischen Projektion zurück, indem wir die Ergebnisse weiter auf die Kugel übertragen. Wir wollen hier die

Projektionsebene speciell so wählen, dass sie der Tangentialebene der Kugel im Punkte O parallel ist. Bei dieser Anordnung fallen alsdann die fundamentalpunkte O' u. O'' der Abbildung als Schnitte der erzeugenden Minimalgeraden durch P in die beiden Kreispunkte der Bildebene. Ferner verwandeln sich die geradlinigen Erzeugenden der Kugel, d. h. die Minimalgeraden, welche auf der Kugel liegen, in die beiden Büschel der Minimalgeraden, welche in der Bildebene vorhanden sind. Nun sind für diese stereographische Projektion der Kugel schon vom Alterthum her (Ptolemäus und die Geographen von Alexandria) zwei Sätze bekannt, dass jeder Kreis der Kugel in einen Kreis der Ebene übergeht und zu dem die Abbildung eine conforme ist. Wir erhalten die Sätze von unserem Standpunkte aus folgendermassen: Jeder ebene Schnitt der Kugel muss ein Kreis werden, weil er nach unserem analogen Satze beim Hyperboloid einen Kegelschnitt geben wird, der die Kreispunkte O' u. O'' enthält. Was den zweiten Satz betrifft, so definieren wir den Winkel zweier Richtungen auf der Kugel als

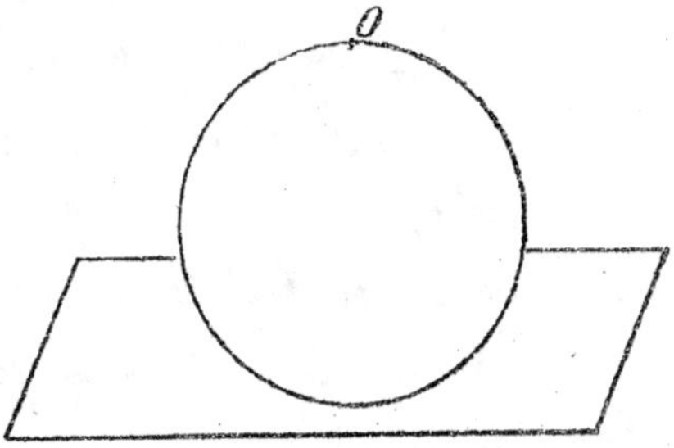

$\frac{i}{2}\cdot\log DV$, wo $DV$ das Doppelverhältnis der letzteren mit den zugehörigen auf der Kugel vom Scheitel des Winkels auslaufenden Minimalgeraden darstellt. Nun aber überträgt sich dieses Doppelverhältnis ungeändert auf die vier entsprechenden Richtungen in der Ebene; von denen zwei gerade wieder Minimalgerade in der Ebene sind, so dass wir zur Berechnung des entsprechenden Winkels in der Ebene den mit $\frac{i}{2}$ multiplicierten Logarithmus desselben Doppelverhältnisses zu nehmen haben. —

Im vorstehenden haben wir ein Beispiel gegeben, wie die Schlussweise, die sich auf Anwendung complexer Collineationen stützt, manche Sätze direkt aus der Anschauung abzulesen gestattet, welche in anderer Weise einige analytische Rechnung oder besondere Ueberlegung erfordern. Indem die Sätze dann ganz selbstverständlich herauskommen, hat die Methode für denjenigen, der zum ersten Male von ihr Kenntniss nimmt, etwas Geheimnisvolles; sie öffnet sozusagen den Blick hinter den Schleier, der uns sonst den inneren Zusammenhang der Dinge verbirgt.

Wir müssen heute zunächst von dem allgemeinen Begriff der „Minimalcurven" sprechen. [Di. 31. I. 93. Als solche bezeichnen wir allgemein diejenigen Curven, deren Bogendifferential $dx^2 + dy^2 + dz^2$ (in rechtwinkligen

Coordinaten) einen verschwindenden Wert hat. Dies aber besagt geometrisch, dass die Tangenten der Curven beständig den Kugelkreis treffen, dass also der Kugelkreis auf der zur Curve gehörigen developpablen Fläche liegt. Die Bogenlänge einer solchen Minimalcurve ist ihrer Definition gemäss natürlich gleich 0. Indem ferner die Osculationsebene zwei benachbarte Tangenten der Curve enthält, wird sie zugleich stets eine Tangentialebene des Kugelkreises sein. – Das einfachste Beispiel der Minimalcurven bilden eben die Minimalgeraden.

Es sei nun eine beliebige (vielleicht reelle) Fläche gegeben. In einer jeden ihrer Tangentialebenen werden wir vom Berührungspunkt aus zwei Fortschreitungsrichtungen auf den Kugelkreis zu, sagen wir zwei „Minimalrichtungen" angeben können. Indem wir in jeder derselben weiter gehen, werden die beiden Fortschreitungsrichtungen sich zu bestimmten Curven zusammensetzen, deren Tangenten stets Minimalgerade sind. Jede Fläche ist daher von zwei Schaaren Minimalcurven überdeckt, welche durch Integration einer Differentialgleichung erster Ordnung 2. Grades gefunden werden müssen. Ein Beispiel solcher Curvenschaaren geben uns die geradlinigen Erzeugenden der Kugel, von denen wir in der letzten Stunde ausführlicher sprachen. Wir behaupten nun: <u>Die Minimalcurven auf der vorgelegten Fläche bilden eine besondere Art geodätischer Linien</u>. Die gewöhnliche Definition einer geodätischen Linie, nach welcher ihre Bogenlänge ein Maximum oder Minimum ist, wie es sich in der Bedingungsgleichung $\delta \int ds = 0$ und in dem festen Vorzeichen der zweiten Variation ausdrückt, können wir hier nicht heranziehen. Denn sie hat offenbar nur im Reellen Bedeutung, indem man im Imaginären geradezu erst die Begriffe Maximum und Minimum festlegen müsste. Infolgedessen müssen wir auf die Differentialgleichung der geodätischen Linien zurückgehen, d. h. auf den Satz, nach welchem eine geodätische Linie eine solche ist, deren Osculationsebene immer auf der Tangentialebene der Fläche senkrecht steht.

Um dies durchzuführen, merken wir uns vorerst die <u>projektive Definition, wann zwei Ebenen im Raume aufeinander senkrecht stehen</u>. Indem wir die Schnittspuren mit der unendlich fernen Ebene in Betracht ziehen, finden wir die Beziehung: <u>Zwei Ebenen nennen wir aufeinander senkrecht, wenn die genannten Spuren in Bezug auf den Kugelkreis conjugiert sind, d. h. wenn die eine Spur durch den Pol der anderen läuft.</u>

Nun wollen wir uns überzeugen, dass letzteres in der That für die Osculationsebene und die Tangentialebene im zugehörigen Flächenpunkte der Fall ist. Die Schnittgerade der beiden Ebenen wird offenbar als Tangente der Minimalcurve eine Minimalgerade sein, d. h. den Kugelkreis treffen. Da nun zudem letzterer nach dem früheren Satze von der Osculationsebene eben im Treffpunkte berührt wird, so sind die Spuren beider Ebenen in der unendlich fernen Ebene wirklich in Bezug auf den Kugelkreis conjugiert, und die beiden Ebenen stehen aufeinander senkrecht. Damit ist unser Beweis geführt. Man nehme als Beispiel unsere früheren Entwickelungen über die geodätischen Linien der Flächen zweiten Grades.

<u>Die Minimalcurven auf einer beliebigen Fläche werden insbesondere benutzt, um den Winkel $\varphi$ zu definieren unter welchem sich zwei Curven auf derselben schneiden.</u> Wir werden sagen, dass $\varphi = \frac{i}{2} \log DV$ ist, unter $DV$ das Doppelverhältnis verstanden, welches die Fortschreitungsrichtungen der beiden Curven mit den Fortschreitungsrichtungen der von ihrem Schnittpunkte auslaufenden Minimalcurven einschliessen. Auf Grund dieser Winkeldefinition verstehen wir auch leicht, <u>was es mit der conformen Abbildung zweier Flächen aufeinander für eine geometrische Bewandnis hat.</u>

Die Aufgabe der conformen Abbildung spielt ja in den Anwendungen wie insbesondere in der Funktionentheorie eine hervorragende Rolle, und zwar handelt es sich dabei immer um solche specielle Abbildungen, die durch irgendwelche Nebenbedingungen festgelegt sind. Wir sprechen hier natürlich nur von der conformen Abbildung im Allgemeinen. Da zeigt sich nun folgendes Ergebnis: Zwei Flächen werden vermöge irgendwelcher <u>Punkttransformationen</u> dann und nur dann aufeinander conform abgebildet heissen, wenn bei der in Betracht kommenden Transformation die Minimalcurven der einen Fläche in die Minimalcurven der anderen Fläche übergegangen sind. Denn da jede Transformation im Unendlichkleinen linear ist, so wird das Doppelverhältnis von vier Fortschreitungsrichtungen auf der einen Fläche sich bei jeder Punkttransformation in das Doppelverhältnis der vier entsprechenden Fortschreitungsrichtungen der anderen Fläche verwandeln, der Winkel $\varphi$ zweier Richtungen also, den wir unter Heranziehung der Minimalcurven durch $\frac{i}{2}\log D$ festlegen, unter der angegebenen Bedingung aber auch nur beim Stattfinden derselben in der That unverändert bleiben. In Formeln drückt sich die conforme Abbildung der Flächen auf einander nun folgendermassen aus. Es seien

$$\begin{cases} u = C_1 \\ v = C_2 \end{cases} \text{ und } \begin{cases} u' = C_1' \\ v' = C_2' \end{cases}$$

die beiden Schaaren der Minimalcurven auf jeder der abzubildenden Fläche, indem wir annehmen, es sei gelungen die Integrale der bez. Differentialgleichungen in dieser Form aufzustellen. Setzen wir dann

$$u = f_1(u'), \quad v = f_2(v'),$$

so werden diese Gleichungen in allgemeinster Weise eine conforme Abbildung vermitteln. Denn mit $u' = const$ (oder $v' = const$) wird auch $u = const$ (oder $v = const$) werden. Andrerseits geben auch die Gleichungen: $u = f_1(v')$, $v = f_2(u')$ eine conforme Abbildung, nur sind die beiden Minimalcurvenschaaren jetzt mit einander gegen vorhin vertauscht. <u>Wollen wir insbesondere eine reelle conforme Abbildung zweier reellen Flächen aufeinander haben, so werden wir $u$ und $v$, $u'$ und $v'$ zu einander conjugiert nehmen und dann unter $f_1$ und $f_2$ ebenfalls conjugierte Funktionen verstehen.</u>

Diese vielleicht zuerst ungewohnte Ausdrucksweise ist Ihnen doch in der Ebene ganz bekannt, sofern wir nur die hier benutzte geometrische Ausdrucksweise abstreifen. Es seien die beiden Ebenen mit den rechtwinkligen Coordinaten $x, y$, bezw. $x', y'$ ausgestattet, dann sind doch die Minimalcurven auf ihnen bezw. gegeben durch:

$$u = x + iy = C_1, \quad u' = x' + iy' = C_1',$$
$$v = x - iy = C_2, \quad v' = x' - iy' = C_2'.$$

Es soll nun $x+iy=f(x'+iy')$ sein, daneben gilt, falls reelle Werte $x, y$ wieder reellen Werten $x', y'$ entsprechen sollen und umgekehrt,

$$x-iy=\bar{f}(x'-iy').$$

Dies ist die eine Art der Beziehung. Die andere ist

$$x+iy=\varphi(x'-iy'),$$
$$x-iy=\bar{\varphi}(x'+iy').$$

Diese Formeln der conformen Abbildung zweier Ebenen auf einander sind aus der Functionentheorie her ganz bekannt, sie unterscheiden sich dadurch, dass im letzten Fall noch eine Umlegung der Winkel, wie sie die Spiegelung liefert, eingetreten ist: — So viel über das Problem der conformen Abbildung.

Was nun diese ganze „pseudogeometrische" Ausdrucksweise betreffend Versinnlichung der Imaginären angeht, so ist dieselbe insbesondere von Chasles und seiner Schule, etwa in den Jahren 1860-1870, entwickelt worden. In Deutschland hat sie, wenigstens in der Differentialgeometrie, nicht rechten Fuss zu fassen vermocht. Man hat sich ihr gegenüber ablehnend verhalten, weil sie zu verschwommen sei. Wir sagen dementgegen, dass diese Methode ihre volle mathematische Berechtigung besitzt, indem sie dem mathematischen Fortschritt dient; sie wird erst bedenklich und dann unzweckmässig, wo sie mangelhaft verstanden wird

Als einen glänzenden Beleg für die Nützlichkeit dieser Methode will ich in den Grundzügen die Lie'sche Theorie der Minimalflächen vortragen, die völlig auf diesen Vorstellungen beruht. Dieselbe findet sich in Ann. 14. 15 (1878, 79) entwickelt und knüpft an die alten Formeln an, die Monge in seinen Applications d'Analyse und Weierstrass in den Berliner Monatsberichten 1866 abgeleitet hat, indem diese in dem discutierten Sinne geometrisch aufgefasst werden. Dass hiermit ein ganz neues Leben in die Theorie der Minimalflächen hineingetragen wird, liegt auf der Hand; man vergleiche nur l.c. die neuen Resultate, zu denen Lie gelangt.

Indem wir die Formeln von Monge beiseite lassen, die minder einfach gebaut sind, schliessen wir uns sogleich an die folgenden Formeln von Weierstrass an:

$$X = \mathfrak{R}\left[(1-s^2)\,\mathfrak{F}''(s) + 2s\,\mathfrak{F}'(s) - 2\,\mathfrak{F}(s)\right] = \mathfrak{R}\left[2\,\mathfrak{A}(s)\right],$$
$$Y = \mathfrak{R}\left[i(1+s^2)\,\mathfrak{F}''(s) - 2is\,\mathfrak{F}'(s) + 2i\,\mathfrak{F}(s)\right] = \mathfrak{R}\left[2\,\mathfrak{B}(s)\right],$$
$$Z = \mathfrak{R}\left[2s\,\mathfrak{F}''(s) - \mathfrak{F}(s)\right] = \mathfrak{R}\left[2\,\mathfrak{C}(s)\right],$$

in denen $X, Y, Z$ die Coordinaten des einzelnen Flächenpunktes und $\mathfrak{R}$ den reellen Teil der in Klammern beigefügten Funktionen bezeichnen; für letztere haben wir sogleich zweckmässige Abkürzungen eingeführt. Die Funktion $\mathfrak{F}(s)$ soll eine ganz beliebige Funktion der complexen Variabeln $s$ sein.

Lie führt nun Variable $x, y, z$ ein, die er den complexen

Functionen der Klammerausdrücke selbst gleichsetzt, also

$$x = \mathfrak{A}(s),$$
$$y = \mathfrak{B}(s),$$
$$z = \mathfrak{C}(s),$$

und fügt eine zweite analoge Formelgruppe für Variable $x'$, $y'$, $z'$ hinzu:

$$x' = \mathfrak{A}'(s'),$$
$$y' = \mathfrak{B}'(s'),$$
$$z' = \mathfrak{C}'(s'),$$

in denen $s'$ irgend welche complexe Variable und $\mathfrak{A}'$, $\mathfrak{B}'$, $\mathfrak{C}'$ Functionen bezeichnen, die aus irgend welcher Function $\mathfrak{F}'(s')$ in derselben Weise zusammengesetzt sind, wie $\mathfrak{A}$, $\mathfrak{B}$, $\mathfrak{C}$ aus $\mathfrak{F}(s)$.

Die Weierstrass'schen Formeln kommen dann darauf hinaus, dass man allemal eine Minimalfläche hat, wenn man $X = x + x'$, $Y = y + y'$, $Z = z + z'$ setzt. Nur dann, wenn man darauf ausgeht, eine reelle Minimalfläche zu haben, wird man die Grössen $s$ und $s'$, $\mathfrak{A}$ und $\mathfrak{A}'$, $\mathfrak{B}$ und $\mathfrak{B}'$, $\mathfrak{C}$ und $\mathfrak{C}'$ conjugiert imaginär nehmen müssen.

Wir wollen nun mit Lie näher auf den geometrischen Inhalt dieses Satzes eingehen:

Durch einfache Ausrechnung finden wir die Formeln:

$$dx = (1 - s^2)\, \mathfrak{F}''' ds,$$
$$dy = i(1 - s^2)\, \mathfrak{F}''' ds,$$
$$dz = 2s\mathfrak{F}'''(s)\, ds,$$

und analoge Formeln für $dx'$, $dy'$, $dz'$. Da sonach $dx^2 + dy^2 + dz^2 = 0$ (bezw. $dx'^2 + dy'^2 + dz'^2 = 0$) wird, so haben wir das Resultat: *Der Punkt $x, y, z$ (bezw. $x', y', z'$) beschreibt, wenn sich $s$ (bezw. $s'$) bewegt, eine erste resp. zweite Minimalcurve.* Aus diesen beiden Minimalcurven setzt sich nun die Fläche zusammen vermöge der Gleichungen $X = A(s) + A'(s')$, $Y = B(s) + B'(s')$ $Z = C(s) + C'(s')$. Es handelt sich nun um die Bedeutung dieser Gleichungen. *Lie bemerkt, dass jede solche Formelgruppe für $X, Y, Z$ ganz allgemein* (abgesehen von der specielleren Form der Functionen $A, B, C$ u.s.w.) *eine Fläche definiert, welche in doppelter Weise durch Translation erzeugt werden kann und deshalb Translationsfläche genannt wird.*

Setzen wir nämlich $s'$ zunächst gleich einem constanten Wert, so erkennen wir, dass die ursprüngliche Curve $x = A(s)$, $y = B(s)$, $z = C(s)$ auf unserer Fläche in bestimmter Weise mit sich selbst parallel verschoben erscheint, indem jede der Coordinaten um einen constanten Wert vermehrt ist. Indem nun aber $s'$ variabel wird, bekommen diese hinzugefügten Werte andere und andere Grössen, d.h. die Curve der $x, y, z$ wird mit sich selbst parallel in bestimmter Weise längs der Curve der $x'$, $y'$ $z'$ in Translationsbewegung entlang geführt. Andrerseits kann man auch die Curve der $x' y' z'$ an der Curve der $x y z$ in Translationsbewegung entlang führen; beide Male kommt man, wie leicht zu sehen, zu derselben Fläche.

Es ist nun die charakteristische Eigenschaft der allgemeinen Translationsfläche (deren Leitcurven keineswegs Minimalcurven zu sein brauchen), dass in jedem ihrer Punkte die beiden Haupttangenten harmonisch zu den beiden erzeugenden Curven liegen. Man beweist dies sofort, indem man die $dX$, $dY$, $dZ$ nach Potenzen von $ds$, $ds'$ entwickelt. Hiervon ist es ein blosses Corollar, dass in unserem Falle, wo die beiden Erzeugenden Minimalcurven sind, eine Minimalfläche entsteht. Denn die Haupttangenten werden bei uns in einem beliebigen Flächenpunkte zu den Minimalcurven harmonisch liegen, sie stehen demnach aufeinander senkrecht, und dieses ist der bekannte Charakter der Minimalflächen.

Wir fassen so zusammen:

Als geometrischer Inhalt der Formeln von Monge und Weierstrass erscheint also dieser, dass die Minimalflächen derjenige specielle Fall der Translationsflächen sind, welcher herauskommt, wenn man insbesondere eine Minimalcurve an einer anderen Minimalcurve verschiebt. In betreff einer weiteren Ausführung dieser Lie'schen Theorie sei z. B. auf meine Darstellung in der Autographie der Riemann'schen Flächen I, p. 153 ff. verwiesen; ich habe dort u. a. die Weierstrass'schen Formeln durch Einführung homogener Variabeln in mehr symmetrische

Formeln übergeführt.

Wir wollen heute zunächst die stereographische [Do. 2. II. 93.] Projektion der Kugel auf die Ebene noch näher untersuchen, um diese Betrachtungen dann auf höhere Räume zu verallgemeinern, und zwar ist unser Zweck, die erstere mit den Entwickelungen über die tetracyclischen Punktcoordinaten der Ebene, wie sie vor Weihnachten gegeben sind, in Beziehung zu setzen. Die Gleichung der Kugel in homogen geschriebenen rechtwinkligen Coordinaten sei gegeben durch $x_1^2 + x_2^2 + x_3^2 - x_4^2 = 0$.

Wir wählen die $xy$-Ebene als Projektionsebene und den Punkt $x = 0$, $y = 0$, $z = 1$ als Centrum der Projektion. Dann gelten die Formeln:

$$\begin{aligned}
\rho x_1 &= x_1 \\
\rho x_2 &= y \\
\rho x_3 &= \frac{x^2 + y^2 - 1}{2} \\
\rho x_4 &= \frac{x^2 + y^2 + 1}{2},
\end{aligned}$$

welche die Beziehung von Kugel und Ebene analytisch wiedergeben. Denken wir nun daran zurück, dass wir die tetracyclischen Punktcoordinaten in der Ebene als den linken Seiten von Kreisgleichungen, die auch gerade Linien vorstellen konnten, proportionale Grössen eingeführt hatten.

<u>Unsere letzten Formeln zeigen dann unmittelbar, dass</u>

die $x_1, x_2, x_3, x_4$ der Kugelpunkte geradezu tetracyclische Coordinaten für die entsprechenden Punkte der Ebene sind, deren identische Gleichung durch die Kugelgleichung gegeben wird. Nun hatten sich aus irgend welchem besonderen System der tetracyclischen Coordinaten die allgemeinen als lineare Verbindungen der letzteren ergeben, zwischen denen dann immer wieder eine quadratische Bedingungsgleichung $\Omega(x_i) = 0$ bestand. Führen wir die gleiche Transformation im Raume aus, so besagt dieses einfach, dass wir die Kugel auf ein neues Coordinatentetraeder beziehen.

Die allgemeinen tetracyclischen Coordinaten $x_i$ eines Punktes der Ebene werden wir daher immer auffassen können als die homogenen Linearcoordinaten des entsprechenden Kugelpunktes, wobei die Identität $\Omega(x_1, x_2, x_3, x_4) = 0$ einfach die Gleichung der Kugel in dem betreffenden Coordinatensystem ist. Tetracyclische Coordinaten in der Ebene einführen heisst daher die Ebene als stereographisches Bild einer Kugel betrachten die auf irgend ein Coordinatentetraeder bezogen ist. Mit dieser Auffassung haben wir dann in das Wesen der tetracyclischen Coordinaten sowie in die auf sie sich gründenden Entwickelungen eine weit bessere und klarere Einsicht gewonnen, als es früher möglich war. Beispielsweise wird jetzt ganz klar, warum das unendlich Weite der Ebene beim Gebrauche tetracyclischer Coordinaten als ein Punkt auftritt, denn das unendlich Weite entspricht bei der stereographischen Projektion ja einem einzelnen Kugelpunkte, dem Centrum der Projektion.

Doch wollen wir sogleich einen weniger einfachen Gegenstand in der neuen Beleuchtung uns ansehen, nämlich die Theorie der confocalen cyclischen Curven. Wir wollen die Gleichung der Kugel in der Gestalt $\sum_1^n x_i^2 = 0$ gegeben denken, was natürlich nur unter Zulassung einer imaginären Transformation möglich ist. Das Orthogonalsystem der cyclischen Curven der Ebene wird dann gegeben durch die Gleichung

$$\sum \frac{x_i^2}{a_i - \lambda} = 0 .$$

Indem diese Gleichung im Raume eine Schaar von Flächen zweiten Grades darstellt, erscheinen die confocalen cyclischen Curven jetzt als die Schnittcurven unserer Kugel mit dieser bestimmten Schaar von $F_2$. Um letztere nun geometrisch zu verstehen, werden wir wieder Ebenencoordinaten einführen, also Coordinaten $u_1, u_2, u_3, u_4$, der Gleichung $u_x = 0$ entsprechend, welche der Ausdruck für die vereinigte Lage von Punkt und Ebene sein soll. Die Gleichung der Kugel geht dann

in $\sum u_i^2 = 0$ über, während die Flächenschaar durch die Gleichung $\sum(a_i - \lambda) u_i^2 = (\sum a_i u_i^2) - \lambda(\sum u_i^2) = 0$ gegeben wird. Diese Schaar der Flächen zweiter Klasse enthält für $\lambda = \infty$ und $\lambda = 0$ die beiden speciellen Flächen $\sum u_i^2 = 0$, und $\sum a_i u_i^2 = 0$, von denen die erstere unsere Kugel selbst darstellt, und ist im übrigen als lineare Schaar dadurch definiert, dass dieselbe von einer gemeinsamen Developpable umhüllt wird. Wir haben jetzt das folgende Resultat gewonnen:
Man stelle neben die Kugel eine erste beliebige Fläche zweiter Klasse $\sum a_i u_i^2 = 0$, konstruiere die Developpable, welche ihr und der Kugel gemeinsam umbeschrieben ist, und suche dann alle anderen Flächen zweiter Klasse, welche dieser Developpable einbeschrieben sind. Diese schneiden dann aus der Kugel ein Curvensystem aus, welches stereographisch projiciert die confocalen cyclischen Curven der Ebene liefert.
Man erkennt, wie in solcher Weise die cyclischen Curven uns viel zugänglicher werden als früher.
Wir wollen nun die stereographische Projektion der Kugel auf die Ebene nach einer bestimmten Richtung weiter verwenden. Die Kreise in der Ebene werden in tetracyclischen Coordinaten doch durch die lineare Gleichung $\sum a_i x_i = 0$ gegeben. Indem diese Gleichung für den Raum eine beliebige Ebene darstellt, haben

wir das einfache Resultat: Die Kreise der Ebene entsprechen den ebenen Schnitten der Kugel. Weiter ergiebt sich als Bedingung für die senkrechte Durchdringung zweier Kreise $\sum a_i x_i = 0$ und $\sum b_i x_i = 0$ die Gleichung $\sum a_i b_i = 0$, d. h. wieder auf den Raum übertragen: Die Kreise stehen aufeinander senkrecht, wenn die beiden Schnittebenen in Bezug auf die Kugel conjugiert sind. Was bedeutet nun die Inversion in der Ebene für die Kugel im $R_3$? Wir wissen, zwei Punkte $P$ u. $P'$ der Ebene sind durch die Transformation der reciproken Radien in bezug auf einen Kreis einander zugeordnet, wenn die durch erstere gehende Kreisschaar den letzteren rechtwinklig schneidet.

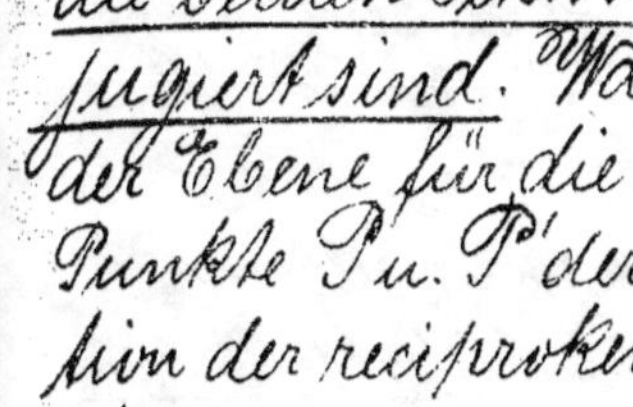

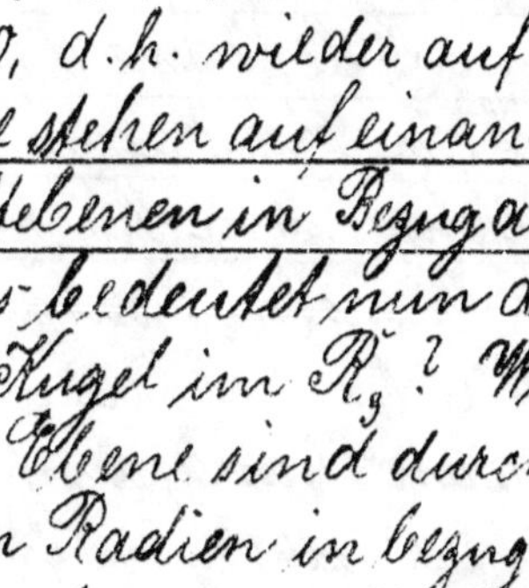

Diese Beziehung gestattet uns sogleich den letzten Satz anzuwenden. Indem wir dann berücksichtigen, dass die räumliche Verbindungslinie $PP'$ der auf die Kugel übertragenen Zeichnung sich als Schnitt zweier Ebenen, die beide zu der Schnittebene des Grundkreises conjugiert sein müssen, darstellt, ergiebt sich der neue Satz: Zwei reciproke Pole in bezug auf einen Kreis der Ebene liefern auf der Kugel zwei Punkte, deren Verbindungsgerade durch den Pol M desjenigen Ebenenschnittes der Kugel läuft, der dem gegebenen Kreise der Ebene entspricht. Die Umformung der Ebene durch reciproke Radien liefert daher auf der Kugel die einfache Umformung durch Perspektive vom Punkte M aus. Das letztere aber eine lineare Transformation der Coordinaten $x_1, x_2, x_3, x_4$ darstellt, liegt auf der Hand.

Wir wollen nun unseren Standpunkt noch allgemeiner wählen, indem wir geradezu von einer projektiven Geometrie auf der Kugel sprechen. Die projektive Geometrie der Ebene behandelt, wie wir wissen, alle diejenigen Eigenschaften der Figuren, welche bei den linearen Transformationen der Ebene in sich unverändert bleiben. Die letzteren bilden als Gesammtheit der ternären Substitutionen eine achtfach unendliche Mannigfaltigkeit. Demgegenüber steht der Satz, dass die Kugel bei sechsfach unendlich vielen Collineationen des Raumes in sich übergeht, wie wir früher bereits einmal abgezählt haben. Wir stellen daher der projektiven Geometrie der Ebene eine projektive Geometrie auf der Kugel entgegen, welche von allen denjenigen

Eigenschaften der sphärischen Figuren handelt, die bei den genannten sechsfach unendlich vielen Collineationen ungeändert bleiben. In dieser Geometrie bilden die ebenen Schnitte der Kugel und insbesondere die Minimalgeraden derselben die wichtigsten Elemente. Vor allen Dingen ist auch der Winkel zweier Richtungen etwas Bleibendes, da er mit Hülfe der Minimalgeraden projektivisch definiert wird. Indem wir jetzt die Kugel stereographisch auf die Ebene projiciren, erhalten wir in letzterer eine sechsfach unendliche Gruppe von Umformungen, welche wir die Gruppe der reciproken Radien nennen, weil sie neben den gewöhnlichen Bewegungen und Aehnlichkeitstransformationen der Ebene insbesondere sämmtliche Transformationen derselben durch reciproke Radien umfasst. Als Gegenstück der projektiven Geometrie auf die Kugel bekommen wir so eine Geometrie der Ebene, welche wir die Geometrie der reciproken Radien nennen; bei derselben sind die Kreise der Ebene, die Minimalgeraden derselben und die Winkel zweier Richtungen die elementaren bleibenden Elemente. Diese Geometrie der reciproken Radien wird nun in vielen Teilen der mathematischen Physik, insbesondere aber allgemein in der Funktionentheorie zu Grunde gelegt, indem die reellen Transformationen der

Gruppe der reciproken Radien durch die allgemeinen Formeln gegeben werden

$$z' = \frac{\alpha z + \beta}{\gamma z + \delta} \text{ u. } z' = \frac{\alpha \bar{z} + \beta}{\gamma \bar{z} + \delta},$$ unter $z$

eine complexe Variable, unter $\alpha, \beta, \gamma, \delta$ complexe Coefficienten verstanden.

Diese Geometrie der reciproken Radien mit den Punkten, Kreisen und Winkeln als bleibenden Elementen stellt sich hier neben die projektive Geometrie der Ebene, welche die Punkte und geraden Linien als Elemente betrachtet. Man hat die letztere, besonders in elementaren Lehrbüchern, wohl als die absolute Geometrie hingestellt, d. h. als die einzige sich aus dem Wesen der Sache aufbauende Geometrie. Dem gegenüber ist ausdrücklich zu betonen, dass die beiden genannten ebenen Geometrien gleiche Berechtigung haben und einander vollständig coordiniert sind. Doch wollen wir andrerseits bedenken, dass die Geometrie der reciproken Radien sich analytisch als quaternäre Invariantentheorie linearer Substitutionen bei ein für allemal zugrundegelegter Gleichung 2ten Grades darstellt, während die projektive Geometrie ihr Gegenbild in der ternären linearen Invariantentheorie findet. Beide Geometrien sind also unterbegriffen unter die allgemeine lineare Invariantentheorie, oder, wenn wir wollen, unter die projektive Geometrie hinreichend ausgedehnter Räume; insofern hat hier die projektive Geometrie, wenn wir sie nicht auf die Betrachtung der Ebene einschränken, doch eine beherrschende Stellung. Nun wollen wir dazu übergehen, die analogen Entwickelungen im Raume höherer Dimensionen durchzuführen, und zwar werden wir uns der Analogieschlüsse bedienen, die aber ihre volle Berechtigung haben, da ihnen die analytischen Entwickelungen jederzeit zur Seite stehen. Wir denken uns etwa eine Kugel im Raume von vier Dimensionen gegeben; dieselbe werden wir stereographisch auf den dreidimensionalen Punktraum bezogen denken. Indem wir die Kugel mit irgendwelchen fünf homogenen Linearcoordinaten

$x_1, x_2, x_3, x_4, x_5$ behandeln, sehen wir in letzteren dann gerade jene pentasphärischen Coordinaten des $R_3$, die wir vor Weihnachten in anderer Weise eingeführt hatten. Allgemein gilt der Satz: Die Behandlung des Raumes von $n$ Dimensionen mit $n+2$ polysphärischen Coordinaten mit einer quadratischen Identitätsgleichung kommt darauf hinaus, den Raum von $n$ Dimensionen als stereographische Projektion einer Kugel im Raum von $n+1$ Dimensionen anzusehen, die man ihrerseits mit gewöhnlichen homogenen Coordinaten behandelt. Bei $n+2$ homogenen Variabeln enthält aber die allgemeine lineare Substitution $(n+2)^2$ Coefficienten; andreiseits besitzt eine Form zweiten Grades der genannten Variabeln $\frac{(n+2)(n+3)}{2}$ Coefficienten. Die Differenz der beiden Zahlen $\frac{(n+2)(n+1)}{2}$ giebt daher die Mannigfaltigkeit der linearen Transformationen an, welche eine einzelne Form zweiten Grades die in unserem Falle die Kugel des $R_{n+1}$ darstellt, in sich selbst überführen. Die Anzahl der Umformungen, welche bei der projektiven Geometrie unserer Kugel im $R_{n+1}$ oder bei der Geometrie der reciproken Radien im $R_n$ zugrunde liegen, beträgt daher für $n = 2, 3, 4$ entsprechend $\infty^6$, $\infty^{10}$, $\infty^{15}$, allgemein $\infty^{\frac{(n+1)\cdot(n+2)}{2}}$.

Ein besonderes Interesse richtet sich in der Geometrie der reciproken Radien auf die geradlinigen Erzeugenden unserer mehrdimensionalen Kugeln, die sich im $R_n$ als Minimalgerade projicieren. Bei allen unseren Umformungen müssen sicher die geradlinigen Erzeugenden der Kugel ihre Eigenschaft behalten, d.h. geradlinige Erzeugende der Kugel bleiben und also die Minimalgeraden des $R_n$ wieder in die Minimalgeraden übergehen. Demzufolge sind alle unsere Umformungen im Raume von $n$ Dimensionen conform, d.h. sie lassen die Grösse der Winkel ungeändert.

Nun zeigt sich ein höchst wichtiges Theorem, welches für $n = 2$ noch nicht gilt, wohl aber für $n \geqq 3$. Wenn wir nämlich von der conformen Abbildung in der Ebene sprechen, so wissen wir, dass es neben der linearen Substitution der complexen Variabeln $z$ oder $\bar{z}$, welche diese Eigenschaft haben, noch beliebige andere Transformationen giebt, welche gleichfalls conform sind. Wir haben dieselben noch neulich aufgezählt. Wollen wir ganz allgemein sein, so müssen wir die beiden Formelpaare neben einander stellen:

$$z' = f_1(z), \quad \bar{z}' = f_2(\bar{z})$$

und

$$z' = f_1(\bar{z}), \quad \bar{z}' = f_2(z).$$

Wollen wir aber, wie das in der gewöhnlichen Functionentheorie geschieht, uns auf reelle Transformationen beschränken, so werden wir $f_1$ und $f_2$ als conjugierte Functionen nehmen müssen und brauchen dann nur die einzelnen Formeln

$$z' = f_1(z) \text{ resp. } z' = f_2(\bar{z}) \text{ zu schreiben.}$$

<u>Dementgegen gilt für $n \geqq 3$ der Satz, dass neben den uns jetzt bekannten $\infty^{\frac{(n+1)\cdot(n+2)}{2}}$ Transformationen keine andere Transformation dieser Eigenschaft mehr existiert.</u> (Dieser Satz ist von <u>Liouville</u> aufgestellt worden; vgl. die Ergänzungssysteme in der Ausgabe von Monge's Applications d'analyse vom Jahre 1850). Wir wollen nun versuchen, uns diesen Satz geometrisch klar zu machen. Wir beschränken uns jedoch auf den Raum von drei Dimensionen ($n = 3$), indem unserem Satze gemäss dann nur jene

$\infty^{10}$ conformen Abbildungen möglich sind. Wir wollen unsere Betrachtung in einzelne Sätze gliedern, die wir aneinander reihen. 1. Wenn eine Punkttransformation conform sein soll, so muss, wie man gern zugeben wird, jede Minimalrichtung wieder eine Minimalrichtung werden.

2. Jede Minimalcurve wird dann in eine Minimalcurve übergehen.

3. Jetzt müssen wir unsere Aufmerksamkeit auf die developpabeln Flächen richten, welche von den Tangenten der Minimalcurven gebildet werden. Jede Minimaldeveloppable muss gleichfalls wieder in eine Minimaldeveloppable übergehen, denn diese Flächen haben die sie vor anderen Flächen auszeichnende charakteristische Eigenschaft, nur eine Schaar von Minimalcurven zu tragen.

4. Betrachten wir nun einmal zwei Minimalcurven, die sich berühren und die zu ihnen gehörenden developpablen Flächen. Die letzten werden sich dann längs der ganzen Erstreckung der gemeinsamen Tangente, d.h. längs einer Minimalgeraden, berühren. Bei der Transformation müssen dieselben wieder in zwei solche developpablen Flächen übergehen, die sich längs einer Minimalgeraden berühren. Hieraus folgt: Jede Minimalgerade muss eine Minimalgerade

liefern (dies ist wesentlich mehr als die Aussage unter 2.)

5. Nun betrachten wir die Kugeln unseres $R_3$. Dieselben sind unter allen übrigen Flächen dadurch charakterisiert, dass sie zwei Schaaren von Minimalgeraden tragen. Demnach müssen in Rücksicht auf den Satz 4 die Kugeln wieder in Kugeln übergehen, wobei die Ebene natürlich als specieller Fall der Kugel angesehen wird.

6. Da nun die Abbildung conform sein soll, so liefern Orthogonalkugeln wieder Orthogonalkugeln.

Soweit bewegt sich unsere Betrachtung im $R_3$.

7. Jetzt gehen wir zu der Kugel im $R_4$ über. Indem die Kugeln des $R_3$ sich als ebene Schnitte der Kugel des $R_4$ projicieren, haben wir also eine Punkttransformation dieser Kugel in sich zu suchen, bei der jeder ebene Schnitt wieder einen ebenen Schnitt liefert und speciell conjugierte Ebenen infolge des Satzes 6 wieder in conjugierte Ebenen übergehen.

8. Betrachten wir der Einfachheit halber für einen Augenblick die analoge Transformation der Kugel im $R_3$ in sich selbst. Alle Ebenen, welche bezüglich dieser Kugel zu einer festen Ebene conjugiert sind, laufen durch einen bestimmten Raumpunkt (den Pol der festen Ebene). Es wird sich also um eine Ebenentransformation des Raumes handeln, bei der alle

Punkte in Punkte übergehen.

9. Genau so werden wir auch jetzt auf eine Transformation des ganzen $R_4$ schliessen, bei der jede Ebene in eine Ebene, jeder Punkt in einen Punkt übergeht.

10. Eine Transformation mit solchen Eigenschaften ist aber notwendig eine Collineation; wir brauchen, um dies zu beweisen, die gerade Linie nur als Schnitt zweier Ebenen anzusehen. Eine Collineation aber ist gemäss der Moebius'schen Netzkonstruktion immer eine lineare Transformation.

Wir haben daher das Resultat:

Jede Punkttransformation des $R_3$, welche conform ist, wird durch eine solche lineare Transformation des $R_4$ geliefert, bei welcher die Kugel des $R_4$ auf die wir den $R_3$ stereographisch bezogen haben, in sich selbst übergeht;

und dies sind die $\infty^{10}$ conformen Transformationen, die wir von Anfang an kannten.

Nun ist es besonders interessant, sich klar zu machen, warum man den obigen Beweisgang für $n = 2$ nicht festhalten kann. Man erkennt sofort, dass der Uebertragung der 4 ersten Punkte nichts im Wege steht, wohl aber ist der Punkt fünf bei zwei Dimensionen hinfällig, weil die Kugel kein analoges Gebilde von gleicher charakteristischer Eigenschaft in der Ebene hat. Dies also ist der springende Punkt. Andrerseits gilt der Beweis a fortiori für eine erhöhte Dimensionenzahl. Nun hatten wir ja in der Ebene die fragliche Geometrie als die Geometrie der reciproken Radien bezeichnet; bei 3 und mehr Dimensionen könnten wir auf Grund des geführten Beweises unsere Geometrie der polysphärischen Coordinaten geradezu als <u>conforme Geometrie</u> bezeichnen, ein Ausdruck, dessen Uebertragung auf zwei Dimensionen natürlich nicht zulässig ist.

[Fr. 3. II. 93.]

Wir wollen heute den Gedanken, der den Betrachtungen der letzten Stunden implicite zu Grunde liegt, in allgemeiner Weise betrachten, indem wir uns fragen, <u>inwiefern das Heranziehen höherer Räume auch abgesehen von dem besonderen Falle der stereographischen Projektion ein besseres Verständnis für die geometrischen Verhältnisse in niedereren Räumen gewähren kann</u>. Und zwar wollen wir diese Frage nach drei Richtungen hin durch Beispiele zu beantworten suchen. Zunächst kommen die Betrachtungen zur Besprechung, die sich auf Punktepaare, Punktetripel, kurz auf Aggregate von $n$ Punkten der geraden Linie beziehen, zu denen die binäre Invariantentheorie Anlass giebt. Wir werden sehen, dass es sich dabei als nützlich erweisen wird, die gerade Linie als

Projektion einer Curve $n^{ter}$ Ordnung im $R_n$ aufzufassen. Das zweite Beispiel wird sich auf die Theorie der „Configurationen" in der Ebene beziehen; unter denselben haben wir geometrische Gebilde von Punkten und Geraden zu verstehen, die bestimmte ausgezeichnete Eigenschaften in ihrer Lage darbieten. Endlich werden wir einen Blick auf die graphische Statik werfen, in der sich gewisse reciproke Figuren als Projektionen räumlicher Polyeder beim Nullsystem darstellen lassen. Gehen wir nun sogleich zu dem ersten Punkt über:

1. Als Litteratur ist besonders zu nennen ein Aufsatz von Hesse in Crelle 66 (1866) „Über ein Übertragungsprinzip" betitelt, in dem der Gedanke für $n=2$ entwickelt wird, sowie die allgemeine und umfassende Darstellung (für beliebiges $n$) von Franz Meyer (1883) in seinem Buche „Apolarität und rationale Curven." Der fragliche Ansatz ist nun der folgende: Es seien $\lambda_1 : \lambda_2$ als Abscissen auf der geraden Linie gedeutet. Die Gleichung $0 = f_n(\lambda_1, \lambda_2)$ stellt dann $n$ Punkte auf derselben dar, die reell oder auch imaginär sein können. Man wird sich mit solchen Punktgruppen besonders beschäftigen, wenn man allgemein binäre Formen

$$f_n(\lambda_1, \lambda_2) = a\lambda_1^n + b\lambda_1^{n-1}\lambda_2 + \dots + q\lambda_2^n \quad \text{studiert.}$$

Nun besteht der wesentliche Gedanke der weiteren Untersuchung darin, dass man in einen Raum von $n$ Dimensionen geht, und in ihm die Raumpunkte betrachtet, deren Coordinaten $x_i$ den einzelnen Potenzen von $\lambda_1 \lambda_2$ proportional gesetzt werden, wie folgt:

$$\rho x_0 = \lambda_1^n,$$
$$\rho x_1 = \lambda_1^{n-1}\lambda_2,$$
$$\vdots$$
$$\rho x_n = \lambda_2^n.$$

Man sieht, wenn der Punkt $\lambda$ die ganze gerade Linie durchläuft, so beschreibt der Punkt $x_i$ im $R_n$ eine bestimmte Curve, die von der $n^{ten}$ Ordnung ist. Insofern dieselbe sich rational durch einen Parameter $\frac{\lambda_1}{\lambda_2}$ ausdrückt, nennt man sie eine <u>rationale Curve</u> oder mit speciellerer Bezeichnung die „<u>Normcurve des $R_n$</u>". Diese rationale Curve $n^{ter}$ Ordnung erscheint daher als Bild der geraden Linie. In dieser Weise bezieht Hesse die gerade Linie auf den Kegelschnitt. Wenn wir nun $f = 0$ setzen, so kommt dieses darauf hinaus, die Gleichung $a x_0 + b x_1 + \cdots q x_n = 0$ anzunehmen, und letztere stellt eine Ebene im $R_n$ dar. <u>Jedes Aggregat von $n$ Punkten der geraden Linie erscheint daher als Schnitt unserer Normcurve mit einer Ebene des $R_n$.</u> Wenn man sich nun mit der Theorie der binären Formen in der Invariantentheorie beschäftigt, so wird man doch alle Substitutionen der folgenden Art betrachten:

$$\sigma\lambda_1' = \alpha\lambda_1 + \beta\lambda_2,$$
$$\sigma\lambda_2' = \gamma\lambda_1 + \delta\lambda_2.$$

Diese stellen eine dreifach unendliche Gruppe dar, und zwar die Gesammtheit der linearen Transformationen der geraden Linie in sich. <u>Beim Studium der Formen $f_n$ wird man dann</u>

<u>gerade alle diejenigen Eigenschaften des Punktaggregats $f_n = 0$ aufsuchen, welche gegenüber beliebigen linearen Transformationen dieser dreifach unendlichen Gruppe invariant sind.</u>
Nun ergiebt sich eine einfache Uebertragung dieser linearen Transformationen auf die Normcurve des $R_n$. Es sei der neue Raumpunkt derselben gegeben durch:

$$\begin{aligned} \rho x'_0 &= \lambda_1'^{\,n} \\ \rho x'_1 &= \lambda_1'^{\,n-1}\lambda'_2, \\ &\vdots \\ \rho x'_n &= \lambda_2'^{\,n}. \end{aligned}$$

Für die Grössen $\lambda'_1$ u. $\lambda'_2$ können wir dann ihre Ausdrücke aus den Substitutionsformeln einsetzen und darauf die Klammerausdrücke entwickeln, z. B. ergiebt sich $\rho x'_0 = \lambda_1'^{\,n} = \left(\frac{\alpha\lambda_1 + \beta\lambda_2}{\sigma}\right)^n = \frac{\rho}{\sigma^n}\left(\alpha^n x_0 + n\alpha^{n-1}\beta x_1 + \ldots\ldots \beta^n x_n\right)$, indem wir zugleich die alten Variabeln $x_i$ wieder einführen. Wir sehen $x'_0$ ist eine lineare Funktion der $x_i$ geworden, dasselbe gilt natürlich für alle $x'_i$. <u>Der dreifach unendlichen Gruppe der linearen Transformationen der geraden Linie entspricht daher eine dreifach unendliche Gruppe von Collineationen des $R_n$, bei denen unsere Normcurve unter Vertauschung ihrer Punkte in sich übergeht.</u>
Dies ist nun an sich ein sehr bemerkenswertes Resultat, indem diese dreifach unendlichen Gruppen von Collineationen in der Gruppentheorie ausserordentlich wichtig sind.

Es giebt also nicht nur in der Ebene eine dreifach unendliche Gruppe linearer Transformationen, die den Kegelschnitt in sich überführen, was wir von früherher wissen, sondern ebenso im Raum eine dreifach unendliche Gruppe inbezug auf die $C_3$ und s. f. Lie bezeichnet im Hinblick auf den Fall $n=2$ diese Gruppen allgemein als Kegelschnittgruppen. Nun kann man bereits überschauen, wie des Näheren die weitere Ausführung sich gestaltet. Das invariantentheoretische oder projektive Studium des Punktaggregats $f_n = 0$ auf der geraden Linie kommt jetzt darauf hinaus, die projektiven Beziehungen zu untersuchen, welche zwischen der Normcurve und der schneidenden Ebene bestehen mögen.

2. Wir gehen nun zu unserem zweiten in Aussicht genommenen Punkte über. Es handelt sich hier um einen Gedanken, der bereits 1846 von Cayley in Crelle 31 („Sur quelques théorèmes de la géométrie de position") ausgesprochen und seitdem bis in die letzte Zeit vielfach aufgenommen ist z. B. von Veronese in Ann 19 (1881) „Princip des Projicirens und Schneidens." Wir wollen sogleich an einer speciellen Figur, die in der synthetischen Geometrie vielfach behandelt ist, uns die Sache klar machen. Dieselbe wird kurz gesagt durch zwei perspektivisch gelegene Dreiecke in der Ebene gegeben. Sei O das Centrum der Perspektive und LM die Axe derselben; *) wir ziehen

*) vergleiche die Figur auf der folgenden Seite

dann durch O 3 Projektionsstrahlen, und ordnen, indem wir ja noch einen Parameter zur Verfügung haben, auf einem derselben dem Punkt $a$ einen beliebigen andern Punkt $a'$ zu. Nun zeichnen wir uns ein erstes Dreieck mit den Ecken $a, b, c$, auf den drei Projektionsstrahlen. Indem die Schnittpunkte $\alpha, \beta, \gamma$ der Seiten des Dreiecks (ev. ihrer Verlängerung) mit der Axe der Perspektive bei letzterer unverändert bleiben, lässt sich leicht, wie die Figur es angiebt, das entsprechende Dreieck $a', b', c'$ construieren, das aus unserem ersten Dreieck $a\,b\,c$ bei der Perspektive hervorgeht. Wenn wir nun die ganze Figur betrachten, so sehen wir:

Von zwei perspektiven Dreiecken beginnend, die wir durch Schraffierung kenntlich gemacht haben, sind wir zu einer Figur von zehn Punkten und zehn geraden Linien gekommen, in der immer 3 Punkte auf einer geraden Linie liegen und drei gerade Linien durch einen Punkt gehen. Nun zeigt eine aufmerksame Betrachtung der Figur, dass dieselbe nicht bloss auf eine Weise, sondern auf zehn Weisen aus zwei perspektivischen Dreiecken zusammensetzbar ist. Um dies nun in übersichtlicher Weise zu erkennen, ziehen wir mit Cayley die räumliche Betrachtung heran. Cayley beweist nämlich diese und alle sonstigen Behauptungen über die Figur in einfachster Weise, indem er bemerkt, <u>dass unsere Figur der ebene Schnitt einer ganz einfachen Raumfigur ist, nämlich derjenigen Raumfigur, die aus fünf beliebigen Punkten, ihren zehn Verbindungsgeraden und ihren zehn Verbindungsebenen besteht.</u> Diese Raumfigur ist in der That aus unserer ebenen Figur sehr leicht zu construieren. Man nehme im Raume zwei beliebige Punkte D u. E an, die mit O auf einer geraden Linie liegen, und ziehe die Strahlen von D nach den Punkten a, b, c und von E nach den Punkten a', b', c'. Dann werden die Strahlenpaare Da u. Ea', Db u. Eb', Dc u. Ec' sich entsprechend in drei weiteren Raumpunkten A, B, C schneiden. <u>So haben wir fünf Raumpunkte A, B, C, D, E gewonnen.</u> Und wie man bei ruhiger Betrachtung der Raumfigur erkennt, sind nun die zehn Punkte und die zehn Geraden unserer ebenen Configuration in der That die Schnitte unserer Ebene mit den zehn Verbindungsgeraden und den zehn Verbindungsebenen der genannten Punkte A, B, C, D, E. Der Punkt O unserer Figur zeigt sich dann als Schnitt mit der Kante DE und ist daher in keiner Weise von den anderen Schnittpunkten ausgezeichnet. <u>Wenn es daher möglich ist, vom Punkte O aus die Figur als Aggregat zweier perspektivischer Dreiecke zu construieren, so können wir ganz ohne weiteres jetzt behaupten, dass die</u>

gleiche Möglichkeit für jeden der anderen neun Punkte ebenfalls vorliegen muss.

3. Wie verhält sich nun die Sache in unserem dritten Beispiel, die graphische Statik betreffend? Man betrachtet in der graphischen Statik sogenannte „Fachwerke", d.h. starre aus einzelnen Stücken zusammengesetzte Systeme, wie die nebenstehende Figur in einem einfachen Falle zeigen soll. Wenn wir in dem Fachwerk $n$ Knotenpunkte haben, so werden dieselben durch $2n$ Coordinaten festgelegt sein. Soll nun das System nur als Ganzes in seiner Ebene beweglich sein, also nur drei Gerade der Freiheit besitzen, so werden offenbar $2n-3$ Bedingungen für die Coordinaten vorgeschrieben sein müssen. Dies besagt, dass $2n-3$ Kanten oder Stäbe vorhanden sein müssen, wenn das Fachwerk gerade bestimmt sein soll. Werden ausserdem noch andere Kanten angewandt, so ist das Fachwerk allgemein zu reden „überbestimmt". (Es ist wohl kaum nötig, darauf hinzuweisen, dass ein Fachwerk auch mit mehr als $2n-3$ Kanten noch unbestimmt sein kann, falls auf einen Teil desselben vielleicht mehr Kanten als nötig aufgewendet worden sind, auf einen anderen Teil dagegen weniger; wir können hier auf solche Einzelheiten, die man leicht mathematisch streng formuliert, nicht eingehen).

Nun nehmen wir an, dass auf die einzelnen Knotenpunkte in unserer Ebene Kräfte wirken. Dieselben sollen insgesamt am starren System sich im Gleichgewicht halten, d.h. sie haben drei wohlbekannte Bedingungsgleichungen zu erfüllen. Nun ist die Frage, welche <u>Spannungen</u> werden in den einzelnen Stangen des Systems herrschen? Indem wir die Spannungen als Unbekannte einführen, (wobei wir durch das Vorzeichen unterscheiden, ob die zugehörige Stange auf Zug oder Druck in Anspruch genommen ist) erhalten wir, wie leicht zu sehen, <u>gerade 2n-3 lineare Gleichungen für die 2n-3 unbekannten Spannungen</u>. Nun ist es interessant, den Unterschied der reinen und der angewandten Mathematik diesem Gleichungssystem gegenüber zu erkennen. Während erstere sich mit der Angabe begnügt, wie unmittelbar die Unbekannten mit Hilfe von Determinanten sich ausdrücken lassen, hat letztere die weit schwierigere Aufgabe vor sich, die Unbekannte im gegebenen Falle zahlenmässig zu berechnen. Und dass hier, sobald 2n-3 hinreichend gross ist, die allgemeine Ausrechnung nicht durchgeführt werden kann, liegt auf der Hand. <u>Für die Praxis ist es daher erforderlich, ein Verfahren zu haben, das diese 2n-3 Gleichungen in bequemer Weise numerisch aufzulösen gestattet</u>. Dieses wird ja natürlich von der Bauart des Fachwerkes abhängen. In vielen praktischen

Fällen ist es beispielsweise, wie historisch anzuführen ist, möglich, die Berechnung der Unbekannten so zu leiten, dass man immer nur drei Unbekannte hinter einander aus drei linearen Gleichungen zu berechnen braucht. (Rittersche Methode). Daneben hat sich nun aber in der Praxis die Gewöhnung entwickelt, diese Spannungen statt durch Rechnung vielmehr durch graphische Construktion zu ermitteln. So ist denn der besondere Zweig der graphischen Statik entstanden. Man kann dieselbe nach dem Vorstehenden geradezu als die Lehre von der graphischen Auflösung von $2n-3$ linearen Gleichungen mit ebenso-viel Unbekannten auffassen, insbesondere als die Lehre von den Vereinfachungen, welche die graphische Auflösung je nach der Bauart der linearen Gleichungen darbietet. Diese Methode ist vor allem von Maxwell 1864 in dem Phil. Magazine sowie 1870 in den Edinburgh Transactions entwickelt worden. Insbesondere haben sich später viele Techniker damit befasst, wie denn ja auch an den technischen Hochschulen für graphische Statik eigene Lehrstühle bestehen. Es sei insbesondere aus der zahlreichen Litteratur noch das Werk von Culmann in Zürich: „Lehrbuch der graphischen Statik" (1866) genannt, sowie ein geometrischer Aufsatz von Cremona „La figure reciproche della statica grafica", der zuerst 1872 in einer Festschrift gelegentlich der Hochzeit der Tochter von Brioschi erschienen ist. Diese Cremona'sche Arbeit ist sehr bekannt geworden wegen der besonderen Eleganz der Darstellung; wir besitzen im Lesezimmer eine französische Uebersetzung mit Ergänzungen von Saviotti, die auch recht lesenswert sind. Die Cremona'sche Arbeit stützt sich nun auf eine Anwendung des Nullsystems, (ohne dass freilich die allgemeine Aufgabe der graphischen Statik sich mit letzterem lösen liesse). In der That ist man mit Hilfe des Nullsystems in der Lage, für gewisse einfache Fälle von Fachwerken in bequemster Weise die Spannungen zu construieren. Folgendermassen: Wir wählen die Ebene unseres Fachwerkes als $xy$-Ebene und schreiben die Gleichung des Nullsystemes dann so, dass $z$ die Axe desselben ist: $(xy' - yx') + k(z - z') = 0$. Nun sei ein gewöhnliches Polyeder im Raume gegeben mit einer bestimmten Anzahl Ecken $xyz$, Kanten und Seitenflächen. Dasselbe denken wir dann auf die $xy$-Ebene orthographisch projiciert. Diese Projektionsfigur des räumlichen Polyeders bezeichnen wir als ebenes Diagramm; es wird keine Schwierigkeiten haben, auch bei ihm noch von Seitenflächen zu sprechen. Nun wollen wir zu dem Polyeder das reciproke Polyeder im Nullsystem bilden. Wir wissen, aus jeder Ecke wird eine Seitenfläche, aus jeder Seitenfläche eine Ecke, aus jeder Kante wieder eine Kante.

Aus einem Tetraeder wird auf diese Weise wieder ein Tetraeder entstehen, aus einem Würfel dagegen ein Oktaeder. Das reciproke Polyeder projicieren wir nun ebenfalls orthographisch auf die $xy$-Ebene und nennen die Projektionsfigur das reciproke Diagramm des früheren. Jeder Kante des ersten Diagramms wird dann eine Kante des zweiten Diagramms entsprechen. Kanten, die bei dem einen Diagramm in einer Ecke zusammenlaufen, umschliessen in dem andern Diagramm eine Seitenfläche und umgekehrt. Wir behaupten nun, dass die einander entsprechenden Kanten, in den beiden Diagrammen einander parallel sind. Es sei eine Kante mit den Endpunkten $xy$ u. $x_1 y_1$ in der ersten Figur gegeben; letztere mögen die Projektionen der Raumpunkte $xyz$ u. $x_1 y_1 z_1$ sein. Der Ecke $xyz$ entspricht nun die Ebene $(xy' - x'y) + k(z - z') = 0$, der Ecke $x_1 y_1 z_1$ ebenso $(x_1 y' - x' y_1) + k(z_1 - z') = 0$, (wo wir $x_1' y_1' z_1'$ als laufende Coordinaten ansehen). Diese beiden Ebenen schneiden sich in der entsprechenden Kante des reciproken Polyeders, und deren Projektion auf die $xy$-Ebene ergiebt sich also leicht durch Elimination von $z'$ aus den beiden letzten Gleichungen in der neuen Gleichung:

$$(x - x_1) y' - (y - y_1) x' + k(z - z_1) = 0.$$

Die ursprüngliche Verbindungslinie der Punkte $xy$ u. $x_1 y_1$ ist dagegen durch die Gleichung:

$$(x - x_1) y' - (y - y_1) x' + (x'y - xy') = 0$$

gegeben. Aus den beiden letzten Gleichungsformen ergiebt sich nun sofort die Richtigkeit des Satzes, dass zwei reciproke Kanten der xy-Ebene einander parallel sind. <u>So oft daher bei einer Figur drei Kanten in einer Ecke zusammenlaufen, laufen die drei Parallelkanten der anderen Figur um eine Seitenfläche herum und umgekehrt.</u>

Dieser Satz möge durch die Diagramme eines Tetraeders und seines reciproken Tetraeders in ihrer Lage zu einander illustriert werden:

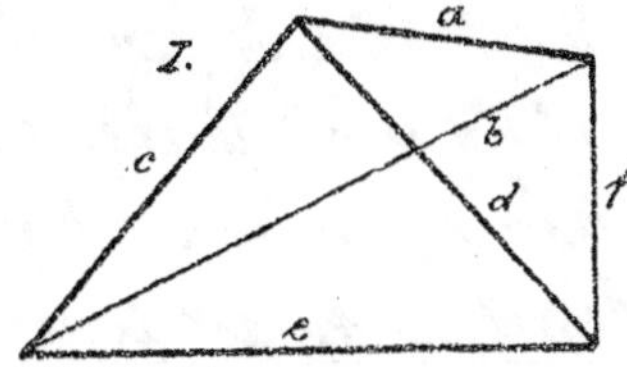


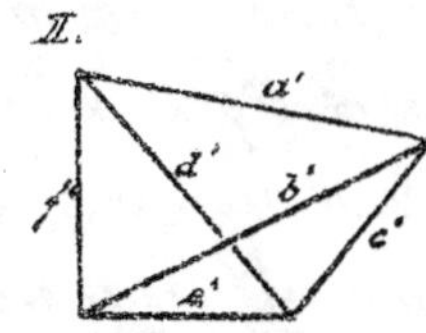


Nun ist bekannt, dass n (z. B 3) in einem Punkte angreifende Kräfte sich im Gleichgewicht befinden, wenn sich aus den sie darstellenden Strecken ein geschlossenes Polygon (ein Dreieck) zeichnen lässt, dessen Seiten den genannten Strecken mit Rücksicht auf ihre Richtung parallel und gleich sind; es ist dies der sogenannte Satz vom Kräftepolygon.

<u>Wenn wir daher jetzt längs der Kanten des einen Diagramms (I) Spannungen wirken lassen, welche ihrer Intensität nach durch die Längen der entsprechenden</u>

Kanten des anderen Diagramms (II) gegeben sind, dann wird unser erstes Diagramm unter dem Einfluss dieser Spannungen im Gleichgewicht sein. Denn die Kräfte, welche an der einzelnen Ecke des ersten Diagramms angreifen, halten sich immer das Gleichgewicht, weil die entsprechenden Stücke im zweiten Diagramm ein geschlossenes Polygon bilden. Nun muss man stets auf das Vorzeichen der Spannung, d.h. auf die Richtung der Strecken in Fig. II Rücksicht nehmen, was jedoch weiter keine Schwierigkeit bereitet. Das Diagramm I in unserem Beispiel ist nun ein überbestimmtes Fachwerk; wir können uns jedoch die Kante d z.B. fortdenken und dann die Spannung in ihr durch äussere Kräfte, die in den Endpunkten angreifen, ersetzen. Haben wir daher für ein überbestimmtes Fachwerk einen Zustand der Selbstspannung gefunden, bei welchem dasselbe mit sich im Gleichgewicht ist, so wird man hieraus, indem man einige Stäbe des überbestimmten Fachwerks weglässt, den Schluss machen auf Gleichgewichtsspannungen in einem bestimmten Fachwerk, auf welches bestimmte äussere Kräfte wirken.

Dies ist die Methode der aus dem Nullsystem entstehenden reciproken Diagramme in der graphischen Statik. Wie diese Methode sich nun im Einzelnen an bestimmte Beispiele anschmiegt, können wir hier natürlich nicht näher betrachten. Diese ganze Theorie soll uns hier ein Beispiel dafür sein, dass man Figuren in der Ebene unter Umständen besser überblickt, wenn man sie als Projektion räumlicher Figuren betrachtet.

Wir haben bisher von linearen Punkttransforma- [Di. 7. II. 93]. tionen gesprochen und gesehen, wie verschiedene Gebilde durch dieselben in einander übergeführt werden können; wir haben ferner von der „linearen Invariantentheorie" gesprochen, deren Aufgabe es ist, solche Eigenschaften aufzusuchen, die bei den linearen Substitutionen unverändert bleiben. In dem gleichen Sinne wenden wir uns jetzt zu den

höheren Punkttransformationen,

wie sie allgemein durch die Formeln:

$$x' = \varphi(x, y, z),$$
$$y' = \psi(x, y, z),$$
$$z' = \chi(x, y, z)$$

gegeben seien. Die Funktionen $\varphi, \psi, \chi$ wollen wir zunächst als beliebige analytische Funktionen voraussetzen, die in dem Raumstück, welches wir gerade betrachten, regulär verlaufen. Später werden wir speciell algebraische und rationale Substitutionen betrachten und uns dann natürlich nicht mehr auf einen Teil des Raumes beschränken, sondern die Transformation des Gesammtraumes heranziehen. Durch Differentiation der obigen Formeln erhalten wir nun die folgenden Gleichungen:

$$dx' = \frac{\partial \varphi}{\partial x} dx + \frac{\partial \varphi}{\partial y} dy + \frac{\partial \varphi}{\partial z} dz,$$

$$dy' = \frac{\partial \psi}{\partial x} dx + \frac{\partial \psi}{\partial y} dy + \frac{\partial \psi}{\partial z} dz,$$

$$dz' = \frac{\partial \chi}{\partial x} dx + \frac{\partial \chi}{\partial y} dy + \frac{\partial \chi}{\partial z} dz.$$

Wenn wir den Punkt $x, y, z$ als fest ansehen und unser Augemerk auf die Richtungsconstanten $dx, dy, dz$, richten, so erkennen wir, <u>dass diese sich linear substituiren</u>. Diesen letzten Satz hatten wir bereits früher in der Form ausgesprochen: <u>Im unendlich Kleinen ist jede analytische Substitution eine lineare</u>. Dieser Satz ist natürlich cum grano salis zu verstehen: man wird darauf achten müssen, ob die Substitutionsdeterminante von 0 verschieden ist, oder doch eine oder mehrere ihrer ersten Unterdeterminanten, oder ihre zweiten Unterdeterminanten u.s.w. oder endlich, ob wenigstens die Elemente selbst nicht verschwinden. Im letzteren Falle, der sehr wohl eintreten kann hat es dann überhaupt keinen Sinn, Taylorsche Entwickelung mit den ersten Gliederen abzubrechen, sondern man wird zu höheren Gliedern gehen müssen; da wird dann der Satz von der linearen Transformation im unendlich Kleinen völlig bedeutungslos.

Die Substitutionsdeterminante der letzten Formeln (deren Elemente die partiellen Differentialquotienten der Funktionen $\varphi, \psi, \chi$ sind) pflegt man als <u>Funktionaldeterminante</u> oder auch als <u>Jacobi'sche Determinante</u> der Funktionen

$\varphi, \psi, \chi$ zu bezeichnen. Durch die Substitutionsformeln der obigen Form für $x', y', z'$ kann man offenbar jede Fläche in jede andere, sowie jede Curve in jede andere verwandeln; man hat nur die Funktionen $\varphi, \psi, \chi$ dementsprechend auszuwählen. Doch giebt es Gebilde, die irgend welche invariable Eigenschaften gegenüber solchen allgemeinen Substitutionen darbieten? Wir brauchen nur einen Blick auf die Differentialgleichungen und Differentialausdrücke zu werfen, um diese Frage bejahend zu beantworten. Als die einfachsten Differentialausdrücke bieten sich die linearen dar, wie sie durch die Formel $\sum_1^n X_i\, dx_i$ für $n$ Variable $x_i$ gegeben werden, in der die $X_i$ Funktionen der Variabeln $x_i$ sein mögen.

Einen solchen linearen Differentialausdruck nennen wir schlechtweg einen Pfaff'schen Ausdruck, weil er gleich 0 gesetzt ein sogenanntes Pfaff'sches Problem ergiebt. (Die Gleichung $\sum_1^n X_i\, dx_i = 0$ dagegen bezeichnen wir dementsprechend als Pfaff'sche Gleichung.)

Wir werden heute unsere Aufmerksamkeit speciell darauf richten, welche Eigenschaften der Pfaff'schen Ausdrücke gegenüber der Gesamtheit der höheren Punkttransformationen invariant bleiben. Wie wir sogleich hier einfügen wollen, werden ein zweites, sehr wichtiges Beispiel uns die quadratischen Differentialausdrücke $\sum\sum a_{ik}\, dx_i\, dx_k$ geben, in denen die $a_{ik}$ wieder

Funktionen der $x_i$ sind. Dieselben spielen eine hervorragende Rolle in sehr vielen Gebieten der Mathematik, wie in der Theorie der Flächenkrümmung, in der nicht-Euklidischen Geometrie, endlich in der Mechanik. Wir werden uns wieder zu fragen haben, was für invariable Eigenschaften solche Ausdrücke bei beliebiger Punkttransformation darbieten. — Um ganz allgemein zu sprechen, werden wir in solcher Weise eine *höhere Invariantentheorie* bekommen; in dieser können wir dann geradeso, wie in der gewöhnlichen Invariantentheorie der linearen Substitutionen, *Covarianten*, *Invarianten schlechtweg*, *Contravarianten* unterscheiden. Die Variablen, die jetzt linear substituirt werden, sind ja die Differentiale $dx_i$. *Als Covarianten bezeichnen wir demnach hier solche Differentialausdrücke mit einer oder mehreren Reihen von Differentialen, etwa $dx_1, dx_2, \dots dx_n$; $\delta x_1, \delta x_2, \dots \delta x_n$ u.s.w., welche zu dem gegebenen Ausdruck in einer durch beliebige Punkttransformation unzerstörbaren Beziehung stehen. Invarianten dagegen sind Ausdrücke, die nur noch von den Variablen $x_i$ selbst abhängen und die letztere Eigenschaft darbieten. Contravarianten schliesslich sind Ausdrücke dieser Eigenschaft, in denen die partiellen Differentialquotienten $\frac{\partial \varphi}{\partial x_i}$, $\frac{\partial \psi}{\partial x_i}$ u.s.f. vorkommen*, indem die letzteren bei Vergleich mit den Contravarianten der gewöhnlichen Invariantentheorie an die Stelle der Ebenencoordinaten $u_i$ treten.

Wir beginnen jetzt mit dem Pfaffschen Ausdruck $\sum_1^n X_i\, dx_i$, wir können uns da sehr leicht eine Covariante bilden. Wir gehen aus von der Variation

$$\delta\left(\sum X_i\, dx_i\right) = \sum\sum \frac{\partial X_i}{\partial x_k}\, dx_i\, \delta x_k + \sum X_i\, \delta d x_i$$

der wir die andere Gleichung hinzufügen, die sich durch Vertauschung der $d$- und $\delta$-Operation ergiebt:

$$d\left(\sum X_k\, \delta x_k\right) = \sum\sum \frac{\partial X_k}{\partial x_i}\, dx_i\, \delta x_k + \sum X_i\, d\delta x_i .$$

Durch Subtraction beider Gleichungen erhalten wir, indem wir bedenken, dass die Operationen $d$ und $\delta$ miteinander vertauschbar sind:

$$\delta\left(\sum X_i\, dx_i\right) - d\left(\sum X_k\, \delta x_k\right) = \sum\sum\, [i\,k]\, dx_i\, \delta x_k ,$$

wo mit $[i,k]$ die Differenz $\frac{\partial X_i}{\partial x_k} - \frac{\partial X_k}{\partial x_i}$ bezeichnet sei. Dieser Ausdruck $\sum\sum\, [i,k]\, dx_i\, \delta x_k$ ist dann eine Covariante des Pfaff'schen Ausdrucks und zwar werden wir dieselbe als eine „bilineare", „schiefe" Covariante bezeichnen, indem einmal die Differentiale $dx_i$ und $\delta x_k$ als unabhängige Variable zu gelten haben, und andererseits für die Coefficienten die Bedingung $[i,k] = -[k,i]$ besteht. Die Covariantennatur desselben folgt unmittelbar daraus, dass unser neuer Ausdruck aus dem Pfaff'schen Ausdruck durch Variation gewonnen wird, und weil Variation etwas ist, was unabhängig vom Coordinatensystem seine Bedeutung hat. An dieser Covariante wollen wir uns nun gleich klar machen, dass keineswegs alle Pfaff'schen Ausdrücke durch Punkttransformationen in einander übergeführt werden können, es vielmehr invariante Unterschiede für dieselben giebt. Wenn z.B. $\sum X_i\, dx_i$ ein exactes Differential d.h. das Differential $dF$ einer Funktion $F$ sein soll, so weiss man, muss $\frac{\partial x_i}{\partial x_k} - \frac{\partial x_k}{\partial x_i} = 0$ sein für alle Combinationen $i, k$; andererseits ist diese Bedingung zugleich auch hinreichend, um auf ein exactes Differential zu schliessen. Dies besagt aber für unsere Covariante das identische Verschwinden derselben. Dies braucht nun offenbar keineswegs stets einzutreten. Die Pfaff'schen Ausdrücke gliedern sich dementsprechend je nach dem Verschwinden unserer Covariante in solche, welche exacte Differentiale sind, und solche, welche dieses nicht sind.

Wie steht es aber mit der weiteren Einteilung der Pfaffschen Ausdrücke? Was die allgemeine Theorie betrifft, so sind die fast gleichzeitigen Arbeiten von Lie und Frobenius zu nennen. Die Arbeit von Lie befindet sich in Bd II des norwegischen Archivs für Math. und Naturw. (1876), die Arbeit von Frobenius dagegen in Crelle's Journal Bd 82. Wir wollen die Resultate, welche dort abgeleitet werden, nun kurz historisch anführen, ohne auf ihren Beweis einzugehen.

Es kommen dieselben darauf hinaus, den Pfaff'schen Ausdruck und seine Covariante kurzweg so zu untersuchen, als ob die Differentiale derselben die Variablen und Coefficienten in ihnen constant wären. Dann hat man genau zu verfahren, als ob man algebraische Formen vor sich hätte. Und die Frage, wann 2 Pfaff'sche Ausdrücke durch höhere Punkttransformation in einander übergeführt werden können, kommt so darauf hinaus, dass man untersucht, wann eine schiefe bilineare Form und eine lineare Form mit constanten Coefficienten durch lineare Transformation der Variablen in einander übergeführt werden können. Auch hier ist also die lineare Invariantentheorie das schliesslich Ausschlaggebende.

Die algebraische Frage führt nun zu folgendem Kriterium: Man bildet sich zuerst die Determinante der bilinearen Form:

$$\begin{vmatrix} 0, & [1,2] & [1,3], & \cdots & [1,n], \\ [2,1], & 0, & [2,3], & \cdots & \cdots \\ [3,1], & [3,2], & 0, & & \vdots \\ & & & 0 & \vdots \\ [n,1], & \cdots & \cdots & \cdots & 0 \end{vmatrix}, \text{ die}$$

wir mit $A$ bezeichnen. Dieselbe ist eine schiefe Determinante, indem die zur Diagonale symmetrischen Glieder entgegengesetzt gleich sind. Dann rändere man diese Determinante mit den Coefficienten $X_i$ ohne den schiefen Charakter aufzugeben, man erhält so die zweite Determinante:

$$\begin{vmatrix} 0 & [1,2] & \cdots & [1,n] & X_1 \\ [2,1] & 0 & \cdots & & X_2 \\ \vdots & & & & \\ [n,1] & \cdots & & 0 & X_n \\ -X_1 & -X_2 & \cdots & X_n & 0 \end{vmatrix}$$

die wir $\mathfrak{B}$ nennen wollen. Nun kommt es auf das Verhalten dieser Determinanten $A$ und $B$ an, indem wir uns zu fragen haben, ob dieselben verschwinden, im bejahenden Falle, ob ihre ersten sämmtlichen Unterdeterminanten verschwinden u. s. f. in der bekannten Weise. Dabei gilt der Satz der Determinantentheorie, dass bei einer schiefen Determinante die höchsten nicht verschwindenden Unterdeterminanten sicher von einem geraden Grade sind. Den Grad der höchsten nicht verschwindenden Unterdeterminanten bezeichnen wir jetzt bei $A$ mit $2r$, wobei $2r \leqq n$ ist. Dann zeigt nun die nähere Untersuchung, dass bei $B$ der Grad der höchsten nicht verschwindenden Unterdeterminante gleich $2r$ oder gleich $2r+2$ ist. Wir bilden uns nun aus diesen beiden für $A$ und $B$ charakteristischen Zahlen das arithmetische Mittel, welches gleich $2r$ oder $2r+1$ wird. Es zeigt sich nun, dass ein Pfaff'scher Ausdruck in seinem Verhalten gegen höhere Punkttransformationen durch [illegible]

Charakter $2r$ oder $2r+1$ vollkommen festgelegt ist, so dass 2 Ausdrücke von demselben Charakter in einander transformierbar sind, 2 Ausdrücke von verschiedenem Charakter aber niemals.

Man hat nun für die Pfaffschen Ausdrücke von bestimmtem Charakter Normalformen aufgestellt, und zwar hat man für den Charakter $2r$ als Normalform:

$$z_{r+1}\, dz_1 \ldots\ldots + z_{2r}\, dz_r$$

und für den Charakter $2r+1$ als Normalform:

$$dz_0 + z_{r+1}\, dz_1 + \ldots\ldots z_{2r}\, dz_r$$

gewählt, wo also $2r$ resp. $2r+1$ Variable auftreten.

Um dies etwas auszuführen:

Der niedrigste Charakter, den es überhaupt giebt, ist der Charakter 1, derselbe liefert die Normalform $dz_0$, entspricht also dem Falle, in dem der Pfaff'sche Ausdruck ein exacter Differential ist. Nun kommt der Charakter 2; für denselben findet sich als Normalform $z_2\, dz_1$, die mit $\frac{1}{z_2}$ multipliciert in die Form des vorhergehenden Falles übergeht. Der Charakter 2 bezieht sich also darauf, dass der Pfaff'sche Ausdruck durch einen geeigneten Multiplicator in ein exactes Differential umgewandelt werden kann. Dies lässt sich nun sofort verallgemeinern: Der Charakter $2r$ besagt immer, dass der Pfaff'sche Ausdruck durch einen geeigneten Multiplicator in einen andern Pfaffschen Ausdruck verwandelt werden kann, der zum

Charakter $2r-1$ gehört.

Gehen wir von dem Pfaff'schen Ausdrucke zu der Pfaff'schen Gleichung über, so ändert ein hinzugefügter Faktor nichts; es fallen daher, was die Pfaff'schen Gleichungen angeht, die Charactere $2r$ und $2r-1$ zusammen.

Nehmen wir ferner das folgende Beispiel. Man erinnere sich, dass der gewöhnliche lineare Complex des Nullsystems durch die Gleichung gegeben wird:

$$xy' - x'y + k(z - z') = 0.$$

Durch dieselbe wird jedem Punkte eine Ebene zugeordnet, die den Punkt selbst enthält. Nun setzen wir $x' = x + dx$, $y' = y + dy$, $z' - z = dz$, indem wir uns auf die unmittebare Umgebung des Punktes $x, y, z$ beschränken. Dann erhalten wir die Gleichung $x\,dy - y\,dx - k\,dz = 0$ oder, indem wir statt $x, y, z$ jetzt $x_1\, x_2\, x_3$ schreiben, $(-x_2)\,dx_1 + x_1\,dx_2 - k\,dx_3 = 0$. Dieses ist eine Pfaff'sche Gleichung, wie wir bereits vor Weihnachten bemerkten; in derselben entsprechen die Coefficienten $-x_2, x_1, -k$ unserer früheren Bezeichnung $\mathfrak{X}_1, \mathfrak{X}_2, \mathfrak{X}_3$. Wir bilden uns nun für diesen speciellen Fall die Determinanten $A$ und $B$. Zunächst wird

$$A = \begin{vmatrix} 0 & -2 & 0 \\ +2 & 0 & 0 \\ 0 & 0 & 0 \end{vmatrix}$$

Diese Determinante wird selbst gleich 0; doch haben wir die zweigliedrige Unterdeterminante $\begin{vmatrix} 0 & -2 \\ +2 & 0 \end{vmatrix} = 4$, sodass der höchste Grad einer nicht verschwindenden Unterdeterminante gleich 2 ist. Die Determinante $B$ dagegen wird gleich

$$B = \begin{vmatrix} 0 & 2 & 0 & -x_2 \\ +2 & 0 & 0 & +x_1 \\ 0 & 0 & 0 & +k \\ +x_2 & -x_1 & -k & 0 \end{vmatrix} = 4k^2,$$ d. h. $B$ ist

selbst von 0 verschieden und demnach der Grad $2r+2=4$, in Uebereinstimmung mit unseren früheren Angaben. Bilden wir aus beiden Werten das arithmetische Mittel, so finden wir, die linke Seite unserer Pfaff'schen Gleichung hat den Charakter 3. Hieraus folgt aber, dass dieselbe sich in die Normalform setzen lassen muss $dz_0 + z_2\, dz_1$ und in der That gelingt dies leicht, wenn wir schreiben:

$d(-x_1 x_2 - k x_3) + 2x_1\, dx_2$ und dann für
$d(-x_1 x_2 - k x_3)$, $2x_1$, $dx_2$ entsprechend setzen:
$dz_0$, $z_2$, $dz_1$. —

Was wir hier für den Pfaff'schen Ausdruck vom Charakter 3 in dem Nullsystem anschaulich vor Augen sehen, ist leider nicht in gleicher Weise für Pfaff'sche Gleichungen von höherem Charakter mit der gewöhnlichen Punktgeometrie unseres Raumes zu erreichen, vielmehr werden wir zu dem Zweck in höhere Räume gehen oder an Stelle der Punkte als Elemente höhere Gebilde wählen müssen. Hierzu wird sich später Anlass bieten. —

Was ist nun das Pfaff'sche Problem? Wir haben in demselben eine Aufgabe der Integralrechnung zu sehen, die sich an die Pfaff'sche Gleichung $\Sigma X_i\,dx_i = 0$ anschliesst. Der geometrische Sinn dieser Gleichung ist doch, dass jedem Punkte des Raumes eine durch ihn gehende Ebene zugeordnet wird. Es kommt nun darauf an, die Punkte des Raumes so zu bestimmten Mannigfaltigkeiten zusammenzufassen, zu Curven, Flächen etc., dass dieselben in jedem ihrer Punkte von der zugehörigen Ebene berührt werden.

Das Pfaff'sche Problem insbesondere verlangt, wenn wir es in einer alle Fälle umfassenden Weise definieren wollen, die meist ausgedehnten Mannigfaltigkeiten zu bestimmen, die sich mit dieser Eigenschaft durch den $n$-dimensionalen Raum hindurchziehen.

Nun will ich wieder historisch anführen, wie gross denn die Maximaldimension dieser zu suchenden Mannigfaltigkeiten, die wir als „Integralmannigfaltigkeiten" bezeichnen könnten, sein wird:

Dieselbe beträgt für einen geraden Charakter $2\nu$ wie für den ungeraden $2\nu - 1$ $\;n - \nu$. (Beispielsweise können wir daher beim linearen Complex des dreidimensionalen Raumes nur eindimensionale Mannigfaltigkeiten verlangen d.h. Integralcurven.)

Nun will ich ihnen an den Normalformen der Pfaff'schen Ausdrücke zeigen, dass in der That solche Integralmannigfaltigkeiten vorhanden sind, mich jedoch hierbei der Kürze halber auf den geraden Charakter beschränken. Der Fall des ungeraden Charakters $2r-1$ ist ja implicite gleich mit erledigt, indem sich sein Pfaff'scher Ausdruck von dem für $2r$ auftretenden nur um einen Multiplicator unterscheidet. Wir haben die Gleichung $z_{r+1}\,dz_1 + \ldots + z_{2r}\,dz_r = 0$ vorliegen. Es giebt nun verschiedene Serien von Integralmannigfaltigkeiten, die wir der Reihe nach anführen wollen.

1, Wir gehen aus von der Gleichung $f_1(z_1 z_2 \ldots z_r) = 0$, wo $f_1$ eine wirkliche Funktion bezeichnet. Die höheren Variablen sollen sich nun verhalten wie die partiellen Differentiale von $f_1$ d. h.

$$z_{r+1} : z_{r+2} : \ldots : z_{2r} = \frac{\partial f_1}{\partial z_1} : \frac{\partial f_1}{\partial z_2} : \ldots : \frac{\partial f_1}{\partial z_r}.$$

Diese $r$ Gleichungen befriedigen offenbar die Pfaff'sche Gleichung; dieselben definieren uns im $R_n$ eine Mannigfaltigkeit von $n-r$ Dimensionen.

2, Wir können aber auch von 2 Gleichungen ausgehen:

$$f_1(z_1 z_2 \ldots z_r) = 0$$
$$f_2(z_1 z_2 \ldots z_r) = 0$$

und dann

$\rho z_{r+r} = \frac{\partial f_1}{\partial z_r} - \lambda \frac{\partial f_2}{\partial z_r}$ setzen, wo $\lambda$ ein neuer willkürlicher Parameter sein soll. Auch diese Gleichungen definieren ein Gebilde von $n-r$ Dimensionen, welches der Pfaff'schen Gleichung genügt, d.h. eine Integralmannigfaltigkeit ist.

3, So können wir nun fortfahren und schliesslich $r$ Gleichungen voranstellen:

$$f_1(z_1 \cdots z_r) = 0;\ f_2(z_1 \cdots z_r) = 0;\ \cdots f_r(z_1 \cdots z_r) = 0$$

und dann $\rho z_{r+\nu} = \frac{\partial f_1}{\partial z_\nu} + \lambda \frac{\partial f_2}{\partial z_r} + \mu \frac{\partial f_3}{\partial z_\nu} + \cdots$ setzen

woselbst die $\lambda, \mu, \cdots$ wieder Parameter bezeichnen. <u>Die sämmtlichen Integralmannigfaltigkeiten, von der Dimension $n-r$, welche es beim Charakter $2r$ giebt erscheinen so, wenn man die Normalform des Pfaff'schen Ausdruckes zu Grunde legt, auf $r$ verschiedene Formelgruppen verteilt, nämlich auf diejenigen, die wir soeben genannt haben.</u> Man muss sich vorstellen, dass alle diese Integralmannigfaltigkeiten an sich gleichberechtigt sind und nur gegen die Variablen der zu Grunde gelegten Normalform verschieden orientiert sind.

Im übrigen werden wir in der Vorlesung des nächsten Semesters hierauf noch eingehend zurückkommen, wo es für uns dann vorteilhaft sein wird, die Verhältnisse schon jetzt in einem ersten Ueberblicke kennen gelernt zu haben.

Wir wenden uns jetzt zu den <u>quadratischen Differential-</u>

ausdrücken $\sum \sum a_{ik} \, dx_i \, dx_k$, und zwar [Do. 9. II. 1893.] wollen wir die Theorie derselben in ihrer allmählichen historischen Entwicklung schildern.

1. Ihren Ursprung nimmt dieselbe für den Fall zweier Variablen in den Disquisitiones generales circa superficies curvas 1827 von Gauss. Die Art der Einführung der quadratischen Differentialausdrücke in denselben ist leicht zu verstehen. Gauss setzt die Coordinaten einer Fläche gleich beliebigen Funktionen zweier Parameter $u, v$, also

$$x = \varphi(u, v),$$
$$y = \psi(u, v),$$
$$z = \chi(u, v).$$

Wenn wir nun die Differentiale $dx, dy, dz$ bilden und dann aus ihnen das Quadrat des Bogenelementes auf der Fläche zusammensetzen, so erhalten wir:

$$ds^2 = dx^2 + dy^2 + dz_2 = E\,du^2 + 2F\,du\,dv + G\,dv^2,$$

wo $E, F, G$ die bekannten Abkürzungen darstellen:

$$E = \left(\frac{\partial x}{\partial u}\right)^2 + \left(\frac{\partial y}{\partial u}\right)^2 + \left(\frac{\partial z}{\partial u}\right)^2,$$

$$F = \frac{\partial x}{\partial u} \cdot \frac{\partial x}{\partial v} + \frac{\partial y}{\partial u} \cdot \frac{\partial y}{\partial v} + \frac{\partial z}{\partial u} \cdot \frac{\partial z}{\partial v},$$

$$G = \left(\frac{\partial x}{\partial v}\right)^2 + \left(\frac{\partial y}{\partial v}\right)^2 + \left(\frac{\partial z}{\partial v}\right)^2.$$

Das Quadrat des Bogenelementes wird also eine quadratische Form der Differentiale $du, dv$. – Die Differentialgleichung $ds^2 = 0$ definiert die auf der Fläche verlaufenden Minimalcurven.

Hieran knüpft nun die weitere Untersuchung in doppelter Richtung an.

a, Man kann einmal dieselbe Fläche doch auch noch auf unendlich viele andere Weisen durch zwei Parameter darstellen; man braucht nur zu setzen $u_1 = f_1(u, v)$, $v_1 = f_2(u, v)$ und dann die Coordinaten $x, y, z$ durch die neuen Parameter $u_1 v_1$ auszudrücken. Hierbei geht der Ausdruck für $ds^2$ über in $E_1 du_1^2 + 2F_1 du_1 dv_1 + G dv_1^2$. Nun wird die Frage sein, was haben die beiden Formen für $ds^2$ gemein, mit anderen Worten welches sind die bleibenden Eigenschaften der einzelnen $ds^2$, die bei einer solchen Transformation invariant bleiben? Wie kann man insbesondere umgekehrt an zwei solchen quadratischen Formen sehen, dass sie durch eine geeignete „Punkttransformation" $u_1 = f_1$ $v_1 = f_2$ in einander übergeführt werden können?

b, Die zweite Untersuchungsrichtung behandelt die Frage, wie viele Flächen es für dasselbe Bogenelement $ds^2$ giebt. Solche Flächen nennt man dann auf einander abwickelbar; die eine entsteht aus der anderen durch einfache Biegung.

Während daher unter a) die Fläche unverändert bleibt und die Parameter $u, v$ transformiert werden, hält man hier unter b) den Ausdruck für das Bogenelement fest und die Fläche wird durch Biegung in ihrer Gestalt geändert. Wir hier interssiren uns natürlich insbesondere für die Fragestellung a).

Die Invarianten und Covarianten, welche die quadratische Differentialform $E\,du^2 + 2F\,du\,dv + G\,dv^2$ gegenüber beliebiger Transformation der $u, v$ besitzen mag, nennt man übrigens geradezu <u>Biegungsinvarianten</u> und <u>Biegungscovarianten</u>, weil sie ja für alle Biegungsflächen dieselbe Bedeutung haben wie für die ursprüngliche Fläche.

<u>Das Resultat der Gauss'schen Arbeit besteht nun, was die Fragestellung a) angeht, darin, dass er eine erste überaus wichtige Biegungsinvariante gefunden hat, indem er zeigt, dass das Krümmungsmass $k = \frac{1}{\rho_1 \rho_2}$ aus den Grössen $E, F, G$ und ihren Differentialquotienten nach den $u, v$ zusammengesetzt werden kann.</u> Dass dieser Ausdruck in der That eine Invariante darstellt, folgt bei dieser Ableitung unmittebar daraus, dass er unabhängig von den Parametern $u, v$ seine geometrische Bedeutung besitzt. Wenn man eine Fläche biegt, ohne sie zu dehnen, dann wird also das Krümmungsmaas $k$ für alle Punkte numerisch ungeändert bleiben. Man kann an einfachen Flächenmodellen aus Papier oder dünnem Blech sich leicht diese Verhältnisse anschaulich vorführen.

Wie das Krümmungsmass k sich aus den E, F, G und ihren Ableitungen aufbaut, wollen wir weiter unten anführen. Doch sei kurz auf die Flächen constanter Krümmung Bezug genommen, d. h. solche Flächen, welche in allen ihren Punkten dasselbe Krümmungsmass darbieten. Es zeigt sich, dass alle Flächen desselben constanten Krümmungsmasses aufeinander abwickelbar sind, und dass insbesondere jede Fläche constanten Krümmungsmasses auf dreifach ∞ viele Weise in sich verschoben werden kann, sowie wir dies von der Ebene und der Kugel, die uns einfache Beispiele für solche Flächen bieten, von Haus aus wissen. Selbstverständlich ist die Constanz des Krümmungsmasses auch eine notwendige Bedingung für diese Verschiebbarkeit.

Wir haben nun von einfachen Biegungsgrössen zu sprechen, die Beltrami in die Wissenschaft eingeführt hat, zuerst in der vielgenannten Arbeit:

Ricerche di analisi applicata alla geometrica in dem Giornale di Matematiche 1, 2 (1863). Ueber diese Untersuchungen hat Beltrami selbst bei Gelegenheit in den Math. Annalen I (1869) einen zusammenfassenden Bericht gemacht, „Ueber die Theorie des Krümmungsmasses" überschrieben.

Beltrami stellt vor allem 2 Biegungscontravarianten auf, die er Differentialparameter nennt d. h. Ausdrücke, in denen die partiellen Differentialquotienten einer Function $\varphi(u,v)$ vorkommen. Er schliesst sich dabei an Lamé an, der diese Grössen vorher im Falle des dreidimensionalen Bogenelementes $dx^2+dy^2+dz^2$ schon besessen hatte, wie wir sogleich noch anführen. Diese beiden Differentialparameter Beltrami's, die er mit $\Delta_1\phi$ und $\Delta_2\phi$ bezeichnet, wo $\phi$ irgend eine Function der Parameter $u, v$ ist, werden wie folgt definiert:

$$\Delta_1\phi(u,v) = \frac{\begin{vmatrix} E & F & \frac{\partial\phi}{\partial u} \\ F & G & \frac{\partial\phi}{\partial v} \\ \frac{\partial\phi}{\partial u} & \frac{\partial\phi}{\partial v} & 0 \end{vmatrix}}{\begin{vmatrix} E & F \\ F & G \end{vmatrix}}$$

und

$$\Delta_2\phi(u,v) = \frac{1}{\sqrt{EG-F^2}}\left\{\frac{\partial}{\partial u}\left(\frac{G\frac{\partial\phi}{\partial u} - F\frac{\partial\phi}{\partial v}}{\sqrt{EG-F^2}}\right) + \frac{\partial}{\partial v}\left(\frac{E\frac{\partial\phi}{\partial v} - F\frac{\partial\phi}{\partial u}}{\sqrt{EG-F^2}}\right)\right\}.$$

Die erste Gleichung unterliegt ja einem einfach zu erkennenden Bildungsgesetze, während die zweite Gleichung weniger leicht zu übersehen ist. Die Behauptung ist, dass diese beiden Ausdrücke $\Delta_1$ und $\Delta_2$ Contravarianten sind, d.h. eine von der Auswahl der Parameter $u, v$ unabhängige Bedeutung darbieten. Wir fragen uns nach der Bedeutung dieser Differentialparameter.

Was $\Delta_1 \Phi$ betrifft, so wollen wir das Curvensystem auf der Fläche betrachten, welche durch die Bedingung $\Phi = const.$ geliefert wird. Indem wir dann diese Constante als einen Parameter und die Bogenlänge auf den Curven als zweiten Parameter an Stelle von $u, v$ eingeführt denken, geht die Definitionsgleichung für $\Delta_1 \Phi(u,v)$, wie sich durch eine einfache Rechnung ergiebt, über in $\Delta_1 \Phi = \left(\frac{\partial \Phi}{\partial n}\right)^2$, wo unter $\frac{\partial \Phi}{\partial n}$ die Ableitung in der Richtung der normalen der Curven $\Phi = const.$ auf die Fläche verstanden ist.

Der erste Differentialparameter giebt daher das Quadrat derjenigen Grössen an, welche man als das Gefälle der Funktion $\Phi$ an der einzelnen Stelle bezeichnen kann.

Setzen wir $\Delta_1 \Phi = 1$, so erhalten wir insbesondere solche Curven, die überall das Gefälle 1 darbieten; solche Curven nennt man aequidistante Curven, indem eben je zwei benachbarte Curven $\Phi = C$ und $\Phi' = C + dC$ längs ihrer ganzen Erstreckung um die constante Grösse $dC$ von einander abstehen.

Nicht so einfach ist die Bedeutung des Differentialparameters $\Delta_2 \Phi$; wir wollen daher auch nicht im einzelnen darauf eingehen, uns vielmehr mit dem bestimmten Satze begnügen: $\Delta_2 \Phi = 0$ ist die partielle Differentialgleichung der Potentialfunktionen auf der Fläche, indem in betreff einer weiteren Ausführung z. B. auf meine Vorlesung über die Potentialtheorie, oder über Riemannsche Flächen Bd I (pag. 13) verwiesen sei.

Mit den Ausdrücken $\Delta_1 \Phi$ und $\Delta_2 \Phi$ beherrscht nun Beltrami die ganze Geometrie auf den krummen Flächen, soweit sie allein von $ds^2$ abhängt, d.h. allen Biegungsflächen gemeinsam ist. Wir wollen hierfür einige Beispiele anführen.

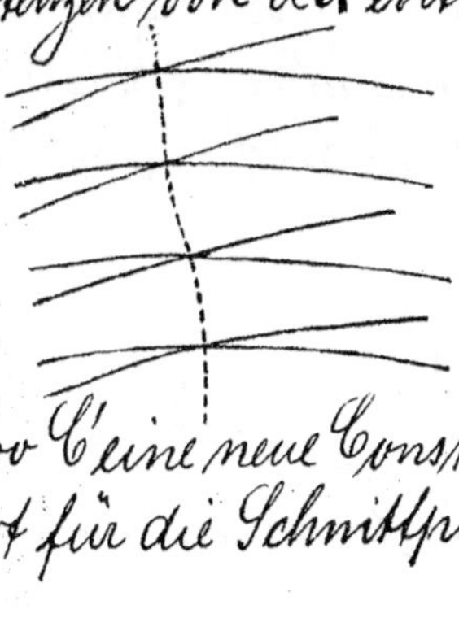

a) Es sei angenommen, dass wir eine Lösung der Gleichung $\Delta_1 \phi = 1$ mit einem willkürlichen Parameter $\lambda$, $\Phi(u, v; \lambda)$, gefunden hätten. Wir geben dann dem Parameter die beiden benachbarten Werte $\lambda$ und $\lambda + d\lambda$ und betrachten die beiden Curvenschaaren $\Phi_\lambda = C$ und $\Phi_{\lambda + d\lambda} = C + dC$, deren einzelne Curven natürlich nur unendlich wenig von einander verschieden verlaufen. Wenn wir $\Phi_{\lambda + d\lambda} = C + dC$ nach Potenzen von $d\lambda$ entwickelt denken, so können wir mit dem Gliede $d\lambda$ abbrechen und an Stelle der eben genannten die folgenden beiden Gleichungen setzen: $\Phi_\lambda = C$ und $\frac{\partial \Phi}{\partial \lambda} = \frac{\partial C}{\partial \lambda} = C'$, wo $C'$ eine neue Constante bedeuten wird. Der geometrische Ort für die Schnittpunkte entsprechender Curven aus den beiden Schaaren $\Phi_\lambda = C$ und $\Phi_{\lambda+d\lambda} = C + dC$ ist hier durch die letztere Gleichung $\frac{\partial\Phi}{\partial\lambda} = C'$ gegeben. Die Behauptung ist, dass dieser geometrischen Ort eine geodätische Linie sei, und dass man durch Variirung der beiden Parameter $\lambda$ und $C$ die sämmtlichen geodätischen Linien der Fläche erhält. Dieser Satz findet in der Mechanik seine allgemeine Anwendung, es sei, was die nähere Darlegung dieser Verhältnisse angeht, auf mein Vorlesungsheft über Mechanik II verwiesen.

b) Eine weitere Anwendung der Differentialparameter ist die folgende: Wenn eine beliebige Curve auf der Fläche gegeben ist, so spricht man von der „geodätischen Krümmung" in einem beliebigen Punkte derselben. Man versteht unter derselben den reciproken Wert des Radius desjenigen geodätischen Kreises der sich der Curve in diesem Punkte möglichst innig anschmiegt. (Ein geodätischer Kreis ist eine solche Curve, deren Punkte von einem bestimmten Flächenpunkte $M$, dem Mittelpunkte des Kreises um dieselbe Bogenlänge der von $M$ auslaufenden geodätischen Linie entfernt sind). Als Formel für die geodätische Krümmung stellt Beltrami auf:

$$\frac{1}{r} = \frac{\Delta_2\Phi}{\sqrt{\Delta_1\Phi}} - \left(\frac{\partial\sqrt{\Delta_1\Phi}}{\partial\varphi}\right)$$

(Der Differentialquotient genommen in der Richtung der

Normalen zu $\Phi =$ const.).

c) Ferner findet sich als Formel für das Gaussische Krümmungsmass in einem Punkte der Fläche:

$k = 3\,(\Delta_2 \log \rho)_{\rho=0}$, wo unter $\rho$ die geodätische Entfernung, die von dem Punkte der Fläche aus gemessen wird, zu verstehen ist. —

Auf solche Weise beherrscht man mit Hilfe der Differentialparameter die verschiedenen Biegungsgrössen der Fläche. In der That sind ja die von uns betrachteten Ausdrücke bei beliebiger Biegung invariant, weil sie sich auf geodätische Linien und das Krümmungmass beziehen.

2) Wir werden nun die Differentialparameter $\Delta_1$ und $\Delta_2$ auf mehr als zwei Dimensionen übertragen. An Stelle der Parameter $u, v$ mögen die $n$ Variablen $x_i$ treten. Wenn dann $ds^2 = \sum\sum a_{ik}\, dx_i\, dx_k$ ist, dann wird $\Delta_1 \Phi$ sich wie folgt definieren lassen:

$$\frac{\begin{vmatrix} |a_{ik}| & \dfrac{\partial\Phi}{\partial x_i} \\ \dfrac{\partial\Phi}{\partial x_k} & 0 \end{vmatrix}}{|a_{ik}|}$$

d.h. im Nenner des Ausdrucks steht die Determinante der Coefficienten unserer quadratischen Form, während im Zähler dieselbe mit den partiellen Ableitungen der Function $\Phi$ gerändert zu denken ist. Wie sich der Differentialparameter $\Delta_2$ verallgemeinert, wollen wir hier bei Seite lassen, da die Formeln sehr complicirt ausfallen. Dafür geben wir einige historische Bemerkungen:

Wir haben da zunächst von Lamé's Coordonnées curvilignes zu sprechen, woselbst der gewöhnliche Raum mit seinen Geraden als geodätischen Linien untersucht wird. Lamé führt da für $x, y, z$ beliebige krummlinige Coordinaten ein, er setzt also: $x = \varphi(u, v, w)$, $y = \psi(u, v, w)$, $z = \chi(u, v, w)$, wobei übrigens Lamé durchweg Orthogonalcoordinaten bevorzugt. Das Quadrat des Bogenelementes $ds^2 = dx^2 + dy^2 + d$ verwandelt sich dann in eine quadratische Form der $du$, $dv$, $dw$. In Bezug auf diese stellt er dann die Differentialparameter $\Delta_1$ und $\Delta_2$ auf.

Die Untersuchungen Lamé's gehen zwar denen von Beltrami vorauf, doch sind sie minder allgemein, weil seine quadratischen Formen nach ihrem Ursprunge eben ganz speciell sind, nämlich durch Wiedereinführung der $x, y, z$ in die Gestalt $dx^2 + dy^2 + dz^2$ gebracht werden können.

Die völlig allgemeinen Betrachtungen mit $n$ Veränderlichen hat Beltrami 1869 ausgeführt in den Memorie di Bologna 2. ser. VIII in der Arbeit Teorica generale dei parametri differenziali. Beltrami bemerkt dabei, dass die s erweiterte Theorie in der Mechanik ganz unmittelbar bei der sogenannten Hamiltonschen Theorie zur Geltung kommt. Wir wollen, was diesen Zusammenhang angeht, die Hauptpunkte doch durch bestimmte Sätze festlegen

(vergl. wieder meine Vorlesung über Mechanik II):
Es zeigt sich, dass bei den gewöhnlichen Aufgaben der Mechanik eine quadratische Form von $n$ Veränderlichen im Mittelpunkte des Interesses steht; $n$ bedeutet dabei die Anzahl der Grade der Freiheit, welche das mechanische System besitzt. Denken wir diese quadratische Form als das Quadrat $ds^2$ des Bogenelementes eines $n$ fach ausgedehnten Raumes, so zeigt sich, dass die geodätischen Linien dieses Raumes gerade das Abbild der Bewegung unseres mechanischen Systems sind, d.h. der verschiedenen Zustände, die unser System im Laufe der Zeit durchläuft. Die partielle Differentialgleichung $\Delta_1 \Phi = 1$, durch welche man die in Rede stehenden geodätischen Linien in der früher angedeuteten Weise bestimmen kann, ist gerade diejenige partielle Differentialgleichung, welche in die Mechanik von Hamilton eingeführt ist.
Nun wollen wir doch noch einige hierauf bezügliche Formeln anführen: Es seien $q_1\, q_2 \cdots q_n$ die Coordinaten des Systems. Die lebendige Kraft $T$ wird dann gleich $\Sigma\Sigma\, c_{ik}\, q_i'\, q_k'$ d.h. eine quadratische Form der Ableitungen der $q_i$ nach der Zeit. Nun sei die Gültigkeit des Satzes der lebendigen Kraft für das System vorausgesetzt, den wir in der Form nehmen $T + U = h$. Dann wird die quadratische Form, die wir als $ds^2$ interpretieren, folgendermassen lauten:

$$ds^2 = \sqrt{h-U}\left(\Sigma\Sigma\, c_{ik}\, dq_i\, dq_k\right) = \Sigma\Sigma\left(\sqrt{h-U}\, c_{ik}\, dq_i\, dq_k\right).$$

Wir fassen unsere letzten Betrachtungen nochmals in den Satz zusammen:
Die Theorie der quadratischen Differentialformen durchzieht nach dem Vorstehenden drei Gebiete der Anwendung
a) Die Lehre von den Biegungsinvarianten der Flächen.
b) Die Lehre von den krummlinigen Coordinaten in Ebene und Raum, wie sie in der mathematischen Physik gebraucht wird.
c) Die Mechanik, welche dabei als Geometrie in einem $n$-fach ausgedehnten Raume aufgefasst werden kann. –
3) Wir wenden uns nun zu einem dritten Absatz, der von der <u>Uebertragung der Theorie des Krümmungsmasses auf Mannigfaltigkeiten von $n$ Variablen</u> handeln soll.
In dieser Richtung liegen die beiden interessanten Arbeiten von Riemann vor, die erst nach seinem Tode veröffentlicht wurden:
a) Die Habilitationsschrift: Ueber die Hypothesen, welche der Geometrie zu Grunde liegen. Ges. Werke Nr. <u>XIII</u>:
Dieselbe stammt aus dem Jahre 1854 und ist zuerst publiciert in den Göttinger Abhandlungen Bd. 13 (1867).
Hier giebt Riemann nur erst allgemeine Betrachtungen, aber noch keine expliciten Formeln.
b). Ausgeführt ist diese Untersuchung dann in der soge-

nannten Pariser Preisaufgabe, die aus dem Jahre 1861 stammt und in die Ges. Werke unter Nr. XXII, mit einer längeren Erläuterung von Prof. Weber begleitet, aufgenommen ist. Die Pariser Academie hatte 1858 eine Frage der Wärmeleitung zur Bearbeitung gestellt; Riemann hatte dann gezeigt, dass es sich bei der Lösung dieser Aufgabe um gewisse Fälle der quadratischen Differentialformen von 3 Variablen handele und darauf eine allgemeine Theorie dieser Differentialformen entworfen. Da er jedoch die Resultate ohne genaue Angabe ihrer Ableitung zusammengestellt hatte, so war ihm von der Pariser Facultät der Preis nicht zuerkannt worden.

Um nun darzulegen, wie Riemann das Gauss- [Fr. 10. II. 93] sche Krümmungsmass auf beliebige quadratische Differentialformen $\sum\sum a_{ik}\, dx_i\, dx_k$ überträgt, haben wir zunächst von gewissen Differentialcovarianten zu berichten, die Riemann bildet. Dieselben sind Functionen 2ten Grades der kleinen Determinanten $(dx_i\, \delta x_k - \delta x_i\, dx_k)$, (woselbst $dx$ und $\delta x$ zwei beliebige Fortschreitungsrichtungen von einem Punkte der $R_n$ aus bezeichnen). Wir wollen uns erinnern, dass wir Formen 1ten Grades solcher Determinanten bereits bei den linearen Differentialausdrücken $\sum X_i\, dx_i$ d.h. in der Theorie des Pfaffschen Problems gehabt haben. Dort bildeten wir die Covariante $\sum\sum\left(\frac{\partial X_i}{\partial x_k} - \frac{\partial X_k}{\partial x_i}\right) dx_i\, \delta x_k$, in der wir den Klammerausdruck mit $[i,k]$ bezeichneten. Nun können wir hier doch die beiden Glieder $[i,k]$ und $[k,i]$ zusammenfassen, dann erhalten wir die Form:

$$\sum [i,k](dx_i\, \delta x_k - \delta x_i\, dx_k).$$

Was bedeuten nun geometrisch die kleinen Determinanten $dx_i\, \delta x_k - \delta x_i\, dx_k$? Wir haben früher im gewöhnlichen Raume aus den Coordinaten zweier Punkte $x_1\, x_2\, x_3\, x_4$ und $y_1\, y_2\, y_3\, y_4$ uns eine Matrix gebildet und die zweigliedrigen Unterdeterminanten als Coordinaten der Verbindungslinie eingeführt; auch haben wir im Anschlusse an Grassmann diese Methode auf beliebige Räume ausgedehnt. Hier haben wir das Entsprechende. Es sind uns die beiden Fortschreitungsrichtungen $dx_1\, dx_2 \cdots dx_n$ und $\delta x_1\, \delta x_2 \ldots \delta x_n$ gegeben. Das lineare Gebilde, welches beide verbindet, ist hier ein ebener „Büschel" von Fortschreitungsrichtungen, dessen homogene Coordinaten dann gerade die Determinanten $dx_i\, \delta x_k - \delta x_i\, dx_k$ sind. Wir wollen daher weiterhin die $(d\delta)_{ik}$ als „<u>Büschelcoordinaten</u>" und die sich aus solchen Determinanten aufbauenden Covarianten als „<u>Büschelcovarianten</u>" bezeichnen.

Riemann construiert nun zunächst 2 solche Büschelcovarianten zu der gegebenen quadratischen Form. Die erste wird gegeben durch:

$$B = \sum a_{ik}\, dx_i\, dx_k \cdot \sum a_{ik}\, \delta x_i\, \delta x_k - \left(\sum a_{ik}\, dx_i\, \delta x_k\right)^2$$

oder anders geordnet, um die kleinen Determinanten hervortreten zu lassen:

$$B = \sum (a_{ik} a_{i'k'} - a_{ik'} \cdot a_{i'k}) \cdot (dx_i \delta x_{i'} - \delta x_i dx_{i'}) \cdot (dx_k \delta x_{k'} - \delta x_k dx_{k'}) .$$

Um die zweite Covariante aufzustellen, wollen wir vorerst die folgenden Abkürzungen einführen:

$$p_{ikl} = \frac{\partial a_{kl}}{\partial x_i} + \frac{\partial a_{li}}{\partial x_k} + \frac{\partial a_{ik}}{\partial x_l} \quad \text{und:}$$

$$[ik, lm] = \frac{1}{2} \sum_{\mu\nu} (p_{\mu km} \cdot p_{\nu il} - p_{\mu il} \cdot p_{\nu km}) \cdot \frac{\Delta_{\mu\nu}}{\Delta} + \frac{\partial^2 a_{il}}{\partial x_i \partial x_l} + \frac{\partial^2 a_{km}}{\partial x_k \partial x_m} - \frac{\partial^2 a_{im}}{\partial x_i \partial x_m} - \frac{\partial^2 a_{kl}}{\partial x_k \partial x_l} ,$$

wo $\Delta$ die Determinante $|a_{ik}|$ der Coefficienten unserer quadratischen Form, $\Delta_{\mu\nu}$ die zu $a_{\mu\nu}$ gehörende Unterdeterminante bezeichnet. Nun ist die zweite Büschelcovariante Riemann's:

$A = -\frac{1}{2} \sum [ik, lm] (d\delta)_{ik} \cdot (d\delta)_{lm}$, wo $(d\delta)$ die kleinen Determinanten der $dx$ und $\delta x$ bezeichnen.

Riemann betrachtet schliesslich als Analogon des bei Gauss auftretenden Krümmungsmasses den Quotienten der beiden Büschelcovarianten $A$ und $B$:

$$k = \frac{A}{B} .$$

Wollen wir uns doch zunächst überlegen, was wird aus diesem Ausdrucke $\frac{A}{B}$ für $n = 2$. Dann haben wir nur eine einzige Determinante $(d\delta)_{12}$, $A$ und $B$ reducieren sich je auf ein Glied, welches das Quadrat dieser $(d\delta)_{12}$ als Factor enthält. In ihrem Quotienten hebt sich daher dieses Quadrat fort, und es reduciert sich in der That der Ausdruck $\frac{A}{B}$ auf eine reine Invariante. Diese Invariante coincidiert nun, wenn man die explicite Formel vergleicht, gerade mit der Gaussichen Formel des Krümmungsmasses.

Es wird nun interessant sein, näher zu verfolgen, auf welche Weise Riemann sich die allgemeine Formel des Krümmungsmasses gebildet hat. Von dem Punkte $x$ des $R_n$ haben wir 2 Fortschreitungsrichtungen $dx$ und $\delta x$ gezogen, die uns ein ebenes Büschel von Fortschreitungsrichtungen bestimmten. Nun denkt sich Riemann zu jedem solchen Büschel eine 2-fach ausgedehnte Mannigfaltigkeit construiert, die aus den geodätischen Linien besteht, welche durch die Fortschreitungsrichtungen des Büschels in ihrem ersten Element bestimmt sind. (Die geodätischen Linien selbst sind dabei allgemein durch die Bedingung zu definieren, dass $\int ds$ für hinreichend nahe Punkte ein Minimum sein soll.)

Das Riemannsche Krümmungsmass $k$, welches von den Büschelcoordinaten im $0^{ten}$ Grade abhängt (im Zähler und Nenner im zweiten Grade), ist nun gar nichts anderes als das Gaussische Krümmungsmass $k$, berechnet im Punkte $x$ für die 2-fach ausgedehnte geodätische Mannigfaltigkeit, die wir hiermit definiert haben.

Man überblickt sogleich, dass dieses k von dem Coordinatensystem völlig unabhängig sein muss. Die wirkliche Berechnung, die schliesslich zu dem vorhin angegebenen Resultate führt, ist dann freilich eine sehr umständliche Sache; man vergleiche die bereits genannten Bemerkungen, die Prof. Weber dem Abdruck der Riemannschen Preisaufgabe hinzugefügt hat.
Wollen wir lieber noch lernen, welche specielle Discussion Riemann an diese Formel angeknüpft hat. Unter einer Mannigfaltigkeit constanten Krümmungsmasses versteht man mit Riemann eine solche, für welche die von einem beliebigen Punkte $x$ des $R_n$ in beliebiger Richtung auslaufende geodätische Mannigfaltigkeit stets dasselbe Gauss'sche Krümmungsmass besitzt, wo also die Covarianten $A$ und $B$ einfach proportional ausfallen. Unter diesen Begriff der Mannigfaltigkeit constanten Krümmungsmasses subsummieren sich nun insbesondere die Mannigfaltigkeiten verschwindenden Krümmungsmasses. Ein Beispiel für letztere ist der gewöhnliche Euklidische Raum von 3 und mehr Dimensionen, wo dem $ds^2$ die Gestalt erteilt werden kann:

$$ds^2 = dx_1^2 + dx_2^2 + \dots dx_n^2 .$$

Umgekehrt wird, sobald $k = 0$ d. h. $A$ identisch $0$ ist, dem $ds^2$ immer die bemerkte Form erteilt werden können, sodass also im Falle verschwindenden Krümmungsmasses,

was die differentiellen Verhältnisse angeht, immer ein Euklidischer Raum vorliegt.
Weiter zeigt sich, dass eine Mannigfaltigkeit constanten Krümmungsmasses überhaupt durch den Wert von k immer vollständig bestimmt ist, d.h. man kann in dem Falle durch geeignete Coordinatenwahl dem Bogenelement eine Gestalt erteilen, in welcher ausser numerischen Coefficienten nur noch der Wert von k vorkommt. Wie man nun eine Fläche constanter Krümmung in sich selbst verschieben kann, so wird überhaupt eine Mannigfaltigkeit constanter Krümmung sowohl, wie insbesondere ein Euklidischer Raum von n Dimensionen, d.h. eine Mannigfaltigkeit verschwindenden Krümmungsmasses, auf $\infty^{\frac{n(n+1)}{2}}$ Weise in sich bewegt werden können, ohne dass sich die Massverhältnisse ändern. Der Unterschied beider ist analog ganz derselbe wie zwischen der Kugel und der Ebene, die auch beide dieselbe Beweglichkeit darbieten. Mit diesen Bemerkungen haben wir den Anschluss an meine Vorlesung über nicht-Euklidische Geometrie (insbes. Heft II); es ist nicht möglich, dass wir noch auf fernere Einzelheiten eingehen.
4) Wir haben jetzt noch von den Arbeiten der Herren Christoffel und Lipschitz zu berichten, die sich auf quadratische Differentialformen beziehen. Ersterer hat seine Untersuchung in Crelle Bd. 70 (1869), letzterer in

demselben Journal Bd. 70, 71, 72, 74, 78 veröffentlicht. Christoffel und Lipschitz haben hier die damals nur erst mangelhaft bekannten Riemannschen Untersuchungen von ihrer Seite aufgenommen und einmal die Riemannschen Resultate bestätigt, andererseits neue Differentialparameter u. s. w. von sich aus hinzugefügt. Insbesondere hat Christoffel die Frage untersucht, wann 2 quadratische Differentialformen aequivalent sind, und er hat gefunden, dass dieselbe darauf zurückkommt, die Aequivalenz gewisser algebraischer Formen im Sinne der linearen Invariantentheorie zu prüfen. Wir haben ein analoges Resultat ja schon bei den Pfaffschen Ausdrücken in entsprechender Form erwähnt. An beiden Beispielen (den Pfaffschen Ausdrücken und den quadratischen Differentialformen) zeigt sich also, dass schliesslich die Invariantentheorie der $\infty$ Gruppe aller Punkttransformationen doch wieder zurückkommt auf Probleme der linearen Invariantentheorie.

5) Wir wollen nun noch einige Bemerkungen zur gewöhnlichen Flächentheorie hinzufügen:

Wir hatten gesetzt $x = \varphi(u, v)$, $y = \psi(u, v)$, $z = \chi(u, v)$ und $ds^2 = E\,du^2 + 2F\,du\,dv + G\,dv^2$ berechnet, wo $E$, $F$, $G$ die angegebenen Abkürzungen darstellen. Man nennt die letzteren auch wohl, da sie sich aus den ersten Differentialquotienten zusammensetzen, die fundamentalen Grössen 1. Ordnung der Flächentheorie. Die Discussion der Differentialform für $ds^2$ giebt jedoch nur erst einen Ausschnitt aus der ganzen Flächentheorie, nämlich die Gesammtheit derjenigen Eigenschaften, welche der gegebenen Fläche mit allen ihren Biegungsflächen gemeinsam sind. Was muss nun noch hinzukommen, damit man die gesammte Theorie d. h. alle Eigenthümlichkeiten der einzelnen Fläche beherrscht? Es ist in dieser Hinsicht schon seit Gauss üblich, die Fundamentalgrössen 2. Ordnung zu betrachten:

$$\mathfrak{D} = \mathfrak{A}\,\frac{\partial^2 x}{\partial u^2} + \mathfrak{B}\,\frac{\partial^2 y}{\partial u^2} + \mathfrak{C}\,\frac{\partial^2 z}{\partial u^2},$$

$$\mathfrak{D}' = \mathfrak{A}\,\frac{\partial^2 x}{\partial u\,\partial v} + \mathfrak{B}\,\frac{\partial^2 y}{\partial u\,\partial v} + \mathfrak{C}\,\frac{\partial^2 z}{\partial u\,\partial v},$$

$$\mathfrak{D}'' = \mathfrak{A}\,\frac{\partial^2 x}{\partial v^2} + \mathfrak{B}\,\frac{\partial^2 y}{\partial v^2} + \mathfrak{C}\,\frac{\partial^2 z}{\partial v^2};$$

hierbei bezeichnen $\mathfrak{A}, \mathfrak{B}, \mathfrak{C}$ den Cosinus derjenigen Winkel, welche die Flächennormale mit den 3 Coordinatenaxen bildet; und zwar ist:

$$\mathfrak{A} = \frac{\frac{\partial y}{\partial u}\cdot\frac{\partial z}{\partial v} - \frac{\partial y}{\partial v}\cdot\frac{\partial z}{\partial u}}{\sqrt{\left(\frac{\partial x}{\partial u}\right)^2 + \cdots} - \sqrt{\left(\frac{\partial x}{\partial v}\right)^2 + \cdots}},$$

analog $\mathfrak{B}$ u. $\mathfrak{C}$.

Man bilde sich nun die neue Differentialform:
$\mathfrak{D}\,du^2 + 2\mathfrak{D}'\,du\,dv + \mathfrak{D}''\,dv^2 = d\sigma^2$. Dieselbe erweist sich gleich $\left(\frac{ds}{\varrho}\right)^2$, wo $\varrho$ der Krümmungsradius desjenigen Normal-

schnittes in dem Flächenpunkte $u, v$ ist, der durch die Differentiale $du, dv$ gegeben wird. Wann wird nun $d\sigma = 0$? Die Gleichung $d\sigma = 0$ giebt speciell die Asymptotencurven, indem für die zu letzteren gehörigen Fortschreitungsrichtungen bekanntlich $\rho = \infty$ wird. Man könnte nun glauben, dass $d\sigma = \frac{ds}{\rho}$ auch für $ds = 0$ d.h. für die Minimalcurven auf der Fläche, gleich $0$ würde, doch wäre dies irrthümlich, da für diese auch $\rho = 0$ wird, wie man leicht constatiert. Es hat sich nun gezeigt, dass man durch die beiden Differentialformeln $ds^2$ und $d\sigma^2$ neben einander die volle Gestalt der Fläche beherrscht, wobei indess $ds^2$ und $d\sigma^2$ nicht unabhängig von einander angenommen werden können, sondern durch die Differentialrelationen von Mainardi und Codazzi verbunden sind.

In den vorstehenden Bemerkungen haben Sie die Grundlage, auf welcher sich die neueren Lehrbücher der Flächentheorie aufbauen, wie die von Hoppe und Knoblauch und das ganz neuerdings erschienene, besonders übersichtlich geschriebene von Stahl-Kommerell. Dieselben fragen mehr oder minder explicit nach denjenigen Eigenschaften der simultanen Differentialformen $ds^2$ und $d\sigma^2$, die bei irgend welchen Punkttransformationen der $u, v$ ungeändert bleiben. Mit diesem Ausgangspunkte hängt es vielleicht zusammen, dass in allen diesen Büchern bislang die Lie'schen Ideen fehlen, die wir in dieser Vorlesung in erster Linie entwickeln, ich meine solche Dinge, wie die Verwandtschaft zwischen Liniengeometrie und Kugelgeometrie und die allgemeine Theorie der Berührungstransformationen, gar nicht zu sprechen von der Theorie der Transformationsgruppen.

6) Zum Schlusse darf noch angeführt werden, dass die Lehre von den quadratischen Differentialausdrücken eine eigenartige geometrische Deutung in den liniengeometrischen Untersuchungen von Königs gefunden hat (Thèse 1882: Sur les propriétés infinitésimales de l'espace réglé; ferner Annales de Toulouse I (1887): Sur certaines formes quadratiques en géométrie, ebenda IV, V (1890, 91): La géométrie réglée et ses applications). Königs geht davon aus, dass das infinitesimale Moment zweier benachbarter Geraden $r, s, \rho, \sigma$ und $r+dr$, $s+ds$, $\rho+d\rho$, $\sigma+d\sigma$ (um die gewöhnlichen Plückerischen Coordinaten zu gebrauchen) durch $\frac{dr\,d\sigma - ds\,d\rho}{1+r^2+s^2}$ gegeben ist, und wendet dann auf diesen Ausdruck die allgemeine Theorie der quadratischen Differentialformen an. Uebrigens sind die Resultate, welche er entwickelt (insbesondere diejenigen von 1887) zum Teil bereits vorweggenommen durch Voss in den Göttinger Nachrichten von 1875.—

Hiermit schliessen wir unsere Erläuterungen über höhere Punkttransformationen von beliebigem analytischen Charakter und müssen nun noch insbesondere algebraische Punkttransformationen betrachten. –

Wie wir schon früher sagten, werden wir jetzt [Mo. 13. II. 93] bei den <u>algebraischen</u> Punkttransformationen die Transformation des <u>Gesammtraumes</u> in Betracht ziehen. Die besonders behandelte Frage ist in Uebereinstimmung hiermit die, ob es solche Transformationen giebt, denen zufolge jedem Punkt des einen Raumes (von $n$ Dimensionen) <u>ein und nur ein</u> Punkt des anderen Raumes zugeordnet wird und umgekehrt. Natürlich bieten uns die linearen Transformationen sofort ein Beispiel dieser Forderung. Es sei allgemein

$$x' = \varphi(x, y, z)$$
$$y' = \psi(x, y, z)$$
$$z' = \chi(x, y, z) \quad \text{in unserem } R_3.$$

Sollen nun $\varphi, \psi, \chi$ eindeutige und algebraische Functionen sein und ebenso die durch Auflös. nach $x, y, z$ entstehenden Functionen, welche die Abhängigkeit der letzteren Variablen von $x' y' z'$ ergeben, so werden wir es überhaupt mit „rationalen" Functionen zu thun haben, und dementsprechend wollen wir solche Transformationen <u>Birationale</u> nennen. <u>Giebt es nun noch andere birationale Transformationen im $R_n$ ausser den linearen Transformationen?</u>

Nehmen wir zunächst $n = 1$, dann sehen wir sofort:

Im Raum von einer Dimension giebt es nach functionentheoretischen Grundsätzen noch keine anderen birationalen Transformationen als die linearen.

Anders ist es für $n = 2$. Wir haben da vor allem 2 Arbeiten von Cremona zu nennen, die sich allgemein mit den birationalen Transformationen in der Ebene beschäftigt haben, in Bd 2 und 5 der ser. 2 der Memorie di Bologna (1863 und 65). Nach diesen Untersuchungen nennt man die in Betracht kommenden Transformationen häufig Cremonatransformationen. In Betreff einer näheren Ausführung der Dinge, von denen ich heute zu berichten habe, sei auf die Darstellung in Clebsch-Lindemann Bd I pag. 474 ff verwiesen. Natürlich hat man auch schon vor Cremona Beispiele solcher Transformationen betrachtet; das erste Beispiel ist wohl die quadratische Transformation in der Ebene, wie sie Plücker in Crelle Bd. V (1830) behandelt. Dieser Fall wird durch die folgenden Formeln gegeben, denen ein beliebiges Coordinatendreieck zu Grunde liegt

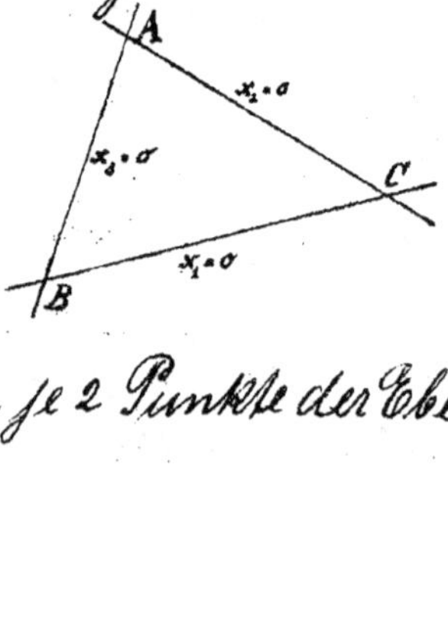

$x'_1 : x'_2 : x'_3 = \frac{1}{x_1} : \frac{1}{x_2} : \frac{1}{x_3}$. Man übersieht sofort, dass umgekehrt gilt: $x_1 : x_2 : x_3 = \frac{1}{x'_1} : \frac{1}{x'_2} : \frac{1}{x'_3}$, dass die Transformation also wirklich birational ist und dabei involutorischen Charakter trägt, indem je 2 Punkte der Ebene sich wechselseitig entsprechen. Wir können nun die Transformation auch in die folgende Form setzen:

$$\rho x_1' = x_2 x_3 \qquad \sigma x_1 = x_2' x_3'$$
$$\rho x_2' = x_3 x_1 \quad \text{und} \quad \sigma x_2 = x_3' x_1'$$
$$\rho x_3' = x_1 x_2 \qquad \sigma x_3 = x_1' x_2',$$

in denen $\rho$ und $\sigma$ Proportionalitätsfactoren sind. Wegen dieser Darstellung gerade spricht man von quadratischen Transformationen, indem die Grössen $x'$ quadratischen Verbindungen der $x$ proportional gesetzt werden und umgekehrt.

Nun müssen wir sehen, was aus den 3 Ecken des Coordinatendreiecks wird. Ist z. B. $x_1 = 0$, so wird auch $x_2' = 0$ und $x_3' = 0$, d. h. jedem Punkte der Seite $x_1 = 0$ wird die gegenüberliegende Coordinatenecke entsprechen und umgekehrt. Bei dieser Transformation, die im allgemeinen eine eindeutige ist, giebt es also 3 Fundamentalpunkte und 3 Fundamentalgerade, nämlich die Ecken und Seiten des Coordinatendreiecks. Jeder Ecke entsprechen sämmtliche Punkte der gegenüberliegenden Seite und umgekehrt. Ein gleiches Vorkommnis, dass einem einzelnen Punkte $\infty$ viele Punkte entsprechen können, ist uns ja bereits bei der stereographischen Projektion des Hyperboloids auf die Ebene entgegengetreten, so dass der Gedanke uns keineswegs neu ist. Wenn es neben den linearen Transformationen jetzt noch andere birrationale Transformationen giebt, so wird dies nur durch das in Rede stehende Vorkommnis ermöglicht.

Wir betrachten jetzt irgend eine gerade Linie $u_1 x_1 + u_2 x_2 + u_3 x_3$: Indem dieselbe jede Seite des Coordinatendreiecks schneidet, muss die transformierte Curve durch die 3 Ecken desselben hindurchgehen. In der That folgt dies aus der Gleichung der transformierten Curve $u_1 x_2' x_3' + u_2 x_3' x_1' + u_3 x_1' x_2' = 0$, die einen durch jene Ecken gehenden Kegelschnitt darstellt. Das Analoge gilt für die Curve $n^{ter}$ Ordnung. Dieselbe wird allgemein in eine $C_{2n}$ mit 3 $n$-fachen Punkten in den Ecken des Coordinatendreiecks übergehen. Wenn wir nun dieses $C_{2n}$ erneut der Transformation unterwerfen, so muss doch die ursprüngliche Curve sich wieder ergeben. Wie kommt es nun, dass nicht eine Curve $4n^{ter}$ Ordnung entsteht? Es sei eine Curve $n^{ter}$ Ordnung gegeben, die bezw. $\alpha_1\ \alpha_2\ \alpha_3$ mal durch die 3 Coordinatenecken hindurchgeht. Dieselbe wird dann in der That zunächst eine Curve $2n^{ter}$ Ordnung bei der Transformation liefern. Doch die Ecke $A$ des Dreiecks liefert uns die Gegenseite $x_1 = 0$ und zwar $\alpha_1$ mal, das Analoge gilt für die Ecken $B$ und $C$. Diese Geraden werden wir natürlich bei der transformierten Curve nicht mitzählen wollen. Indem wir daher von letzterer die 3 Dreiecksseiten selbst mit den Multiplicitäten $\alpha_1\ \alpha_2\ \alpha_3$ absondern, hat die bleibende transformierte Curve die Ordnung $n' = 2n - \alpha_1 - \alpha_2 - \alpha_3$. Wie oft wird umgekehrt die transformierte Curve durch die Ecken $A, B, C$ gehen? Indem wir wieder bedenken, dass z.B. diejenigen von den $n$ Schnittpunkten der Geraden $x_1=0$ mit der gegebenen $C_n$, welche in die Ecken $B$ und $C$ fallen, in dem gegebenen Sinne bei der transformierten Curve nicht mitzuzählen sind, so finden wir für die Zahlen, wie oft die Curve durch die Ecken $A, B, C$ geht, die folgenden Formeln:

$$\alpha_1' = n - \alpha_2 - \alpha_3 ,$$
$$\alpha_2' = n - \alpha_3 - \alpha_1 ,$$
$$\alpha_3' = n - \alpha_1 - \alpha_2 .$$

Der involutorische Charakter der Verwandtschaft der beiden Curven $C_n$ und $C_{n'}$ drückt sich, wie es sein muss, in dem Bau der gewonnenen Formeln aus, indem dieselben in den accentuirten und nichtaccentuirten Buchstaben symmetrisch sind.

Es ist eine gute Uebung, die quadratische Transformation an speciellen Beispielen zu studieren, z.B. giebt ein Kegelschnitt eine $C_4$ u.s.f.. Doch verbietet uns die Zeit, hierbei zu verweilen.

Noch sei auf die enge Beziehung hingewiesen, die zwischen der quadratischen Transformation und der Transformation durch reciproke Radien besteht. Letztere wird in rechtwinkligen Coordinaten gegeben durch die Formeln

$$x' = \frac{x}{x^2+y^2}, \quad y' = \frac{y}{x^2+y^2}.$$

Wir wollen an denselben noch die kleine Aenderung vornehmen, dass wir $y$ mit $-y$ vertauschen; dies bedeutet eine einfache Spiegelung der Ebene an der $y$-Axe. Aus diesen Formeln lassen sich dann die folgenden bilden:

$$x' + iy' = \frac{1}{x+iy} \text{ und } x' - iy' = \frac{1}{x-iy}.$$

Nun setzen wir $x = \frac{\xi}{\tau}$, $y = \frac{\eta}{\tau}$ ebenso $x' = \frac{\xi'}{\tau'}$ und $y' = \frac{\eta'}{\tau'}$.

dann erhalten wir $\frac{\xi' + i\eta'}{\tau'} = \frac{\tau}{\xi + i\eta}$ und $\frac{\xi' - i\eta'}{\tau'} = \frac{\tau}{\xi - i\eta}$

oder in Proportion geschrieben:

$$\xi' + i\eta' : \xi' - i\eta' : \tau' = \frac{1}{\xi + i\eta} : \frac{1}{\xi - i\eta} : \frac{1}{\tau}.$$

Dies aber sind genau die Formeln der quadratischen Transformation; wir brauchen nur für $\xi' \pm i\eta'$, $\tau'$ und $\xi \pm i\eta$, $\tau$ die Bezeichnung $x_i'$ und $x_i$ einzuführen. Da nun $\xi \pm i\eta = 0$ die Geraden sind, die von dem Nullpunkte nach den beiden Kreispunkten laufen, und $\tau = 0$ die unendlich ferne Gerade bedeutet, so haben wir das Schlussresultat: <u>Verbindet man die Transformation durch reciproke Radien mit einem Zeichenwechsel des $y$, d.h. einer Spiegelung an der $x$-Axe, so haben wir einen Specialfall unserer allgemeinen quadratischen Transformation, der</u>

<u>dadurch ausgezeignet ist, dass 2 Ecken des Fundamentaldreiecks in die Kreispunkte fallen.</u>

Wir wollen doch diese specielle Transformation auf die s. Z. von uns erwähnten cyclischen Curven 4ter Ordnung anwenden, d. h. auf diejenigen Curven 4ter Ordnung, für die die beiden Kreispunkte Doppelpunkte sind. Für dieselben ist $n = 4$, $\alpha_2 = \alpha_3 = 2$ zu setzen, $\alpha_1$ jedoch $= 1$ oder $= 0$, je nachdem man den Coordinatenanfangspunkt auf der Curve wählt oder nicht. Durch die Transformation entsteht dann eine $C_{n'}$, für die

$$n' = 4 - 0 \text{ resp. } -1, \alpha_1' = 0, \alpha_2' = \alpha_3' = 2 - 0 \text{ resp. } -1 \text{ ist.}$$

d. h. <u>Wenn das Inversionscentrum nicht auf der cyclischen Curve liegt, dann bekommen wir bei der Inversion wieder eine cyclische Curve 4ter Ordnung. Wenn dagegen die gegebene cyclische Curve durch das Inversionscentrum hindurchgeht, so bekommen wir eine $C_3$, die einfach durch jeden der beiden Kreispunkte läuft.</u>

Schliesslich können wir noch den besondern Fall betrachten, dass die cyclische Curve 4ter Ordnung im <u>Inversionscentrum sogar einen Doppelpunkt</u> hat, dann ist $\alpha_1 = 2$, und es wird $n' = 2$ und $\alpha_1' = \alpha_2' = \alpha_3' = 0$, d. h. die transformierte Curve ist ein Kegelschnitt, der nicht durch die Kreispunkte geht.

Was die Cremonatransformationen betrifft, so haben wir noch einen wichtigen Satz zu erwähnen, der gleichzeitig von Clifford (nach persönlicher Mitteilung), Noether (Ann. 3) und Rosanes (Crelle 73) gefunden ist (1870/71). Es handelt sich um folgendes: Wenn wir eine erste quadratische Transformation mit einer beliebigen zweiten zusammensetzen, so bekommen wir offenbar eine Transformation 4^ten^ Grades, die wiederum birational ist. Die genannten Mathematiker haben nun gefunden, dass man durch Aneinanderreihung verschiedener quadratischer Transformationen nicht nur Beispiele höherer Cremonatransformationen erhält, sondern überhaupt alle Cremonatransformationen, die es giebt. Indessen sind hierbei Grenzfälle der quadratischen Transformation mitgenommen, bei denen 2 oder alle Fundamentalpunkte zusammenfallen.

Was nun weiter die birationalen Transformationen der $R_3$ (allgemein der $R_n$) betrifft, so hat man bisher nur einzelne Beispiele behandelt. Wir wollen die folgenden anführen:

a) Es sei wieder $\rho x_i = \frac{1}{x_i}$. Dies giebt uns für den $R_n$ eine Transformation $n$^ten^ Grades, für den gewöhnlichen Raum also eine Transformation 3^ten^ Grades, entsprechend der quadratischen Transformation der Ebene.

b) Ein zweites Beispiel, welches ebenfalls eine Verallgemeinerung der quadratischen Transformation der Ebene ist, giebt die Transformation durch reciproke Radien oder die Inversion:

$$\begin{aligned} \rho x' &= xt, \\ \rho y' &= yt, \\ \rho z' &= zt, \\ \rho t' &= x^2+y^2+z^2. \end{aligned}$$

Setzen wir speciell $t = 0$, so bekommen wir $x' = y' = z' = 0$. Dies besagt: Der ganzen unendlich fernen Ebene entspricht der Coordinatenanfangspunkt, das Inversionscentrum. Dementsprechend nennen wir die $\infty$ ferne Ebene eine Fundamentalebene, das Inversionscentrum einen Fundamentalpunkt 2^ter^ Stufe. Ausserdem sind alle Punkte des Kugelkreises Fundamentalpunkte erster Stufe, und zwar entspricht dem einzelnen Punkte des Kugelkreises die Minimalgerade, die ihn mit dem Anfangspunkte verbindet. Wir sehen dies am einfachsten, wenn wir die letzten Gleichungen so schreiben:

$$\begin{aligned} \rho x' &= x, \\ \rho y' &= y, \\ \rho z' &= z, \\ \rho t' &= \frac{x^2 + y^2 + z^2}{t}. \end{aligned}$$

Für einen Punkt des Kugelkreises ist dann $t = 0$ und $x^2 + y^2 + z^2 = 0$. Es wird daher für denselben $\rho t' = \frac{0}{0}$, d. h. gleich einer beliebigen Grösse, worin unser Theorem liegt.

Nun können wir für diese Inversion im Raume dieselben Betrachtungen anstellen, wie soeben bei der quadratischen Transformation in der Ebene. Es sei eine Fläche $n^{ter}$ Ordnung gegeben, die $\alpha$ mal durch den Anfangspunkt geht und $\beta$ mal den Kugelkreis trifft. Dieselbe wird durch Transformation zu einer Fläche $n'^{ter}$ Ordnung werden, für die $n' = 2n - \alpha - 2\beta$ ist, und die den Anfangspunkt $\alpha' = n - 2\beta$

mal und den Kugelkreis $\beta' = n - \alpha - \beta$ mal enthält. U. s. w. fort. Wir wenden uns sogleich zu der neuen Frage, welche die <u>Invariantentheorie der birationalen Transformationen</u> betrifft, und zwar wollen wir uns zunächst auf die Ebene beschränken, indem wir fragen: <u>Giebt es eine Invariantentheorie der Cremonatransformationen?</u>

Es sei die Curve gegeben $f(x_1 x_2 x_3) = 0$. Was hat dieselbe für Eigenschaften, die unzerstörbar sind bei Anwendung der sämmtlichen letztgenannten Transformationen?

Man hat in der Riemannschen Functionentheorie und den an dieselbe anknüpfenden geometrischen Untersuchungen der algebraischen Curven allgemein die Eigenschaften der Curven untersucht bei solchen Transformationen, die für die einzelne Curve eindeutig sind, und erkannt, dass die einzelne Curve diesen Transformationen gegenüber ein bestimmtes <u>Geschlecht</u> $p$ besitzt und ausserdem eine Anzahl Constanten, absolute Invarianten, die man die <u>Moduln</u> der Curve nennt. Es sei an die Theorie der Abelschen Integrale erinnert, in der diese Zahlen von grundlegender Bedeutung sind. Die hier gemeinten eindeutigen Transformationen einer Curve $f = 0$ sind nun aber keineswegs notwendig Cremonatransformationen, d. h. eindeutige Transformationen der ganzen Ebene.

Es folgt hieraus einmal, dass die Zahl $p$ und die Moduln der Riemannschen Theorie selbstverständlich auch bei allen Cremonatransformationen invariant sind; es wird aber darüber hinaus noch Eigenschaften der Curve geben, die bei dem Riemann'schen Standpunkte nicht in Betracht kommen, aber Invarianten der Cremonatransformationen sind. Systematische Untersuchungen hierüber sind indess meines Wissens noch nicht angestellt worden.

Ganz analog werden die Verhältnisse auch im Raume liegen. Es sei die Fläche $f(x_1\, x_2\, x_3\, x_4) = 0$ gegeben; dieselbe hat 2 Geschlechtszahlen $p_1$ und $p_2$ und eine Reihe von Moduln. Nähere Angaben findet man z. B. in meinen Vorlesungen über Riemannische Flächen II pag. 74, woselbst auch weitere Citate auf die Arbeiten von Noether etc. angegeben sind. <u>Diese Geschlechtzahlen und Moduln bleiben natürlich bei birationalen Transformationen des Gesammtraumes ebenfalls ungeändert, erschöpfen aber nicht die Gesammtheit der birationalen Invarianten überhaupt.</u>

Nun kommen wir schliesslich noch zu der <u>Invariantentheorie der Differentialformen</u> gegenüber birationalen Transformationen, doch wollen wir uns darauf beschränken, allein von den Pfaffschen Ausdrücken $\Sigma X_i dx_i$ zu sprechen. Wir haben einen solchen Ausdruck bislang beliebigen Punkttransformationen unterworfen, und dementsprechend haben wir von den $X_i$ nur verlangt, dass sie in dem betrachteten Raumstück analytisch seien. Wenn wir jetzt jedoch ein-eindeutige Transformation des Gesammtraumes anwenden, werden wir zweckmässiger Weise die Coefficienten $X_i$ als algebraisch bezw. rational und demnach im ganzen Raume zugänglich voraussetzen. Hinsichtlich dieser speciellen Pfaffschen Ausdrücke verlangen wir dann eine Invariantentheorie einmal bei beliebiger projektiver Umformung, dann aber bei beliebigen birationalen Umformungen. Wir sagen in dieser Richtung: Ganz gewiss besitzt eine solche Pfaffsche Gleichung $\sum X_i dx_i = 0$ gegenüber beliebigen eindeutigen Transformationen der $x_i$ eine Reihe unzerstörbarer Geschlechtszahlen $p_1\ p_2 \ldots$ Denn sehen wir einmal die $dx_i$ neben den $x_i$ selbst als unabhängige Veränderliche an und betrachten die Gleichung $\sum X_i dx_i = 0$ als eine algebraische Gleichung zwischen $2n$ Veränderlichen, so hat diese doch gegenüber eindeutigen Transformationen im Raume der $2n$ Veränderlichen nach Noether ihre Geschlechtszahlen, die bei den Umformungen im Raume von $n$ Dimensionen a fortiori unveränderlich sind. —

Fragen wir nun nach dem Werte dieser letzten Betrachtungen, die ja beider gar nicht durchgeführt sind, so ist darauf zu antworten, dass dieselben von besonders hoher Bedeutung sein müssen. Es ist die grosse Aufgabe der nächsten Decennien in der Mathematik, diejenigen transcendenten Functionen, die bei der Integration der algebraischen Differentialgleichungen entstehen, in ganz entsprechender

Weise zu classificieren, wie man dies bei den Abel'schen Integralen, die zu den algebraischen Curven gehören, seit langem macht. Bei letzteren ist nun gerade dieses die Grundlage, dass man sich über die Eigenschaften der algebraischen Curven klar wird, die bei beliebigen eindeutigen Transformationen bestehen bleiben. Genau so würden bei den Trancendenten, die etwa aus den algebraischen Pfaff'schen Problemen erwachsen, die Eigenschaften der Pfaff'schen Ausdrücke fundamental sein, welche bei beliebiger eindeutiger Transformation der Variablen $x$ erhalten bleiben. Und wenn wir gerade von einer Anzahl Geschlechtszahlen $p_1 p_2 \dots$ sprechen, die ein solches Pfaff'sches Problem gegenüber beliebigen eindeutigen Transformationen der $x$ als bleibende Charaktere besitzt, so werden wir damit ebenso viele wesentliche Charaktere haben, die für jene Transcendenten in Betracht kommen.

Es wird für diese Betrachtung der Pfaff'schen Probleme gut sein, homogene Schreibweise anzuwenden. Wir setzen $x_i = \frac{y_i}{y_{n+1}}$ und erhalten aus der Gleichung $\Sigma X_i dx_i = 0$ die neue aus $n+1$ Gliedern bestehende Gleichung $\Sigma Y_i dy_i = 0$, worin $Y_i$ homogene Functionen gleichen Grades in den $y_i$ sind, die der Identität $\Sigma Y_i y_i = 0$ genügen.

Es ist mir nur eine einzige hierzu nennende Arbeit bekannt die von Voss in den Ann. 23. veröffentlicht ist.

Diese Untersuchungen von Voss betreffen die projektiven Eigenschaften der rationalen Pfaff'schen Probleme, – der „Punktebenensysteme", wie sie Voss nennt, indem durch die Pfaff'sche Gleichung jedem Punkte eine bestimmte Ebene von Fortschreitungsrichtungen zugeordnet wird – und sind also eine Vorarbeit in der von uns bezeichneten Richtung.

Das allgemeine Programm für das Studium der Transcendenten, wie wir es eben postulirten, ist wesentlich dasselbe, welches Clebsch im Jahre 1872, seinem letzten Lebensjahre, für die gewöhnlichen Differentialgleichungen erster Ordnung entwickelt hat in seiner Theorie der Connexe.

Dass Niemand in den letzten 20 Jahren an der Verwirklichung dieses Programms gearbeitet hat, hat seinen natürlichen Grund darin, dass dasselbe eine grosse Kenntnis von verschiedenen Gebieten der Mathematik voraussetzt; nur wer in projektiver Geometrie bezw. Invariantentheorie und Functionentheorie gut zu Hause ist, wird es unternehmen können, in dieser Richtung einen Schritt vorwärts zu thun. Es ist überhaupt ein Fehler in der heutigen Entwickelung der Mathematik, dass sie zu sehr in verschiedene Gebiete zerfällt, die ohne wechselseitige Bezugnahme neben einander von verschiedenen Fachmännern behandelt werden. Neben Geometrie und Functionentheorie spielt z. Z. insbesondere die Zahlentheorie eine Rolle für sich. Das Streben muss natürlich sein, die einzelnen Gebiete möglichst mit einander in Beziehung zu setzen, da nur so ein wirklich grosser Fortschritt zu erreichen sein wird.

Wir wenden uns jetzt zu einem neuen Hauptteil [Di. 14. II. 93]. unserer Vorlesung, der sich mit Transformation unter

<u>Wechsel des Raumelementes</u>

zu befassen hat. Wir werden 3 Dinge besonders zu behandeln haben:

a) <u>Die dualistische Transformation</u>, welche in der Ebene Punkt und Gerade, im Raume Punkt und Ebene einander gegenüberstellt.

b) Sodann werden wir auf die <u>Kugel- und Liniengeometrie</u> zurückzukommen haben, deren verschiedene Beziehungen wir erst jetzt völlig zu verstehen in der Lage sein werden.

c) Schliesslich werden wir überhaupt von den Lie'schen <u>Berührungstransformationen</u> sprechen, die alles Bisherige umfassen.

Was die <u>dualistische Transformation</u> betrifft, so wollen wir uns auf den gewöhnlichen Raum beschränken. Wir bezeichnen die Punktcoordinaten wie bisher mit $x_1\, x_2\, x_3\, x_4$, die Ebenencoordinaten mit $u_1\, u_2\, u_3\, u_4$. Dann gehen wir aus etwa von den allgemeinen Substitutionen: $\rho u_i = \varphi_i(x_1\, x_2\, x_3\, x_4)$. Unter diesen allgemeinen Transformationen werden wieder insbesondere die linearen $\rho u_i = \Sigma\, a_{ik}\, x_k$ unsere Aufmerksamkeit fesseln. Einer

linearen Verbindung der $x_i$ entspricht im letzten Falle wieder eine lineare Verbindung der $u_i$ und umgekehrt. Dies entspricht den folgenden Sätzen: Wie dem Punkte $x_i$ eine Ebene $u_i$ zugeordnet wird, so dreht sich die letztere insbesondere um eine Gerade, wenn der Punkt $x_i$ sich auf einer anderen Geraden bewegt. Demgemäss entspricht einer Geraden stets wieder eine Gerade. Ferner dreht sich die Ebene $u_i$ um einen Punkt, wenn der Punkt $x_i$ sich beliebig auf einer Ebene bewegt. Indem solcherweise ein wechselseitiges Entsprechen zwischen beiden Räumen eintritt, so hat man diese Transformation auch als Reciprocität der beiden Räume schlechtweg bezeichnet. Unter den Reciprocitäten besonders bemerkenswert ist der Fall $a_{ik} = a_{ki}$. Diese specielle lineare Beziehung coincidiert mit der Polarenverwandtschaft hinsichtlich der Fläche 2. Grades $\sum a_{ik} x_i x_k = 0$. Der einfachste Fall ist natürlich gegeben durch $\varrho u_i = x_i$; dann sind alle $a_{ik}$ für $i \gtrless k$ gleich $0$ und alle $a_{ii} = 1$. Diese Formeln liefern die Polarenverwandtschaft in Bezug auf die nullteilige Fläche 2^ten^ Grades $x_1^2 + x_2^2 + x_3^2 + x_4^2 = 0$.
Es ergiebt nun eine Reihe einfacher Folgerungen, die ich hier nur in Kürze anschliessen will, indem dieselben in allen bezüglichen Lehrbüchern ohnehin ausgeführt sind:
a) Der erste Punkt betrifft die dualistische Umformung gegebener Figuren. Besonders bemerkenswert ist z. B., dass ein

Kegel bei beliebiger dualistischer Umformung eine ebene Curve, allgemein jede developpable Fläche eine Raumcurve liefert. Derartige Umsetzungen sind eine vortreffliche Uebung der Raumanschauung.

b) Was die Stellung der Coordinaten $u_i$ in der Invariantentheorie betrifft, so sind dieselben dadurch mit den $x_i$ verknüpft, dass wir die Bedingung der vereinigten Lage $\sum_1^4 x_i u_i = 0$ festhalten. Durch die Substitution $x_i = \sum a_{ik} y_k$ geht die linke Seite dieser Bedingung über in $\sum_i \sum_k a_{ik} u_i y_k$, und wenn wir dieses wieder gleich $\sum v_k y_k$ setzen, so sehen wir, dass $v_k = \sum_i a_{ik} u_i$ sein muss. Während wir bei der Substitution der $x_i$ über den Index $k$ zu summieren hatten, haben wir jetzt über den Index $i$ zu summieren. Mit anderen Worten: In der Coefficientenanordnung der beiden Substitutionen sind die Horizontal- und Verticalreihen miteinander vertauscht. Wegen dieser Eigenschaft nennt man die neue Substitution die zu der ersten transponirte. Uebrigens aber nennt man die Coordinaten $u_i$ zu den Coordinaten $x_i$ contragredient, und findet die Erklärung dieser Bemerkung in dem Satze: Während sich die alten $x$ durch die neuen $y$ vermöge einer ersten linearen Substitution ausdrücken, drücken sich die neuen $v$ durch die alten $u$ vermöge der transponirten Substitution aus.

c) Endlich sei noch darauf hingewiesen, welche Rolle die

dualistischen Umformungen in der synthetischen Geometrie spielen, wo sie neben den projectiven Beziehungen zur Erzeugung höherer algebraischer Gebilde aus niederen dienen. –

Wir wollen nun ausführlich davon sprechen, welche Bedeutung die Transformation $u_i = \sum_k a_{ik} x_k$ für die Differentialgleichungen hat. Wir haben ja schon vor Weihnachten diese Gedanken eingeleitet mit unhomogener Schreibweise der Formeln. Wir haben damals statt der Punktcoordinaten $x\,y\,z$ Ebenencoordinaten $X, Y, Z$ eingeführt, die durch die folgende Bedingung der vereinigten Lage definiert waren: $Z - Xx - Yy - z = 0$. Dann sollte uns irgend eine Fläche gegeben sein in Punktcoordinaten $x\,y\,z$, zu denen wir die partiellen Ableit. 1. und 2. Ordn. $p, q; r, s, t$ hinzunahmen. Wir bezeichneten dann die Coordinaten der zugehörigen Tangentialebene mit $X, Y, Z$ und die entsprechenden partiellen Ableit. mit $P, Q, R, S, T$ und berechneten, wie sich diese neuen Grössen durch durch die $x\,y\,z\,p\,q\,r\,s\,t$ ausdrücken. Diese Formeln können wir jetzt auf eine zweite Weise auffassen. Wir denken uns die dualistische Transformation ausgeführt, dass wir jedem Punkte $x\,y\,z$ die Ebene mit den Coordinaten $x\,y\,z$, jeder Ebene $X\,Y\,Z$ den Punkt mit den Coordinaten $X\,Y\,Z$ zuordnen. So entsteht aus der gegebenen Fläche mit den Stücken $x\,y\,z\,p\,q\,r\,s\,t$ eine transformierte Fläche, eine Reciprocalfläche, deren Punktcoordinaten und zugehörige Ableitungen die $X\,Y\,Z\,P\,Q\,R\,S\,T$ sind.

Wir haben bereits vor Weihnachten die folgende Tabelle berechnet, in der die unter einander stehenden Ausdrücke allemal gleich zu setzen sind:

| $x$ | $y$ | $z$ | $p$ | $q$ | $z-px-qy$ | $r$ | $s$ | $t$ | $s^2-rt$ |
|---|---|---|---|---|---|---|---|---|---|
| $-P$ | $-Q$ | $-Z-Px-Qy$ | $X$ | $Y$ | $Z$ | $\frac{T}{S^2-RT}$ | $\frac{S}{S^2-RT}$ | $\frac{R}{S^2-RT}$ | $\frac{1}{S^2-RT}$ |

Insbesondere folgt hier aus der ersten Formelgruppe, dass
$$dZ-PdX-QdY=dz-pdx-qdy$$
ist. Wir bemerken vorallem, dass durch $x\,y\,z\,p\,q$ zusammen ein Punkt der Fläche mitsammt seiner Tangentialebene bestimmt ist, und dass nun die $X\,Y\,Z\,P\,Q$ nur von den $x\,y\,z\,p\,q$ abhängen. Welche geometrische Folgerungen lassen sich an diesen Umstand anknüpfen? Es ergiebt sich der Satz, dass zwei Flächen, welche sich in einem Punkte berühren, welche also das nämliche Wertsystem $x\,y\,z\,p\,q$ aufweisen, in zwei Flächen übergehen, die sich wieder berühren d. h. in solche, die dasselbe Wertsystem $X\,Y\,Z\,P\,Q$ aufweisen. Es ist dies so zu verstehen, dass, wenn aus einem Punkte einer Fläche die Tangentialebene der Reciprocalfläche wird, dann gleichzeitig aus der Tangentialebene der Fläche der zugehörige Berührungspunkt der Reciprokalfläche wird. — Wir könnten jetzt einen entsprechenden Satz aufstellen für Flächen, die sich osculieren, doch wollen wir bei dem Satz von der Berührung stehen bleiben.

An ihm knüpft sich nämlich die allgemeine Idee der

<u>Berührungstransformation an</u>. Fragen wir doch gleich nach der allgemeinen Bedeutung derselben, wenn wir auch die weitere Ausführung erst später geben. Wir beginnen mit den Grössen $x\,y\,z\,p\,q$, als ob sie beliebige Veränderliche wären. Dass $p$ und $q$ die partiellen Differentialquotienten sind, drückt sich darin aus, dass $dz - p\,dx - q\,dy = 0$ ist; wir werden darum diese Differentialrelation immer zur Seite halten müssen. Nun wollen wir 5 neue Grössen einführen durch die Gleichungen

$$\mathfrak{X} = \varphi_1(x\,y\,z\,p\,q),$$
$$\mathfrak{Y} = \varphi_2(x\,y\,z\,p\,q),$$
$$\mathfrak{Z} = \varphi_3(x\,y\,z\,p\,q),$$
$$\mathfrak{P} = \varphi_4(x\,y\,z\,p\,q),$$
$$\mathfrak{Q} = \varphi_4(x\,y\,z\,p\,q),$$

woselbst die $\varphi_i$ bis auf weiteres irgend welche analytische Functionen bezeichnen mögen, die innerhalb des für uns in Betracht kommenden Raumstücks regulär sind. Diese Substitutionen sollen dabei so beschaffen sein, dass:

$d\mathfrak{Z} - \mathfrak{P}\,d\mathfrak{X} - \mathfrak{Q}\,d\mathfrak{Y} = \rho(dz - p\,dx - q\,dy)$ wird, woselbst $\rho$ irgend ein Faktor sei.

<u>Eine solche Transformation heisst nach Lie eine Berührungstransformation</u>. Die Bezeichnung ist natürlich der Eigenschaft entnommen, dass aus zwei sich berührenden Flächen stets wieder zwei sich berührende Flächen werden.

Offenbar ist jede Punkttransformation eine Berührungstransformation. Dieselbe wird allgemein durch die Formeln gegeben: $X = \varphi(xyz)$, $Y = \psi(xyz)$, $Z = \chi(xyz)$, aus denen sich die beiden weiteren Formeln für P und Q ableiten lassen.

Ein zweites Beispiel giebt uns die dualistische Transformation, mit der wir gerade begonnen haben. Um den allgemeinen Umfang der Berührungstransformationen zu verstehen, wird es nötig sein, mit Lie eine allgemeinere geometrische Auffassung einzuführen. Den Inbegriff der Grössen $x y z p q$, den Punkt und seine Tangentialebene oder überhaupt den Punkt und eine durch ihn hindurchgehende Ebene, wollen wir als Flächenelement benennen, und zwar ist es bequem, von der Tangentialebene sich nur ein kleines Stück, eine Schuppe, um den Berührungspunkt herum vorzustellen. Solcher Flächenelemente giebt es natürlich $\infty^5$; diese wollen wir fortan als Raumelemente betrachten, sodass unser Raum dann eine Mannigfaltigkeit von 5 Dimensionen darstellt. Wir werden lernen müssen, wie wir uns in dieser $M_5$ zu bewegen haben; da ist es nun eine bequeme Hilfsvorstellung, dass wir andrerseits unsere Grössen $x y z p q$ als gewöhnliche Punktcoordinaten im Raume von 5 Dimensionen betrachten. Die Gleichung $dz - p\,dx - q\,dy = 0$ stellt dann für diesen $R_5$ eine Pfaffsche Gleichung dar und zwar vom Charakter

5 in der Normalform, wie wir diese in der vorigen Woche kennen gelernt haben. In diesem $R_5$ erscheinen daher die Berührungstransformationen der $R_3$ als solche Punkttransformationen, welche die Pfaff'sche Gleichung $dz - p\,dx - q\,dy = 0$ in sich selbst überführen.

Wir werden uns heute mit der Gleichung $dz - p\,dx - q\,dy = 0$ [Do. 16. II 93] näher zu beschäftigen haben. Betrachten wir zwei benachbarte Elemente einer Fläche $x, y, z$; $p, q$ und $x+dx$, $y+dy$, $z+dz$, $p+dp$, $q+dq$, so wird zwischen denselben gerade diese Relation bestehen. Demgemäss bezeichnen wir die Differentialgleichung als die Bedingung der vereinigten Lage der beiden Elemente. In der That kann man sagen, dass der Pkt des ersten Elementes in der Ebene des zweiten Elementes liegt und umgekehrt. In laufenden Coordinaten ist die Ebene des ersten Elementes $z' - z = p(x'-x) + q(y'-y)$, und setzen wir in deren Gleichung $z' = z + dz$, $x' = x + dx$, $y' = y + dy$ d.h. den Punkt des zweiten Elementes ein, so erhalten wir $dz = p\,dx + q\,dy$ d.h. unsere obige Gleichung. Umgekehrt lautet die Gleichung der Ebene des zweiten Elementes:

$$(z' - z - dz) = (p + dp)(x' - x - dx) + (q + dq)(y' - y - dy),$$

und setzen wir jetzt $z' = z$, $x' = x$, $y' = y$, so bekommen wir wieder bei Beschränkung auf die Glieder erster Ordnung die Gleichung $dz = p\,dx + q\,dy$. Doch müssen wir, um einem Missverständnisse vorzubeugen, ausdrücklich hinzufügen: Diese Aussage, dass der zweite Pkt in der Ebene des ersten Elementes und der erste Punkt in der Ebene des zweiten Elementes liegt, ist nur zu verstehen bis auf Grössen zweiter Ordnung, d.h. der zweite Punkt liegt von der Ebene des ersten Elementes um eine Grösse 2ter Ordnung entfernt und umgekehrt. Dieser Umstand kommt bei folgender Ueberlegung zur Geltung. Man möchte meinen, dass die Durchschnittsgerade der beiden Ebenen zugleich die Verbindungslinie der beiden Punkte sein müsste, wie es gewiss für 2 Punkte der Fall ist, deren Ebenen genau durch den jedesmaligen andern Punkt gehen. Dies ist jedoch keineswegs hier der Fall; <u>vielmehr kann die Schnittgerade einen beliebigen endlichen Winkel mit der Verbindungslinie einschliessen.</u> Es ist in relativen Coordinaten in Bezug auf den Punkt $x, y, z$ die Gleichung der ersten Ebene $\zeta = p\xi + q\eta$ und die Gleichung einer zur zweiten Ebene parallelen Ebene durch denselben Punkt $x, y, z$

$$\zeta = (p + dp)\xi + (q + dq)\eta.$$

Aus beiden Gleichungen findet sich:

$$\xi : \eta : \zeta = dq : -dp : p\,dq - q\,dp$$

als die Richtung der Schnittgerade. Letzterer Richtung fällt nun in keiner Weise notwendig mit $dx : dy : dz$ zusammen. <u>Vielmehr zeigen unsere Formeln, dass die beiden Richtungen nur dann identisch sind, d.h. die Durchschnittsgerade der beiden Ebenen mit der Verbindunglinie der beiden Punkte nur dann zusammenfällt, wenn $dq.dy + dp.dx = 0$ ist.</u>

In letzterem Falle sagen wir, die beiden Elemente befinden sich in Schmiegungslage. Dies ist dann freilich nicht bei beliebiger Berührungstransformation invariant, wohl aber bei projektiver und dualistischer Umformung.

Wir wollen nun genauer $dz - p\,dx - q\,dy = 0$ als ein Pfaffsches Problem bezeichnen, und uns die Aufgabe stellen, solche Integralmannigfaltigkeiten zu suchen, welche diese Relation erfüllen. Wir können Integralmannigfaltigkeiten erster und solche zweiter Dimensionen suchen, letzteres werden dann (nach der allgemeinen Theorie des Pfaff'schen Problems) die meist ausgedehnten Mannigfaltigkeiten sein, die unsere Pfaff'sche Gl. erfüllen.

Um zunächst von der Integral-$M_1$ zu sprechen, so erfüllen wir sicher die Gleichung $dz - p\,dx - q\,dy = 0$, indem wir $dx = dy = dz = 0$ setzen. Dieser Ansatz liefert uns als erstes Beispiel einer Integral-$M_1$ die Elemente die sich an irgendwelche Kegelspitze anschmiegen, oder, wie ein Ebenenbüschel, bei festgehaltenem Punkte $x\,y\,z$ eine gemeinsame Schnittgerade haben. Ein zweites Beispiel einer Integral-$M_1$ gewinnen wir, wenn wir von einer beliebigen Raumcurve ausgehen und nach irgend einem stetigen Gesetz eine Aufeinanderfolge von Tangentialebenen längs derselben betrachten, die dann eine developpable Fläche umhüllen. Die zu diesem Tangentialebenen gehörigen Elemente bilden gleichfalls eine Integral $M_1$; wir nennen dieselbe einen Streifen. Letzteren

Namen dehnen wir übrigens gelegentlich auf die zuerst angeführten Beispiele von Integral-$M_1$ mit aus.

Wann wird nun die Integral $M_1$ im besonderen eine Schmiegungs $M_1$ sein? Offenbar muss dann für je 2 consecutive Elemente die Bedingung $dq \cdot dy + dp \cdot dx = 0$ erfüllt werden: Wir sehen, dass einmal jede Kegelspitze (wie jedes Elementenbüschel) eine Schmiegungs $M_1$ ist; andererseits bekommen wir eine solche, wenn wir den Punkten einer Raumcurve ihre Osculationsebenen zuordnen. Insbesondere ist jeder geradlinige Streifen ein Schmiegungsstreifen, insofern doch bei der Geraden Linie jede Tangentialebene auch Osculationsebene ist.

Nun gehen wir zu den Integral-$M_2$ über, indem wir fragen:

Giebt es Mannigfaltigkeiten zweiter Dimension, gebildet aus Flächenelementen, sodass jedes Element sich in vereinigter Lage mit jedem Nachbarelement findet? Das nächstliegende Beispiel einer Integral $M_2$ bilden alle solchen Elemente, die durch einen festen Punkt gehen; wir sagen der Punkt $x, y, z$ selbst. Das zweite Beispiel liefern alle Elemente, welche eine feste Raumcurve berühren. Schliesslich haben wir den Inbegriff aller Elemente, die eine feste Fläche berühren, als Integral-$M_2$ anzusehen. In solcher Weise erscheinen Punkt, Curve und Fläche, d.h. die Grundgebilde der alten Geometrie, hier in der neuen Geometrie der Flächenelemente coordinirt.

In der That kommen wir auf diese drei Gebilde, wenn wir unser Pfaffscher Problem $dz - p\,dx - q\,dy = 0$ in der vorwenigen Stunden gegebenen Weise behandeln, um die meist ausgedehnten Mannigfaltigkeiten zu finden.

a) Wir gehen zuerst aus von einer beliebigen Gleichung $\varphi(x, y\, z) = 0$ und setzen

$$p = -\frac{\frac{\partial\varphi}{\partial x}}{\frac{\partial\varphi}{\partial z}} \quad \text{und} \quad q = -\frac{\frac{\partial\varphi}{\partial y}}{\frac{\partial\varphi}{\partial z}}$$

Diese Gleichungen definiren dann eine erste Schaar von Integralmannigfaltigkeiten.

b) Oder wir stellen 2 Gleichungen an die Spitze $\Phi(x, y, z) = 0$ und $\Psi(x, y, z) = 0$ und setzen:

$$p = -\frac{\frac{\partial\varphi}{\partial x} + \lambda\frac{\partial\psi}{\partial x}}{\frac{\partial\varphi}{\partial z} + \lambda\frac{\partial\varphi}{\partial z}} \quad \text{und:} \quad q = -\frac{\frac{\partial\varphi}{\partial y} + \lambda\frac{\partial\psi}{\partial y}}{\frac{\partial\varphi}{\partial z} + \lambda\frac{\partial\psi}{\partial z}}$$

wo $\lambda$ einen frei veränderlichen Parameter bedeuten soll

c) Oder endlich wir stellen 3 Gleichungen zusammen: $\varphi(xyz) = 0$, $\Psi(xyz) = 0$ u. $X(xyz) = 0$, und setzen

$$p = -\frac{\frac{\partial\varphi}{\partial x} + \lambda\frac{\partial\psi}{\partial x} + \mu\frac{\partial X}{\partial x}}{\frac{\partial\varphi}{\partial z} + \frac{\partial\psi}{\partial z} + \mu\frac{\partial X}{\partial z}} \text{ u. } q = -\frac{\frac{\partial\varphi}{\partial y} + \lambda\frac{\partial\psi}{\partial y} + \mu\frac{\partial X}{\partial y}}{\frac{\partial\varphi}{\partial z} + \lambda\frac{\partial\psi}{\partial z} + \mu\frac{\partial X}{\partial z}}$$

unter $\lambda$ und $\mu$ Parameter verstanden.

Nun giebt uns die Integralmannigfaltigkeit unter a), die sich aus einer Gleichung $\varphi(xyz) = 0$ aufbaut, die sich an eine gegebene Fläche anschliessenden Elemente. Der Fall b) dagegen liefert uns die Flächenelemente einer Raumcurve (indem wir in jedem Punkte der Curve $\varphi = 0$, $\psi = 0$ entsprechend der Einführung des willkürlichen Parameters $\lambda$ ein Elementenbüschel haben). Der Fall c) endlich liefert uns einen oder mehrere Punkte mit allen ihren Flächenelementen. Die Unterscheidung von Punkt, Curve u. Fläche als verschiedener Formen von Integralmannigfaltigkeiten 2<sup>ter</sup> Dimension läuft daher genau parallel mit der Unterscheidung der verschiedenen Integrale, die wir überhaupt beim Pfaffschen Problem von der Normalform ausgemacht haben. <u>Umgekehrt dürfen wir sagen, dass die Lehre von der Integration der Pfaffschen Probleme hier im $R_3$ durch die Betrachtung der Punkte, Curven u. Flächen unter Zugrundelegung der Flächenelemente als Raumelemente ihre gute geometrische Erläuterung findet, weit ausgedehnter, als es bei Zugrundelegung allein der Punkte als Raumelemente möglich war.</u>

Wir bemerken andererseits, dass diese Einteilung der Integral-$M_2$ in Punkte, Curven und Flächen darin begründet liegt, dass wir die Punkte als Grundlage betrachten. <u>Nehmen wir einmal die Ebene als Grundlage unserer Raumanschauung, dann würden wir auch wieder 3 Arten von Integral-$M_2$ zu untersuchen gehabt haben, die den früheren Reihen aber nicht gleich sondern nur analog sind,</u> nämlich: a) Alle Elemente, die sich an eine feste Ebene anschmiegen, b) alle Elemente, die sich an eine feste Developpable anschmiegen, c) alle Elemente, die sich an eine Fläche anschmiegen, welche keine Developpable ist. —

Nun können wir sogleich einen Blick darauf werfen, was <u>Berührungstransformationen</u> sein werden. Aus jeder Integral $M_1$ soll wieder eine Integral $M_1$, aus einer Integral-$M_2$ wieder eine Integral $M_2$ werden. Von dem gewonnenen Standpunkte aus erkennen wir schon jetzt, dass es, sofern man den Punkt als Raumelement wählt, <u>3 Arten von Berührungstransformationen</u> geben muss:

1) <u>solche, welche Punkte in Punkte überführen</u>. Das sind die altbekannten Punkttransformationen.

2) <u>solche, welche Punkte in Curven überführen. Dies ist etwas</u> für uns ganz Neues.

3) <u>solche, welche Punkte in Flächen überführen</u>, und dafür geben die dualistischen Transformationen ein erstes Beispiel.

Hätten wir wieder die Ebenen ursprünglich als Raumelemente gewählt, so wäre eine analoge Dreiteilung der Berührungstransformationen entstanden, die aber mit der Dreiteilung vom Punktstandpunkte aus keineswegs identisch ist. –

Dass man statt der Punkte Ebenen, Geraden, Kugeln oder dergleichen als Raumelemente einführt und dadurch eventuell dem Raume eine höhere Dimension beilegt, ist ja schon lange bekannt und angewandt. Hiervon ist ja nur ein besonderer Fall, dass wir den Raum als eine $M_5$ von Flächenelementen ansehen. Aber dieser besondere Fall hat seine ganz besondere Bedeutung, indem wir damit Punkte, Curven und Flächen als gleichwertige Gebilde zusammenordnen. Dies ist eben der von <u>Lie entwickelte</u> Gedanke. Wir werden bald sehen, wie von dieser neuen Seite betrachtet sich alles zweckmässig ordnet, z. B. was sich auf die partielle Differentialgleichungen bezieht u. s. w.. Wir fügen jetzt unserer bisherigen Betrachtung noch einige Ergänzungen hinzu.

Zunächst: Wir wollen jede Integral $M_1$ überhaupt einen Streifen nennen und speciell die Schmiegungsstreifen in dem angegebenen Sinne unter ihnen aussuchen. Offenbar ist jede $M_1$, die auf einer Integral $M_2$ verläuft, ein Streifen. Doch verlaufen insbesondere auf der einzelnen Integral $M_2$ Schmiegungsstreifen. Wenn die Integral $M_2$ ein Punkt ist, so ist jeder Streifen ein Schmiegungsstreifen. Wenn die Integral $M_2$ eine Curve ist, so giebt es nur den einen Schmiegungsstreifen, der von den Osculationsebenen geliefert wird. Auf einer beliebigen Fläche liegen endlich 2 Schaaren von Schmiegungsstreifen, nämlich die Streifen, die sich an die Asymptotenlinien anschliessen; dies entspricht eben der Thatsache, dass die Tangentialebenen 2er benachbarter Punkte derselben sich in der Fortschreitungsrichtung durchschneiden.

Ferner haben wir noch von der homogenen Formulirung zu sprechen. Dieselbe wird immer dann sich zweckmässig erweisen, wenn wir algebraische Funktionen oder Operationen vor uns haben, für die wir den ganzen Raum heranziehen. Wir sagen:

a) Das einzelne Element bekommt 8 homogene Coordinaten, 4 Verhältnisgrössen $x_1\, x_2\, x_3\, x_4$ und 4 Verhältnisgrössen $u_1\, u_2\, u_3\, u_4$ mit der Bedingung $u_x = 0$, die eben den Punkt und die Ebene des Elementes festlegen.

b) Wenn wir zu einem Nachbarelement übergehen, so wird für dieses die Bedingung $u_x = 0$ übergehen in $u_{dx} + d\,u_x = 0$ oder in extenso geschrieben:

$$u_1\,dx_1 + u_2\,dx_2 + u_3\,dx_3 + u_4\,dx_4$$
$$+ du_1\,x_1 + du_2\,x_2 + du_3\,x_3 + du_4\,x_4 = 0.$$

c) Die Nachbarelemente befinden sich in vereinigter Lage, wenn sich die vorstehende Gleichung in zwei spaltet, wenn nämlich $u_{dx} = d\,u_x = 0$ ist. Diese Gleichung, bei der immer $u_x = 0$ festgehalten ist, tritt jetzt an die Stelle der Pfaff'schen Gleichung $dz - p\,dx - q\,dy = 0$.

d) Demgegenüber erhält man als Bedingung der Schmiegungslage zweier benachbarter Elemente: $d\,u_{dx} = 0$.

Wir sehen, wie alle diese Gleichungen sich übersichtlich und einfach gestalten.

e) Wie stellt sich jetzt eine Berührungstransformation dar?

Es sei
$$\varrho\,x_i' = \varphi_i(x_1 \ldots x_4;\ u_1 \ldots u_4)$$
$$\sigma\,u_i' = \psi_i(x_1 \ldots x_4;\ u_1 \ldots u_4) \text{ gesetzt.}$$

Diese Funktionen $\varphi_i$ und $\psi_i$ müssen natürlich in den $x_i$ und $u_i$ einzeln genommen homogen sein. Dann müssen dieselben zunächst die Bedingung erfüllen, dass <u>$\varrho \cdot \sigma \cdot u'_{x'} = M\,u_x$</u> wird, indem wir sonst überhaupt keine Elemententransformationen vor uns haben. Ferner muss sein: $\varrho\sigma\,u'_{dx'} = m\,u_{dx}$; <u>alsdann werden wir eine Berührungstransformation haben.</u> Bei näherer Untersuchung wird man dann z. B. sich wieder fragen können, ob es ein-eindeutige Berührungstransformationen (Cremonatransformationen) giebt, etc. etc.

Wir wenden uns nun zu dem schon oben in Aussicht genommenen

Kapitel, welches eine erneute Betrachtung der Kugelgeometrie und der Liniengeometrie zum Gegenstande haben soll. In der That haben wir ja schon oben vor Weihnachten über beide Gebiete manches gesagt. Doch werden wir jetzt zu einer tiefern Auffassung derselben durchdringen können, indem wir über die Begriffe der Transformation, der Gruppe von Transformationen, der Invarianten, und ganz besonders über den Begriff der Berührungstransformation verfügen. Ich werde mich der besondern Anschaulichkeit wegen fast ganz auf den gewöhnlichen $R_3$ beschränken; doch sind unsere Betrachtungen fast ausnahmslos auf den $R_n$ zu übertragen. Wir werden uns zunächst dessen erinnern, was wir neulich über die Einführung der pentasphärischen Coordinaten $x_1, x_2 \ldots x_5$ mit der Bedingung $\Omega(x) = 0$ gesagt haben. Unsere Ueberlegung kam darauf hinaus, den Punktraum von 3 Dimensionen als stereographische Projektion der Kugel des $R_4$ zu betrachten und letztere dann mit projektiven Mitteln zu behandeln. Von dieser Auffassung ausgehend haben wir insbesondere $\infty^{10}$ conforme Transformationen in $R_3$ gefunden, mit dem Satze von Liouville, dass es keine andern giebt. Es waren das einfach die linearen Transformationen der $x$, welche die quadratische Relation $\Omega = 0$ in sich transformieren. Nun möchte ich im Anschluss hieran Ihre Aufmerksamkeit heute zunächst auf die elementare Kugelgeometrie richten (indem wir uns die höhere Kugelgeometrie für die folgende Vorlesung vorbehalten).

Die Gleichung der Kugel in pentasphärischen Coordinaten war linear in den letzteren: $\sum u_i x_i = 0$. Wir erhielten die elementare Kugelgeometrie, wenn wir die hier auftretenden Coefficienten $u_i$ als die homogenen Coordinaten der Kugel betrachteten. Die elementare Kugelgeometrie kommt daher darauf hinaus, neben den Coordinaten $x_i$ contragrediente $u_i$ einzuführen, d.h. auch im Gebiete der pentasphärischen $x_i$ das Princip der Dualität zu Geltung zu bringen. Wir können natürlich auch sagen, dass die Kugeln im $R_3$ die stereographischen Bilder sind für die ebenen Schnitte der im $R_4$ gelegenen Fundamentalkugel.

Wir werden nun leicht den Hauptansatz zum Gebrauch der Coordinaten $u_i$ erhalten, wenn wir uns fragen, wann sich die Kugel $u_i$ im $R_3$ auf einen Punkt zusammenzieht? Offenbar wird dies dann der Fall sein, wenn die Schnittebene des $R_4$ die Fundamentalkugel desselben gerade berührt. Indem nun die Gleichung der Kugel im $R_4$ durch $\Omega = \sum a_{ik} x_i x_k = 0$ gegeben wird, (wobei wir ein ganz beliebiges Coordinatensystem zu Grunde gelegt denken), erhalten wir die Bedingung für die Punktkugeln des $R_3$ durch das Nullsystem der geränderten Determinante:

$$\Phi = \begin{vmatrix} a_{11} & \cdots & a_{15} & u_1 \\ \vdots & & & \\ a_{51} & \cdots & a_{55} & u_5 \\ u_1 & \cdots & u_5 & 0 \end{vmatrix} = 0.$$

Denn diese Gleichung stellt uns die Fundamentalkugel in Ebenencoordinaten dar. Diese Gleichung steht im Mittelpunkte der elementaren Kugelgeometrie, wir hatten dieselbe vor Weihnachten erst in dem speciellen Falle kennen gelernt, dass nur die Quadrate in der Gleichung $\Omega = 0$ vorkamen, $\sum x_i^2 = 0$.

Indem nun die Coordinaten $u_i$ sich linear substituiren, wenn ein Gleiches für die $x_i$ der Fall ist, so haben wir weiter den Satz: Die $\infty^{10}$ conformen Transformationen des $R_3$ erscheinen als diejenigen linearen Transformationen der $u_i$, welche die Gleichung $\Phi = 0$ in sich selbst überführen. Hieraus gewinnen wir die schärfere Definition der elementaren Kugelgeometrie als der Lehre von solchen Eigenschaften der aus Kugeln gebildeten Figuren, welche bei der 10 gliedrigen Gruppe der genannten linearen Transformation invariant sind.

Wir werden heute die entsprechenden Formulirungen [Fr. 17. II. 93.] für die höhere Kugelgeometrie zu behandeln haben. Wir wollen dieselbe zunächst in der elementaren Weise einführen, wie wir es früher gethan haben. Damals gingen wir von der Gleichung der Kugel in rechtwinkligen Coordinaten aus:

$$(x^2 + y^2 + z^2) - 2\alpha x - 2\beta y - 2\gamma z + C = 0,$$

und es ergab sich der Radius der Kugel gleich $r = \pm\sqrt{\alpha^2 + \beta^2 + \gamma^2 - C}$. Wir machen ausdrücklich wiederholt auf das doppelte Vorzeichen desselben aufmerksam; diese Zweideutigkeit wird sich durch die ganze Theorie hindurchziehen. Kugelcoordinaten sollten nun nicht mehr $\alpha, \beta, \gamma$ u. $C$ sondern $\alpha\ \beta\ \gamma\ C$ u. $r$ sein, wobei zwischen denselben die Relation besteht: $\alpha^2 + \beta^2 + \gamma^2 - r^2 - C = 0$. Gerade in der Hinzunahme des $r$ als weiterer Coordinate ist der höhere Standpunkt charakterisiert. Wir haben dann noch die homogene Form eingeführt, indem wir setzen:

$\alpha = \frac{\xi}{\nu}, \beta = \frac{\eta}{\nu}, \gamma = \frac{\zeta}{\nu}, C = \frac{\mu}{\nu}, r = \frac{\lambda}{\nu}$, worauf wir $\xi : \eta : \zeta : \lambda : \mu : \nu$ als homogene Coordinaten der Kugel in der höheren Kugelgeometrie ansahen, welche an die Bedingungsgleichung 2ten Grades geknüpft sind $\Psi = \xi^2 + \eta^2 + \zeta^2 - \lambda^2 - \mu\nu = 0$. An diese Gleichung schloss sich dann, wie wir auch bereits lernten, das Operieren mit unseren Kugelcoordinaten an. So ergiebt z. B. die Polarengleichung:

$$2\xi\xi' + 2\eta\eta' + 2\zeta\zeta' - \lambda\lambda' - \mu\nu' - \mu'\nu = 0$$

die Bedeutung für die Berührung zweier Kugeln. Diese Polarengleichung steht zu $\Psi = 0$ in einer durch lineare Transformation unzerstörbaren Beziehung.

Von unserem erweiterten Standpunkte, der sich auf den Begriff der Gruppe und Invarianten aufbaut, werden wir jetzt überhaupt die folgende Definition an die Spitze stellen können: Die höhere Kugelgeometrie beschäftigt sich mit denjenigen Eigenschaften irgendwelcher aus Kugeln gebildeter Figuren, welche invariant bleiben bei den 15 fach $\infty$ vielen linearen Transformationen der 6 homogenen Variablen $\xi\,\eta\,\zeta\,\lambda\,\mu\,\nu$, bei denen die Gleichung $\Psi = 0$ in sich übergeht.

Neben die so geschilderte Einführung der höheren Kugelgeometrie von den gewöhnlichen rechtwinkeligen Punktcoordinaten aus stellt sich die allgemeinere, die gleich von beliebigen pentasphärischen Punktcoordinaten beginnt. Die Gleichung der Kugel ist doch in letzteren gegeben durch $u_1 x_1 + u_2 x_2 + \dots u_5 x_5$. Die Coefficienten $u_i$ haben wir dann geradezu als Coordinaten der Kugel eingeführt und so die niedere Kugelgeometrie gewonnen. Nun ergiebt sich der Radius der Kugel

$$r = \pm \frac{\sqrt{\Phi(u_1 \dots u_5)}}{\Sigma c_i u_i},$$

woselbst $\Phi = 0$ die Bedingung für die Punktkugel ist, $\Sigma c_i u_i = 0$ dagegen die Bedingung, dass die Kugel $\infty$ ferne Punkte enthält, d.h. in eine Ebene übergeht. Wir werden nun einfach eine 6<sup></sup>te homogene Variable einführen können, indem wir setzen: $u_6 = \sqrt{\Phi(u_1 \dots u_5)}$, so dass $r = \frac{u_6}{\Sigma c_i u_i}$. Dadurch dass wir diese 6te Coordinate zu den Kugelcoordinaten $u_1 \dots u_5$ der niederen Kugelgeometrie hinzunehmen, steigen wir zur höhern Kugelgeometrie auf. Dabei besteht als Bedingungsgleichung zwischen den 6 Coordinaten die Relation: $\Psi = (u_6^2 - \Phi(u_1 \dots u_5)) = 0$. Das eigentliche Wesen der höhern Kugelgeometrie besteht im Zusammenhange hiermit darin, dass wir eine grössere Mannigfaltigkeit von Umformungen in Betracht ziehen. Die Gruppe der höhern Kugelgeometrie besteht jetzt nämlich aus allen linearen Substitutionen der Variablen $u_1 \dots u_6$, welche $\Psi = 0$ in sich überführen. Während die Gruppe der niederen Kugelgeometrie $\infty^{10}$ Substitutionen umfasst, enthält die Gruppe der höhern Kugelgeometrie 15fach $\infty$ viele Substitutionen. Und zwar ist erstere in der letzteren als Untergruppe enthalten, wie man aus der Gegenüberstellung der Gleichungen $\Phi = 0$ u. $\Psi = 0$ erkennt. Nun wollen wir sehen, mit welchen geometrischen Vorstellungen wir diese analytische Einführung der höheren Kugelgeometrie begleiten können. Wir knüpfen wieder an einen früher entwickelten Gedanken an. Wir sagten damals, wir wollen der Kugel mit den Mittelpunktscoordinaten $\alpha, \beta, \gamma$ und Radius $R$ einen Punkt $R_4$ gegenüberstellen mit den rechtwinkligen Coordinaten $x = \alpha$, $y = \beta$, $z = \gamma$ und $t = ir$. Diese Beziehung zwischen den Kugeln des $R_3$ und den Punkten des $R_4$ (die eine Transformation mit Wechsel des Raumelementes ist) wollen wir jetzt etwas weiter verfolgen. Die Bedingung für 2 sich berührende Kugeln ist bekanntlich:

$$(\alpha-\alpha')^2+(\beta-\beta')^2+(\gamma-\gamma')^2-(r-r')^2=0.$$

Dies besagt für die entsprechenden Punkte im 4 dimensionalen Raume:

$$(x-x')^2+(y-y')^2+(z-z')^2+(t-t')^2=0.$$

Wir haben daher (wie wir ebenfalls schon früher ausführten), dass zwei Kugeln, welche sich berühren, 2 Punkte liefern, die eine verschwindende Entfernung haben, d. h. auf einer Minimalgeraden liegen. Wir wollen diese Beziehung zwischen beiden Räumen jetzt noch unmittelbarer geometrisch auffassen. Wir können doch von einem beliebigen Punkte $P$ im $R_4$ nach dem Kugelkreise desselben den Minimalkegel ziehen, dessen Erzeugende Minimalgeraden sind, und diesen letzteren wollen wir dann mit dem $R_3$ schneiden. *Ich behaupte dann, dass die Zuordnung vom Punkte des $R_4$ und der Kugel im $R_3$, wie sie durch obige Formel gegeben wird, geometrisch einfach dadurch vermittelt wird, dass die Kugel des $R_3$ der Schnitt ist, welchen der $R_3$ mit dem Minimalkegel gemein hat, der vom Punkte des $R_4$ ausläuft.* Dieser Satz ist sofort analytisch nachzuweisen. Die Gleichung des

Minimalkegels vom Punkte $x, y, z, t$ des $R_4$ ist in laufenden Coordinaten $x' y' z' t'$:

$$(x'-x)^2+(y'-y)^2+(z'-z)^2+(t'-t)^2=0.$$

Diesen Minimalkegel schneiden wir mit unserem $R_3$, der durch die Gleichung $t'=0$ gegeben ist. Dann erhalten wir:

$$(x'-x)^2+(y'-y)^2+(z'-z)^2+t^2=0. \text{ als Projektion oder}$$

$$(x'-\alpha)^2+(y'-\beta)^2+(z'-\gamma)^2-r^2=0. \quad \text{q. e. d.}$$

Den so gefundenen Zusammenhang zwischen den Punkten des $R_4$ und den Kugeln des $R_3$ wollen wir weiterhin die <u>Minimalprojektion</u> des $R_4$ auf den $R_3$ nennen, um eine kurze Bezeichnung zu haben.

Nun gehen wir weiter: Wir haben doch neben $\alpha, \beta, \gamma, r$ noch die Coordinate $C$ mit der Identität $C=\alpha^2+\beta^2+\gamma^2-r^2$ hinzugenommen und dann homogen gesetzt:

$$\alpha=\frac{\xi}{v}, \ \beta=\frac{\eta}{v}, \ \gamma=\frac{\zeta}{v}, \ C=\frac{\mu}{v}, \ r=\frac{\lambda}{v}.$$

Dasselbe analoge wollen wir jetzt für die Punktcoordinaten des $R_4$ ausführen und uns fragen, was die 6 homogenen Coordinaten der Kugel im $R_3$ für den gehörigen Punkt des $R_4$ bedeuten. Wir hatten $\alpha=x$, $\beta=y$, $\gamma=z$, $r=\frac{t}{i}$ gesetzt und nehmen nun noch $C=x^2+y^2+z^2+t^2$ hinzu. Dann sei, indem wir homogen machen:

$$x=\frac{x_1}{x_6}, \ y=\frac{x_2}{x_6}, \ z=\frac{x_3}{x_6}, \ t=\frac{x_4}{x_6} \quad \text{und } x^2+y^2+z^2+t^2=\frac{x_5}{x_6}$$

Die Bedingungsgleichung zwischen den 6 homogenen Coordina-

ten nimmt dann die Form an: $x_5 x_6 = x_1^2 + x_2^2 + x_3^2 + x_4^2$. Nun zeigt sich sofort, dass die homogenen Coordinaten $x_1 \dots x_6$ mit der letzten Bedingung sich als "hexasphärische" Coordinaten erweisen. Aber aus unseren $\xi\,\eta\,\zeta\,\lambda\,\mu\,\nu$ ergeben sich die allgemeinen Coordinaten $u_1 \dots u_6$ der höheren Kugelgeometrie durch beliebige lineare Substitution und ebenso aus den $x_1 \dots x_6$ die allgemeinsten hexasphärischen Punktcoordinaten des $R_4$ durch beliebige lineare Substitution. Daher:
Die Einführung der 6 homogenen Coordinaten, für die Kugeln des $R_3$ kommt darauf hinaus, die Punkte im $R_4$ durch hexasphärische Coordinaten festzulegen und dann diese Punkte durch Minimalprojektion auf die Kugeln des $R_3$ zu beziehen. Indem ferner beidemal die quadratische Relation $\psi = 0$ bei den linearen Substitutionen der 6 homogenen Coordinaten unverändert bleiben soll, so ergiebt sich weiter der Satz: Die $\infty^{15}$ linearen Transformationen der 6 homogenen Coordinaten, die wir bei der höheren Kugelgeometrie des $R_3$ zu Grunde legen wollten, erscheinen einfach als Abbild der $\infty^{15}$ conformen Transformationen, welche der Punkt-Raum von 4 Dimensionen gestattet. Man erinnere sich endlich, dass die Punkte des $R_4$ beim Gebrauch hexasphärischer Coordinaten als stereographisches Bild der Punkte einer Kugel im $R_5$ zu gelten haben. Daraufhin werden wir jetzt folgenden Satz aufstellen können: Höhere Kugelgeometrie im $R_3$ kommt darauf hinaus, die Kugeln des $R_3$ als das Abbild der Punkte einer im $R_5$ gelegenen Kugel

aufzufassen und diese letztere Kugel in gewöhnlichem projektiven Sinne zu studiren. Wir wollen dieses Schlussergebniss ganz allgemein für höhere Räume noch einmal wiederholen. Im $R_{n+2}$ sei eine feste Kugel gegeben; dieselbe behandeln wir projektiv und bekommen so eine Gruppe von $\infty^{\frac{(n+2)(n+3)}{2}}$ linearen Umformungen von $n+3$ homogenen Coordinaten. Diese Kugel wird dann stereographisch auf die Punkte des $R_{n+1}$ bezogen, worauf wir letztere durch Minimalprojektion auf die Kugeln des $R_n$ beziehen. Wir haben dann im $R_{n+1}$ $(n+3)$ polysphärische Punktcoordinaten und die zugehörige Gruppe der $\infty^{\frac{(n+2)(n+3)}{2}}$ conformen Transformationen. Im $R_n$ aber haben wir $(n+3)$ Kugelcoordinaten und $\infty^{\frac{(n+2)(n+3)}{2}}$ Kugeltransformationen deren geometrische Bedeutung noch näher darzulegen bleibt. –

Wir wollen uns den Zusammenhang zwischen der höheren Kugelgeometrie des $R_n$ und der conformen Punktgeometrie des $R_{n+1}$ jetzt noch näher führen, indem wir geradezu entsprechende Gebilde in beiden Räumen einander gegenüber stellen. [Mo. 20. II. 93] Und zwar beschränken wir uns auf die niedrigsten Fälle des $n$, für die unsere Raumanschauung wenigstens, was die Kugelgeometrie betrifft, noch ausreicht. Es sei zunächst $\underline{n=2}$; wir haben dann die Kreise der Ebene als die Kugeln des $R_2$ den Punkten des gewöhnlichen Raumes in Minimalprojektion entsprechend zu setzen. Im Raume haben wir die Gruppe der $\infty^{10}$ conformen Punktransformationen, die sich auf die Ebene als ebensoviele vorläufig ihrem Wesen nach noch unbekannte Kreistransformationen übertragen.

Wir wollen

im Einzelnen diese Beziehung durch einige Sätze skizzieren und übrigens auffordern die hier hervorstehenden Verhältnisse (wie überhaupt die sämmtlichen Gegenstände, mit denen wir uns z. Z. beschäftigen) womöglich eingehender systematischer zu bearbeiten, als es bis jetzt geschehen ist.

Zunächst erkennen wir:

*Den Flächen des $R_3$* werden *Kreiscomplexe des $R_2$*, den *Curven des $R_3$ Kreisreihen des $R_2$* entsprechen. Insbesondere wird eine *Kugel des $R_3$* sich als *linearer Kreiscomplex* des $R_2$ abbilden. Wir fanden schon früher, dass dies diejenige Kreisschaar ist, deren Kreise einen festen Grundkreis unter gegebenem festen Winkel schneiden. Geht insbesondere die Kugel des $R_3$ in eine *Punktkugel* über, so bekommen wir im $R_2$ einen „speciellen" linearen Kreiscomplex, d. h. die *Berührungskreise* eines Grundkreises. Durch einen Kreis im $R_3$ gehen immer 2 Punktkugeln, den Punkten des Kreises entsprechen also alle Kreise der $R_2$, welche 2 Grundkreise berühren. — Aus einer Minimalgeraden des $R_3$ erhalten wir ein Kreisbüschel des $R_2$ mit gemeinsamem Curvenelement, d. h. die Schaar aller sich in dem gleichen Punkte berührenden Kreise. Umgekehrt können wir geradezu sagen, dass *jedem Curvenelement des $R_2$ eine Minimalgerade des $R_3$ entspricht*. Diesem Satze haben wir unsere besondere Aufmerksamkeit, der späteren Anwendung wegen, zuzuwenden. Nun möge in $R_3$ eine *Minimalcurve* vorliegen die dadurch definirt ist, dass je 2 aufeinanderfolgende Punkte eine verschwindende Entfernung haben. Ihr steht im $R_2$ eine

Kreisreihe gegenüber, mit der speciellen Eigenschaft, dass je 2 aufeinanderfolgende Kreise sich berühren. Wir wollen dementsprechend von einer <u>Berührungsreihe von Kreisen des $R_2$</u> sprechen. Wir erhalten eine solche Berührungsreihe, wenn wir bei irgend einer Curve des $R_2$ in den aufeinanderfolgenden Punkten Krümmungskreise construieren. Wir haben daher hier ein interessantes Beispiel, wie bei dieser Uebertragung der Gebilde des $R_3$ auf den $R_2$ in letzterem immer ohnehin in der Geometrie wichtige Gebilde sich ergeben. Nun gehört weiter zu jeder Minimalcurve des $R_3$ eine <u>Minimaldeveloppable</u>, die von den Tangenten der ersteren gebildet wird. Dieselbe giebt offenbar einen <u>speciellen Kreiscomplex, der aus der Gesamtheit der Berührungskreise einer ebenen Curve besteht</u>; die Rückenkante der Minimaldeveloppable giebt dabei insbesondere die Reihe der Krümmungskreise. Wir wollen des Ferneren die Verticalprojektion der Minimalcurve des $R_3$ auf die $xy$-Ebene betrachten. Jeder Punkt der Curve liefert uns gerade den Mittelpunkt des correspondierenden Kreises, des Krümmungskreises der ebenen Curve. Dies ergiebt den Satz: <u>Die Verticalprojektion der Minimalcurve auf die Ebene $z=0$ giebt direkt die Evolute der ebenen Curve</u>. Nun können wir offenbar die Minimalcurve auf ihrem verticalen Cylinder beliebig verschieben. Den $\infty$ vielen Lagen der zugehörigen Minimaldeveloppablen entsprechen dann unendlich viele Curven der Ebene, welche dieselbe Evolute haben, d.h. die unendliche Schaar der Evolventen der nämlichen Evolute.

Ferner sei eine beliebige Fläche im $R_3$ gegeben. Auf ihr verlaufen doch 2 Schaaren von Minimalcurven. Dem gewiss wichtigen Problem ihrer Bestimmung entspricht in der Ebene die Aufgabe, die beiden Curvenschaaren zu finden, deren Krümmungskreise dem ebenen Kreiscomplex angehören der durch die Fläche im $R_3$ bestimmt wird. Nun giebt es auf der Fläche immer besondere Punkte, in denen die Minimalrichtungen auf derselben zusammenfallen. Man kann ja stets um den Kugelkreis und die gegebene Fläche eine gemeinsame Developpable legen, welche auf der Fläche eine Berührungscurve giebt. Die Punkte der letzteren sind offenbar die Punkte der genannten Eigenschaft. Nun gilt der interessante Satz, den Darboux zuerst ausgesprochen hat, dass diese Berührungscurve allemal eine Krümmungscurve ist, indem die bezüglichen Flächennormalen mit den Erzeugenden der Developpablen zusammenfallen und daher gewiss eine Developpable bilden. Was entspricht dieser Curve aber im $R_2$? Im allgemeinen hat jeder Kreis eines ebenen Complexes 2 berührende Nachbarkreise. Die den Punkten dieser Berührungscurve entsprechenden Kreise haben jedoch jedesmal nur einen berührenden Nachbarkreis im Complex. Diese besonderen Kreise pflegt man als singuläre Kreise des Complexes zu bezeichnen. Das Element, in welchem ein solcher Kreis von einem Nachbarkreise des Complexes berührt wird, nennen wir das zugehörige singuläre Element. Diesem Elemente entspricht in dem früher auseinandergesetzten Sinne die Erzeugende unserer Developpablen. Indem diese Erzeugenden in ihrer Aufeinanderfolge die Developpable bilden, werden sich die aufeinander folgenden singulären Elemente zu einer Curve zusammenschliessen, welche man die singuläre Curve des Complexes nennt. Die sämmtlichen singulären Kreise des Complexes berühren die letztere je in ihrem singulären Elemente. – In analoger Weise können wir auch an eine gegebene Raumcurve anknüpfen. Durch dieselbe kann man immer eine Minimaldeveloppable legen [welche die Curve zur Doppelcurve hat]; man braucht nur eine Ebene sich so bewegen zu lassen, dass sie gleichzeitig die Raumcurve und den Kugelkreis berührt. Hieraus folgt: Jede Kreisreihe des $R_2$ hat eine Umhüllungscurve, welche von jedem Kreise der Reihe zweimal berührt wird. Wieder wird man fragen, wann die beiden Berührungspunkte des einzelnen Kreises zusammenfallen mögen, etc. etc. – Diese Beispiele welche sich auf die Kreiscomplexe und Kreisreihen der Ebene beziehen, lassen sich nun leicht noch beliebig fortsetzen, indem man irgendwelche geometrische Verhältnisse von Curven und Flächen der $R_3$ als Ausgangspunkt nimmt, die sich bei der Gruppe der conformen Transformationen nicht ändern und dieselben auf den $R_2$ überträgt. So kann man z. B. die Krümmungslinieen auf den Flächen wählen, oder orthogonale Systeme von Flächen, für die dann das Dupin'sche Theorem gilt, dass die letzteren sich in ihren Krümmungscurven durchdringen. Das allgemeinste System dieser Art, welches wir kennen lernten, waren die confocalen Cycliden. Stets können wir uns fragen, was entspricht diesen Gebilden im $R_2$? Wir können das hier leider nicht ausführen.

Wir werden uns vielmehr dazu, die Gruppe der hier in Betracht kommenden *Transformationen* zu betrachten. Im $R_3$ haben wir $\infty^{10}$ Transformationen, die jeden Punkt wieder in einen Punkt überführen; ebensoviele Transformationen haben wir also im $R_2$, die jeden Kreis wieder einem Kreise entsprechen lassen. Indem die Raumtransformationen zugleich conform sind, gehen Minimalgerade des $R_3$ wieder in Minimalgerade über. Dies besagt in der Ebene, dass Kreise die sich in einem Element berühren, diese Eigenschaft bei der Transformation behalten. Mit anderen Worten: Aus jedem Curvenelement entsteht ein neues Curvenelement (indem wir doch das Element als Träger eines Kreisbüschels ansehen können); wir haben daher jedenfalls eine *Elemententransformation*. Nun bleiben ferner Minimaldeveloppable im $R_3$ auch wieder Minimaldeveloppable. Die Minimalgeraden, welche die Erzeugenden derselben bilden, liefern aber alle Curvenelemente, die in ihrer Aufeinanderfolge sich einer festen Curve anschmiegen. Also wird im $R_2$ aus jeder Curve eine neue Curve, oder Elemente in vereinigter Lage liefern wieder Elemente in vereinigter Lage. Wir haben daher das wichtige Resultat: *Die $\infty^{10}$ Kreistransformationen, welche wir bei der höheren Kreisgeometrie der Ebene zu betrachten haben, sind sämmtlich Berührungstransformationen.*

Nun besagt doch der Liouville'sche Satz, dass es überhaupt nur jene $\infty^{10}$ *conformen* Punkttransformationen giebt, die unsere Gruppe ausmachen. Bei der Beziehung des $R_3$ auf den $R_2$ wird aber eine jede Punkttransformation des $R_3$ eine entsprechende Kreistransformation des $R_2$ liefern, und umgekehrt. Insofern nun Kreise im $R_2$ die sich berühren wieder in solche Kreise übergehen sollen, — denn dies verlangt eine jede Berührungstransformation – müssen im $R_3$ Minimalgerade in Minimalgerade übergehen, d.h. im $R_3$ haben wir notwendig eine conforme Transformation. Unsere $\infty^{10}$ Kreistransformationen sind daher nicht nur Beispiele für Berührungstransformationen, sondern es sind überhaupt die einzigen Kreistransformationen, welche Berührungstransformationen vorstellen. Wir wollen doch noch einige Einzelheiten, diese Transformationen betreffend, anschliessen. Im $R_3$ wird der einzelne Punkt durch die Coordinaten $x, y, z$, im $R_2$ der einzelne Kreis durch die Mittelpunktcoordinaten $\alpha, \beta$ und den Radius $r$ festgelegt. Wir setzen dann $\alpha = x$, $\beta = y$, $ir = z$. Lassen wir nun zunächst die $z$-Coordinate (oder doch die Ebene $z=0$) des $R_3$ unverändert und beachten die folgenden Substitutionen:

a) $\left.\begin{aligned} x' &= x + a, \\ y' &= y + b. \end{aligned}\right\}$ Diese Parallelverschiebung des $R_3$ wird im $R_2$ einfach eine entsprechende Verschiebung bedeuten, wie sie die Formel:

$$\alpha' = \alpha + a$$
$$\beta' = \beta + b \text{ angiebt.}$$

b). $\left.\begin{aligned} x' &= \cos\varphi . x + \sin\varphi . y, \\ y' &= -\sin\varphi . + \cos\varphi . y. \end{aligned}\right\}$ (Drehung des $R_3$ um die $z$-Axe).

Dieser Substitution entspricht wieder eine entsprechende Drehung der Ebene $\alpha, \beta$.

c). $\left.\begin{aligned} x' &= -x, \\ y' &= +y \end{aligned}\right\}$ Dieser Spiegelung des $R_3$ an der $yz$-Ebene steht eine analoge Spiegelung des $R_2$ gegenüber.

d). $\left.\begin{aligned} x' &= \frac{x}{x^2+y^2+z^2}, \\ y' &= \frac{y}{x^2+y^2+z^2}, \\ z' &= \frac{z}{x^2+y^2+z^2}. \end{aligned}\right\}$ Diese Substitution des $R_3$ (die Inversion vom Coordinatenanfangspunkte aus) wird im $R_2$

eine entsprechende Inversion geben, nämlich diejenige, die in Punktcoordinaten $\alpha, \beta$ durch die Formeln gegeben ist:

$$\alpha' = \frac{\alpha}{\alpha^2+\beta^2}, \quad \beta = \frac{\beta}{\alpha^2+\beta^2}. \text{ —}$$

Diese Beispiele geben uns im $R_2$ immer wieder die alten Transformationen. Doch lassen wir nun auch die 2 Coordinaten sich ändern. Es sei

e). $x' = x$, $y' = y$, $z' = z + c$. (c sei reell, imaginär oder complex).

Dieser Substitution entspricht im $R_2$:

$\alpha' = \alpha$, $\beta' = \beta$, $r' = r + \frac{c}{i}$; d. h. die Mittelpunkte der Kreise bleiben unverändert, jedoch ihr Radius wird um $\frac{c}{i}$ vergrössert. Man nennt diese Transformation der Ebene eine <u>Paralleltransformation</u>. Dieselbe ist aus den Anwendungen der Differentialrechnung auf ebene Curven, wie sie in den Lehrbüchern gegeben werden, wohl bekannt. Wir denken uns in den Punkten einer ebenen Curve die Normalen construiert und dann auf diese eine bestimmte endliche Strecke in demselben Sinne abgetragen; wir erhalten in solcher Weise eine zur ersten „parallele" Curve.

Dieselbe ist in der That die Umhüllungscurve aller Kreise, die sich aus den Berührungskreisen der gegebenen Curve ergeben, wenn man ihre Mittelpunkte festhält und ihre Radien um die gegebene Strecke vergrössert resp. verkleinert.

f.) Eine sehr merkwürdige Transformation des $R_2$ ist dann schliesslich diejenige, welche einer Drehung des $R_3$ um die $x$-Axe resp.

y-Axe entspricht: $x' = x$, $y' = \cos\varphi . y + \sin\varphi . z$; $z' = -\sin\varphi . y + \cos\varphi . z$, die ich nicht weiter betrachten will. Es wird nun leicht zu zeigen sein, dass die hier angeführten Substitutionen von $x, y, z$ zusammen die ganze Gruppe der 10-fach $\infty$ vielen conformen Umformungen erzeugen. Wir wollen nun in Kürze entsprechende Betrachtungen für die Beziehung der conformen Punktgeometrie der $R_4$ auf die höhere Kugelgeometrie des $R_3$ machen. Wir greifen indess nur einzelne Beispiele heraus:

Jeder Minimalgeraden des $R_4$ entspricht im $R_3$ ein Kugelbüschel, d.h. ein Flächenelement. Einer Minimalcurve (d.h. eine Minimal $M_1$) im $R_4$ entspricht eine Berührungsreihe von Kugeln im $R_3$, indem je 2 Nachbarkugeln dieser Schaar sich berühren. Wir fragen uns gleich, welche charakteristische Eigenschaft die Reihe der aufeinanderfolgenden Flächenelemente darbietet, welche den Tangenten der Minimalcurve entsprechen. Dieselben bilden einen „Streifen" in dem früher erklärten Sinne, bei dem die Normalen zweier aufeinanderfolgenden Elemente sich schneiden. Einen solchen Streifen wollen wir demnach einen Krümmungsstreifen nennen. Die Minimalcurve des $R_4$ liefert daher einen Krümmungsstreifen im $R_3$. Eine Kugel im $R_4$ liefert ferner im $R_3$ einen linearen Kugelcomplex. Derselbe ist definiert, wie wir von früher wissen, als die Gesammtheit aller Kugeln, die eine feste Kugel unter constantem Winkel schneiden. Derselbe geht insbesondere in einen speciellen Complex über, d.h. in die Gesammtheit aller eine Grundkugel berührenden Kugel, wenn die Kugel des $R_4$ zur Punktkugel wird. Wenn wir eine *beliebige $M_3$* des $R_4$ übertragen, so erhalten wir im $R_3$ einen *allgemeinen Kugelcomplex*: Die beliebige $M_3$ des $R_4$ hat nun in jedem ihrer Punkte ihre Tangentialebene, (die natürlich gleichfalls eine $M_3$ ist); diese liefert uns im $R_3$ einen besonderen linearen Kugelcomplex, den wir einen *Tangentialcomplex* des gegebenen Complexes nennen wollen, und der diesen Complex in „einer seiner Kugeln" berührt. Dieser hat seine specielle Bedeutung, wenn wir auf Berührungsverhältnisse achten. *Die Frage, ob es in dem allgemeinen Complex zu einer gegebenen Kugel Nachbarkugeln gibt, welche sie berühren*, ist identisch mit der analogen Frage, ob es auf der $M_3$ im $R_4$ zu einem gegebenen Punkte solche gibt, die von ihm eine verschwindende Entfernung haben. Indem nun $\infty^1$ Punkte der letzteren Eigenschaft zu jedem Punkte der $M_3$ vorhanden sind, besitzt jede Kugel des Complexes $\infty^1$ Nachbarkugeln, die sie berühren. Dabei genügt es offenbar, die $M_3$ in Bezug auf den ausgewählten Punkt, den wir betrachten wollen, durch die Tangentialebene in letzterem zu ersetzen. Dieser entspricht dann im $R_3$ ein Tangentialcomplex, dessen sämmtliche Kugeln eine bestimmte Grundkugel unter konstantem Winkel schneiden. Den Schnittkreis einer Kugel eines linearen Complexes mit der zugehörigen Grundkugel wollen wir allgemein als *Trajektorienkreis* der Complexkugel bezeichnen. Diejenigen Kugeln eines linearen Complexes, welche eine einzelne Kugel des Komplexes berühren, berühren dieselbe in einem Punkte ihres Trajektorienkreises. Alle diese Sätze übertragen sich auf den beliebigen Complex, sofern wir uns auf Nachbarkugeln der einzelnen Complexkugeln beschränken. Wir sagen: Jede Complexkugel hat ihren Trajektorienkreis, und weiter, indem wir von dem Begriff des Flächenelementes Gebrauch machen: Die einzigen Flächenelemente, welche eine Kugel mit Nachbarkugeln des Complexes gemein hat, sind die Flächenelemente ihres Trajektorienkreises.

Nun kann für specielle Kugeln unseres Complexes der lineare Tangentialcomplex speciell werden und also sich der Trajektorienkreis auf einen Punkt zusammenziehen. Eine solche Kugel unseres Complexes nennt man dann eine singuläre Kugel; zu ihr gehört ein singuläres Element, eben dasjenige Flächenelement, in dem die singuläre Kugel die Grundkugel ihres Tangentialcomplexes berührt. Nun zeigt sich, dass die singulären Kugeln mit den singulären Elementen die sogenannte singuläre Fläche des Complexes umhüllen. Diese singuläre Fläche ist dann das Abbild der Minimaldeveloppabeln, die man im $R_4$ an unsere $M_3$ legen kann. Ueberhaupt bildet sich jede Minimaldeveloppable ab als ein specieller Complex, der aus der Gesammtheit der Berührungskugeln einer Fläche besteht. Eine beliebige $M_2$ im $R_4$ endlich giebt im $R_3$ eine Kugelcongruenz. Die Minimaldeveloppable, welche man durch die $M_2$ hindurchlegen kann, giebt im $R_3$ die Brennfläche der Congruenz, d. h. diejenige Fläche, welche von den Kugeln umhüllt wird. Wir könnten diese Beispiele leicht noch fortsetzen, doch wollen wir hier abbrechen. Wir bemerken nur noch, dass die $\infty^{15}$ conformen Punkttransformationen des $R_4$ im $R_3$ $\infty^{15}$ Kugeltransformationen liefern, die zugleich Berührungstransformationen sind. Und zwar folgt wieder aus dem Liouville'schen Satze, dass die Gruppe dieser Transformationen die Gesammtheit aller Berührungstransformationen des $R_3$ erschöpfen, welche zugleich Kugeltransformationen sind. Wir fügen diesen Betrachtungen, die einmal systematisch und mit Vollständigkeit durchzuführen eine wünschenswerte Aufgabe wäre, einige litterarische Notizen hinzu. Es ist vor allem die Arbeit von Lie, Ann. 5. (1871) zu nennen: „Ueber Complexe, insbesondere Linien- und Kugelcomplexe, mit Anwendungen auf die Theorie partieller Differentialgleichungen." In dieser Arbeit wird die höhere Kugelgeometrie des $R_3$ überhaupt erst eingeführt. Doch durchdringen sich die Betrachtungen noch mit 2 weiteren Fragen, die wir in dieser Vorlesung erst in den folgenden Stunden nach ihrer Beziehung zur Kugelgeometrie behandeln werden, nämlich mit der Liniengeometrie und der Theorie der partiellen Differentialgleichungen. Sodann sind meine eigenen Arbeiten in demselben Annalenbande (1871) zu erwähnen: „Ueber Liniengeometrie und metrische Geometrie" und „Ueber gewisse in der Liniengeometrie auftretende Differentialgleichungen." Ich habe damals zuerst die conforme Geometrie des $R_4$ herangezogen und mit der Liniengeometrie verglichen (Der Vergleich mit Lie ergiebt dann den Zusammenhang zwischen der conformen Geometrie des $R_4$ und der Kugelgeometrie des $R_3$, was ich aber in der Arbeit nicht ausführe). Speciell habe ich die Bedeutung der Orthogonalsysteme im $R_4$, für die es denn auch ein Dupin'sches Theorem analog wie für die Flächen des $R_3$ giebt, näher studiert und deren Bedeutung für die Liniengeometrie entwickelt. Ferner habe ich dort correspondirende Differentialprobleme des $R_4$ und der Liniengeometrie mit 6 homogenen Coordinaten behandelt, letztere sind wieder die hexasphärischen Coordinaten des $R_4$. An diese Arbeiten schliessen sich dann noch 2 Noten von Lie an, die nur in den Göttinger Nachrichten (1871) stehen und aus diesem Grunde wohl weniger beachtet sind: Über die metrische Geometrie der n-fach ausgedehnten Räume. Hier wird allgemein der Zusammenhang zwischen dem $R_{n+1}$ und dem $R_n$ durch Minimalprojektion behandelt, insbesondere hat Lie die Minimalprojektion auf Orthogonalsysteme des $R_{n+1}$ angewandt, wobei sich sehr merkwürdige Resultate ergeben haben. Hier tritt die Liniengeometrie, deren Betrachtung ja ursprünglich voranstand, die aber nur für $n=3$ existiert, völlig zurück. Fragt man endlich, weshalb eigentlich diese besonders gedankenreichen Arbeiten von Lie bisher so wenig Erfolg gehabt haben, so kann man den Grund nur darin sehen, dass in ihr so verschiedenartige Dinge neben einander behandelt werden, Liniengeometrie, Kugelgeometrie, Differentialgleichungen etc. Alle diese Gebiete muss man gleichförmig beherrschen, will man ein volles Verständniss dieser Arbeiten sich erwerben; es wird immerfort von einem zum anderen übergegangen, und hier leicht folgen zu können, dazu gehört eine Gewandtheit, die nur wenigen Mathematikern eigen ist. —

In den letzten Stunden haben wir 3 Geometrien einander gegenüber gestellt: [Di. 21. II. 1893]. die höhere Kugelgeometrie im $R_n$, die conforme Punktgeometrie im $R_{n+1}$ und die projektive Geometrie auf der Kugel im $R_{n+2}$; stets hatten wir $\infty^{\frac{(n+2)(n+3)}{2}}$ Transformationen. In diese Reihe zusammengehöriger Betrachtungen tritt nun, wie wir bereits vor Weihnachten andeuteten, für $n=3$, doch auch nur für $n=3$, die Liniengeometrie hinein. Der Grund liegt darin, dass wir die geraden Linien im Raume durch 6 Coordinaten festlegen, zwischen denen eine Bedingungsgleichung 2. Grades $P=0$ besteht, welche alles Weitere bestimmt. Hierbei ist insbesondere angenehm, dass in der Liniengeometrie die linearen Mannigfaltigkeiten, die man auf der Mannigfaltigkeit der quadratischen Gleichung $P=0$ im Raume von 5 Dimensionen betrachten wird, alle reell sind. Es ist demnach das Gebilde $P=0$ mit dem einschaligen Hyperboloid des $R_3$ zu vergleichen, auf dem gleichfalls reelle lineare Mannigfaltigkeiten, die geradlinigen Erzeugenden, liegen.

Erinnern wir uns, wie wir vor Weihnachten die Liniencoordinaten eingeführt haben: Wir gingen aus von der Matrix $\begin{vmatrix} x_1 & x_2 & x_3 & x_4 \\ y_1 & y_2 & y_3 & y_4 \end{vmatrix}$, welche die homogenen Coordinaten zweier Punkte $x_i$ und $y_i$ enthält, und bildeten die 6 Unterdeterminanten $p_{ik}$, die wir dann in der Reihenfolge $p_{12}\ p_{34}\ p_{13}\ p_{42}\ p_{14}\ p_{23}$ als Coordinaten der Verbindungslinie der beiden Punkte genommen haben. Zwischen diesen 6 Grössen besteht die quadratische Identität: $P=p_{12}p_{34}+p_{13}p_{42}+p_{14}p_{23}=0$, und umgekehrt können 6 Grössen, welche der Gleichung $P=0$ genügen, immer als Liniencoordinaten angesehen werden. Nun wollen wir anderseits die Grössen $p_{ik}$ als die homogenen Coordinaten eines Punktes des $R_5$ ansehen, der durch die Gleichung $P=0$ an eine Fläche $2^{\text{ten}}$ Grades im $R_5$ gebunden ist. Die linke Seite dieser Gleichung $P=0$ hat eine nichtverschwindende Determinante. Wenn wir ferner den Ausdruck $P$ auf seine Trägheit untersuchen, so finden wir, dass derselbe einer Form mit 3 positiven und 3 negativen Quadraten aequivalent ist. Mit diesem Umstande hängt zusammen, was sich über die Realität der linearen Mannigfaltigkeit auf $P=0$ ergiebt, die wir soeben andeuteten. Uebrigens erinnern wir uns, dass <u>die Bedingung dafür, dass 2 gerade Linien $p_{ik}$ und $p'_{ik}$ sich schneiden, durch die Polarenverwandtschaft $\sum p'_{ik}\cdot\frac{\partial P}{\partial p_{ik}}=0$ in Bezug auf die Gl. $P=0$ gegeben wird.</u> Endlich bemerken wir noch, dass die Liniencoordinaten $q_{ik}$, die man aus der Matrix zweier Ebenen $\left|\begin{smallmatrix}u\\v\end{smallmatrix}\right|$ ableiten kann, von den $p_{ik}$ nur durch die Reihenfolge verschieden waren.

Wir wollen uns nun sogleich fragen, <u>was es für lineare Mannigfaltigkeiten auf dieser Fläche $P=0$ im $R_5$ giebt.</u> Wir bilden uns zunächst aus den Coordinaten zweier Geraden $p_{ik}$ u. $p'_{ik}$ die linearen Verbindungen $p_{ik}+\lambda p'_{ik}$ und untersuchen, wann die Gl. $P(p_{ik}+\lambda p'_{ik})=0$ identisch erfüllt wird für beliebiges $\lambda$. Indem wir diese Gl. nach Potenzen von $\lambda$ entwickeln, erhalten wir

$$P(p_{ik})+2\lambda\sum p'_{ik}\cdot\frac{\partial P(p_{ik})}{\partial p_{ik}}+\lambda^2\, P(p'_{ik})=0.$$

Es muss daher neben $P(p_{ik})=0$ und $P(p'_{ik})=0$, welche gewiss erfüllt sind, noch $\sum p'_{ik}\cdot\frac{\partial P(p_{ik})}{\partial p_{ik}}=0$ sein. Diese letzte Bedingung besagt aber, dass die Geraden $p_{ik}$ u. $p'_{ik}$ sich schneiden. Durch $p_{ik}+\lambda p'_{ik}$ werden dann alle Geraden des Büschels $(p, p')$ bezeichnet d.h. alle Geraden, welche mit der gegebenen in einer Ebene liegen und gleichzeitig durch ihren Schnittpunkt gehen.

Es giebt daher auf unserer Fläche 2ten Grades im Raume von 5 Dimensionen soviel einfach ausgedehnte lineare Mannigfaltigkeiten, als es Geradenbüschel giebt, d.h. also 5fach $\infty$ viele. In der analogen Weise fragen wir nach den linearen $M_2$, die auf der Fläche $P=0$ liegen, indem wir von der Verbindung $p+\lambda p'+\mu p''$ ausgehen, in der $\lambda$ u. $\mu$ willkürliche Parameter sind. Wir finden, dass diese $M_2$ nur dann der Gl. $P=0$ genügt, wenn $p$, $p'$ u. $p''$ 3 gerade Linien sind, die sich im $R_3$ wechselseitig schneiden. Nun erkennt man sofort, dass es zwei verschiedene Fälle giebt: entweder können die 3 geraden Linien sich in einem gemeinsamen Punkte schneiden, oder aber sie werden in einer Ebene liegen. Demnach ergiebt sich als Resultat, dass es 2 Arten linearer 2fach ausgedehnten Mannigfaltigkeiten auf $P=0$ giebt, die sich im Raume von 3 Dimensionen darstellen 1) als alle geraden Linien, die durch einen Punkt gehen 2) als alle geraden Linien, die in einer Ebene liegen. Von jeder Art ist eine dreifach unendliche Zahl vorhanden. Wie wir daher auf einer Fläche 2ten Grades $\Omega=0$ im $R_3$ 2 einfach unendliche Schaaren linearer Mannigfaltigkeiten haben, die sich als die beiden Schaaren der geradlinigen Erzeugenden darstellen, so haben wir auch hier die analoge Gegenüberstellung zweier Arten von meist ausgedehnten, linearen Mannigfaltigkeiten; dieselben wollen wir kurz als Strahlenbündel und als Gradenfelder bezeichnen. So treten hier also die dualistisch einander correspondirenden Elemente des $R_3$: Punkt und Ebene in einer neuen Weise einander gegenüber.

Wir wenden uns jetzt zu den linearen Transformationen. Wir haben im $R_3$ $\infty^{15}$ lineare Punkt-(resp. Ebenen-) Transformationen und ferner

$\infty^{15}$ lineare dualistische Umformungen. Um zunächst von ersteren zu sprechen, so mögen für die Coordinaten zweier Punkte die Substitutionsformeln gelten:
$$x_i' = \sum a_{ik}\, x_k\,,$$
$$y_i' = \sum a_{ik}\, y_k\,.$$
Wir erkennen sofort, dass die Grössen $p_{ik}$, die sich aus den Coordinaten dieser Punkte zusammensetzen, sich gleichfalls linear substituieren werden, während zugleich $P=0$ in sich selbst übergeht. Das Entsprechende gilt für die dualistischen Umformungen:
$$x_i' = \sum a_{ik}\, u_k\,,$$
$$y_i' = \sum a_{ik}\, v_k\,.$$
Aus ihnen wird zunächst zu folgern sein, dass die Coordinaten $p_{ik}'$ von den Coordinaten $q_{ik}$ linear abhängen. Indem aber letztere, wie oben bemerkt, von den zugehörigen Coordinaten $p_{ik}$ sich nur durch die Reihenfolge unterscheiden, so ergiebt sich wiederum, dass auch bei den $\infty^{15}$ dualistischen Transformationen die Liniencoordinaten $p_{ik}$ solche lineare Umformungen erleiden, welche die Gleichung $P=0$ in sich selbst überführen. Nun kommt es aber besonders darauf an, diese Sätze umzukehren. Wenn wir 6 homogene Variable $p_{ik}$ haben, so enthält deren allgemeine lineare Substitution doch 36 Coefficienten, so dass wir im $R_5$ überhaupt $\infty^{35}$ Collineationen haben. Nun hat aber die allgemeine Gleichung 2^ten^ Grades zwischen den 6 homogenen Coordinaten 20 wesentliche Constante. Demnach ergiebt diese Abzählung, dass es im Raume von 5 Dimensionen gerade 15 fach $\infty$ viele lineare Transformationen giebt, welche eine Gl. 2. Grades in sich selbst überführen. Nun haben wir soeben $\infty^{15}$ lineare Transformationen der $p_{ik}$, die $P=0$ in sich überführen, gefunden, nämlich einerseits die $\infty^{15}$ linearen Punkttransformationen, ande-

rerseits die gleich zahlreichen dualistischen linearen Transformationen der $R_3$; wir behaupten, dass dieselben zugleich alle jene $\infty^{15}$ Transformationen erschöpfen, die unsere Abzählung allgemein ergab. Beweis: Eine lineare Transformation der Grössen $p_{ik}$, welche $P=0$ in sich überführt, lässt aus jeder geraden Linie wieder eine gerade Linie entstehen. Aber auch jede lineare Schaar gerader Linien geht notwendig in eine lineare Schaar gerader Linien über. Insbesondere müssen daher aus den Bündeln u. Feldern des Raumes jetzt wieder Strahlenbündel und Strahlenfelder hervorgehen, wobei noch die doppelte Möglichkeit ist, dass entweder aus den Bündeln die Bündel, aus den Feldern die Felder, oder aus den Bündeln die Felder und aus den Feldern die Bündel entstehen. Wir behaupten, dass die erste Möglichkeit zu einer linearen Punkttransformation des $R_3$, die zweite zu einer linearen dualistischen Umformung desselben führt. Was die erste Möglichkeit betrifft, so wird offenbar, wenn die Gerade des ersten Raumes sich um einen Punkt dreht, auch die Gerade des transformirten Raumes sich um einen Punkt dreht. Dies aber heisst, dass einem Punkte allemal wieder ein Punkt entspricht, oder dass wir eine Punkttransformation vor uns haben. Aber Punkte, die einer Geraden angehören, liefern dabei notwendigerweise wieder Punkte, die einer Geraden angehören. Wir können daher auf unsere Transformation direct den früher bewiesenen Satz anwenden: Jede Punkttransformation, bei der collineare Punkte wieder collineare Punkte werden, ist notwendig durch eine lineare Substitution der Punktcoordinaten gegeben. Hiermit ist die Behauptung für den ersten Fall bewiesen.

Genau so werden wir für die zweite Möglichkeit, bei der Geraden wieder Geraden, Punkte Ebenen entsprechen und umgekehrt, den Nachweis zu führen haben. Wir bemerken zuerst, dass wir es mit einer collinearen Punkt-Ebenentransformation zu thun haben, und können dann wiederum sofort schliessen, dass dieselbe eine lineare Beziehung der Punkte und Ebenen ist. Auf Grund dieser Entwickelungen werden wir nun folgendermassen sagen: Als Inhalt der projektiven Liniengeometrie des Raumes von 3 Dimensionen erscheint zunächst die Gesammtheit derjenigen Eigenschaften geradliniger Figuren, welche bei den sämtlichen $\infty^{15}$ Collineationen des $R_3$ und den 15fach $\infty$ vielen dualistischen Transformationen des $R_3$ invariant wird. Diesem Satze können wir dann folgende neue Fassung geben: Als Inhalt der projektiven Liniengeometrie erscheint die Gesamtheit solcher Eigenschaften geradliniger Figuren, welche ungeändert bleiben bei beliebigen linearen Transformationen der $p_{ik}$, die die Gl. $P=0$ in sich überführen.

Hiermit haben wir präcisiert, was wir zu Anfang der heutigen Vorlesung in Aussicht stellten: Die Liniengeometrie tritt in die Reihe derjenigen Geometrien ein, welche 6 homogene Coordinaten zu Grunde legen, die an eine Gl. 2^ten^ Grades gebunden sind und dabei alle die linearen Transformationen der 6 Coordinaten in Betracht ziehen, welche die Gl. 2^ten^ Grades in sich selbst überführen. Wir wollen nun insbesondere die Beziehung zwischen Liniengeometrie und höheren Kugelgeometrie noch weiter ausführen. Zunächst nach analytischer Seite. Neben den Coordinaten $p_{ik}$ der geraden Linie mit

der Bedingung $P=0$ haben wir etwa die Kugelcoordinaten:
$\alpha = \frac{\xi}{\nu}$, $\beta = \frac{\eta}{\nu}$, $\gamma = \frac{\zeta}{\nu}$, $\delta = \frac{\lambda}{\nu}$, $\varepsilon = \frac{\mu}{\nu}$ mit der Bedingungsgleichung $\Omega = \xi^2 + \eta^2 + \zeta^2 - \lambda^2 - \mu\nu = 0$. Man erinnere sich: Die Gl. einer beliebigen Kugel in rechtwinkligen Coordinaten $x, y, z$ nimmt unter Einführung dieser Grössen $\xi, \eta, \zeta, \lambda, \mu, \nu$ die folgende Gestalt an: $\nu \cdot (x^2 + y^2 + z^2) - 2\xi \cdot x - 2\eta \cdot y - 2\zeta \cdot z + \mu = 0$
Haben wir eine Punktkugel, so wird $\lambda$ und damit der Radius $r$ gleich 0; die Punktcoordinaten des Mittelpunktes sind $\xi : \eta : \zeta : \nu$. Geht die Kugel ferner in eine Ebene über, so wird $\nu = 0$, und aus der letzten Gl. ergeben sich die Coordinaten der Ebene $+2\xi : +2\eta : +2\zeta : -\mu$. Nun wird es darauf ankommen, die Coordinaten $p_{ik}$ mit den Coordinaten $\xi\ \eta\ \zeta\ \lambda\ \mu\ \nu$ so in Beziehung zu setzen, dass $P=0$ und $\Omega=0$ in einander übergehen. Es muss dies auf $\infty^{15}$ Weisen möglich sein. Wir setzen zu dem Zwecke etwa:

$$\rho \cdot p_{12} = \xi + i\eta,$$
$$\rho \cdot p_{34} = \xi + i\eta,$$
$$\rho \cdot p_{13} = \zeta + \lambda,$$
$$\rho \cdot p_{42} = \zeta - \lambda,$$
$$\rho \cdot p_{14} = \mu,$$
$$\rho \cdot p_{23} = -\nu.$$

Aus diesen Formeln ergeben sich umgekehrt die Relationen:

$$\sigma \cdot \xi = p_{12} + p_{34}, \qquad \sigma \cdot \zeta = p_{13} + p_{42},$$
$$\sigma \cdot \eta = \frac{p_{12} - p_{34}}{i}, \qquad \sigma \cdot \lambda = p_{13} - p_{42},$$
$$\sigma \cdot \mu = 2p_{14},$$
$$\sigma \cdot \nu = -2p_{23}.$$

Indem wir nun beachten, dass für die Kugel das r und damit die λ-Coordinate im Vorzeichen unbestimmt ist, so ergeben unsere angegebenen Substitutionsformeln den Inhalt: Wir ordnen hier jeder geraden Linie eine Kugel und jeder Kugel 2 gerade Linien zu, welche sich dadurch von einander unterscheiden, dass ihre Coordinate $p_{13}$ u. $p_{42}$ untereinander vertauscht sind. Nun werden die Punktkugeln durch einen verschwindenden Wert von λ ausgezeichnet. Ihnen entsprechen daher insbesondere die geraden Linien des linearen Complexes $p_{13} = p_{42}$ und zwar ist dieses Entsprechen ein-eindeutig, weil ja kein Vorzeichen des Kugelradius mehr existiert. Ueberhaupt aber werden immer solche zwei gerade Linien dieselbe Kugel als Bild geben, welche in Bezug auf den ausgezeichneten linearen Complex conjugierte Polaren sind. — Nun zeigt sich das überraschende Resultat, dass diese Transformation, welche die geraden Linien in Kugeln überführt und umgekehrt, oder auch alle die anderen $\infty^{15}$ Transformationen, die man an ihre Stelle setzen kann, wieder Berührungstransformationen sind. Zunächst: 2 gerade Linien, die sich schneiden, geben 2 Kugeln, die sich berühren indem die Bedingung des Schneidens durch die Polarenbeziehung in Bezug auf $P = 0$ gegeben und die Bedingung für die Berührung der Kugeln durch die Polarenbeziehung in Bezug auf $\Omega = 0$ gegeben wird. Infolgedessen geben die Linien eines Büschels ein Berührungsbüschel von Kugeln. Durch die Linien eines Büschels legen wir aber ein Flächenelement fest, ebenso durch ein Büschel von Kugeln. Es entspricht also jedem Element des einen Raumes ein

Element des andern Raumes, d. h. wir haben jedenfalls eine Elemententransformation. Diese wird eine Berührungstransformation sein, sobald vereinigten Elementen hier wiederum vereinigte Elemente dort entsprechen und umgekehrt. Ich werde hier zunächst die analytischen Formeln für unsere Elemententransformation entwickeln, aus denen dann letzterer Nachweis unmittelbar hervorgehen muss.

Wir wollen ausgehen von einem Elemente im Linienraume mit den Coordinaten:

$$\left.\begin{matrix} u_1 & u_2 & u_3 & u_4 \\ x_1 & x_2 & x_3 & x_4 \end{matrix}\right\}$$

und, wobei $u_x = 0$. Im Kugelraume sei das entsprechende Element $\left\{\begin{matrix} u'_1 & u'_2 & u'_3 & u'_4 \\ x'_1 & x'_2 & x'_3 & x'_4 \end{matrix}\right\}$ mit der Bedingung $u'_{x'} = 0$. Um nun den Zusammenhang zwischen beiden Elementen zu berechnen, suche ich mir zunächst im Linienraume 2 gerade Linien aus, die dem Element $u_x = 0$ angehören. Wir wollen zu dem Zwecke die Schnittpunkte der Ebene des Elementes mit den Kanten (3,4) und (1,2) des Coordinatentetraeder berechnen. Dieselben werden entsprechend gegeben durch:

$$-u_2, +u_1, 0, 0 \quad \text{und}$$
$$0, 0, -u_4, +u_3.$$

Aus den beiden Matrices: $\left|\begin{matrix} x_1 & x_2 & x_3 & x_4 \\ -u_2 & u_1 & 0 & 0 \end{matrix}\right|$ und $\left|\begin{matrix} x_1 & x_2 & x_3 & x_4 \\ 0 & 0 & -u_4 & +u_3 \end{matrix}\right|$ bilde ich mir dann die Coordinaten der betreffenden Geraden $p_{ik}$ u. $p'_{ik}$ des Elementes, die (ohne den Proportionalitätsfaktor) sich wie folgt finden:

$$
\begin{aligned}
p_{12} &= u_1 x_1 + u_2 x_2, & p'_{12} &= 0, \\
p_{34} &= 0, & p'_{34} &= u_3 x_3 + u_4 x_4, \\
p_{13} &= u_2 x_3, & p'_{13} &= -u_4 x_1, \\
p_{42} &= u_1 x_4, \quad \text{und} & p'_{42} &= -u_3 x_2, \\
p_{14} &= u_2 x_4, & p'_{14} &= +u_3 x_1, \\
p_{23} &= -u_1 x_3, & p'_{23} &= -u_4 x_2,
\end{aligned}
$$

Die diesen beiden Geraden entsprechenden Kugeln haben nach unseren allgemeinen Formeln die Coordinaten:

$$
\begin{aligned}
\xi &= u_1 x_1 + u_2 x_2, & \xi' &= u_3 x_3 + u_4 x_4, \\
\eta &= \frac{u_1 x_1 + u_2 x_2}{i}, & \eta' &= i(u_3 x_3 + u_4 x_3), \\
\zeta &= u_2 x_3 + u_1 x_4, \quad \text{und} & \zeta' &= -u_4 x_1 - u_3 x_2, \\
\lambda &= u_2 x_3 - u_1 x_4, & \lambda' &= -u_4 x_1 + u_3 x_2, \\
\mu &= 2 u_2 x_4, & \mu' &= 2 u_3 x_1, \\
\nu &= 2 u_1 x_3, & \nu' &= 2 u_4 x_2.
\end{aligned}
$$

Diese beiden Kugeln haben nun das Flächenelement $X, U$ gemein. Wir bekommen alle Berührungskugeln dieses Flächenelementes, indem wir die lineare Schaar $m\xi + m'\xi'$, $m\eta + m\eta'$ u.s.w. betrachten, wo $m$ und $m'$ willkürliche Parameter sind. Diese Multiplicatoren wollen wir nun so wählen, dass wir die Punktkugel und die Ebene des Büschels erhalten, aus deren Coordinaten werden sich dann sofort die Coordinaten $X, U$ des Flächenelementes des Kugelraumes finden lassen. Wir haben zu diesem Zwecke nur zu beachten, dass die Punkt-

Kugel durch $\Lambda=0$, die Ebene durch $\nu=0$ ausgezeichnet ist. <u>Das Resultat ist, dass die $X$, $U$ folgende Werthe annehmen:</u>

$$
\begin{aligned}
X_1 &= \Lambda'\xi - \Lambda\xi', & U_1 &= \nu'\xi - \nu\xi',\\
X_2 &= \Lambda'\eta - \Lambda\eta', \quad \text{und} & U_2 &= \nu'\eta - \nu\eta',\\
X_3 &= \Lambda'\zeta - \Lambda\zeta', & U_3 &= \nu'\zeta - \nu\zeta',\\
X_4 &= \Lambda\nu - \Lambda\nu', & U_4 &= -\frac{\nu a - \nu a'}{2},
\end{aligned}
$$

in die wir noch für die $\xi, \ldots \nu$, $\xi' \ldots \nu'$ ihre vorhin gegebenen Werthe einzutragen haben. Hier ist dann zu verificiren, dass einmal $U_X$ ein Multiplum von $u_x$ ist, (was notwendig ist, damit wir überhaupt eine Elemententransformation haben) und weiter, dass $u'_{dx'}$ ein Multiplum von $u_{dx}$ ist, dass also vereinigte Elemente in vereinigte Elemente übergehen, und also unsere Elemententransformation in der That eine Berührungstransformation ist. — Wir wollen zunächst heute lernen, [Do. 23. wie Lie sich in geometrischer Weise davon überzeugt hat und zwar ohne aus dem $R_3$ herauszutreten, dass die Beziehung zwischen der höheren Kugelgeometrie und der Liniengeometrie eine Berührungstransformation darstellt. Wie wir wissen, entsprechen den Punktkugeln, d.h. den Punkten des Kugelraumes selbst, die geraden Linien des speciellen Complexes $p_{13} = p_{42}$ im Linienraume, den allgemeinen Kugeln dort aber 2 gerade Linien hier, die in Bezug auf diesen Complex sich als conjugirte Polaren darstellen. Nun betrachtet <u>Lie</u> umgekehrt, was den Punkten des linearen Raumes im Kugelraume entsprechen wird. Um dies zu sehen, gehen wir von einem Geradenbüschel des Complexes $p_{12} = p_{34}$ aus, d.h. von der Gesammtheit aller Geraden des Complexes, die durch einen Punkt gehen. Derselben entspricht im Kugelraum eine Minimalgerade *). Indem wir nun an Stelle des Büschels geradezu seinen Schnittpunkt setzen, haben wir den Satz: Einem Punkte des Linienraumes entspricht eine Minimalgerade des Kugelraumes. Wir fassen unser Resultat in der Weise zusammen, dass wir sagen: Die beiden Räume sind in der Art aufeinander bezogen, dass beiderseits ein Liniencomplex ausgezeichnet ist, auf der einen Seite der lineare Complex $p_{13} = p_{42}$, auf der andern Seite der Minimalcomplex, und dass stets einem Punkte des einen Raumes eine gerade Linie des im andern Raume gegebenen Complexes entspricht. Nun wollen wir uns mit Lie geometrisch überzeugen, dass hiermit in der That eine Berührungstransformation gegeben ist. Zugleich werden wir dann in dem letzten Satze ein erstes Beispiel jener früher nur erst erwähnten Categorie von Berührungstransformation zu sehen haben, bei denen die Punkte in Curven übergehen. Der Beweisgang ist der folgende: Lie zeigt zunächst, dass man aus einer Fläche des Linienraumes eine Fläche des Kugelraumes erhält, sodass wir eine Flächentransformation haben, und zweitens, dass alle Flächen, welche sich in einem Punkte berühren, wieder in Flächen übergehen, die sich in einem Punkte berühren, dass wir also eine Elemententransformation haben. Hieraus folgt dann unmittelbar, dass Elementen in vereinigter Lage Elementen dort entsprechen, d.h. die hinreichende Bedingung

*) nämlich eine Curve, deren sämmtliche Punkte von einander eine verschwindende Entfernung haben.

der Berührungstransformation. Es sei im Linienraum irgend eine Fläche $F_1$ gegeben; zu ihr construieren wir die conjugierte Fläche $F_2$ in Bezug auf den linearen Complex, indem wir zu jedem Punkte von $F_1$ die zugehörige Polarebene bestimmen. Die Beziehung von $F_1$ und $F_2$ ist wegen der involutorischen Eigenschaft des Nullsystems eine gegenseitige. *Zwei zusammengehörige Punkte $p_1$ u. $p_2$ von $F_1$ u. $F_2$ liegen daher so, dass die Ebene, welche dem einen der Punkte im linearen Complex entspricht, immer die Tangentialebene ist, welche dem anderen Punkte zugehört.* Wir denken uns jetzt die Verbindungsgerade von $p_1$ u. $p_2$, die wir $g$ nennen, gezeichnet. Diese $g$ ist eine gemeinsame Tangente von $F_1$ und $F_2$. Sie gehört einerseits dem Büschel von Complexgeraden an, welche von $p$ ausstrahlen (und in der Tangentialebene von $p_2$ liegen), andererseits dem Büschel, welches von $p_2$ ausläuft. Eine leichte Ueberlegung zeigt, *dass es überhaupt eine Congruenz solcher geraden Linien $g$ giebt, welche gemeinsame Tangenten von $F_1$ u. $F_2$ sind.* $F_1$ u. $F_2$ zusammen sind die Brennfläche dieser Congruenz. Man bemerkt nun weiter, dass auch diejenige zu $g$ benachbarte Gerade zu der Congruenz gehört, welche durch eine $\infty$ kleine Drehung von $g$ um $p_1$ (resp. $p_2$) in der Tangentialebene zu $p_2$ (resp.) zu $p_1$) entsteht, d.h. *Unter den Linien welche im Büschel $p_1$ unserer Congruenz angehören, tritt das $g$ doppeltzählend auf und unter den Linien, welche innerhalb des Büschels $p_2$ der Congruenz angehören, tritt das $g$ ebenfalls doppeltzählend auf. (Allgemeine Eigenschaft der Brennfläche einer Congruenz.)* Wir gehen jetzt vermöge unserer Transformation in den Kugelraum über: Wir betrachten dort diejenige Fläche $\Phi$, welche den Strahlen $g$ unserer Congruenz bei der Abbildung entspricht. Der einzelnen Geraden $g$ entspricht ein einzelner Punkt $\gamma$ auf dieser Fläche; den einzelnen Büscheln $p_1$ und $p_2$ aber werden 2 Minimalgeraden $\pi_1$ u. $\pi_2$ entsprechen, welche dem von $\gamma$ auslaufenden Minimalkegel angehören. Weil nun die Büschel $p_1$ u. $p_2$ den Strahl $g$ in der Congruenz der $g$ doppelt zählend enthalten, werden $\pi_1$ u $\pi_2$ ihrerseits auf $\Phi$ den Punkt $\gamma$ doppelt zählend enthalten, d. h. es werden die Geraden $\pi_1$ u. $\pi_2$ gerade eben diejenigen Minimalgeraden sein, welche durch den Punkt $\gamma$ der Tangentialebene von $\Phi$ hindurchlaufen. Hiermit haben wir die Flächentransformation, welche aus den beiden Flächen $F_1$ u. $F_2$ des Linienraumes die Fläche $\Phi$ im Kugelraume entstehen lässt, hinreichend charakterisiert. Nun nehmen wir zu $F_1$ eine zweite Fläche $F_1'$ hinzu, welche erstere im Punkte $p_1$ berührt. Dieser Fläche entspricht dann als conjugierte Fläche im Linienraum eine Fläche $F_2'$, welche $F_2$ im Punkte $p_2$ berührt. Demnach geben $F_1'$ und $F_2'$ zusammen ganz dieselbe Figur der Büschel $p_1$ u. $p_2$, wie $F_1$ u. $F_2$ selbst. Daher geben $F_1$ u. $F_2$ einerseits, $F_1'$ u. $F_2'$ anderseits im Kugelraum 2 Flächen $\Phi$ u. $\Phi'$, welche denselben Punkt $\gamma$ und dieselben Minimalgeraden $\pi_1$ u. $\pi_2$ aufweisen. Indem nun $\pi_1$ u. $\pi_2$ zugleich in der Tangentialebene von $\gamma$ zu $\Phi$ resp. $\Phi'$ liegen, so folgt, dass $\Phi$ u. $\Phi'$ sich im Punkte $\gamma$ berühren. <u>Das heisst aber, dass in der That alle Flächen $F_1$, die sich in einem Punkte $p_1$ berühren, Flächen</u>

*Flächen, die sich in demselben Punkte p berühren, d.h. dass man eine Elementtransformation hat.* Dass zugleich in dem Vorstehenden der Nachweis enthalten ist, dass diese Elementtransformation auch eine *Berührungstransformation* ist, haben wir bereits erwähnt. Eine Berührungstransformation ist doch nur eine solche Elemententransformation, welche zugleich eine Flächentransformation ist. Wir wollen noch einige Bemerkungen über die besonders interessanten Eigenschaften unserer Berührungstransformation in Kürze hinzufügen. Aus einer geraden Linie wird doch eine Kugel. In die Sprache unserer Elemententransformation übersetzt besagt dieser Satz: *Alle Elemente, die sich an eine gerade Linie anschmiegen, werden verwandelt in solche, welche eine Kugel berühren.* Betrachten wir nun auf letzterer einmal alle die Elemente, die sich an einen Kreis auf ihr anschmiegen. Dieselben wollen wir in ihrer Gesamtheit einen *kugelförmigen Kreisstreifen* nennen. Ein Beispiel derselben bietet uns die frühere Betrachtung der Elemente, die sich an den „Trajectorienkreis" anschmiegen, d.h. welche die einzelne Kugel eines linearen Kugelcomplexes mit denjenigen Kugeln des Complexes gemein hat, die sie berühren. Wie liegen nun die entsprechenden Elemente, die sich an die gerade Linie im Linienraum anschmiegen? Wir können zwischen den Punkten der geraden Linie und den durch sie hindurchgehenden Ebenen eine projektive Zuordnung treffen der Art, dass nach einem beliebigen projectiven Gesetz sich die Ebene um die Gerade dreht, wenn der Punkt auf ihr fortschreitet. Wir nehmen dann zu jedem Punkte der Geraden das Element der solcherweise zugeordneten Ebene hinzu. Die Gesamtheit dieser Flächenelemente wollen wir einen geradlinigen Normalstreifen nennen. Wir behaupten nun, dass unserem kugelförmigen Kreisstreifen ein solcher geradliniger Normalstreifen entspricht. In der That wird ein solcher Normalstreifen durch die sämmtlichen Geradenbüschel eines linearen Liniencomplexes geliefert, welche eine feste Gerade des Complexes schneiden. – Artet der Trajectorienkreis in einen Punktkreis aus, d. h. zerfällt er in zwei sich schneidende Minimalgeraden, so zerlegt sich der geradlinige Normalstreifen in ein Elementenbüschel, welches von irgend einem Punkte der tragenden geraden Linie ausgeht, und in einen Planstreifen, der der sich an unsere Gerade entlang irgend einer durch sie hindurchgelegten Ebene anschmiegt. Wir können diese Beziehungen noch etwas weiter verfolgen. Betrachten wir einmal eine einfach unendliche Mannigfaltigkeit von Kugeln, d. h. eine Kugelreihe. Indem jeder Kugel eine gerade Linie entspricht, geht die Kugelreihe in irgendwelche geradlinige Fläche über und umgekehrt. Ist im Besonderen die Kugelreihe eine Berührungsreihe, d. h eine Aufeinanderfolge von Kugeln, deren jede die Nachbarkugel berührt, so erhalten wir eine developpable Fläche, d. h. die Tangente einer Raumcurve, (indem doch je zwei benachbarte Gerade sich schneiden müssen). Nun richten wir unsere Aufmerksamkeit auf die Reihenfolge der Berührungselemente der speciellen Kugelreihe; dieselbe bildet, wie wir schon früher sagten, einen „Krümmungsstreifen" d. h. die Normalen zweier Nachbarelemente schneiden sich hinreichend verlängert. Diesem Krümmungsstreifen entspricht die Gesammtheit der Osculationselemente der von der geraden Linie umhüllten Raumcurve, welche (ebenfalls nach früheren Entwickelungen) einen „Schmiegungsstreifen" bilden. Unsere Berührungstransformation hat also die merkwürdige Eigenschaft Krümmungsstreifen in Schmiegungsstreifen zu verwandeln und umgekehrt. Von diesem Resultate aus verstehen wir nun aufs Beste den schon vor Weihnachten angeführten Satz, dass vermöge unserer Transformation 2 Flächen derart zusammengeordnet werden, dass die Krümmungscurven der einen in die Haupttangentencurven der anderen übergehen. Wir wählen für die beiden Flächen wieder die soeben eingeführten Bezeichnungen $F$ u. $\Phi$. Die Aufgabe auf der Fläche $\Phi$ die Krümmungscurven zu bestimmen, kommt offenbar darauf hinaus, die Berührungselemente von $\Phi$ zu Krümmungsstreifen zusammenzufassen. Daher ist sie in der That identisch mit der Aufgabe, auf der Fläche $F$ die Haupttangentencurven zu bestimmen, d. h. die Berührungselemente zu Schmiegungsstreifen zusammenzufassen. — Wir müssen leider unterlassen, die hier stattfindende Uebertragung noch bei anderen Sätzen der Liniengeometrie oder Kugelgeometrie zu verfolgen. Als Beispiele empfehle ich alle die Sätze, welche wir neulich für die Kugelgeometrie durch den Vergleich mit der Punktgeometrie des $R_4$ gewonnen haben. —

Wir müssen jetzt noch lernen, in welcher Weise Lie die hier [Fr. 24. II. 93]. vorliegenden geometrischen Betrachtungen mit der Theorie der partiellen Differentialgleichungen erster Ordnung mit 3 Variablen in Verbindung gebracht hat. Wir müssen zunächst die allgemeine geometrische Bedeutung dieser Theorie besprechen. Wir gehen darauf um so lieber ein, als wir hierfür alle Prämissen im vorgehenden bereitgestellt haben, und die Theorie als solche doch sehr wichtig ist. Es sei $p = \frac{\partial z}{\partial x}$, $q = \frac{\partial z}{\partial y}$ gesetzt und die Gleichung $f(xyzpq) = 0$ vorgegeben; diese Gl. gilt es zu integrieren, d. h. man soll in allgemeinster Weise Gleichungen $z = \varphi(xy)$ finden, welche die „partielle Differentialgl. 1. Ordnung" $f(xyzpq) = 0$ befriedigen. Man hat schon längst in diese Theorie geometrische Anschauung eingeführt. Zuerst ist zu nennen Monge in seinen Applications d'analyse à la Géométrie (1810), sodann u. A. du Bois (1864) „Beiträge zur Interpretation der partiellen Differentialgleichungen mit 3 Variablen," (ein Werk, von dem nur der erste Band erschienen ist), du Bois giebt in demselben allerhand interessante Ansätze, ohne jedoch dieselben consequent durchzuführen. Erst Lie war es vorbehalten einen gewissen Abschluss herbeizuführen, indem er vor allem $xyzpq$ als Flächenelement im $R_3$ deutete. Es giebt $\infty^5$ solcher Flächenelemente im Raum; durch die Gleichung $f(xyzpq) = 0$ werden aus denselben $\infty^4$ herausgehoben. Nun wird nach der bisherigen Theorie verlangt, aus diesen $\infty^4$ Elementen Flächen zusammenzusetzen, d. h. Flächen derart zu finden, dass alle Elemente, die sich an dieselben anschmiegen, der gegebenen Gl. genügen.

Allgemeiner ist der Ansatz von Lie. Nach ihm kommt die Forderung der Integration der partiellen Differentialgleichung 1. Ordnung $f=0$ darauf zurück, aus den 4 fach $\infty$ vielen Elementen der Gl. $f=0$ auf alle Weisen 2 fach $\infty$ Mannigfaltigkeiten zusammenzusetzen, welche die Gleichung $dz-p\,dx-q\,dy=0$, d. h. die Bedingung der vereinigten Lage benachbarter Elemente, identisch erfüllen. Diese Lie'sche Formulierung ist allgemeiner als die gewöhnliche, weil eine solche „Integral $M_2$" unter Umständen in eine Raumcurve oder sogar in einen einzelnen Raumpunkt ausarten kann, wie wir sogleich noch näher sehen werden; gerade hierin liegt der Vorzug der Lie'schen Auffassung begründet.

Im übrigen will ich sogleich anführen, dass die Lie'schen geometrischen Auffassungen aufs engste parallel laufen mit den analytischen Ansätzen in der berühmten Arbeit von Pfaff in den Berliner Abhandlungen (1814) „Methodus generalis aequationes differentiarum particularum etc. complete integrandi". In dieser Schrift hat Pfaff das nach ihm benannte „Pfaff'sche Problem" eingeführt. Mit demselben hat es, was partielle Differentialgleichungen 1. Ordnung mit 3 Variablen angeht, folgende Bewandnis: Es sei $f(xyzpq)=0$ oder, nach $z$ aufgelöst; $z=\psi(xypq)$ vorgegeben. Dann wird:

$$dz=\frac{\partial\psi}{\partial x}dx+\frac{\partial\psi}{\partial y}dy+\frac{\partial\psi}{\partial p}dp+\frac{\partial\psi}{\partial q}.dq$$

sein. Andrerseits soll: $dz=p\,dx+q\,dy$ sein. Aus beiden Gleichungen folgt durch Subtraction

$$\left(\frac{\partial\psi}{\partial x}-p\right)dx+\left(\frac{\partial\psi}{\partial y}-q\right)dy+\frac{\partial\psi}{\partial p}dp+\frac{\partial\psi}{\partial q}dq=0.$$

Diese Gleichung aber stellt ein Pfaff'sches Problem für 4 Variable dar. <u>Pfaff ersetzt geradezu infolge dieses Ansatzes die Frage nach der Integration der partiellen Differentialgleichung $z = \psi(x\,y\,p\,q)$ durch die Frage nach der Integration dieses „Pfaff'schen Problems."</u>

Dieser analytische Ansatz von Pfaff ist offenbar der Lie'schen Auffassung, bei der $x\,y\,p\,q$ als Constanten eines Flächenelementes neben einander stehen, durchaus parallellaufend. Infolge dieser Analogie können wir ferner alles das, was wir nun, indem wir im $R_3$ bleiben, über die partielle Differentialgleichung $f(x\,y\,z\,p\,q) = 0$ entwickeln werden, auf die Theorie des vorbezeichneten, im $R_4$ gegebenen Pfaff'schen Problems übertragen, wodurch wir eine Anleitung zur allgemeinen Behandlung des Pfaff'schen Problems gewinnen.

Wir teilen unsere Differentialgleichungen $f(x\,y\,z\,p\,q) = 0$ nun ein

a) in solche, welche $p\,q$ gar nicht enthalten, die also einfach <u>$f(x\,y\,z) = 0$</u> lauten. Diese Gleichung ist zwar für die gewöhnliche Auffassung keine Differentialgleichung, wohl aber für die Elementenauffassung.

b) solche Gleichungen, die in $p\,q$ linear sind. Ihre allgemeine Form ist: <u>$C(xyz) - A(xyz)\cdot p - B(xyz)\cdot q = 0$</u> unter $A, B, C$ irgend welche Funktionen von $x\,y\,z$ verstanden.

c) Gleichungen mit beliebig vorkommenden $p, q$.

Diese 3 Kategorien wollen wir nun nach einander behandeln:
<u>ad α. Der Fall der Gleichung $f(x,y,z)=0$</u> ist natürlich überaus einfach. Dieselbe stellt allgemein die Punkte einer Fläche dar. Indem die Grössen $p$ u. $q$ ganz beliebig sind, genügen dann unserer Gleichung alle <u>Bündel von Flächenelementen, deren Mittelpunkte auf der Fläche $f(x y z)=0$ liegen</u>. Wir können nun sehr leicht auch alle Integrale $M_2$ angeben:

1) Zuerst gehören zu ihnen die $\infty^2$ Bündel von Flächenelementen selbst, deren Mittelpunkte auf der Fläche liegen.

2). Wenn wir ferner auf unserer Fläche irgend eine Curve zeichnen und alle Elemente, die sich ihr anschmiegen, auswählen, so erhalten wir ebenfalls eine Integral $M_2$.

3) Endlich bilden die Elemente, die sich der gegebenen Fläche selbst anschmiegen, eine Integral $M_2$, welche wir als „singuläre Integral-$M_2$" bezeichnen. Im vorliegenden Falle kennen wir daher alle Integral-$M_2$ von vornherein.

Nun wollen sie noch bemerken, dass diese Gebilde, sofern wir von der singulären $M_2$ absehen, jedenfalls aus $\infty^1$ Streifen einer bestimmten Art zusammengesetzt sind. Es handelt sich um die Streifen, bez. Büschel von Elementen, die ein gemeinsames Linienelement der Fläche enthalten. Solche Streifen gibt es insgesammt $\infty^3$. Nun ist ohne Weiteres klar, wie die Integral-$M_2$ des einzelnen Flächenpunktes oder einer Curve auf der Fläche aus solchen Tangentialbüscheln zusammengesetzt sind. Nur für die Fläche $F=0$ selbst gilt dieses nicht; dieselbe nimmt dementsprechend ihre besondere Stellung ein. – Alle diese Bemerkungen, die an sich trivial erscheinen mögen, werden erst von Bedeutung, indem wir die weiteren Fälle unserer Differentialgleichungen betrachten, für deren Vorkommnisse sie einfachste Beispiele geben. –

ad b. Wir behandeln nun die in $p, q$ lineare Gleichung $C-Ap-Bq=0$. Durch sie wird jedem Punkte $xyz$ eine bestimmte Elementenschaar zugeordnet, nämlich alle diejenigen Elemente, welche durch die Fortschreitungsrichtung $dx:dy:dz=A:B:C$ hindurchgehen, wie leicht zu übersehen ist. Mit anderen Worten: Die Gleichung $C-Ap-Bq=0$ ordnet jedem Punkte des Raumes ein Büschel von Flächenelementen zu. Wenn wir im Falle einer beliebigen Gleichung $f(xyzpq)=0$ vom Punkte $xyz$ ausgehend einen Kegel finden werden, der von den Elementen $p\,q$ umhüllt wird, so kann man bemerken, dass schon hier dieser Kegel vorliegt, nur ist er ein Kegel erster Klasse geworden, d. h. in ein Büschel ausgeartet.

Von diesem Satze aus verstehen wir nun leicht die gewöhnliche Methode der Integration unserer Gleichung $C-Ap-Bq=0$. Diese beginnt damit, dass man das folgende System von gewöhnlichen Differentialgleichungen zu integrieren sucht $dx:dy:dz=A:B:C$. Geometrisch heisst dies: Indem man von einem beliebigen Punkte immer in der hierdurch vorgeschriebenen Richtung $dx : dy : dz$ weiter geht, setzen sich die einzelnen Fortschreitungsrichtungen zu bestimmten Curven zusammen. Und zwar wird man insgesammt <u>$\infty^2$ solcher Raumcurven</u> erhalten, die man <u>die Charakteristiken der Differentialgleichung</u> nennt. Nun ist es sehr einfach, von hier aus alle <u>Integralflächen zu bestimmen</u>. Dieselben werden nämlich durch alle diejenigen Flächen gegeben, welche von einfach $\infty$ vielen Charakteristiken gebildet werden, also z. B. von den Charakteristiken, die man von den Punkten einer beliebigen Raumcurve auslaufen lässt. Es ist dies ohne Weiteres zu sehen. Zu ihnen tritt dann als „singuläre Lösung" noch die „Brennfläche" der von den Charakteristiken gebildeten Curvencongruenz; doch wollen wir hierbei nicht verweilen.

Dieser gewöhnlichen Theorie wollen wir nun die <u>Lie'sche Auffassung</u> gegenüberstellen. Nach ihr sind die Charakteristiken selbst bereits Integral-$M_2$, indem sich in den einzelnen Linienelementen der Curve Büschel von Flächenelementen aneinanderreihen, die alle der vorgelegten Gleichung $f = 0$ genügen. Zu ihnen treten dann weiter als Integral-$M_2$ die Flächen, die von $\infty^1$ Charakteristiken gebildet werden. <u>Für alle diese Integral-$M_2$ können wir dann wieder den Satz aufstellen, dass eine jede derselben aus $\infty^1$ „charakteristischen Streifen" besteht.</u> Wir bezeichnen hier als <u>charakteristischen Streifen</u> jeden Streifen, d. h. jede Gesammtheit von $\infty^1$ Flächenelementen, die sich an 2 Nachbarcharakteristiken anschliesst; es ist leicht zu sehen, dass es überhaupt $\infty^3$ solcher charakteristischen Streifen gibt, da es $\infty^3$ Charakteristiken gibt, und jede $\infty^1$ benachbarte Charakteristiken hat. Unser angeführtes Resultat, dass jede Integral-$M_2$ aus $\infty^1$ solchen charakteristischen Streifen besteht, ist ohne weiteres einleuchtend, sowohl was die Charakteristiken selbst betrifft, wie die Integralflächen.

Ad c. Wir müssen nun die allgemeine Differentialgleichung $f(xyzpq)=0$ näher betrachten. Die Grössen $p$ u. $q$ können wir als Coordinaten der Ebene durch den Punkt $xyz$ ansehen. Ist dann für den bestimmten Punkt $xyz$ die Gleichung $f(xyzpq)=0$ vorgeschrieben, so wird die Ebene noch $\infty^1$ Lagen annehmen können, d.h. jedem Punkte erscheint hier eine Kegelspitze zugeordnet. Die Integralflächen, welche die gewöhnliche Theorie sucht, sind dann dadurch bestimmt, dass sie in jedem ihrer Punkte von dem zugehörigen elementaren Kegel berührt werden.

Wir wollen nun mit Lie überhaupt einmal nach den Integral-$M_1$ fragen. Die einzelne Kegelspitze ist schon eine Integral-$M_1$. Doch können wir wieder noch andere Integral-$M_1$ angeben. Wir können z.B. den Punkt $xyz$ längs einer beliebigen Raumcurve laufen lassen und hierbei diejenigen Flächenelemente der jedesmaligen Kegel zusammenrechnen, die sich an die Raumcurve anschmiegen. Schliesslich kann man auch von einer beliebigen Fläche ausgehen und auf ihr alle Flächenelemente suchen, die unserer Gleichung $f=0$ genügen; diese werden auf der Fläche notwendig einen Streifen bilden, d.h. wieder eine Integral-$M_1$.

Hiernach werden wir leicht durch „ausführbare Operationen" d.h. ohne jede Integration unbegrenzt viele „Streifen" construieren können. Nun aber zeigt sich, dass es unter denselben wieder ausgezeichnete Streifen gibt, die wir nach Analogie der vorhergehenden Fälle als <u>charakteristische Streifen</u> bezeichnen wollen. Als vorläufige Definition derselben wollen wir den folgenden Satz an die Spitze stellen: <u>Wir bekommen die charakteristischen Streifen indem wir auf den Integralflächen diejenigen Curven ziehen, welche in jedem ihrer Punkte als Tangente diejenige Richtung haben, nach welcher der zugehörige elementare Kegel von der Integralfläche berührt wird.</u> Das Wichtigste aber ist dieses:

<u>Es zeigt sich, dass diese charakteristischen Streifen unabhängig von der einzelnen Integralfläche durch ein System gewöhnlicher Differentialgleichungen definiert werden können, und dass infolge dessen umgekehrt die Integralflächen aus den charakteristischen Streifen aufgebaut werden können.</u>

Um zunächst die independente Definition der Streifen zu entwickeln, gehen wir von einem einzelnen Element aus und markiren in ihm zunächst die Fortschreitungsrichtung des elementaren Kegels, der von seinem Punkte ausläuft. Die Gleichung dieses Elementarkegels wird für feste Grössen $xyz$ durch die Gleichung $f(xyz, pq) = 0$ gegeben. Wie finden wir nun die bezeichnete Fortschreitungsrichtung $dx : dy : dz$ für gegebene Werte $x, y, z, p, q$?

Die Gleichung

$$\frac{\partial f}{\partial p}\cdot(p'-p)+\frac{\partial f}{\partial q}(q'-q)=0 \text{ oder}$$

$$\frac{\partial f}{\partial p}\cdot p'+\frac{\partial f}{\partial q}\cdot q'-\left(p\frac{\partial f}{\partial p}+q\frac{\partial f}{\partial q}\right)=0$$

wird die Bedingung sein, dass ein Element $p', q'$ durch die gesuchte Fortschreitungsrichtung hindurchgeht. Indem nun allgemein die Bedingung, dass ein Element $p'q'$ durch die Fortschreitungsrichtung $dx : dy : dz$ hindurchgeht, durch die Gleichung $dx . p' + dy . q' - dz = 0$ gegeben wird, finden wir durch Coefficientenvergleichung: $dx : dy : dz = \frac{\partial f}{\partial p} : \frac{\partial f}{\partial q} : \left(\frac{\partial f}{\partial p}\cdot p+\frac{\partial f}{\partial q}\cdot q\right)$. Dies gibt uns die Fortschreitungsrichtung des Punktes, die wir zur Construktion des charakteristischen Streifens zu wählen haben. – Nun wollen wir in dualistischer Weise verfahren. Wir wollen von irgend einer Ebene ausgehen; in ihr werden dann einfach unendlich viele Elemente unserer Gleichung $f = 0$ liegen, die sich an eine bestimmte Curve der Ebene anschmiegen. Sei $xyzpq$ eines dieser Elemente. Wir verlangen jetzt, die Tangentenrichtung der Curve vom Punkte $xyz$ aus in der Ebene $p, q$ zu bestimmen indem wir uns fragen, wie wir die Grössen $p$ und $q$ ändern müssen, damit sich die Ebene $pq$ um die Tangente dreht. Eine einfache Rechnung ergibt dann:

$$dp : dq = \frac{\partial f}{\partial x} + p\frac{\partial f}{\partial z} : \frac{\partial f}{\partial y} + q\cdot\frac{\partial f}{\partial z}.$$

Die Definition der charakteristischen Streifen, die wir fortan zu Grunde legen wollen, sei nun diese:

<u>Wir erhalten einen charakteristischen Streifen unserer Gleichung $f(xyzpq)=0$, indem wir in der Weise unter den Flächenelementen unserer Gleichung vorwärts gehen, dass wir für den Punkt des Elementes die berechnete Fortschreitungsrichtung und für die Ebene desselben die berechnete Drehrichtung in Anwendung bringen.</u> Dass wir auf solche Weise gerade die charakteristischen Streifen auf den Integralflächen erhalten, von denen wir zuerst sprachen, wird erst hinterher zu beweisen sein.

Wir setzen nun unter vorläufiger Einführung des Proportionalitätsfactors $\varrho$ für die Änderung der Grössen $xyzpq$ bei dieser Bewegung aus d. p. 513. berechneten Bestimmungsgleichungen die fortlaufende Proportion zusammen:

$$dx : dy : dz : dp : dq = \frac{\partial f}{\partial p} : \frac{\partial f}{\partial q} : \left(p\frac{\partial f}{\partial p} + q\frac{\partial f}{\partial q}\right) : \varrho\left(\frac{\partial f}{\partial x} + p\frac{\partial f}{\partial z}\right) : \varrho\left(\frac{\partial f}{\partial y} + q\frac{\partial f}{\partial z}\right).$$

Nun soll aber das Element immer der Gleichung $f(xyzpq)=0$ genügen, folglich muss:

$$\frac{\partial f}{\partial x}dx + \frac{\partial f}{\partial y}dy + \frac{\partial f}{\partial z}dz + \frac{\partial f}{\partial p}dp + \frac{\partial f}{\partial q}dq = 0 \text{ sein.}$$

Setzen wir hierin die proportionalen Glieder ein, so finden wir für $\varrho$ den Wert $\varrho = -1$.

Unsere charakteristischen Streifen werden also durch <u>die Differentialgleichungen</u>:

$$dx : dy : dz : dp : dq = \frac{\partial f}{\partial p} : \frac{\partial f}{\partial q} : \left(p\frac{\partial f}{\partial p} + q\frac{\partial f}{\partial q}\right) : -\left(\frac{\partial f}{\partial x} + p\frac{\partial f}{\partial z}\right) : -\left(\frac{\partial f}{\partial y} + q\frac{\partial f}{\partial z}\right)$$

<u>definiert sein.</u>

Was aber die Bedeutung dieser Streifen für die Integralflächen angeht, so stellen wir die folgende Behauptung auf:

<u>Wenn eine Integralfläche mit einem charakteristischen Streifen ein erstes Element gemein hat, dann enthält sie den Streifen nach seiner ganzen Ausdehnung.</u>

<u>Man erzeugt geradezu alle Integralflächen, von der „singulären Lösung" abgesehen, die wir hier wieder bei Seite lassen, und auf die wir hernach noch kurz zu sprechen kommen, indem man die charakteristischen Streifen zusammennimmt, die von den Elementen irgend eines anderen der Gleichung $f = 0$ genügenden Streifens auslaufen.</u>

Hieran reiht sich folgende Überlegung:

Es gibt an sich $\infty^5$ Flächenelemente; der Gleichung $f = 0$ genügen von ihnen $\infty^4$ Elemente. Diese letzteren reihen sich zu je $\infty^1$ in der angegebenen Weise zu charakteristischen Streifen zusammen, sodass wir insgesammt $\infty^3$ charakteristische Streifen erhalten. Der Kern der hier in Frage stehenden Integrationsmethode der partiellen Differentialgleichung 1. Ordnung besteht dann im Folgenden: Zunächst kommt es darauf an, die 3fach $\infty$ vielen charakteristischen Streifen zu bilden, welche sich aus den $\infty^4$ Elementen der Gleichung zusammensetzen lassen. Es hat dann keine Schwierigkeit diese Streifen zu Integralflächen zusammenzufassen.

Wenn sie diese Theorie in den Lehrbüchern nachsehen, so werden sie finden, dass im Anschlusse an Monge statt von charakteristischen Streifen gewöhnlich von „Charakteristiken" gesprochen wird, d.h. es wird nur von der Curve, nicht aber von den zugehörigen Flächenelementen gesprochen. Gerade in der Einführung des „charakteristischen Streifens" haben wir den wesentlichen Fortschritt der Lie'schen Auffassung zu erblicken.

Nun ist die Frage, wie wir unsere obigen Sätze beweisen werden. Zu dem Zwecke wollen wir der bequemen Berechnung wegen die Gleichung $f(xyzpq)=0$ nach $z$ aufgelöst denken, sodass wir erhalten $z-\psi(xyzpq)=0$. (Damit schliessen wir also die Fälle aus, dass $z$ in $f=0$ überhaupt nicht vorkommt; diese Fälle sind ohne Weiteres direkt zu behandeln). Dann gehen unsere Differentialgleichungen für den charakteristischen Streifen über in:

$$dx:dy:dz:dp:dq = \frac{\partial\psi}{\partial p} : \frac{\partial\psi}{\partial q} : p\frac{\partial\psi}{\partial p}+q\frac{\partial\psi}{\partial q} : p-\frac{\partial\psi}{\partial x} : q-\frac{\partial\psi}{\partial y}.$$

Es sei nun $z-\varphi(xy)=0$ eine Integralfläche unserer Gleichung $f=0$. Wir werden daraufhin setzen können:

$$dz = p\,dx + q\,dy$$

$$dp = r\cdot dx + s\,dy$$

$$dq = s\,dx + t\cdot dy,$$ woselbst $p, q$ die ersten, $r, s, t$ die zweiten partiellen Differentialgleichungen von $z$ bezeichnen mögen. Haben wir $x y z$ ein Flächenelement genannt, so wollen wir den Inbegriff von $x y z p q r s t$ als eine <u>Flächencalotte</u> bezeichnen; derselbe legt für den einzelnen Punkt der Integralfläche nicht nur die Tangentialebene, sondern auch die Krümmung fest. Wir wollen jetzt untersuchen, was sich über die Flächencalotte einer Integralfläche sagen lässt, die sich an ein gegebenes Flächenelement anschmiegt.

Aus der gegebenen Gleichung $z - \Psi(x y p q) = 0$ folgt: [Montag 27. II. 9. (2d 97.)

$$dz = \frac{\partial\Psi}{\partial x}\,dx + \frac{\partial\Psi}{\partial y}\,dy + \frac{\partial\Psi}{\partial p}\,dp + \frac{\partial\Psi}{\partial q}\,dq.$$ Indem wir dann für $dz$, wie $dp$, $dq$ die Werte der letzten Seite einsetzen, erhalten wir:

$$p\,dx + q\,dy = \frac{\partial\Psi}{\partial x}\,dx + \frac{\partial\Psi}{\partial y}\,dy + \frac{\partial\Psi}{\partial p}\cdot(r\,dx + s\,dy) + \frac{\partial\Psi}{\partial q}\cdot(s\,dx + t\,dy).$$

Diese Gleichung muss dann eine Identität darstellen, d. h. die Coefficienten von $dx$ und $dy$ müssen für sich beiderseits gleich sein. Dies liefert uns die beiden Gleichungen:

1) $p = \dfrac{\partial\Psi}{\partial x} + \dfrac{\partial\Psi}{\partial p}\,r + \dfrac{\partial\Psi}{\partial q}\cdot s$ Aus diesen haben wir die 3 Grössen

2) $q = \dfrac{\partial\Psi}{\partial y} + \dfrac{\partial\Psi}{\partial p}\,s + \dfrac{\partial\Psi}{\partial q}\cdot t$

$r$, $s$, $t$ zu bestimmen; wir erhalten daher einfach $\infty$ viele Lösungssysteme für dieselben. Dieses besagt aber, dass an dasselbe Element $xyzpq$ sich einfach $\infty$ viele Calotten $r$, $s$, $t$ anschliessen, welche unserer Gleichung genügen.

Um uns nun eine nähere Vorstellung von diesen $\infty$ vielen Calotten zu verschaffen, betrachten wir ein Nachbarelement $x + dx$, $y + dy$, $z + dz$, $p + dp$, $q + dq$ und fragen uns, wann dasselbe sich an eine dieser Flächencalotten anschmiegt. Es gesellen sich zu unseren letzten beiden Gleichungen dann noch die folgenden beiden:

$$3)\quad dp = r\,dx + s\,dy,$$

$$4)\quad dq = s\,dx + t\,dy.$$

Die Gesammtheit dieser 4 Gleichungen, welche die Beziehungen der Calotte $r$, $s$, $t$ zu einem Nachbarelemente darlegen, sollen nun auf ihre Auflösbarkeit (was die $r$, $s$, $t$ angeht) untersucht werden. Wir verfahren einfach so, dass wir aus den Gleichungen 1 u. 3 resp. 2 u 4 die Grössen $r$ u. $s$, resp. die Grössen $s$ u. $t$ wirklich berechnen. Es ergibt sich: aus Gleichung 1 u. 3

$$r = \frac{\frac{\partial\psi}{\partial q}\,dp - \left(p - \frac{\partial\psi}{\partial x}\right) dy}{N}$$

$$s = \frac{\frac{\partial\psi}{\partial p}\cdot dp + \left(n - \frac{\partial\psi}{\partial x}\right) dx}{N}$$

und aus Gleichung 2 u. 4

$$s = \frac{\left(\frac{\partial\psi}{\partial p}\right) dq - \left(q - \frac{\partial\psi}{\partial y}\right) dy}{N};$$

$$t = \frac{-\frac{\partial\psi}{\partial p} dq + \left(q - \frac{\partial\psi}{\partial y}\right) dx}{N.}$$ , wo allemal $N = \frac{\partial\psi}{\partial q} dx - \frac{\partial\psi}{\partial p} dy$ ist.

Sollen nun unsere 4 Gleichungen mit einander verträglich sein, so müssen die beiden Werte für s übereinstimmen, d. h. es muss:

$$\left(p - \frac{\partial\psi}{\partial x}\right) dx + \left(q - \frac{\partial\psi}{\partial y}\right) dy - \frac{\partial\psi}{\partial p} dp - \frac{\partial\psi}{\partial q} dq = 0 \text{ sein.}$$

Diese Gleichung besagt aber einfach, dass das Nachbarelement $x + dx$, $y + dy$ etc. der Ausgangsgleichung $z - \psi(x\,y\,p\,q) = 0$ genügt. Sollen daher unsere 4 Gleichungen auflösbar sein, so muss das Nachbarelement, gleich dem Anfangselement, der vorgelegten partiellen Differentialgleichung genügen.

Doch müssen wir noch eine einschränkende Bedingung hinzufügen, wenn die Werte von r, s, t ohne weiteres brauchbar sein sollen; es muss der Nenner N von 0 verschieden sein.

Ist aber diese Bedingung erfüllt, so werden wir sagen können: Ein jedes Nachbarelement unserer Gleichung $f = 0$ liefert ganz bestimmte Werte von r, s und t, d. h. gehört einer der ∞ vielen Flächencalotten an.

Wenn hier der Nenner N verschwindet, so werden die Werte für r, s, t allgemein zu reden $\infty$ gross, und in solchem Falle ist gewiss nichts ohne weiteres auszusagen, indem wir uns an einer singulären Stelle der Integralfläche befinden; wir verfolgen die hier vorliegenden Möglichkeiten nicht weiter.*) Anders aber ist es, wenn für $N = 0$ auch die Zähler verschwinden, sodass wir für $s, r, t$ die Form $\frac{0}{0}$, d.h. einen unbestimmten Wert erhalten. Das Verschwinden des Zähler mit $N = 0$ zusammen führt uns aber zu den Bedingungsgleichungen:

$dx : dy : dp : dq = \frac{\partial \Psi}{\partial p} : \frac{\partial \Psi}{\partial q} : p - \frac{\partial \Psi}{\partial x} : q - \frac{\partial \Psi}{\partial y}$, in denen wir sogleich die Differentialgleichungen der charakteristischen Streifen wiedererkennen.

<u>Wenn daher das Nachbarelement auf einem charakteristischen Streifen gewählt ist, so tritt kein Unendlichwerden, sondern ein Unbestimmtwerden von $r, s, t$ ein. Wir schliessen, dass das Nachbarelement von sämmtlichen Flächencalotten der Gleichung berührt werde.</u>

Mit diesem Satze ist die Grundlage gegeben, aus der sich jetzt der Nachweis unserer Behauptungen der vorigen Stunde ergeben wird. Gehen wir nämlich von einem beliebigen Flächenelemente $x, y, z, p, q$ aus und construiren zu ihm irgend eine Integralfläche, so wird doch eine hiemit bestimmte Flächencalotte $r, s, t$ diesem Elemente zugeordnet sein. Die Flächencalotte enthält nun auch das Nachbarelement des charakteristischen Streifens, wie wir soeben sahen. Von diesem Nachbarelement können wir nun in derselben Weise weiter gehen; die

*) Ich gebe ohne Beweis an, dass ein solcher Streifen im allgemeinen eine Rückkehrcurve der von ihm ausgehenden Integralfläche ist.

zu ihm gehörende Flächencalotte der Integralfläche wird das nächstfolgende Nachbarelement des charakteristischen Streifens enthalten und so fort. Es folgt daher, dass der ganze charakteristische Streifen auf der Integralfläche liegt und somit alle Integralflächen, welche ein Element $xyzpq$ gemein haben, auch den zugehörigen charakteristischen Streifen gemein haben, welcher von diesem Element ausläuft.

Wir wollen nun von einem Element $xyzpq$ zu einem beliebigen Nachbarelemente übergehen, welches mit ihm vereinigt liegt, und der Gleichung $N = \frac{\partial\Psi}{\partial p}dx - \frac{\partial\Psi}{\partial q}dy = 0$ genügt. Von diesem Nachbarelement wird ein neuer charakteristischer Streifen auslaufen. Dieser letztere wird dann mit dem vom Anfangselement auslaufenden charakteristischen Streifen nach seiner ganzen Erstreckung vereinigt liegen. Denn man kann doch stets, wie wir zeigten, eine Flächencalotte construiren, welche das ursprüngliche Element und das Nachbarelement enthält. Erweitern wir diese Calotte zu einer beliebigen Integralfläche, so wird diese die beiden charakteristischen Streifen enthalten, welche von diesen Elementen auslaufen. Die beiden Streifen laufen also auf der Fläche nebeneinander her, d. h. eben sie liegen in ihrem Gesammtverlauf vereinigt. Aus diesen Sätzen ergibt sich nun sofort die Integrationsmethode der partiellen Differentialgleichung $z - \Psi(xypq) = 0$, die wir in Aussicht nahmen. Denken wir uns zunächst die charakteristischen Streifen durch Integration ihrer gewöhnlichen Differentialgleichung bestimmt. Wir finden dann die allgemeine Integralfläche unserer Gleichung –

$Z - \Psi(x\,y\,p\,q) = 0$*), indem wir alle möglichen Streifen auswählen, für welche $N = 0$ sein soll und von den verschiedenen Elementen des jedesmaligen Streifens aus jeden zugehörigen charakteristischen Streifen auslaufen lassen. Die Gesammtheit derselben überdeckt dann eine zugehörige Integralfläche und wir erhalten so die allgemeine Integralfläche, die wir suchten.

Hiermit ist daher die Integration der vorgelegten partiellen Differentialgleichung zurückgebracht auf die Integration des Systems gewöhnlicher Differentialgleichungen, durch welches die charakteristischen Streifen definiert sind. Freilich bekommen wir solcherweise nur die allgemeine Lösung unserer Differentialgleichung; ausgeschlossen sind die <u>singulären Lösungen</u>, (wenn es solche giebt). Dieselben schliessen sich an die „singulären Elemente" der Gleichungen, die dadurch definirt sind, dass in den Differentialgleichungen der charakteristischen Streifen:

$$dx : dy : dp : dq = \frac{\partial\Psi}{\partial p} : \frac{\partial\Psi}{\partial q} : p - \frac{\partial\Psi}{\partial x} : q - \frac{\partial\Psi}{\partial y}$$

die rechten Seiten

$$\frac{\partial\Psi}{\partial p}, \frac{\partial\Psi}{\partial q}, p - \frac{\partial\Psi}{\partial x}, q - \frac{\partial\Psi}{\partial y}$$

sämmtlich verschwinden. Es bleibt im einzelnen Falle zu untersuchen, – allgemein lässt sich aber nichts sagen, – ob diese Elemente für sich eine singuläre Lösung bilden oder nicht. Als Litteraturangabe betreffend singuläre Lösungen sei auf eine Arbeit von <u>Darboux</u> in den Mémoires des Savants étrangers Bd. 27 (1880) hingewiesen.

*) und natürlich jede einzelne Integralfläche unendlich oft!

Fragen wir uns nun aber nach dem *Wert der angeführten Integrationsmethode*. In den Lehrbüchern findet man gewöhnlich die Differentialgleichungen eingetheilt in solche, die man integrieren kann, d.h. denen man durch die anderweitig bekannten elementare Functionen genügen kann, und in solche, bei denen die Integration nicht möglich ist, sei es, dass man zufälligerweise nicht im Stande war, das Integral in expliciter Form zu finden, sei es, dass die Differentialgleichung in der That durch die einfachen Funktionen (sin, cos, log, $e^z$ etc) nicht befriedigt werden kann. Der wissenschaftliche Standpunkt ist jedenfalls der, daß man die Differentialgleichung überhaupt als *Definition* einer Funktion ansieht und nur eventuell untersucht, ob dieselbe durch bekannte Funktionen ausdrückbar ist oder nicht. In diesem Sinne ist auch unsere Methode zu beurteilen. Der Wert der Zurückführung der Integralflächen auf die charakteristischen Streifen ist gewiss nicht der, dass es hierdurch *leichter* wird die Integralflächen zu berechnen, sei es durch die traditionellen Methoden oder durch direkte Reihenentwickelung. Es wäre nicht schwer, specielle Beispiele aufzustellen, in denen dieses keineswegs der Fall ist. *Vielmehr hat man von den Streifen aus eine bessere Einsicht in die Erzeugung der Integralflächen: man sieht, dass die Funktion $z = \varphi(xy)$ zweier Variabeln einerseits abhängt von dem transcendenten Verlaufe der durch die Streifen definirten Funktionen einer*

Variabeln und andererseits von der willkürlichen Aneinanderreihung dieser Streifen.

Wie verhält sich nun die Theorie der charakteristischen Streifen zu der Theorie der partiellen Differentialgleichungen von Lagrange, wie sie überall in den Lehrbüchern gegeben wird? Wenn eine Differentialgleichung $z - \psi(xypq) = 0$ gegeben ist, so sucht man nach Lagrange zunächst eine Funktion $z = \varphi(xyz\alpha\beta)$ mit zwei willkürlichen Parametern $\alpha$, $\beta$ zu bekommen, die der vorgelegten Gleichung genügt. Diese Funktion $z = \varphi(xyz\alpha\beta)$ nennt man ein vollständiges Integral der Gleichung. Indem aber jede Fläche der 2fach $\infty$ Schaar $z = \varphi(xyz\alpha\beta)$ 2fach $\infty$ viele Elemente darstellt, ergibt sich als Sinn der vollständigen Lösung von Lagrange dieser, dass wir versuchen sollen die 4fach $\infty$ vielen Elemente der Gleichung $z - \psi(xypq) = 0$ überhaupt auf irgend eine Weise auf 2fach $\infty$ viele Flächen zu verteilen.

Wenn dieses nun gelungen ist, so bildet man nach Lagrange alle Umhüllungsflächen von $\infty^1$ Flächen $z = \varphi$ des vollständigen Integrals. Man setze einfach $\beta = \omega(\alpha)$ d. h. gleich einer beliebigen Funktion von $\alpha$, sodass man erhält: $z = \varphi(x, y, \alpha, \omega(\alpha))$. Hierdurch wird eine einfach $\infty$ Reihe von Integralflächen aus der Gesammtschaar ausgewählt. Nun findet man die Schnittcurve jeder dieser Integralflächen mit der benachbarten, indem man zu $z = \varphi(x, y, \alpha, \omega(\alpha))$ die Gleichung $z = \varphi(x, y, \alpha + d\alpha, \omega(\alpha + d\alpha))$ hinzunimmt. An Stelle der letzteren lässt sich in Rücksicht auf

Die erste Gleichung setzen die Gleichung $0 = \frac{\partial \varphi}{\partial \alpha}$. Aus $z = \varphi(x, y, \alpha, \omega(\alpha))$ und $0 = \frac{\partial \varphi}{\partial \alpha}$ eliminirt man dann $\alpha$ und erhält in solcher Weise das <u>allgemeine Integral</u>.

Endlich nimmt Lagrange noch die Umhüllungsfläche aller $z = \varphi(x, y, \alpha, \beta)$ hinzu, die durch die Gleichungen: $z = \varphi$, $0 = \frac{\partial \varphi}{\partial \alpha}$, $0 = \frac{\partial \varphi}{\partial \beta}$ bestimmt ist. Dieselbe bildet die <u>singuläre</u> Lösung nach Lagrange.

Dieser Ideengang von Lagrange hängt nun in der Weise mit unserer allgemeinen Theorie zusammen, dass wir sagen: <u>Je 2 benachbarte Elemente des vollständigen Integrals haben einen charakteristischen Streifen gemein, und wenn wir das allgemeine Integral durch $\infty$ viele Flächen des vollständigen Integrals umhüllen, so bedeutet dies eben, dass wir diese allgemeinen Flächen aus lauter charakteristischen Streifen aufbauen.</u> –

Blicken wir nun auf unsere letzten Entwickelungen nochmals zurück. Dieselben bezogen sich auf die folgenden 3 Formen der partiellen Differentialgleichung: 1) $f(xyz) = 0$ 2) $C - Ap - Bq = 0$ und 3) allgemein $f(xyzpq) = 0$. Wenn wir diese 3 Fälle mit einander vergleichen, so werden wir in ihnen das Gemeinsame erkennen, dass wir stets $\infty^3$ charakteristische Streifen hatten, von denen je $\infty^1$ richtig aneinandergereiht eine Integral $M_2$ ergaben. Im Falle 1 hatten wir die „Elementenbüschel", im Falle 2 die sich an 2 Nachbarcharakteristiken anschliessenden Streifen, im Falle 3 die durch die bestimmten gewöhnlichen

Differentialgleichungen definirten Streifen als die charakteristischen Streifen erkannt. Den tieferen Grund dieser Parallelisirung der 3 Fälle erkennen wir mit Lie in dem Umstande, dass 2 beliebige partielle Differentialgleichungen erster Ordnung immer durch Berührungstransformationen in einander verwandelt werden können (wobei dann die charakteristischen Streifen ihre Bedeutung behalten), – oder mit anderen Worten, dass eine partielle Differentialgleichung 1. Ordnung gegenüber der Gruppe der Berührungstransformationen keine absolute Invariante besitzt.

Haben wir aber einmal dieses Theorem als bewiesen vorangestellt, so sehen wir mit Lie sofort, dass wir die Theorie der partiellen Differentialgleichungen 1. Ordnung geradezu von der einfachsten derartigen Gleichung Z=0 ablesen können, indem wir die Integral-$M_2$ dieser letzten Gleichung uns vorstellen und alle Eigenschaften derselben auffassen, die bei Berührungstransformationen erhalten bleiben müssen. Diese Integral-$M_2$ werden aber bekanntlich durch alle Flächenelemente in einem Punkte der Ebene r=0 oder alle Flächenelemente, die sich einer Curve auf Z=0 anschmiegen, dargestellt, endlich von der Ebene Z=0 selbst. Diese Auffassung ist von Lie zuerst mitgetheilt in den Göttingen Nachrichten vom Oktober 1872.

Indem wir hiermit die Betrachtung der allgemeinen Theorie abschliessen, gehen wir zu der Beziehung derselben zur Linien- u. Kugelgeometrie über. Wir knüpfen damit wieder an die Lie'sche Arbeit in Ann. 5 an.

Was zunächst die Liniengeometrie betrifft, so können wir doch eine *Liniencongruenz* und einen *Liniencomplex* betrachten. Eine Liniencongruenz stellt uns insgesammt $\infty^2$ gerade Linien vor, während ein Liniencomplex für jeden Raumpunkt einen Kegel von geraden Linien, insgesammt also $\infty^3$ gerade Linien enthält. Wir behaupten nun, dass wir leicht mit beiden Gebilden eine partielle Differentialgleichung 1. Ordnung verbinden können. Dies ist wieder ein Gedanke von *Lie*. Wir können nämlich verlangen, dass sich im ersten Falle das Flächenelement stets an eine gerade Linie der Congruenz anschmiegen soll, und dass im zweiten Falle das Flächenelement den von seinem Punkte ausgehenden Complex-Kegel berühren soll. *Das erste Mal werden wir daher zu einer linearen, das zweite Mal zu einer allgemeinen partiellen Differentialgleichung 1. Ordnung zwischen $x, y, z$ geführt.* Die Charakteristiken im ersten Falle sind dann die geraden Linien der Congruenz selbst, die Integralflächen aber die windschiefen Flächen, die sich aus den Linien der Congruenz bilden lassen, und also bilden die Charakteristiken auf diesen Integralflächen zugleich *Haupttangentencurven.*

Dies letzte Theorem gilt nun auch für die Liniencomplexe; *auch hier bilden die Charakteristiken auf den Integralflächen, die zu den Liniencomplexen gehören, Haupttangentencurven.* Wie werden wir dies einsehen können? Zu dem Zwecke wollen wir zunächst den Begriff einer Complexcurve uns klar machen; unter derselben verstehen wir eine solche Curve, die von einfach $\infty$ vielen Complexgeraden umhüllt wird. Wir können uns ihre Entstehung in der Weise vorstellen, dass wir von einem beliebigen Punkte längs einer der ausstrahlenden Complexgeraden um ein Linienelement fortschreiten, dann von dem Endpunkte des Linienelementes längs einer benachbarten von dem Endpunkte auslaufenden Complexgeraden um ein folgendes Element u. so fort. Man übersieht dann sofort, dass alle Streifen der partiellen Differentialgleichung, welche Complexstreifen sind, d.h. welche sich an eine Complexcurve anlehnen, <u>Schmiegungsstreifen</u> sind, indem die Osculationsebene der Curve in einem beliebigen ihrer Punkte immer zugleich Tangentialebene an dem ausstrahlenden Complexkegel ist. <u>Insbesondere sind nun die charakteristischen Streifen Beispiele von Complexstreifen, darum sind auch sie Schmiegungsstreifen und also Haupttangentencurven der Integralflächen.</u>

Lie hat diese Verhältnisse in Annalen V noch weiter entwickelt. Ist es überhaupt ein altes Problem, partielle Differentialgleichungen 1. Ordnung aufzustellen, deren charakteristische Streifen Haupttangentialcurven sind, so zeigt Lie vor allem, dass diese Differentialgleichungen durch die Differentialgleichungen der Liniencongruenzen und Liniencomplexe erschöpft sind. Ferner untersucht er bei 2 Liniencomplexen, was es geometrisch heisst, wenn sie gemeinsame Integralflächen haben. Drittens beschäftigt er sich mit der Integration der Liniencomplexe 2. Grades. Diese Untersuchungen habe ich dann selbst in Ann. 5 in der Arbeit: Ueber gewisse in der Liniengeometrie auftretende Differentialgleichungen in analytischer Form zum Abschluss gebracht.

Wir wollen doch auch ein specielles Beispiel, welches [Dienstag 28.II.9. sich auf die Theorie der partiellen Differentialgleichung des Liniencomplexes bezieht, etwas näher betrachten. Als solches wählen wir den tetraedralen Complex aus. Derselbe ist, wie wir wissen, bestimmt durch die Gleichung $a p_{12} p_{34} + b p_{13} p_{42} + c p_{14} p_{23} = 0$ und besteht aus allen geraden Linien, die die Seitenebenen eines Tetraeders nach constantem Doppelverhältniss schneiden. Nehmen wir dieses Tetraeder als $xyz$-Coordinatensystem, d.h. führen wir unhomogene Schreibweise ein, so liefert die genannte Gleichung:

$$a(x'-x)(yz'-y'z)+b(y'-y)(zx'-z'x)+c(z'-z)(xy'-x'y)=0.$$

Setzen wir für $x', y', z'$ ein $x+dx$, $y+dy$, $z+dz$, die Coordinaten eines Nachbarpunktes zu $xyz$, so erhalten wir die Gleichung:

$$a\,dx(y\,dz-z\,dy)+b\,dy(z\,dx-x\,dz)+c\,dz\cdot(x\,dy-y\,dx)=0,$$

oder geordnet: $(b-c)\,x\,dy\,dz+(c-a)\,y\,dz\,dx+(a-b)\,z\,dx\,dy=0$.

Diese Gleichung liefert uns bei festgehaltenem $xyz$ den Kegel von Fortschreitungsrichtungen, der von dem Punkte $xyz$ in unserem Complex ausstrahlt. Wir wollen nun die Tangentialgleichung dieses Kegels bestimmen. Dieselbe finden wir in derselben Weise, als wenn wir in letzter Gleichung $dx, dy, dz$ als homogene Punktcoordinaten auffassen und dann die Gleichung des „Kegelschnittes" in ebenen Liniencoordinaten u.s.w. mit der Bedingung $u\,dx+v\,dy+w\,dz=0$ aufstellen würden, d.h. durch Nullsetzen der geränderten Determinante der Coefficienten:

$$\begin{vmatrix} 0 & (a-b)z & (c-a)y & u \\ (a-b)z & 0 & (b-c)x & v \\ (c-a)y & (b-c)x & 0 & w \\ u & v & w & 0 \end{vmatrix} = 0$$

Wie uns das Verhältniss der Grössen $dx : dy : dz$, die der obigen Gleichung genügen, die Fortschreitungsrichtungen des Kegels liefert, so wird das Verhältniss der Grössen $u : v : w$, die der letzten Gleichung genügen, die Tangentialebenen des Kegels bestimmen. Diese Determinantengleichung stellt uns dann zugleich die gesuchte partielle Differentialgleichung dar, indem wir in derselben für $u, v, w$ noch resp. $\frac{\partial f}{\partial x}, \frac{\partial f}{\partial y}, \frac{\partial f}{\partial z}$ oder auch $p, q, -1$ einsetzen.

Fragen wir uns nun, wie wir diese Differentialgleichung integrieren. Es ist am einfachsten, zu dem Zweck wieder an die erste Gleichung des Kegels anzuknüpfen, die wir schreiben wollen:

$$(b-c)\cdot\frac{dy\,dz}{y\cdot z} + (c-a)\frac{dz\,dx}{zx} + (a-b)\frac{dx\cdot dy}{xy} = 0$$

Man macht nun die Substitution: $\log x = \xi$, $\log y = \eta$, $\log z$ d.h. eine Punkttransformation, die den Raum $xyz$ in den Raum $\xi\eta\zeta$ verwandelt, und erhält:

$$(b-a)\,d\eta\,d\zeta+(c-a)\,d\zeta\,d\xi+(a-b)\,d\xi\,d\eta=0.$$

Dann wird man sich mit der einfacheren Aufgabe beschäftigen, diese Differentialgleichung bez. die mit ihr verbundene partielle Differentialgleichung zu integrieren. Durch Umkehr der angegebenen Substitutionen wird man hiermit zugleich die Integration unserer obigen partiellen Differentialgleichung leisten. Wir beschäftigen uns also zunächst mit der letzteren Gleichung. Dieselbe stellt uns, wie man sofort sieht, den Kegel von Fortschreitungsrichtungen dar, dessen Strahlen die Punkte eines bestimmten Kegelschnittes in der $\infty$fernen Ebene treffen. Dieser Kegelschnitt wird durch die Gleichung:

$(b-a)\,\eta\,\zeta+(c-a)\,\zeta\,\xi+(a-b)\,\xi\,\eta=0$ bestimmt. Wir wollen diesen Kegelschnitt einfach sogleich den Kugelkreis nennen, indem es ja keine Schwierigkeit bieten würde, in jedem Falle den ersteren in den Kugelkreis zu transformiren. Dann aber wird der Kegel von Fortschreitungsrichtungen, der vom Punkte $\xi,\eta,\zeta$ ausstrahlt, durch die Minimalgeraden, die von ihm ausgehen, geliefert. Durch die logarithmische Abbildung ist daher der tetraedrale Complex in den Minimalcomplex verwandelt, d.h. die Differentialgleichung des Fortschreitungskegels auf der einen Seite in die Differentialgleichung des Fortschreitungs-Kegels auf der anderen Seite und natürlich auch die partielle Differentialgleichung auf der einen Seite in die der anderen

Seite.

Wollen wir daher jetzt unseren Tetraedralcomplex integriren, so werden wir vor der Aufgabe stehen, den Minimalcomplex zu integrieren. Diese ist aber sofort durchzuführen; *die Integralflächen des Minimalcomplexes sind einfach die uns wohlbekannten Minimaldeveloppabeln und ihre charakteristischen Streifen sind die Streifen dieser Flächen entlang den Minimalgeraden, von denen sie erzeugt werden.*

Zugleich finden wir dann in diesem Beispiel aufs beste den allgemeinen Satz bestätigt, dass 2 Integralflächen, welche ein Element gemein haben, den ganzen von diesem Elemente auslaufenden Streifen enthalten. *Von hieraus ergeben sich die Integralflächen und die charakteristischen Streifen des tetraedralen Complexes durch die logarithmische Abbildung*; insbesondere werden die Charakteristiken eine Gattung von W-Curven sein, den Minimalgeraden des $\xi\eta\zeta$-Raumes entsprechend. — Hiermit wollen wir die Betrachtung unseres speciellen Beispieles abschliessen und nur noch eine allgemeine Bemerkung hinzufügen:

Wir haben in solcher Weise schliesslich *3 Liniencomplexe* in wechselseitige Verbindung gesetzt, nämlich im Linienraum hatten wir zunächst den linearen Complex $p_{13} = p_{42}$, dann im Kugelraum den Minimalcomplex und endlich wieder im Linienraum den tetraedalen Complex. Zwischen den ersten beiden Complexen stellt die Linien-Kugelabbildung die Verbindung her, zwischen den letzten beiden jene Punktabbildung, die wir als logarithmische Abbildung bezeichneten. Dieser Vergleich der 3 solcherweise in Beziehung zu einander gesetzten Liniencomplexe ist nun für Lie der eigentliche Ausgangspunkt gewesen, an welchen sich seine sämmtlichen Arbeiten vom Jahre 1870 anschlossen. Wir haben z. B. seiner Zeit davon gesprochen, wie Lie die Theorie der Minimalflächen entwickelt hat, die im Minimalcomplex eine partielle Differentialgleichung 2. Ordnung befriedigt. Wie hat Lie die bez. Resultate gefunden? Er hat zunächst Flächen im tetraedralen Complex gesucht, die einer partiellen Differentialgleichung 2. Ordnung genügen, (deren Haupttangenten nämlich harmonisch liegen gegen die beiden im jeweiligen Tangentenbüschel verlaufenden Complexrichtungen) und hat diese dann der logarithmischen Abbildung unterworfen, um mit einem Male zu erkennen, dass jene Flächen hier die Minimalflächen geben, dass also seine Theorie jener Flächen eine Theorie der Minimalflächen impliciert. —

Nun müssen wir alles das, was wir über die partiellen Differentialgleichungen des Liniencomplexes und der Liniencongruenz gesagt haben, auf die entsprechenden Gebiete der Kugelgeometrie übertragen. Wir werden sogleich sagen können, dass wir auch bei jeder Kugelcongruenz oder jedem Kugelkomplex eine partielle Differentialgleichung 1. Ordnung aufstellen können. Es handelt sich doch allgemein darum, aus der Gesammtheit der $\infty^5$ Flächenelemente des Raumes $\infty^4$ Elemente herauszugreifen. Bei einer Kugelcongruenz wählen wir einfach alle Flächenelemente aller Kugeln der Kongruenz, dies sind in der That insgesammt $\infty^4$ Elemente. Die Aufgabe besteht dann wieder darin, aus diesen $\infty^4$ Elementen in allgemeinster Weise andere Flächen zusammenzusetzen. Wir erhalten da offenbar alle Röhrenflächen, die von Kugeln der Congruenz umhüllt werden *). Der Fall der Kugelcongruenz wird hiermit bereits hinreichend besprochen sein. Complicirter gestalten sich die Verhältnisse für den Kugelcomplex. Erinnern wir uns, dass wir beim Liniencomplex alle Elemente ausgewählt hatten, die sich an den Kegel von Fortschreitungsrichtungen eines beliebigen Punktes anschmiegen, so sind dies alle Elemente des Raumes, welche zwei zusammenfallende Gerade des Liniencomplexes enthalten, d.h. zwei aufeinanderfolgende Gerade, welche sich schneiden. Dementsprechend werden wir hier unter den Flächenelementen jeder Komplex-Kugel immer diejenigen auszuwählen haben, die sie mit benachbarten Kugeln gemein hat. Dies sind aber diejenigen Flächenelemente der Kugel, die sich an den zugehörigen Trajektorienkreis anschmiegen. In der That erhalten wir so für die Gesammtheit der $\infty^3$ Kugeln $\infty^4$ Flächenelemente, die dann dasjenige bilden, was wir die partielle Differentialgleichung des Kugelcomplexes nennen.

*) Denn die Kugeln der Congruenz bilden ja eo ipso eine vollständige Lösung der in Betracht kommenden partiellen Differentialgleichung.

Haben wir nun gestern gelernt, dass die charakteristischen Streifen der Liniencomplexe Schmiegungsstreifen sind, so haben wir hier den Satz, *dass
die charakteristischen Streifen der Kugelcomplexe Krümmungsstreifen
sind.* Dieselben ergeben also auf den zugehörigen Integralflächen
Krümmungscurven; gleichzeitig sind die zugehörigen Complexkugeln Krümmungskugeln der Integralfläche.

Wir wollen nun eine interessante Beziehung dieser Theorie zum
*Problem der geodätischen Linien* anschliessen, welche ebenfalls von Lie
in Ann. V, sogar in sehr viel allgemeinerer Weise, entwickelt ist.
Die Coordinaten einer Kugel seien in bekannter Weise $\alpha, \beta, \gamma, r$,
woselbst $\alpha\ \beta\ \gamma$ die rechtwinkligen Coordinaten des Mittelpunktes u. $r$
der Radius sei. Nun sei der specielle Complex gegeben $f(\alpha\ \beta\ \gamma) = 0$,
*d.h. man soll alle Kugeln nehmen, deren Mittelpunkte auf der
Fläche $f = 0$ liegen.* Es soll sich darum handeln, diesen speciellen Complex zu integrieren, d.h. wir sollen alle Flächen finden, deren Krümmungskugeln ihren Mittelpunkt auf der Fläche $f = 0$ haben. In Bezug
auf die Integralfläche nennen wir den Mittelpunkt jeder solchen
Krümmungskugel den einen Krümmungsmittelpunkt der Fläche, so dass wir zusammenfassend den Satz haben: *Den speciellen
Complex $f(\alpha\ \beta\ \gamma) = 0$ integrieren heisst, alle Flächen des Raumes finden, für welche die eine Schale der Krümmungsmittelpunktsfläche
mit der Fläche $f(\alpha, \beta\ \gamma) = 0$ zusammenfällt.*

Indem nun in unserem Complex $f(\alpha\ \beta\ \gamma) = 0$ der Radius $r$

lcht, erkennen wir, dass ersterer in sich übergeht durch die Substitution $r' = r +$ Const. Dieselbe stellt eine beliebige Paralleltransformation vor; sie führt natürlich eine Integralfläche stets wieder in eine Integralfläche über. Daher sind zugleich mit jeder Integralfläche des Complexes immer auch deren Parallelflächen Integralflächen. Für denjenigen, der die allgemeine Theorie der Krümmungsmittelpunktsflächen kennt, folgt hier ohne Weiteres: den Krümmungsstreifen der einzelnen Integralfläche, wie ihrer Parallelflächen, entspricht auf $f(\alpha\,\beta\,\gamma) = 0$ als Elementen ein Paar geodätischer Curven, und die Schnitte, welche die parallelen Integralflächen mit $f = 0$ liefern, bilden ein Paar dazu normaler aequidistanter Curven. In solcher Weise entspricht die Aufsuchung der geodätischen Linien auf $f = 0$ und der zugehörigen aequidistanten Curven gerade der Aufsuchung der charakteristischen Streifen unseres Kugelcomplexes und der aus ihnen zu bildenden Integralflächen. Die charakteristischen Streifen des Kugelcomplexes sind einfach die Evolventen der auf $f(\alpha\,\beta\,\gamma) = 0$ verlaufenden geraden Linien. Und der geometrische Zusammenhang, den wir früher zwischen geodätischen Linien und Systemen aequidistanter Curven kennen lernten, ist ein Abbild der allgemeinen Theorie von der Zusammensetzung der Integralflächen einer partiellen Differentialgleichung 1. Ordnung aus deren charakteristischen Streifen. —

Uebrigens hat Lie in Annalen V, wie wir hier nur ganz beiläufig erwähnen können, die Theorie der Linien- und Kugelgebilde auch mit Untersuchungen über partielle Differentialgleichungen zweiter Ordnung in Verbindung gebracht. Ich verweise hier insbesondere auf eine elegante Behandlung des Problems, alle Flächen mit sphärischen Krümmungslinien zu finden. Es ist merkwürdig, dass alle diese Entwickelungen bisher von den Differentialgeometern so wenig beachtet worden sind. Um so nachdrücklicher müssen wir die allgemeine Auffassung betonen, die ihnen zu Grunde liegt: Dass man nämlich in der Differentialgeometrie alle geometrischen Hülfsmittel benutzen soll, also Liniengeometrie, Kugelgeometrie etc. etc., welche die entwickelte analytische Geometrie zur Verfügung stellt.

Wir gehen nun zu dem letzten Kapitel dieser Winter- [Ta. 2. II. 93] Vorlesung über, das sich mit der

allgemeinen Theorie der Berührungstransformationen

beschäftigen soll. Ihre Darlegung wird sich jetzt um so einfacher gestalten, da wir ja schon manches von ihr vorweggenommen haben*). Wir sprechen zunächst von der Aufzählung aller Berührungstransformationen im $R_3$.

*) man vergleiche übrigens die zusammenfassende Darstellung in Lie's „Theorie der Transformationsgruppen", II, (Leipzig 1890).

Wir wissen, dass im $R_3$ die Punkte, Curven u. Flächen gleicherweise Integral-$M_2$ des Pfaff'schen Problems $dz - p\,dx - q\,dy = 0$ sind. Demgemäss teilen wir die Berührungstransformationen ein in solche, welche die $\infty^3$ Punkte $\infty^3$ Punkten oder $\infty^3$ Curven oder $\infty^3$ Flächen zuordnen. Es ist dies natürlich eine Einteilung, welche die Punktauffassung bevorzugt. Ich sage nun, *dass jede Art, den $\infty^3$ Punkten $\infty^3$ Punkte oder Curven oder Flächen zuzuordnen, eine Berührungstransformation gibt.*

Nehmen wir den letzten Fall zunächst zur weiteren Betrachtung vor: Es sei irgend eine Gleichung $\Omega(x, y, z, x', y', z') = 0$ gegeben. Wenn wir die Coordinaten $x'y'z'$ festhalten, so ordnet diese Gleichung dem Punkte $x'y'z'$ des einen Raumes in allgemeinster Weise eine Fläche des anderen Raumes zu und umgekehrt. Wir werden jetzt noch die Gleichungen hinzunehmen, welche uns die Grössen $p$ u. $q$, resp. $p'$ und $q'$ der Tangentialebenen der bez. Fläche im Punkte $xyz$ resp. $x'y'z'$ bestimmen:

$$p = -\frac{\frac{\partial \Omega}{\partial x}}{\frac{\partial \Omega}{\partial z}}, \quad q = -\frac{\frac{\partial \Omega}{\partial y}}{\frac{\partial \Omega}{\partial z}}$$

$$p' = -\frac{\frac{\partial \Omega}{\partial x'}}{\frac{\partial \Omega}{\partial z'}}, \quad q' = -\frac{\frac{\partial \Omega}{\partial y'}}{\frac{\partial \Omega}{\partial z'}}$$

Diese letzten Gleichungen mit den ursprünglichen $\Omega = 0$ zusammen ordnen jedem Elemente $x\,y\,z\,p\,q$ ein Element $x'y'z'p'q'$ zu und umgekehrt, sie definieren also eine *Elemententransformation*. Insbesondere nennt man die Gleichung $\Omega = 0$ die *aequatio directrix* oder die *Leitgleichung*. Wir behaupten nun, *dass die Gleichung $\Omega = 0$ zusammen mit* den 4 aus ihr abgeleiteten Gleichungen immer eine Berührungstransformation giebt. Dies ist analytisch leicht einzusehen. (Ich muss leider der Kürze halber unterlassen die geometrische Seite der Sache so auszuführen, wie sie es verdient). Aus der Gleichung $\Omega = 0$ folgern wir zunächst:

$$\frac{\partial \Omega}{\partial x}\,dx + \frac{\partial \Omega}{\partial y}\,dy + \frac{\partial \Omega}{\partial z}\,dz + \frac{\partial \Omega}{\partial x'}\,dx' + \frac{\partial \Omega}{\partial y'}\,dy' + \frac{\partial \Omega}{\partial z'}\,dz' = 0$$

d.h. die Incremente $dx$, $dy$ etc. werden immer an diese Bedingung gebunden sein. Diese letzte Gleichung geht nun in Rücksicht auf die Ausdrücke für $p, q, p' q'$ sogleich in die folgende über:

$$\frac{\partial \Omega}{\partial z}\left(dz - p\,dx - q\,dy\right) + \frac{\partial \Omega}{\partial z'}\left(dz' - p'\,dx' - q'\,dy'\right) = 0.$$

Und aus dieser Gleichung ersehen wir sofort, dass wir also eine Berührungstransformation vor uns haben.

Nun gehen wir zu dem zweiten Falle, indem die Punkte des einen Raumes Curven des andern Raumes zugeordnet sein sollen und umgekehrt. Eine solche Beziehung wird in allgemeinster Weise durch das gemeinsame Bestehen zweier Gleichungen vermittelt:

$$\Lambda_1(xyzx'y'z') = 0,$$

$$\text{und } \Lambda_2(xyzx'y'z') = 0.$$

Halten wir hier z. B. $x'y'z'$ fest, so ist $xyz$ an eine Curve gebunden und umgekehrt. Nun werden wir wieder die Flächenelemente, welche sich an die Curven der beiden Räume anschmiegen, in Betracht zu ziehen haben. Zu dem Zwecke berechnen wir wieder die Grössen $p$ u. $q$, resp. $p'$ u. $q'$, die zu den Flächenelementen eines Linienelementes der Curven gehören.

Wir setzen:

$$p = -\frac{\frac{\partial(\Lambda_1 + \lambda\Lambda_2)}{\partial x}}{\frac{\partial(\Lambda_1 + \lambda\Lambda_2)}{\partial z}}, \qquad q = -\frac{\frac{\partial(\Lambda_1 + \lambda\Lambda_2)}{\partial y}}{\frac{\partial(\Lambda_1 + \lambda\Lambda_2)}{\partial z}}$$

und:

$$p' = -\frac{\frac{\partial(\Lambda_1 + \lambda\Lambda_2)}{\partial x'}}{\frac{\partial(\Lambda_1 + \lambda\Lambda_2)}{\partial z'}}, \qquad q' = -\frac{\frac{\partial(\Lambda_1 + \lambda\Lambda_2)}{\partial y'}}{\frac{\partial(\Lambda_1 + \lambda\Lambda_2)}{\partial z'}}$$

In diesen Gleichungen stellt $\lambda$ einen willkürlichen Parameter vor, so dass $\Lambda_1 + \lambda\Lambda_2 = 0$ das lineare Flächenbüschel bezeichnet, welches die Durchschnittscurve von $\Lambda_1 = 0$ u. $\Lambda_2 = 0$

gemeinsam hat. Denken wir uns zu diesen 4 Gleichungen die ursprünglichen Gleichungen $\Omega_1 = 0$ u. $\Omega_2 = 0$ hinzugenommen und die willkürliche Grösse $\lambda$ eliminiert, so erhalten wir wieder 5 Beziehungen zwischen den Grössen $x\,y\,z\,p\,q$ und $x'\,y'\,z'\,p'\,q'$ d.h. eine Elemententransformation. Diese Gleichungen stellen dann wieder eine Berührungstransformation dar. Der Beweisgang ist derselbe wie vorhin. Wir bilden die Gleichung:

$$\frac{\partial(\Omega_1 + \lambda\Omega_2)}{\partial x}dx + \ldots\ldots + \frac{\partial(\Omega_1 + \lambda\Omega_2)}{\partial z'}dz' = 0,$$ die aus $\Omega_1 + \lambda\Omega_2 = 0$

folgt, und aus ihr ergibt sich wieder durch einfache Umformung, dass $dz - p\,dx - q\,dy$ bis auf einen Faktor übereinstimmt mit $dz' - p'dx' - q'dy'$. Die Gleichung $\Omega_1 = 0$ u. $\Omega_2 = 0$ nennen wir wieder die Leitgleichungen.

Schliesslich gehen wir von 3 Leitgleichungen aus: $\Omega_1 = 0$, $\Omega_2 = 0$, $\Omega_3 = 0$. Dieselben stellen uns eine Punkttransformation dar, und wir wissen bereits von früher her, und können es übrigens sofort nach Analogie der beiden vorhergehenden Fälle ableiten, dass eine solche stets eine Berührungstransformation darstellt. –

Wollen wir für die sämmtlichen betrachteten Fälle einfache Beispiele haben, so ist es am bequemsten, bilineare Gleichungen zu Grunde zu legen.

Eine einzelne bilineare Gleichung $\Omega = 0$ zwischen den Coordinaten $x\,y\,z$, $x'\,y'\,z'$ stellt die allgemeine lineare dualistische Verwandtschaft dar, die uns ja hinlänglich bekannt ist. Zwei nebeneinanderstehende bilineare Gleichungen ordnen jedem Punkte des einen Raumes den Schnitt 2^er Ebenen d.h. eine gerade Linie zu. Den Punkten werden daher die Linien eines Complexes entsprechend gesetzt. Im einzelnen mögen Sie dieses in der Lie'schen Arbeit Ann. 5 nachsehen; als specielles Beispiel ergibt sich die Linien-Kugelverwandtschaft. Von hier aus ist Lie zuerst zu dieser Verwandtschaft gekommen.

Sind endlich 3 bilineare Gleichungen gegeben, so können wir diese doch z. B. nach $x'y'z'$ oder auch nach $xyz$ auflösen. Die Unbekannten ergeben sich als Quotienten zweier dreigliedriger Determinanten, wie leicht zu übersehen ist. Wir haben daher eine Cremonatransformation 3. Grades vor uns. Mit dieser sehr allgemeinen Raumtransformation haben sich Cayley und Nöther viel beschäftigt, beide im Jahre 1870, jener in der Math. Society 3, dieser in Ann. Bd. 3. Die Transformation schliesst als besondere Fälle ziemlich alle Cremonatransformationen des Raumes ein, die man genauer kennt. —

In den vorstehenden Betrachtungen haben wir die Theorie der Berührungstransformationen des $R_3$ so entwickelt, wie sie sich vom Punktstandpunkte aus darstellt. Wir wollen jetzt allgemeinere Formeln geben, welche die Coordinaten $xyz\,pq$ als gleichberechtigte Variable neben einander gelten lassen. Wir schreiben:

$$X = \mathfrak{X}(xyzpq) \qquad P = \mathfrak{P}(xyzpq)$$
$$Y = \mathfrak{Y}(xyzpq) \qquad Q = \mathfrak{Q}(xyzpq)$$
$$Z = \mathfrak{Z}(xyzpq)$$

und fragen uns direkt, wie wir diese Funktionen einrichten müssen, damit $dZ - PdX - QdY$ bis auf einen Factor übereinstimmt mit $dz - pdx - qdy$. Die betreffenden Resultate sind von Lie 1872/73 in den Verhandlungen der Akademie zu Christiania publicirt; sodann hat Adolph Mayer in den Göttinger Nachrichten von 1873 und in Ann. 8 eine directe elementare Ableitung gegeben. (Man vergleiche auch mein Vorlesungsheft über Mechanik II 1891).

Die Sache ist die folgende: Es mögen $F(xyzpq)$ u. $\Phi(xyzpq)$ irgend zwei Functionen sein; wir müssen zunächst vor allem eine Covariante derselben kennen lernen, gegenüber irgend welchen Berührungstransformationen, d. h. im $R_5$ eine Covariante von $F$, $\Phi$ und dem Pfaff'schen Ausdruck $dz - pdx - qdy$. Man bezeichnet dieselbe gewöhnlich mit $(F, \Phi)$. Dieselbe lautet:

$$\left(\frac{\partial F}{\partial p}\cdot\frac{d\Phi}{dx} - \frac{\partial\Phi}{\partial p}\,\frac{dF}{dx}\right) + \left(\frac{\partial F}{\partial q}\,\frac{d\Phi}{dy} - \frac{\partial\Phi}{\partial q}\cdot\frac{dF}{dy}\right)$$

oder wenn wir die totalen Differentialquotienten in die partiellen auflösen, z. B. $\frac{d\Phi}{dx} = \frac{\partial\Phi}{\partial x} + \frac{\partial\Phi}{\partial z}\cdot p$ setzen:

$$(F, \Phi) = \left(\frac{\partial F}{\partial p}\cdot\frac{\partial\Phi}{\partial x} - \frac{\partial\Phi}{\partial p}\cdot\frac{\partial F}{\partial x}\right) + \left(\frac{\partial F}{\partial q}\cdot\frac{\partial\Phi}{\partial y} - \frac{\partial\Phi}{\partial q}\cdot\frac{\partial F}{\partial y}\right)$$
$$+\left(\left(p\frac{\partial F}{\partial p} + q\frac{\partial F}{\partial q}\right)\cdot\frac{\partial\Phi}{\partial z} - \left(p\frac{\partial\Phi}{\partial p} + q\frac{\partial\Phi}{\partial q}\right)\cdot\frac{\partial F}{\partial z}\right)$$

Dieser Ausdruck soll also bei beliebigen Berührungstransformationen bis auf einen Factor unverändert bleiben. Um

Dies zu sehen, fragen wir nach der Bedeutung von $(F, \Phi) = 0$; wir werden sehen, dass diese Gleichung, eine durch Berührungstransformation unzerstörbare Beziehung darstellt. Dabei können wir einen doppelten Standpunkt einnehmen: entweder soll $(F, \Phi) = 0$ sein vermöge $F = 0$ u. $\Phi = 0$, oder aber es soll $(F, \Phi) = 0$ sein für alle Flächenelemente, während $F$ wie $\Phi$ selbst wechselnde Werte erhalten: $F = C_1$ u. $\Phi = C_2$, (woselbst dann diese letzten beiden Gleichungen 2 Schaaren von partiellen Differentialgleichungen erster Ordnung darstellen). Wir beginnen mit der ersten Voraussetzung, indem wir auf die zweite erst später kurz eingehen werden.

Wir werden zunächst setzen:

$$dx : dy : dz : dp : dq = \frac{\partial F}{\partial p} : \frac{\partial F}{\partial q} : p\frac{\partial F}{\partial p} + q\frac{\partial F}{\partial q} : -\frac{\partial F}{\partial x} - p\frac{\partial F}{\partial z} : -\frac{\partial F}{\partial y} - q\frac{\partial F}{\partial z}.$$

Diese Differentialgleichungen definieren uns die charakteristischen Streifen von $F = 0$. Jetzt möge das Element $x\,y\,z\,p\,q$ gleichzeitig $F = 0$ u. $\Phi = 0$ angehören. Wir schreiten von $x\,y\,z\,p\,q$ auf dem zugehörigen charakteristischen Streifen von $F = 0$ zum Nachbarelemente fort. Wir fragen uns nun, unter welcher Bedingung dieses zweite Element ebenfalls der Gleichung $\Phi = 0$ angehört, oder allgemein, wie wir es einrichten müssen, dass die charakteristischen Streifen von $F = 0$ zugleich Streifen von $\Phi = 0$ sind? Damit das Nachbarelement der Gleichung $\Phi = 0$ angehört, muss die folgende Gleichung erfüllt sein: $\frac{\partial \Phi}{\partial x}dx + \ldots\ldots + \frac{\partial \Phi}{\partial q}dq = 0$. Tragen wir in diese für $dx, dy, .. dq$ die oben angegebenen Proportionalwerte ein, so geht diese Gleichung gerade über in $(F, \Phi) = 0$. Indem nun der Ausdruck $(F, \Phi)$ in den Funktionen $F$ u. $\Phi$ symmetrisch aufgebaut ist, bekommen wir den folgenden Satz: $(F, \Phi) = 0$ bedeutet sowohl, dass die charakteristischen Streifen von $F = 0$, welche von den gemeinsamen Elementen der Gleichungen $F = 0$ u. $\Phi = 0$ auslaufen, Streifen der Gleichung $\Phi = 0$ sind, als auch umgekehrt, dass die bezüglichen charakteristischen Streifen $\Phi = 0$ solche von $F = 0$ sind. Hieraus können wir nun eine schöne Folgerung ziehen. Es sei wieder $x\,y\,z\,p\,q$ unserer $F = 0$ u. $\Phi = 0$ gemeinsames Ausgangselement, von ihm aus lassen wir die beiden charakteristischen Streifen $S_1$ und $S_2$ von $F = 0$ u. $\Phi = 0$ auslaufen. Nun lassen wir von jedem Element von $S_1$ die $\infty^1$ charakteristischen Streifen für $\Phi = 0$ auslaufen und erhalten so eine Integralfläche von $\Phi = 0$. Aber diese Streifen gehören nach unserem eben abgeleiteten Satze auch der Gleichung $F = 0$ an, d.h. die erzeugte Fläche ist auch eine Integralfläche von $F = 0$, die beiden Gleichungen $\Phi = 0$ u. $F = 0$ haben eine Integralfläche gemeinsam. Dieselbe Fläche können wir natürlich auch erzeugt denken, wenn wir von den Elementen von $S_2$ die charakteristischen Streifen von $F = 0$ auslaufen lassen. Das Verschwinden von $(F, \Phi)$ hat zur Folge, <u>dass die $\infty^3$ gemeinsamen Elemente der beiden Gleichungen $F = 0$ u. $\Phi = 0$ sich zusammenfassen lassen zu $\infty^1$ gemeinsamen Integralflächen, deren jede von einfach $\infty$ vielen charakteristischen Streifen der einen Art und ebenso von einfach $\infty$ vielen charakteristischen Streifen der anderen Art überdeckt ist.</u>

Lie drückt dieses aus, indem er sagt: $F=0$ u. $\Phi=0$ liegen involutorisch, sodass wir den Inhalt des letzten Satzes uns wie folgt zusammenfassen können: Die Bedingung, dass $(F,\Phi)=0$ sein soll vermöge $F=0$ u. $\Phi=0$ besagt, dass die beiden Gleichungen $F=0$ u. $\Phi=0$ in Involution liegen. Sollte aber $(F,\Phi)$ identisch $=0$ sein, so ändert sich nur dies, dass dann alle Gleichungen der Schaar $F=$ const. mit allen Gleichungen der Schaar $\Phi=$ const. in Involution liegen. – Aus diesem hiernit für $(F,\Phi)=0$ ausgesprochenen Sätzen folgt dann die invariante Natur des Ausdrucks $(F,\Phi)$ selbst. –

Nun hatten wir die allgemeine Berührungstransformation dadurch in Ansatz gebracht, dass $dZ-PdX-QdY=\varrho(dz-pdx-qdy)$ sein soll, etc. Man kann jetzt im Besonderen ausrechnen, welche Bedingungen die Funktionen $X, Y, Z, P, Q$ erfüllen müssen, damit diese Gleichung besteht. Wir wollen alle Zwischenrechnung fortlassen; das Endresultat ist, dass

$$(Z,X)=(Z,Y)=(X,Y)=(X,Q)=(Y,P)=(P,Q)=0$$

und $(Z,P)=\varrho P,\ (Z\,Q)=-\varrho Q,\ (X,P)=(Y,Q)=-\varrho$

sein muss, wo $\varrho=\frac{\partial Z}{\partial z}-P\frac{\partial X}{\partial z}-Q\frac{\partial Y}{\partial z}$ gesetzt ist.

Wir können nun wieder an die Bedeutung der Klammerausdrücke anknüpfen. So besagt z. B. $(Z, X) = 0$, dass die Gleichung $Z = \text{const}$ und $X = \text{const}$ [unabhängig von dem Werte der beiden Constanten] einfach $\infty$ viele Lösungen gemein haben sollen. Wir fragen uns, haben denn beim ursprünglichen Coordinatensystem die Gleichungen $z = C$, $x = C'$ $\infty^1$ Lösungen gemeinsam? In der That ist dies der Fall, denn die Ebenen $z = C$ u. $x = C'$ schneiden sich doch in einfach $\infty$ vielen Punkten, und diese Punkte sind gemeinsame Integral-$M_2$ der beiden partiellen Differentialgleichungen $z = C$ u. $x = C'$. Wollen wir unseren Raum so transformiren, dass $dz - pdx - qdy$ invariant bleibt, so müssen wir daraufhin $Z$ u. $X$ als Funktion von $xyzpq$ in der That immer so auswählen, dass alle Gleichungen $Z = C$ u. $X = C'$ wieder $\infty^1$ Integralflächen gemeinsam haben. Das Analoge gilt für die übrigen Bedingungen, so dass wir ein volles geometrisches Verständniss unseres Formelsystems erhalten. Jedoch sieht man nicht von vornherein ein, dass diese Bedingungen zugleich auch ausreichend sind. Ferner beherrschen wir mit unseren Formeln nicht das Unendlich Weite, was doch für das allseitige Verständniss stets wünschenswert ist. Um da abzuhelfen, müssen wir homogene Schreibweise der Formen einführen. Ich schliesse mich an die Entwickelung von Lindemann in Clebsch's Vorlesungen I p. 1023 ff. an. Dort ist das Element durch die homogenen Coordinaten $x_1 x_2 x_3 x_4$ und $u_1 u_2 u_3 u_4$ (allgemein im $R_{n-1}$ $x_1 \dots x_n$ und $u_1 \dots u_n$) mit der Bedingung $u_x = 0$ bestimmt. Es wird dann gesetzt:

$X_i = X_i(x_1 \ldots x_4, u_1 \ldots u_4)$.

und $U_i = U_i(x_1 \ldots x_4, u_1 \ldots u_4)$ Wir wollen hier keinen Proportionalitätsfaktor hinzufügen. Dann soll für $u_x = 0$ auch $U_X = 0$ sein, damit wir überhaupt eine Elemententransformation haben, wir setzen geradezu, um etwas Bestimmtes zu haben, $U_X = u_x$. Ferner müssen wir natürlich $X$ in den $x_i$ homogen, etwa vom Grade $\alpha$, wählen; dann werden die $U_i$ in den $x_i$ homogen vom Grade $1-\alpha$, damit $U_X$ linear in den $x$ wird. Ebenso möge $X_i$ vom Grade $1-\beta$ in den $u_i$ und $U_i$ vom Grade $\beta$ in den $u_i$ sein. Nun verlangen wir, dass $\Sigma U_i\, dX_i = \Sigma u_i\, dx_i$ sein soll oder $\Sigma X_i\, dU_i = \Sigma x_i\, du_i$, was dasselbe besagt. Sind diese Gleichungen erfüllt, so wird unsere Elementartransformation zugleich eine Berührungstransformation sein. In homogener Schreibweise wird nun der Ausdruck $(F, \Phi) = \sum_1^4 \left(\frac{\partial F}{\partial x_i}\frac{\partial \Phi}{\partial u_i} - \frac{\partial F}{\partial u_i}\frac{\partial \Phi}{\partial x_i}\right)$. Die Bedingung, dass wir eine Berührungstransformation haben, wird sich dann so aussprechen, dass einerseits

$(X_i X_k) = (X_i U_k) = (U_i U_k) = 0$ d.h. jedes $X_i$ mit jedem $X_k$ u.s.w. involutorisch liegt, und dass andererseits $(X_i U_i) = 1$. Sie sehen, dass diese homogene Formulierung zwar viel systematischer wird, aber auch viel schleppender als die unhomogene; das ist derselbe Gegensatz, den wir immer antreffen, wenn wir homogene und unhomogene Formeln vergleichen. Welche Formeln den Vorzug verdienen, hängt von den Fragestellungen ab, mit denen man sich beschäftigt.

Wir wollen heute noch einige specielle Beispiele von [Fr 3.III.9 Berührungstransformationen kennen lernen. Hatten wir schon die Punkttransformationen im allgemeinen, dann die linearen dualistischen Umformungen, die $\infty^{15}$ Transformationen der höheren Kugelgeometrie, die Beziehungen zwischen Linien- und Kugelgeometrie als Berührungstransformationen erkannt, so bietet andererseits die mathematische Litteratur noch mannigfache andere Fälle solcher Umformungen dar, die sich als Berührungstransformationen erweisen; man hat nur früher bei der Einführung dieser Umformungen keineswegs diesen allgemeinen Charakter an die Spitze gestellt.

Als erstes Beispiel wollen wir die Herstellung der Fusspunktcurven irgend welcher gegebenen Curve betrachten. Unter der Fusspunktcurve bezeichnet man bekanntlich den geometrischen Ort der Fusspunkte aller Normalen, die man von einem festen Punkte z. B. vom Coordinatenanfangspunkte aus auf die Tangenten der gegebenen Curve fällen kann. Bei einer Ellipse z. B. legt sich die Fusspunktcurve als ein an 4 Stellen ausgebauchtes Oval um

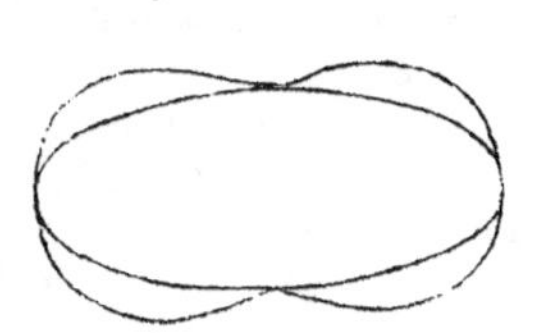

dieselbe herum, wie es nebenstehende Figur andeuten möge. Wir behaupten nun, dass der Process, vermöge dessen aus der vorgelegten Curve die Fusspunktcurve wird, eine Berührungstransformation darstellt. Zum Beweise gehen wir von den Tangenten der vorgelegten Curve aus, deren einzelne durch $ux+vy+1=0$ gegeben sein mögen. Die Coordinaten des Fusspunktes des vom Coordinatenanfangspunkte auf diese Tangente gefallten Lotes sind dann:

$X = -\frac{u}{u^2+v^2}$, $Y = -\frac{v}{u^2+v^2}$. Wir denken uns nun die anfängliche Curve durch eine Gleichung zwischen $u$ und $v$ gegeben und gehen darauf hin zu einer Hilfscurve über, die aus der gegebenen durch die Substitution $u = -\xi$, $v = -\eta$ entsteht. Diese Substitution stellt einfach die Polarenverwandtschaft an dem Einheitskreise $\xi^2 + \eta^2 = 1$ dar. Die neue Curve $\xi, \eta$ wird einfach Punktcoordinaten aufweisen, die den Liniencoordinaten $u, v$ der Ausgangscurve entgegengesetzt gleich sind.

Wir erhalten dann aus unseren letzten Formeln die neue Beziehung:

$X = \frac{\xi}{\xi^2+\eta^2}$, $Y = \frac{\eta}{\xi^2+\eta^2}$ der Fusspunktcurve zu der transformierten Curve. Diese zweite Transformation stellt aber ersichtlich eine Inversion der $\xi\eta$-Curve an demselben Kreise $\xi^2 + \eta^2 = 1$ dar. Indem daher der Uebergang von unserer vorgegebenen Curve zu der Fusspunktcurve sich als die Aufeinanderfolge der genannten einfachen Umformungen darstellt, die ihrerseits als Berührungstransformationen uns bekannt sind, ist er gewiss ebenfalls eine Berührungstransformation. Zugleich bemerken wir, dass unsere so gewonnene Transformation eindeutig ist; ist sie ja doch aus 2 eindeutigen Transformationen zusammengesetzt. Wir entnehmen aus unserem Beispiel daher das folgende allgemeine Princip: <u>Um ein</u>, deutige Berührungstransformationen beispielsweise herzustellen braucht man nur eine beliebige dualistische Transformation mit einer beliebigen Cremona-Transformation zu verbinden. — Eine allgemeine Theorie der eindeutigen Berührungstransformationen scheint noch nicht entwickelt zu sein. —

Nun gehen wir zu einem ganz anderen Beispiele über, wie es die Theorie der Zahnräder darbietet*). Denken wir uns zunächst einmal 2 sich von aussen oder von innen berührende Kreise, deren Mittelpunkte wir festhalten wollen. Eine gleichförmige Drehung des Kreises R

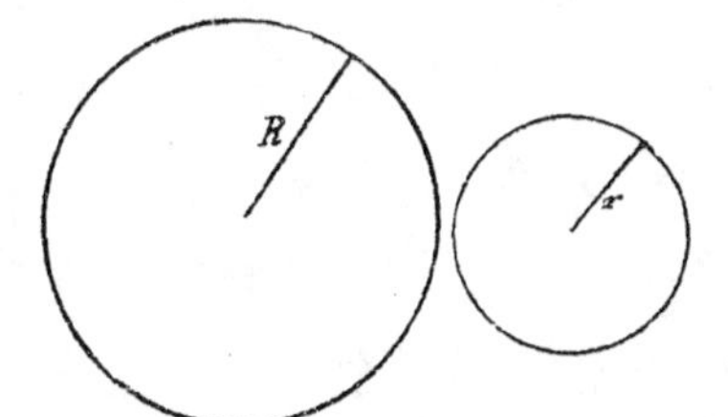


wird vermöge der Reibung eine gleichmässige Drehung des zweiten Kreises zur Folge haben. Doch lässt sich in dieser Weise ersichtlich keine Kraft übertragen, da bei einigermassen grossen Widerstande die Kreise nicht mehr auf einander abrollen, sondern auf einander gleiten werden. Daher versieht man beide Kreise an ihrer Peripherie mit Zahnkränzen, deren einzelne Zähne in allbekannter Weise ineinandergreifen. Das allgemeine Gesetz für die Herstellung einer solchen Verzahnung ist dann einfach dieses, dass die beiden Zahnkränze bei der gleichförmigen Drehung der beiden Kreisräder da, wo sie sich treffen, stets

*) Wir könnten überhaupt die Theorie der „Rouletten und Glissetten heranziehen!

einander berühren müssen. Die Zähne, welche gerade einander berühren, gleiten dabei, allgemein zu reden, aufeinander. Um die Verhältnisse leichter übersehen zu können, wollen wir annehmen, dass der eine Kreis, etwa der Kreis R fest bleibe, während der andere um denselben herumrollt. Offenbar ist die relative Bewegung beider Kreise genau dieselbe wie bei unserer früheren Anordnung. (Natürlich könnten wir auch den zweiten Kreis r festgelegt und den Kreis R auf ihm abrollen denken, indem der Kreis R um den Mittelpunkt des Kreises r herumläuft). Es ist einem Jeden von Ihnen bekannt, dass bei dieser Bewegung ein Punkt der Ebene des rollenden Kreises eine Epicycloide beschreibt und zwar eine gemeine, gestreckte, oder verschlungene Epicycloide, je nachdem dieser Punkt auf der Peripherie des rollenden Kreises, innerhalb oder ausserhalb derselben gelegen ist. Wie wir hier einen Punkt in seinen aufeinanderfolgenden Lagen bei der Bewegung betrachten, ebenso können wir auch eine beliebige Curve oder ein Stück einer Curve, welches mit dem rollenden Kreise fest verbunden ist, in den aufeinander folgenden Lagen verfolgen. Wir finden, dass bei der Bewegung der ausgewählten Curve eine bestimmte zweite Curve umhüllt wird. Wir erkennen nun, dass die Beziehung zwischen den beiden Curven eine Berührungstransformation darstellt nämlich diejenige Berührungstransformation, die aus

Den Punkten der rollenden Ebene die erwähnten Epicycloiden macht. Um diese Behauptung nachzuweisen, haben wir nur zu zeigen, dass aus zwei sich berührenden Curven bei der Bewegung als Umhüllungsgebilde wieder zwei sich berührende Curven entstehen. Dies aber folgt unmittelbar daraus, dass in dem Augenblicke, in dem das Berührungselement der ersten Curven die Enveloppe der ersten Curve berührt, dasselbe zugleich die Enveloppe der anderen Curve tangiert, weil es sich um einen Moment handelt, in welchem das Berührungselement vermöge der instantanen Drehung in sich selbst verschoben wird. Die Normale des Elementes geht dann durch das instantane Drehcentrum, d. h. den instantanen Berührungspunkt der beiden anfänglichen Kreise hindurch. – Haben wir aber diese Verhältnisse einmal klar erkannt, so können wir abgesehen von praktischen Rücksichten, die man etwa in dem Sinne zu nehmen hat, dass die Zähne der Räder bei der Bewegung nicht mit einander collidiren, den Grundsatz der ganzen Verzahnungslehre in dem folgenden Satze aussprechen: Man nehme den einen Zahnkranz willkürlich an und construiere den anderen Zahnkranz als diejenige Curve, welche dem ersten Zahnkranze bei der Berührungstransformation entspricht. Diese Construction gilt selbstverständlich nur für diejenigen Theile der Zahnkränze, welche bei den Zahneingriffen zur Wirkung kommen und nicht für die anderen Theile, die einzig der Ungleichung zu genügen haben, dass die Zahnkränze bei der Bewegung niemals collidieren sollen. (Bei den vorliegenden Modellen sind in dem Modell A die Zähne des einen Rades kreisförmige Zapfen, dieselben greifen in die Einbuchtungen des anderen Rades ein; in dem Modell B dagegen bestehen die Zähne, soweit sie wirksam sind, d.h. soweit sie nicht nach aussen oder innen durch concentrische Kreise abgestutzt sind, immer aus einem geradlinigen radial verlaufenden Stücke und dann aus einem anschliessenden Curvenzweige, der bei näherer Betrachtung sich als Stück einer Epicycloide ergiebt.)

A.

B.

Das letzte Beispiel entlehnen wir der Astronomie bez. der Mechanik. Wir meinen die Theorie der Variation der Constanten. Wir werden hier nur die mathematische Seite der Sache zur Sprache bringen, um nicht zu weit ausholen zu müssen. Betreffs einer näheren Ausführung vergleiche man dann meine Vorlesung über Mechanik II. (1891) oder Tisserand, Méc. Céleste I. Leider wird bei Tisserand, wie in Jacobi's Dynamik, der allgemeine Begriff der Berührungstransformation keineswegs vorangestellt, sondern alle Entwickelungen ad hoc durchgeführt. Wir haben im Raum von $n+2$ Dimensionen mit den Variabelen $z, t, x_1, x_2 \ldots x_n$ irgendwelche partielle Differentialgleichung, in der $z$ selbst nicht vorkommt:

$F(t, x_1 \ldots x_n, \frac{\partial z}{\partial t}, \frac{\partial z}{\partial x_1} \ldots \frac{\partial z}{\partial x_n}) = 0$. Unsere Aufgabe sei, die charakt.

teristischen Streifen dieser Differentialgleichung zu bestimmen, so weit sie von $t, x_1, \ldots x_2$ abhängig sind (d.h. unter Beiseitelassung des z). Wir haben hier n+2 Variable vor uns, doch übertragen sich die Verhältnisse, die wir für 3 Variable abgeleitet haben, ganz analog auf diesen allgemeinen Fall. Wir setzen $\frac{\partial z}{\partial t} = \pi$, $\frac{\partial z}{\partial x_1} = p_1 \ldots \frac{\partial z}{\partial x_n} = p_n$. Dann lauten die Differentialgleichungen der charakteristischen Streifen, indem wir das z bei Seite lassen:

$$dt : dx_1 : dx_2 \ldots : dx_n : d\pi : dp_1 : \ldots : dp_n = \frac{\partial F}{\partial \pi} : \frac{\partial F}{\partial p_1} : \frac{\partial F}{\partial p_2} : \ldots \frac{\partial F}{\partial p_n} : -\frac{\partial F}{\partial t} : -\frac{\partial F}{\partial x_1} \ldots \frac{\partial F}{\partial x_n}$$

Die hierdurch definierten charakteristischen Streifen geben uns dann die Bahnkurven des mechanischen Problems, die Gleichung $F=0$ ist die sogenannte Hamilton'sche partielle Differentialgleichung. – Nun liegen die Verhältnisse in der himmlischen Mechanik so, dass man eine partielle Differentialgleichung der folgenden Gestalt hat: $0 = F = f + \varepsilon f'$, woselbst $\varepsilon$ eine sehr kleine Grösse bezeichnet. $f=0$ stellt hier die sogenannte „ursprüngliche" Differentialgleichung, $\varepsilon \cdot f'$ das „Störungsglied" dar. Die Gesammtgleichung $F=0$ wird man demnach die gestörte Differentialgleichung nennen. Es hat nun in den in Praxi vorliegenden Fällen keine Schwierigkeit, die „ursprüngliche" Gleichung $f=0$ zu integrieren und insbesondere die charakteristischen Streifen des ungestörten Problems, d.h. seine Bahncurven zu bestimmen. Der grundlegende Gedanke ist daraufhin der, dass die charakteristischen Streifen des gestörten Problems $F=0$ von den Bahncurven des nichtgestörten Problems $f=0$ in ihrem Verlaufe gewiss nicht so sehr verschieden sein werden. Man denkt sich nur zuerst die einzelne Bahncurve des ungestörten Problems berechnet u. durch gewisse Constante $\alpha_1, \dots \alpha_n, \beta_1, \dots \beta_n$ und $C$ festgelegt, d.h. durch die Angabe festgelegt, dass gewisse $2n+1$ Funktionen der $t, x_1, \dots x_n, p_1, \dots p_n$ die constanten Werte $C, \alpha_1, \dots \alpha_n, \beta_1, \dots \beta_n$ haben. Diese Funktionen der Coordinaten werden dann beim gestörten Problem sich zwar mit der Zeit ändern, aber doch nur sehr langsam, und so werden sich ihre Aenderungen besonders bequem durch Näherungsmethoden berechnen lassen. Daher führe man diese $2n+1$ Funktionen, die wir kurz selbst mit $C\, \alpha_1, \dots \alpha_n, \beta_1, \dots \beta_n$ bezeichnen werden, statt des $t\, x_1, \dots x_n, p_1, \dots p_n$ als neue Veränderliche ein. — Ebene hierin besteht die Methode der Variation der Constanten. — Nun behaupten wir, dass die Einführung der Variablen $\alpha_i\ \beta_i\ C$ bei geschickter Auswahl derselben gerade eine Berührungstransformation darstellt.

Um dies nachzuweisen, denken wir uns für die Gleichung $f=0$ ein vollständiges Integral (im Sinne von Lagrange) gefunden, d.h. ein Integral mit $2n+1$ Constanten. Dasselbe sei gegeben durch die Gleichung $z = \varphi(t\, x_1, \dots x_n, \alpha_1 \dots \alpha_n) + C$. Die letzte Constante $C$ tritt hier additiv hinzu, weil in unserer ursprünglichen Differentialgleichung die Variable $z$ selbst nicht explicite auftritt. Wir setzen dann zur Bestimmung der charakteristischen Streifen zuvörderst: $\frac{\partial z}{\partial t} = \pi, \frac{\partial z}{\partial x_1} = p_1 \dots \frac{\partial z}{\partial x_n} = p_n$. Diese Grössen bestimmen uns die Tangentialebene, die sich an die Fläche $z = \varphi + C$ anschmiegt. Zur vollen Bestimmung der Streifen werden wir von der Fläche $z = \varphi + C$ durch Aenderung der Constanten zu Nachbarflächen übergehen. Dieses führt uns zu Differentialgleichungen, wie z. B. $\frac{\partial z}{\partial \alpha_1} \cdot d\alpha_1 + \frac{\partial z}{\partial \mathfrak{C}}\, d\mathfrak{C} = 0$. Indem wir zwischen den Incrementen $d\alpha_i$ u. $d\mathfrak{C}$ dann ein bestimmtes Verhältniss annehmen, erhalten wir insgesammt das folgende Gleichungssystem:

$$\left\{\begin{aligned} \frac{\partial \varphi}{\partial \alpha_1} &= -\beta_1 \\ \frac{\partial \varphi}{\partial \alpha_2} &= -\beta_2 \\ &\vdots \\ \frac{\partial \varphi}{\partial \alpha_n} &= -\beta_n \end{aligned}\right\}$$

, wo die $\beta_1 \dots \beta_n$ irgend welche neue Constanten sind.

Diese Gleichungen verbunden mit den anderen

$$z = \varphi + \mathfrak{C}, \quad \frac{\partial z}{\partial t} = \pi, \quad \frac{\partial z}{\partial x_1} = p_1 \; \dots \dots \; \frac{\partial z}{\partial x_n} = p_n$$

stellen uns dann die charakteristischen Streifen dar. Hiermit sind dann die $\mathfrak{C}, \alpha, \beta$ als gewisse Funktionen der Grössen $z, x_i$ und $p$ eingeführt (— die Grössen $t$ u. $\pi$ lassen wir bei der Aufzählung der Variablen weiterhin bei Seite —), und *diese Funktionen*, die also für unser ungestörtes Problem constant sind, *wollen wir als die neuen Veränderlichen einführen.* Wir verfolgen dieses hier gar nicht weiter, sondern beweisen nur, *dass diese Einführung der neuen Variablen $\mathfrak{C}, \alpha_i, \beta_i$ in der That eine Berührungstransformation darstellt.* Die Sache ist äusserst einfach. Wenn wir nämlich $z - \varphi - \mathfrak{C} = 0$ als die aequatio directrix auffassen, so haben wir einfach eine derartige Berührungstransformation vor uns, wie gestern im speciellen Falle dreier Variablen, indem ohne weiteres klar ist, dass vermöge unserer Formeln: $dz - p_1 dx_1 - p_2 dx_2 \dots - p_n dx_n = \varrho(dB - \beta_1 d\alpha_1 \dots \beta_n d\alpha_n)$ wird. Die durch die „Variation der Constanten" gebotene Einführung neuer Veränderlicher ist einfach ein Beispiel einer durch eine aequatio directrix gegebenen Berührungstransformation.

Wir fügen noch die allgemeine Schlussbemerkung hinzu: Die Berührungstransformationen treten in der geschilderten Weise von Alters her in der Mechanik auf. Das Unvollkommene war nur, dass ihre Eigenschaften nicht rein in abstracto entwickelt wurden, sondern jedesmal nur ad hoc in Verbindung mit einer Gleichung $F = 0$. Es sieht daher in den älteren Darstellungen, denen sich auch Tisserand anschliesst, so aus, als handele es sich um einen besonderen für die vorliegende Gleichung zurechtgemachten Kunstgriff. Hier hat erst Lie's geometrische Betrachtungsweise Klarheit verschafft.

Wir wollen jetzt noch Einiges von der Invariantentheorie [No. 6. III. der Berührungstransformationen kennen lernen. Wir fragen zunächst nach solchen Eigenschaften der geometrischen Figuren, die bei beliebiger analytischer Berührungstransformation invariant sind. Es sind hier 2 in Betracht kommende Arbeiten von Lie zu nennen, die in den Ann. 8. (1874 „Begründung einer Invariantentheorie der Berührungstransformationen") sowie in den Verhandlungen von Christiania (1872) veröffentlicht sind. Letztere Arbeit, die den Titel führt: Kurzes Résumé mehrerer neuer Theorien, pflegt

Lie gesprächsweise wohl sein Programm von 1872 zu nennen. Ich führe hier nur einige einzelne Resultate an:

1) Was zunächst eine vorliegende Gleichung $f(x y z p q) = 0$ betrifft, so haben wir schon gelegentlich erwähnt, dass dieselbe keinerlei Invarianten gegenüber beliebigen Berührungstransformationen darbietet, dass es vielmehr möglich ist, eine jede solche Gleichung in jede andere derselben Art, z. B. in die einfachste Gleichung $Z = 0$ durch eine zweckmässige Berührungstransformation überzuführen. In der That ergibt eine nähere Discussion der allgemeinen Formeln für Berührungstransformationen, wie wir sie früher aufgestellt haben, dass man die Funktion $Z$ gleich einer beliebigen Funktion $f(x y z p q)$ setzen kann, worauf man noch $X$, $Y$, $P$, $Q$ entsprechend zu bestimmen hat. Dadurch aber wird dann $f = 0$ in $Z = 0$ verwandelt.

Wir können hier noch eine weitergehende Frage aufwerfen, deren Bedeutung auf der Hand liegt. Wenn die Gleichung $f = 0$ in die Gleichung $f' = 0$ durch eine Berührungstransformation übergeht, so werden offenbar aus den Integralflächen der ersten Gleichung wieder die Integralflächen der zweiten Gleichung hervorgehen, weil doch eine Integralfläche eine solche Vereinigung von Elementen der Gleichung ist, bei welcher jedes Element mit allen Nachbarelementen vereinigt liegt. Das eben Gesagte gilt nun bei einer Berührungstransformation gleichzeitig für jede partielle Differentialgleichung $f = 0$.

Dem entgegen wird es allgemeinere Transformationen geben, die nur für die einzelne Gleichung $f=0$ diese Eigenschaft haben und deshalb als Berührungstransformationen in Bezug auf $f=0$ bezeichnet werden sollen. Beispielsweise wird eine Elementen-Transformation, welche die Gleichung $z=0$ in sich überführt, wenn wir verlangen, dass jedes Integral von $z=0$ in ein Integral von $z=0$ übergehen soll, z. B. alle Elemente, die sich an eine Curve auf der Ebene $z=0$ anschmiegen, in solche Elemente, die sich an irgend eine andere Curve auf $z=0$ anschmiegen, verwandelt werden sollen, keineswegs eine Berührungstransformation des Gesammtraumes $xyzpq$ zu sein brauchen, sondern nur innerhalb der Ebene $z=0$ den Charakter einer Berührungstransformation besitzen müssen. Wir heben diese Thatsache gerade besonders hervor, weil sich bezüglich derselben in Jacobi's Dynamik unrichtige Angaben finden. Sei $B'$ eine solche Transformation, welche aus den Integralen von $z=0$ wieder Integrale von $z=0$ macht, $B$ eine beliebige Berührungstransformation. Dann wird die allgemeinste Transformation, welche $z=0$ in der Art in eine andere Differentialgleichung verwandelt, dass Integrale in Integrale übergehen, offenbar $B'B$ sein.

2). Wir fragen uns weiter, was hat etwa ein System von gegebenen Ausdrücken $f(xyzpq)$, $\varphi(xyzpq)$ u. s. w. für Invarianten bei beliebiger Berührungstransformation. Diese Frage gerade behandelt Lie ausführlich in Ann. 8. und findet, dass es hierbei immer auf *die Betrachtung der Klammerausdrücke $(f, \varphi)$ etc ankommt.* Auf die Einzelheiten können wir hier nicht weiter eingehen.

3). Endlich müssen wir noch von jener besonderen Art von Gleichungen zweiter Ordnung sprechen, die wir bereits vor Weihnachten erwähnten, die *Monge-Ampère'schen Gleichungen*. Dieselben haben, wie wir lernten, die Form:

$A(rt-s^2)+Br+Cs+Dt+E=0$, woselbst $A, B, C, D, E$ irgend welche Funktionen von $x\,y\,z\,p\,q$ und $r, s, t$, wie bekannt, die zweiten Differentialquotienten bezeichnen. Leider fehlt es uns jetzt an Zeit, um *auf die interessante geometrische Theorie* dieser Gleichungen eingehen zu können. Es sei zum eingehenderen Studium auf die neueste *Darstellung* bei Darboux, Bd. III. p. 263 ff. verwiesen, woselbst man z. B. findet, dass die Monge-Ampère'schen Gleichungen gleichfalls ihre charakteristischen Streifen haben u.s.w. [nur dass Darboux nicht so explicit von den Lie'schen Auffassungsweisen Gebrauch macht, wie wir dies als wünschenswert betrachten müssen.] Ampère hat insbesondere nach solchen Fällen gefragt, in denen diese Gleichung *erste Integrale* hat. Hierunter wird eine Formel verstanden: $u(xyzpq) = f(v(xyzpq))$, woselbst $u$ und $v$ irgend welche bestimmte Funktionen von $x\,y\,z\,p\,q$, $f$ aber eine willkürliche Funktion von $v$ bezeichnet. Diese Formel stellt ersichtlich unbegrenzt viele partielle Differentialgleichungen 1. Ordnung dar, und man kann sich leicht durch Differentiieren überzeugen, dass deren Integralflächen allemal einer Monge-Ampère'schen Gleichung genügen. Umgekehrt nun haben sich nach Ampère's Vorgange die Analytiker insbesondere damit beschäftigt, zu untersuchen, wann eine Monge-Ampère'sche Gleichung überhaupt derartige erste Integrale zulässt. In diese Theorie greift dann Lie ein, indem er den Begriff der Berührungstransformation auf die Monge-Ampère'sche Gleichung übertrug. So gut man die einzelne partielle Differentialgleichung 1. Ordnung auf die Form $z=0$ bringen kann, ebenso wird sich erwarten lassen, dass es auch für die einzelne Monge-Ampère'sche Gleichung eine einfache Normalform geben wird. Ich will die Resultate, die das genannte Lie'sche Résumé gibt, hier kurz anführen, der Beweis derselben ist wohl nie veröffentlicht worden:

a) Man kann durch eine geeignete Berührungstransformation jede Monge-Ampère'sche Gleichung linear machen, d.h. auf die einfache Form bringen:

$$B'r + C's + D't + E' = 0.$$

b) Hat nun die Gleichung erste Integrale $u = f(v)$, so kann man jenachdem die Normalform $r = 0$ oder $s = 0$ erzielen. In beiden Fällen sind die Integralflächen sofort anzugeben. Für $r = 0$ werden dieselben gegeben durch $z = Y_1(y) + x\, Y_2(y)$, woselbst $Y_1$ u. $Y_2$ beliebige Funktionen von $y$ bezeichnen; man übersieht sofort, dass für dieselben die zweite Ableitung $\frac{\partial^2 z}{\partial x^2} = 0$ wird. Ebenso werden die Integralflächen für $s=0$ durch $z=X(x)+Y(y)$ gegeben, wo selbst $X$ eine beliebige Funktion von $x$ und $Y$ eine beliebige Funktion von $y$ bezeichnet. Hier sind z. B. im letzten Falle $z=X(x)$ und $z=Y(y)$ zwei erste Integrale; wir müssen nur $z$ und $x$, bez. $z$ und $y$ an Stelle der obigen $u$, $v$ gesetzt denken, was für uns keine Schwierigkeiten haben kann, da wir doch gewohnt sind, $Z=0$, resp. $X=0$ als partielle Differentialgleichungen erster Ordnung anzusehen.

Solcherweise wird überhaupt die Theorie der höheren Differentialgleichungen aus der consequenten Anwendung der Berührungstransformationen ihren Nutzen ziehen. Es ist eine interessante Frage, ob es nicht entsprechend den Berührungstransformationen welche $X\,Y\,Z\,P\,Q$ durch $x\,y\,z\,p\,q$ ausdrücken, auch <u>Osculationstransformationen</u> gibt, d. h. Transformationen, welche $X\,Y\,Z\,P\,Q\,R\,S\,T$ durch $x\,y\,z\,p\,q\,r\,s\,t$ ausdrücken. Bäcklund hat in Annalen 9 [1875] sowie schon vorher [1874 in Bd. X der Jahresschrift von Lund] gezeigt, dass diese Frage zu verneinen ist, d. h. dass alle Osculationstransformationen auf die bereits bekannten Berührungstransformationen zurückkommen.

<u>Nun wird man anstatt allgemeiner analytischer Berührungstransformationen ausschliesslich algebraische, speciell eindeutige oder birationale Berührungstransformationen betrachten können</u>. Für diese werden dann Gleichungen $f(x\,y\,z\,p\,q)=0$ mit algebraischen Coefficienten wesentlich Gegenstand des In-

teresses sein, d.h. solche Gleichungen, die man in dem Gesammtraume beherrscht. Die Frage wird sein, welche besondere, algebraische Invariantentheorie diese algebraischen Transformationen gegenüber der Invariantentheorie aller Berührungstransformationen darbieten. Man kann die in Rede stehenden algebraischen Gleichungen, wie wir wissen, mit Clebsch auch als Connex schreiben: $f(x_1 x_2 x_3 x_4 | u_1 u_2 u_3 u_4) = 0$, mit der Bedingung $u_x = 0$. Die Gleichung $f = 0$ wird in den $x$ homogen vom $\alpha^{ten}$, in den $u$ homogen vom $\beta^{ten}$ Grade sein. Insbesondere wird man also fragen können, welche invarianten Eigenschaften eine solche algebraische Gleichung gegenüber beliebigen birationalen Berührungstransformationen darbietet. Noch wichtiger für das Studium der transcendenten Funktionen, die durch eine algebraische Gleichung $f = 0$ definiert werden, muss es jedoch sein, diejenigen Invarianten einer solchen Gleichung zu definiren, welche dieselbe gegenüber solchen algebraischen Transformationen der $x_i$ und $u_i$ darbietet, die nicht für den Gesammtraum, aber wohl für die Elemente von $f = 0$ eindeutig sind und dabei für diese Elemente den Charakter der Berührungstransformation haben.

Bei Lie werden die Berührungstransformationen nur unter analytischem Gesichtspunkte entwickelt, für algebraische Transformationen hat er kein specielles Interesse. Wir können sagen: Es wird darauf ankommen, die schärferen Untersuchungen der Algebraiker über eindeutige Transformationen (Nöther) in Verbindung zu bringen mit den allgemeinen Auffassungen, wie sie Lie entwickelt, (Berührungstransformation). –

---

Nun wollen wir zum Schlusse der gegenwärtigen Vorlesung noch einige recapitulirende Bemerkungen, mit den weiteren Perspectiven, die wir in Aussicht nehmen, anknüpfen. Wir haben in diesem Winter die verschiedenen Arten von Coordinaten und Raumelementen, die man benutzt, und die verschiedenen Arten von Transformationen, die existiren, betrachtet, (ohne übrigens diese beiden Dinge immer streng von einander zu trennen). Zwischendurch haben wir denn auch denjenigen Begriff bereits zu erwähnen Gelegenheit gehabt, den in seiner ausführlichen Behandlung die Vorlesung des Sommersemesters zum Gegenstande haben soll, den Begriff der Gruppe. Es wird sich im Sommer zunächst darum handeln, den Grundgedanken des Erlanger Programmes zur allgemeinen Geltung zu bringen, demzufolge durch jede Gruppe von Transformationen eine besondere Art von Invariantentheorie oder Geometrie bedingt wird. Wir werden zwischen continuirlichen und discontinuirlichen Gruppen unterscheiden. Da wird es insbesondere unsere Aufgabe sein, die Lie'sche Gruppentheorie kennen zu lernen, welche Lie seit 1872 entwickelt hat und in der es alle überhaupt existirenden continuirlichen Gruppen aufzuzählen gilt.

Nun möchte ich zuletzt noch hervorheben, dass unsere bisherigen Betrachtungen und Transformationen keineswegs auf Vollständigkeit Anspruch machen wollen. Es gibt noch manche andere Klasse von Transformationen, die sich in den Arbeiten der Analytiker über Differentialgleichungen, über Fourier'sche Integrale u.s.w. zerstreut finden, die bisher niemals systematisch zusammengestellt wurden. Ich habe das in diesem Semester nur unterlassen, weil keine Zeit mehr war. Um so lieber will ich die Forderung bezeichnen, die im Sinne der gegenwärtigen Vorlesung betreffs aller dieser Transformationen aufzustellen ist: *Es wird darauf ankommen, alle diese Entwickelungen ins Geometrische zu übersetzen, sie dadurch besser zu verstehen und von dem geometrischen Verständnisse aus womöglich wieder die Analysis zu fördern.*

---